Signale und Systeme

Grundlagen und Anwendungen mit MATLAB

Von Professor Dr.-Ing. Dr. h. c. Norbert Fliege
und Dr.-Ing. Markus Gaida
Universität Mannheim

Mit 374 Bildern, 8 Tabellen
und 38 MATLAB-Projekten

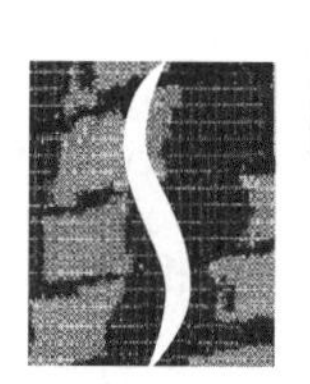

J. Schlembach Fachverlag

MATLAB® ist ein eingetragenes Warenzeichen der Firma
The Math Works, Inc., USA.

Bibliografische Information Der Deutschen Bibliothek
Die Deutsche Bibliothek verzeichnet diese Publikation in der Deutschen Nationalbibliografie; detaillierte bibliografische Daten sind im Internet über http://dnb.ddb.de abrufbar.

ISBN 978-3-935340-42-7

Printed in Germany

Vorwort

Das Fachgebiet *Signale und Systeme* hat in den letzten Jahrzehnten in den Ingenieur- und Informationswissenschaften eine überragende Rolle eingenommen. Dieses spiegelt sich in der umfangreichen internationalen Literatur, in Zeitschriftenaufsätzen, in Tagungsbeiträgen und in zahlreichen Fachbüchern wider. Außerordentlich bedeutend ist auch der Einsatz der Methoden der Signal- und Systemtheorie als praktische Werkzeuge zur Realisierung neuer zukunftsorientierter technischer Systeme. Hand in Hand mit der rasanten Entwicklung der Mikroelektronik bietet das Fachgebiet Signale und Systeme heute leistungsfähige und innovative Lösungen an, die vor kurzer Zeit noch undenkbar waren. Die Signal- und Systemtheorie strahlt heute ihre Methodik und ihren Nutzen fachübergreifend auf alle modernen naturwissenschaftlich-technischen Gebiete aus, wie beispielsweise die Digitale Signal- und Bildverarbeitung, die Informationsverarbeitung im Sprach-, Audio- und Videobereich, die Regelungs- und Steuerungstechnik, die Quellencodierung, die Mechanik und Hydraulik, die Kraftfahrzeugtechnik, die Energieversorgung, die industrielle Automatisierung und viele mehr.

Das vorliegende Buch soll dieser Entwicklung Rechnung tragen. Es versteht die Signale und Systeme nicht als abgeschlossene Theorie, sondern öffnet durch die Behandlung umfangreicher Anwendungen die heute besonders geforderte interdisziplinäre Sichtweise für die anstehenden Aufgabenstellungen. Die Signale und Systeme sind der gemeinsame Kern vieler Fachgebiete. Ergebnisse aus der Elektrotechnik lassen sich beispielsweise auf den Maschinenbau oder die Verfahrenstechnik übertragen und umgekehrt. Nach erfolgreicher Lektüre dieses Buches soll der Leser zu einem abstrakten „Systemdenken" fähig sein.

Man unterscheidet zwischen zeitkontinuierlichen und zeitdiskreten Signalen und Systemen. Erstere beziehen sich direkt auf physikalische Umgebungen, z. B. elektrische Netzwerke oder mechanische Schwingungssysteme, letztere auf Rechnersysteme, z. B. digitale Filter auf digitalen Signalprozessoren. Beide werden im vorliegenden Buch in etwa gleichem Umfang dargestellt, zuerst die kontinuierlichen Signale und Systeme, da der Leser aus Schule und Lebenserfahrung für diese Systeme bereits ein Verständnis mitbringt. Bei der Behandlung der diskreten Signale und Systeme werden insbesondere die Gemeinsamkeiten und Äquivalenzen herausgestellt. Der Leser soll am Ende in der Lage sein, eine technische Realisierung mit physikalischen Mitteln durch eine Rechnerrealisierung zu ersetzen, die auf die Umgebung den gleichen Einfluss ausübt.

In der Signal- und Systemtheorie spielen Integraltransformationen und ähnliche eine große Rolle: Fourier-Transformation, Laplace-Transformation, Diskrete Fourier-Transformation (DFT), Fast-Fourier-Transform (FFT), Z-Transformation und weitere. Es wird gezeigt, dass die Signal- und Systemeigenschaften durch die Transformationen geprägt sind und teilweise mit den Eigenschaften der Transformationen identisch sind. Breiter Raum wird für die Zusammenhänge zwischen den Transformationen eingeräumt und für die Umrechnung zwischen ihnen. So kann eine Systemanalyse im Laplace-Bereich erfolgen, durch Übergang zur Fourier-Transformation eine spektrale Deutung gegeben werden und durch Laplace-Rücktransformation das Verhalten im Zeitbereich studiert werden.

Der Stoff des Buches ist in sieben Kapitel gegliedert. Die ersten drei Kapitel behandeln die zeitkontinuierlichen Signale und Systeme und ihre Anwendungsgebiete. Im ersten Kapitel werden die wichtigsten determinierten und stochastischen Signale eingeführt und dann wichtige Verknüpfungen wie Faltung und Korrelationen von Signalen behandelt. Nach der Beschreibung im Zeitbereich werden die Transformationen in den Frequenzbereich mit Hilfe der Fourier- und der Laplace-Transformation ausführlich besprochen. Im zweiten Kapitel werden lineare, zeitinvariante Systeme beschrieben, im Zeitbereich mit der Impulsantwort und im Frequenzbereich mit der Systemfunktion. Ferner werden Realisierbarkeits- und Stabilitätsbedingungen sowie Blockdiagramme hergeleitet. Das dritte Kapitel behandelt drei wichtige Anwendungsgebiete mit den Methoden der kontinuierlichen Signal- und Systemtheorie: elektrische Filter und Netzwerke, mechanische Schwingungssysteme und lineare Regelkreise.

Die zeitdiskreten Signale und Systeme werden ähnlich strukturiert im vierten bis sechsten Kapitel dargestellt. Das vierte Kapitel behandelt die diskreten Signale und ihre Transformationen: zeitdiskrete Fourier-Transformation, Z-Transformation und Diskrete Fourier-Transformation (DFT) inklusive des Algorithmus der schnellen Fourier-Transformation. Die diskreten Systeme im fünften Kapitel weisen die gleichen grundsätzlichen Zusammenhänge auf wie die kontinuierlichen im zweiten Kapitel. Die Gemeinsamkeiten sind an den gleichen Bezeichnungen und Strukturen erkennbar. Allein die Beschreibungssprachen unterscheiden sich. Bei den praktischen Anwendungen wird zunächst der Übergang von der physikalischen Umgebung in die Rechnerrealisierung in Form von Abtastung und Analog-Digital-Umsetzung geklärt, ebenso der Weg zurück. Ferner wird gezeigt, wann ein diskretes System exakt die Eigenschaften eines kontinuierlichen Systems annehmen kann, eine physikalische Realisierung also durch eine Rechnerrealisierung ersetzt werden kann. Als praktische Anwendungsgebiete werden dann die rekursiven digitalen Filter, die digitalen FIR-Filter und die Spektralschätzung ausführlich behandelt.

Als wichtige Ergänzung im Sinne aktueller technischer Entwicklungen werden im siebten Kapitel die Multiratensysteme und ihre Anwendungsgebiete dargestellt. Als neue Signalverarbeitungsoperationen kommen die Abtastratenumsetzung in Form von Dezimation und Interpolation hinzu. Damit werden anschließend die bedeutendsten Multiratensysteme, die digitalen Multiratenfilter und die digitalen Filterbänke hergeleitet. Als aktuelle Anwendungen werden am Ende die Teilbandcodierung und die OFDM-Datenübertragungstechnik angesprochen.

Um den Rahmen des Buches nicht zu sprengen, werden nicht alle Aussagen und Erkenntnisse hergeleitet und bewiesen. Das Buch beschränkt sich auf fundamentale Herleitungen und gibt die Folgerungen daraus ohne weitere Beweise an. Stattdessen wird der Schwerpunkt auf das Erlernen und das Verständnis des Stoffes gelegt. Durch eine einfache Nomenklatur, durch einfache und plausible Erklärungen und durch das Vertiefen mit Hilfe von MATLAB[1]-Projekten soll der Leser in angemessen kurzer Zeit und mit überschaubaren Mitteln den anspruchsvollen Stoff der Signal- und Systemtheorie erfassen können. Die MATLAB-Projekte spielen dabei eine wichtige Rolle. Nach der Lektüre eines Teilgebietes bekommt der Leser in einem MATLAB-Projekt eine konkrete Aufgabenstellung und den Lösungsweg genannt. Diese Aufgabe soll er persönlich in einer MATLAB-Sitzung lösen. Er bekommt auch zusätzliche Anregungen und Aufgaben genannt, mit denen er sich beschäftigen soll. Als Hilfestellung wird der Kern des MATLAB-Programms und ein Teil der zu erwartenden Ergebnisse zur Verfügung gestellt. Eine langjährige Erfahrung mit Lernenden hat gezeigt, dass diese selbständige interaktive Erarbeitung und Vertiefung des Stoffes am Rechner einen hohen Lernerfolg bringt und dass sich die Ergebnisse der Untersuchungen besonders gut einprägen. Die MATLAB-Projekte gehören daher zum Kernkonzept des vorliegenden Buches.

MATLAB stellt mit den Befehlen `demo`, `help` und `doc` umfangreiche Möglichkeiten zur Verfügung, um das Programm selbst sowie die einzelnen Befehle und ihre Verwendung kennenzulernen. Aus diesem Grund wurde im vorliegenden Buch auf eine Einführung in MATLAB verzichtet. Die MATLAB-Projekte wurden mit der Programmversion 7.4.0 (R2007a) getestet. In wesentlich älteren Programmversionen sind einige der benutzten Befehle noch nicht vorhanden. Neben den Befehlen aus dem MATLAB-Basisprogramm werden Befehle aus der *Communications Toolbox*, der *Signal Processing Toolbox* und der *Control System Toolbox* in den MATLAB-Projekten verwendet. Die in den MATLAB-Projekten erstellten vollständigen und lauffähigen MATLAB-Programme sowie aktuelle Korrekturen sind unter

`http://www.schlembach-verlag.de/buecher.php?bnr=42`

zu finden. Hinweise auf Fehler und Verbesserungsvorschläge nehmen die Autoren gerne unter `info@schlembach-verlag.de` entgegen.

Bei der Abfassung des Textes haben zahlreiche Diskussionen mit Herrn J. Schwarz wertvolle Dienste geleistet. Ein großer Teil der Bilder wurde von Frau L. Meixner, Herrn A. Alexopoulos und Herrn T. Karcher erstellt. Mit einer kritischen Durchsicht und Korrektur hat uns Herr S. Edinger geholfen. Besonders dankbar sind wir den Herren C. Bauer, S. Edinger und J. Schwarz, die in selbständiger Arbeit verschiedene MATLAB-Projekte erarbeitet haben. Bei Herrn Dr. Jens Schlembach vom Schlembach-Verlag möchten wir uns für die gute Zusammenarbeit und das bereitwillige Eingehen auf unsere Wünsche bedanken.

Mannheim, im Januar 2008 Norbert J. Fliege, Markus Gaida

[1]MATLAB ist ein eingetragenes Warenzeichen von *The MathWorks, Inc., USA*.

Inhaltsverzeichnis

Kapitel 1

Kontinuierliche Signale

1.1 Einleitung

Zeitkontinuierliche oder *kontinuierliche* Signale $x(t)$ sind Funktionen der unabhängigen reellen Variablen t, die in der Regel als Zeitvariable aufzufassen ist. Das Signal $x(t)$ ist abgesehen von gegebenenfalls endlich oder abzählbar unendlich vielen Unstetigkeitsstellen für jeden reellen Wert von t definiert. Ist der Wertevorrat der Funktion $x(t)$ ebenfalls kontinuierlich, so spricht man von *analogen* kontinuierlichen Signalen. Lässt sich ein Signal durch eine Formel, eine Tabelle oder einen Algorithmus vollständig beschreiben, so spricht man von einem *determinierten* Signal.

1.1.1 Wichtige kontinuierliche Signale

Allgemeine Exponentialfunktion

Die allgemeine Exponentialfunktion ist ein in der Systemtheorie häufig verwendetes determiniertes Signal:

$$x(t) = A \cdot \exp(s_0 t) \,. \tag{1.1}$$

Hierin ist $A = |A| \cdot \mathrm{e}^{\mathrm{j}\,\varphi_0}$ die komplexe Amplitude und $s_0 = \sigma_0 + \mathrm{j}\;\omega_0$ die komplexe Kreisfrequenz. Aus dieser Funktion können durch Real- oder Imaginärteilbildung, je nach Wahl von σ_0, an- oder abklingende oder konstante sinus- oder kosinusförmige Signale gewonnen werden (siehe MATLAB-Projekt 1.A).

Sinusförmige Signale

Setzt man in Gleichung (1.1) den Realteil von s_0 gleich null, dann erhält man

$$\begin{aligned} x(t) &= A \cdot \exp(\mathrm{j}\,\omega_0 t) && (1.2)\\ &= |A| \cdot \big(\cos(\omega_0 t + \varphi_0) + \mathrm{j}\,\sin(\omega_0 t + \varphi_0)\big)\,, && (1.3) \end{aligned}$$

woraus durch Real- oder Imaginärteilbildung eine Kosinus- oder eine Sinusschwingung gewonnen werden kann. Für die Kreisfrequenz ω_0 gilt

$$\omega_0 = 2\pi f_0 = 2\pi / T_0 \,, \tag{1.4}$$

wobei f_0 die Frequenz der Schwingung in Hertz (Hz) und T_0 ihre Periodendauer in Sekunden (s) sind.

MATLAB-Projekt 1.A Darstellung von kontinuierlichen Signalen

1. Aufgabenstellung

   An- und abklingende sowie konstante sinus- und kosinusförmige Signale sollen mit Hilfe von MATLAB dargestellt werden.

2. Lösungshinweise

   Es ist zu beachten, dass MATLAB darauf ausgelegt ist, bestimmte mathematische Operationen auf die Elemente von Skalaren, Vektoren, Matrizen oder höherdimensionalen Feldern anzuwenden. Die Ergebnisse von solchen Operationen sind wiederum Skalare, Vektoren, Matrizen oder höherdimensionale Felder. Die Berechnung einer kontinuierlichen Funktion

   $$y(t) = \sin(\omega_0 \, t) \qquad \text{mit z. B.} \quad -5T < t < 25T \quad ; \quad T = \frac{2\pi}{\omega_0}$$

   ist mit MATLAB nicht exakt möglich. Vielmehr muss ein Vektor `t` definiert werden, dessen Elemente im gewünschten Zahlenbereich liegen und einen ausreichend geringen Abstand voneinander haben. Zu diesen Elementen kann MATLAB z. B. Funktionswerte berechnen und diese in einem Vektor `y` ablegen. Eine kontinuierliche *Darstellung* erhält man anschließend mit dem Befehl `plot`, der zwischen den berechneten Funktionswerten linear approximieren kann.

3. MATLAB-Programm

```
% Darstellung von kontinuierlichen Signalen
clear; close all;

% Festlegung von Parametern
T = 1;                        % (in Sek.)
t_min = -5*T;                 % Zeitlicher Darstellungsbeginn
t_max = 25*T;                 % Zeitliches Darstellungsende
dt = T/100;                   % Delta-t
t = t_min:dt:t_max;           % Vektor mit den Zeitstützpunkten
omega0 = 0.2*(2*pi/T);        % Kreisfrequenz des sin-Signals (in rad/s)
phi0 = 2*pi/12;               % Anfangsphase
A_re = 1;                     % Reelle Amplitude
A_c = 2+j;                    % Komplexe Amplitude
```

```
% Erzeugung eines reellen sinusförmigen Signals
x1 = A_re*sin(omega0*t+phi0);
% ... graphische Ausgabe von x1
figure;
subplot(2,2,1);
plot(t/T,x1);
xlim([t_min,t_max]/T);
xlabel('t/T'), ylabel('A_{re} sin(\omega_0 t)');

% Erzeugung eines sinusförmigen Signals aus der komplexen
% Exponentialfunktion
sigma0 = 0;                    % Weder an- noch abklingend
x2 = A_re*exp((sigma0+j*omega0)*t);
x3 = real(x2);
% ... graphische Ausgabe von x3
subplot(2,2,2);
plot(t/T,x3);
xlim([t_min,t_max]/T);
xlabel('t/T'), ylabel('Re\{A_{re} exp(\omega_0 t)\}');

% Erzeugung eines anklingenden sinusförmigen Signals
sigma0 = 0.1;                  % sigma0 > 0, also anklingend
x4 = A_re*exp((sigma0+j*omega0)*t);
x5 = imag(x4);
% ... graphische Ausgabe von x5
subplot(2,2,3);
plot(t/T,x5);
xlim([t_min,t_max]/T);
xlabel('t/T'), ylabel('Im\{A_{re} exp(\sigma_0+\omega_0 t)\}');

% Erzeugung eines abklingenden Signals aus der allgemeinen
% Exponentialfunktion
sigma0 = -0.05;                % sigma0 < 0, also abklingend
x6 = A_c*exp((sigma0+j*omega0)*t);
x7 = imag(x6);
% ... graphische Ausgabe von x7
subplot(2,2,4);
plot(t/T,x7);
xlim([t_min,t_max]/T);
xlabel('t/T'), ylabel('Re\{A_{c} exp(\sigma_0+\omega_0 t)\}');
```

4. Darstellung der Lösung

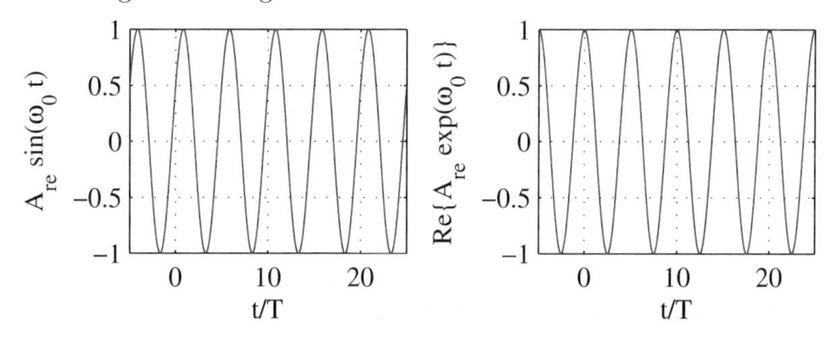

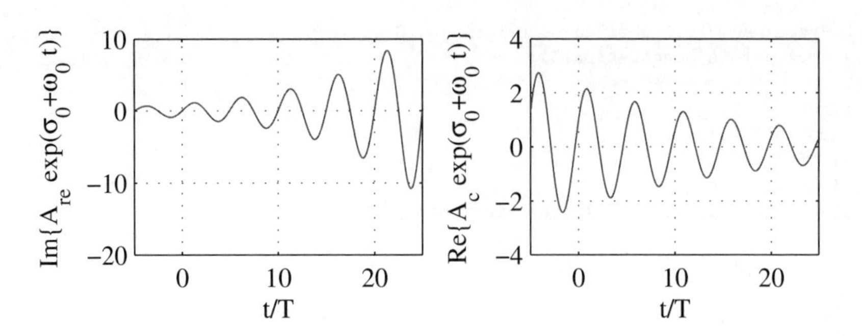

5. Weitere Fragen und Untersuchungen

   - Man ändere den Wert `sigma0` vor der Berechnung von `x6` so, dass `x7` ein sinusförmiges Signal mit konstanter Amplitude ist. Nun vergleiche man die Darstellungen von `x1` und `x7`. Woran liegt es, dass die Anfangsphasen gleich sind?
   - Man variiere die Parameter `omega0`, `sigma0`, `phi0` und `A_c` und beobachte die Ergebnisse.

Sprungfunktion und Dirac-Impuls

Die zeitkontinuierliche *Sprungfunktion* ist für alle Zeiten $t \neq 0$ folgendermaßen definiert:

$$\epsilon(t) = \begin{cases} 0 & \text{für} \quad t < 0 \\ 1 & \text{für} \quad t > 0\,. \end{cases} \tag{1.5}$$

Für $t = 0$ ist die Sprungfunktion nicht definiert. An dieser Stelle ist sie unstetig, siehe Bild 1.1.

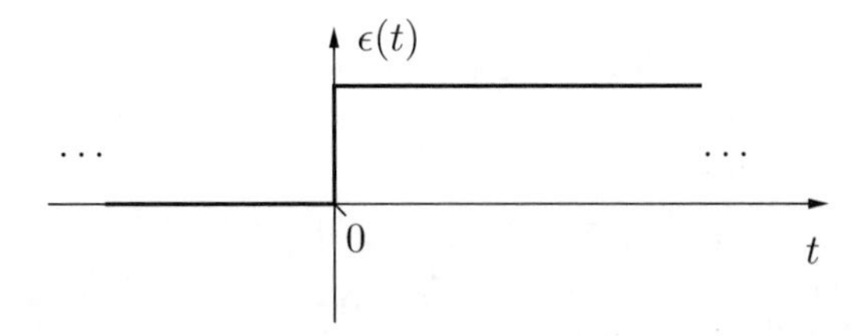

Bild 1.1: Graphische Darstellung der Sprungfunktion

Der *Dirac-Impuls* $\delta(t)$ ist eines der wichtigsten Signale für die Systemtheorie. Aus mathematischer Sicht stellt er keine Funktion dar, sondern eine verallgemeinerte

Funktion oder Distribution. Dementsprechend wird er nicht als eine Abbildung der reellen Achse auf einen Bildbereich beschrieben, sondern durch seine Wirkung im Integranden eines Integrals:

$$\int_{-\infty}^{\infty} x(t)\,\delta(t)\,\mathrm{d}t = x(0)\,. \tag{1.6}$$

Dem Integral[1] in Gleichung (1.6) wird der Wert der Funktion $x(t)$ bei $t = 0$ zugeordnet, was nur dann möglich ist, wenn $x(t)$ an der Stelle $t = 0$ stetig ist. Für eine genaue Definition der Distributionen sei auf [Pap62] oder die einschlägige mathematische Literatur verwiesen. Für die meisten systemtheoretischen Betrachtungen genügt die *Vorstellung* von dem Dirac-Impuls als *verallgemeinerter* Grenzübergang einer Folge von immer schmaler und dabei immer höher werdenden *geeigneten* Funktionen - z. B. Rechteckfunktionen -, deren Flächeninhalt stets eins ist.

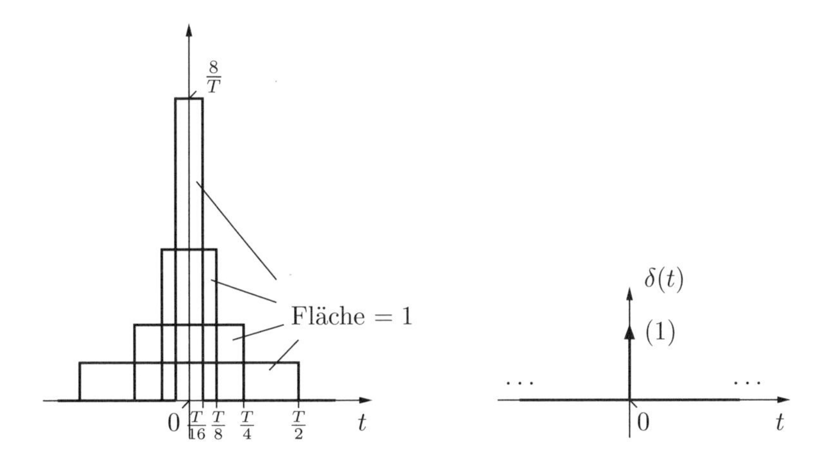

Bild 1.2: Dirac-Impuls

Der Dirac-Impuls wird, wie in Bild 1.2 gezeigt, mit einem Pfeil dargestellt. Daneben wird oft das „Gewicht“ oder die „Fläche“ des Dirac-Impulses in Klammern angegeben; dabei handelt es sich um die Konstante, mit der der Dirac-Impuls skaliert ist.

Mit Hilfe des δ-Impulses ist es möglich, eine im Sinne der Distributionentheorie verallgemeinerte Ableitung einer Funktion an einer Unstetigkeitsstelle anzugeben. Dies soll am Beispiel der Sprungfunktion verdeutlicht werden.

[1]Mathematisch gesehen handelt es sich hierbei nicht um ein Integral im Riemannschen Sinn, sondern um eine Zuordnungsvorschrift.

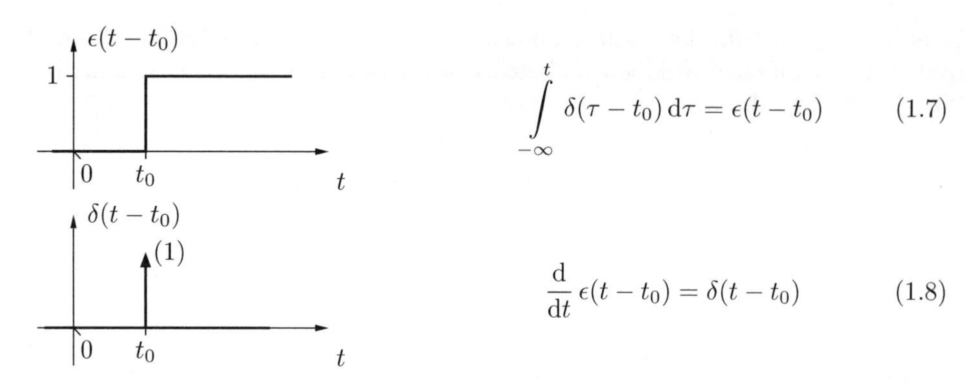

$$\int_{-\infty}^{t} \delta(\tau - t_0)\,\mathrm{d}\tau = \epsilon(t - t_0) \tag{1.7}$$

$$\frac{\mathrm{d}}{\mathrm{d}t}\,\epsilon(t - t_0) = \delta(t - t_0) \tag{1.8}$$

Die Gleichungen (1.7) und (1.8) stellen den Zusammenhang zwischen der Sprungfunktion und dem Dirac-Impuls her. Gleichung (1.8) besagt, dass die verallgemeinerte Ableitung einer Funktion an einer Sprungstelle ein Dirac-Impuls ist, dessen Gewicht der Sprunghöhe entspricht.

Gleichung (1.6) kann so interpretiert werden, dass der Dirac-Impuls die Funktion $x(t)$ überall außer bei $t = 0$ ausblendet, oder, dass er die Funktion $x(t)$ bei $t = 0$ abtastet. Daher spricht man auch von der *Ausblendeigenschaft* oder der *Abtasteigenschaft* des Dirac-Impulses. Ist $x(t)$ an einer beliebigen Stelle t_0 stetig, so lässt sich Gleichung (1.6) verallgemeinern zu:

$$\int_{-\infty}^{\infty} x(t)\,\delta(t - t_0)\,\mathrm{d}t = x(t_0)\,. \tag{1.9}$$

Mit den Substitutionen $t \to \tau$ und $t_0 \to t$ sowie der Tatsache, dass $\delta(t)$ gerade in t ist, ergibt sich für stetige $x(t)$ die Beziehung:

$$\int_{-\infty}^{\infty} x(\tau)\,\delta(t - \tau)\,\mathrm{d}\tau = x(t) * \delta(t) = x(t)\,. \tag{1.10}$$

Mit $x(t) * \delta(t)$ wird eine für das links stehende Integral abkürzende Schreibweise aus Abschnitt 1.3 vorweggenommen.

1.1.2 Stochastische Signale

Stochastische Signale (Zufallssignale) lassen sich im Gegensatz zu determinierten Signalen nicht mit Formeln oder Tabellen beschreiben. Ihr zeitlicher Verlauf ist dem Zufall unterworfen. Praktische Beispiele dafür sind Sprachsignale, Audiosignale und Videosignale.
Stochastische Signale werden als *Musterfunktionen* eines *stochastischen Prozesses* oder *Zufallsprozesses* aufgefasst, der aus einer Schar oder einem Ensemble von vielen Musterfunktionen besteht. Die wichtigsten Ausdrücke zur Beschreibung von

stochastischen Signalen sind die (Wahrscheinlichkeits-)dichtefunktion, die Erwartungswerte und die Autokorrelationsfunktion.

Aus der *Dichtefunktion* $f_{x(t_i)}(\xi)$ eines stochastischen Prozesses lässt sich die Wahrscheinlichkeit dafür berechnen, dass eine beliebig herausgegriffene Musterfunktion $x(t)$ zum Zeitpunkt $t = t_i$ einen Wert zwischen den Grenzen a und b annimmt:

$$\mathrm{P}\{a \leq x(t_i) \leq b\} = \int\limits_a^b f_{x(t_i)}(\xi)\,\mathrm{d}\xi. \tag{1.11}$$

Ist diese Wahrscheinlichkeit für beliebige Grenzen a und b unabhängig vom Betrachtungszeitpunkt t_i, so spricht man von *stationären* stochastischen Prozessen und Signalen.

Zu den wichtigsten Kenngrößen eines stationären stochastischen Signals gehören sein *Mittelwert*

$$\mu_x = \mathrm{E}\{x(t)\} = \int\limits_{-\infty}^{\infty} \xi \cdot f_x(\xi)\,\mathrm{d}\xi \tag{1.12}$$

und seine *Varianz*

$$\begin{aligned} \sigma_x^2 = \mathrm{Var}\{x(t)\} &= \int\limits_{-\infty}^{\infty} (\xi - \mu_x)^2 \cdot f_x(\xi)\,\mathrm{d}\xi \\ &= \mathrm{E}\big\{\big(x(t) - \mu_x\big)^2\big\} = \mathrm{E}\{x^2(t)\} - \big(\mathrm{E}\{x(t)\}\big)^2 . \end{aligned} \tag{1.13}$$

Häufig werden *ergodische* stationäre Zufallsprozesse betrachtet, bei denen die Erwartungswerte identisch sind mit den *zeitlichen Mittelwerten* der einzelnen Musterfunktionen. Insbesondere gelten für den Mittelwert

$$\mu_x = \overline{x} = \lim_{T\to\infty} \frac{1}{2T} \int\limits_{-T}^{T} x(t)\,\mathrm{d}t \tag{1.14}$$

und für die Varianz

$$\sigma_x^2 = \lim_{T\to\infty} \frac{1}{2T} \int\limits_{-T}^{T} \big(x(t) - \mu_x\big)^2\,\mathrm{d}t\,. \tag{1.15}$$

Stationäre stochastische Signale sind Leistungssignale (siehe Abschnitt 1.2). Sind sie außerdem mittelwertfrei, d. h. $\mu_x = 0$, so ist ihre mittlere Signalleistung durch die Varianz σ_x^2 gegeben.

1.1.3 Korrelationsfunktionen

Die *Kreuzkorrelationsfunktion* $\mathrm{r}_{xy}(\tau)$ von zwei verschiedenen stationären ergodischen Zufallsprozessen wird definiert[2] als

$$\mathrm{r}_{xy}(\tau) = \mathrm{E}\{x^*(t)\, y(t+\tau)\} = \lim_{T\to\infty} \frac{1}{2T} \int_{-T}^{T} x^*(t) \cdot y(t+\tau)\, \mathrm{d}t\,. \tag{1.16}$$

Aus dieser Definition folgt unmittelbar die *konjugierte Symmetrie* der Kreuzkorrelationsfunktion

$$\mathrm{r}_{xy}(\tau) = \mathrm{r}^*_{yx}(-\tau)\,. \tag{1.17}$$

Falls sich der gemeinsame Erwartungswert in Gleichung (1.16) als Produkt der Einzelerwartungswerte schreiben lässt, gilt also

$$\mathrm{r}_{xy}(\tau) = \mathrm{E}\{x^*(t)\, y(t+\tau)\} = \mathrm{E}\{x^*(t)\} \cdot \mathrm{E}\{y(t+\tau)\} = \mu^*_x \cdot \mu_y \qquad \forall\tau\,, \tag{1.18}$$

so heißen die beiden beteiligten Zufallsprozesse *unkorreliert.*

Mit $y = x$ entsteht aus Gleichung (1.16) die *Autokorrelationsfunktion*:

$$\mathrm{r}_{xx}(\tau) = \mathrm{E}\{x^*(t)\, x(t+\tau)\} = \lim_{T\to\infty} \frac{1}{2T} \int_{-T}^{T} x^*(t) \cdot x(t+\tau)\, \mathrm{d}t\,. \tag{1.19}$$

Sie gibt in gewisser Weise an, wie viel zwei Signalwerte eines stationären Zufallssignals $x(t)$, die um die Zeitdifferenz τ auseinander liegen, „miteinander zu tun“ haben.

MATLAB-Projekt 1.B **Signalglättung mit gleitendem Mittelwert**

1. Aufgabenstellung und Lösungshinweise

   Es soll ein Sinussignal mit einem normalverteilten Rauschsignal überlagert werden (Summe). Das so verrauschte Sinussignal soll durch die Bildung eines gleitenden Mittelwertes (engl.: „moving average“) geglättet werden. Dabei wird ein bewegliches Fenster über das Signal gelegt und der Mittelwert innerhalb des Fensters berechnet. Das Fenster wird kontinuierlich weiterbewegt und die Mittelwertbildung wiederholt.

   Für das Sinussignal steht der Befehl `sin` zur Verfügung. Das Rauschsignal kann mit dem Befehl `randn` erzeugt werden. Die Mittelung im Fenster kann mit dem Befehl `mean` erfolgen.

[2] In der Literatur finden sich auch hiervon abweichende Definitionen, meist mit vertauschten x, y-Rollen, also $\mathrm{r}^{\mathrm{alt}}_{xy}(\tau) = \mathrm{E}\{x(t+\tau)\, y^*(t)\}$.

2. MATLAB-Programm

```
% Signalglaettung mit gleitendem Mittelwert
clear; close all;

% Festlegung von Parametern
T = 1;                        % (in Sek.)
t_min = -5*T;                 % Zeitlicher Darstellungsbeginn
t_max = 25*T;                 % Zeitliches Darstellungsende
dt = T/100;                   % Delta-t
t = t_min:dt:t_max;           % Vektor mit den Zeitstützpunkten (in Sek.)
omega0 = 0.1*(2*pi/T);        % Kreisfrequenz des sin-Signals (in rad/s)
A_x = 1;                      % Amplitude des Sinussignals
A_r = 0.1;                    % "Amplitude" (Standardabweichung) d. Rauschsignals
B = 50;                       % Breite des Glättungsfensters (in dt-Schritten)
T_F = B * dt;                 % Breite des Glättungsfensters (in Sek.)

% Signalerzeugung
x = A_x*sin(omega0*t);        % Sinussignal
r = A_r*randn(1,length(t)); % Rauschsignal
y = x + r;                    % Verrauschtes Sinussignal

% Geglättetes Sinussignal
for idx = 1:length(t)-B
   z(idx) = mean(y(idx:idx+B));
end
```

3. Darstellung der Lösung

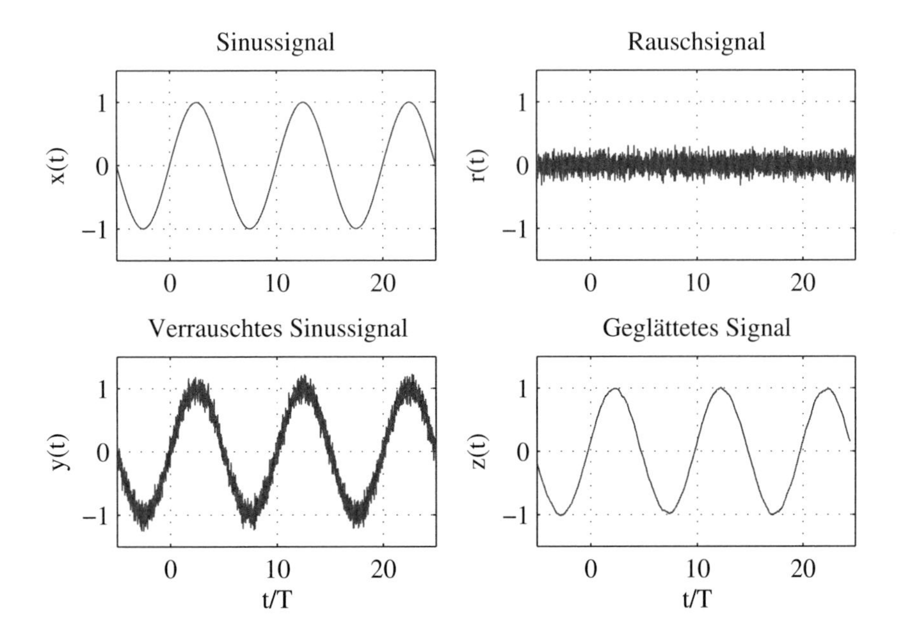

4. Weitere Fragen und Untersuchungen

   - Erklären Sie den Glättungseffekt durch die Mittelung.
   - Variieren Sie die Fensterbreite und erklären Sie die Ergebnisse.
   - Durch welche Fehlererscheinungen ist die Fensterbreite nach oben beschränkt?
   - Führen Sie die Rechnung für $B = 200$ durch. Vergleichen Sie das geglättete mit dem ursprünglichen Sinussignal. Wie erklären Sie die Unterschiede? (Hinweis: Später wird sich der Glättungsprozess als Tiefpassfilterung herausstellen.)

1.2 Signalleistung und Signalenergie

Unter der *Signalenergie* eines Signals $x(t)$ versteht man den Ausdruck

$$\mathcal{E}_x = \int_{-\infty}^{\infty} |x(t)|^2 \, \mathrm{d}t \,. \tag{1.20}$$

Sie stellt die Integration über die Signalleistung $|x(t)|^2$ dar, welche zu jedem Zeitpunkt t ermittelt werden kann.
Die *mittlere Signalleistung* ergibt sich aus der Signalleistung durch zeitliche Mittelung im Intervall $t \in (-\infty,\infty)$.

$$\mathcal{P}_x = \lim_{T\to\infty} \frac{1}{T} \int_{-T/2}^{T/2} |x(t)|^2 \, \mathrm{d}t \,, \tag{1.21}$$

Auf der Grundlage dieser Größen werden Signale, für die

$$\mathcal{E}_x < M < \infty \tag{1.22}$$

gilt, als *Energiesignale* bezeichnet. Ist Gleichung (1.22) erfüllt, so ist die mittlere Signalleistung $\mathcal{P}_x$ von $x(t)$ null. Beispiele für Energiesignale sind rechtsseitige, abfallende Exponentialfunktionen oder die Rechteckfunktionen.
In entsprechender Weise wird von einem *Leistungssignal* gesprochen, wenn

$$0 < \mathcal{P}_x < M < \infty \tag{1.23}$$

gilt. Die Signalenergie eines Leistungssignals übersteigt alle Grenzen. Beispiele für Leistungssignale sind die Sinusfunktion, die Sprungfunktion oder auch stochastische Signale.

1.3 Faltung und Korrelation von Signalen

Eine der wichtigsten Verknüpfungen zweier Signale in der Systemtheorie ist die *Faltung*. So ist z. B. die Antwort eines linearen zeitinvarianten Systems (LTI-Systems) auf eine Erregung $u(t)$ durch die Faltung von $u(t)$ mit der Antwort desselben Systems auf den δ-Impuls gegeben, siehe Abschnitt 2.3.
Das Faltungsintegral oder Faltungsprodukt lautet:

$$y(t) = x_1(t) * x_2(t) = \int_{-\infty}^{\infty} x_1(\tau)\, x_2(t-\tau)\, \mathrm{d}\tau \quad ; \qquad t \in (-\infty,\infty)\,. \tag{1.24}$$

Mit Hilfe der Substitution $t - \tau = \lambda$ lässt sich zeigen, dass die Faltung eine kommutative Operation ist:

$$\begin{aligned} y(t) = x_1(t) * x_2(t) &= -\int_{+\infty}^{-\infty} x_1(t-\lambda)\, x_2(\lambda)\, \mathrm{d}\lambda \\ &= \int_{-\infty}^{+\infty} x_2(\lambda)\, x_1(t-\lambda)\, \mathrm{d}\lambda \\ &= x_2(t) * x_1(t) \end{aligned} \tag{1.25}$$

Bild 1.3 zeigt eine geometrische Deutung der Faltungsoperation. Demnach kann die Auswertung des Faltungsintegrals in Gleichung (1.24) gedanklich in vier Schritte gegliedert werden. Zunächst ist das Signal $x_2(t)$ – als Funktion über τ – an der Ordinate zu spiegeln, siehe Bild 1.3c. Das Ergebnis lautet $x_2(-\tau)$. Diesen Vorgang kann man sich auch als ein Umfalten (ähnlich dem Umblättern einer Buchseite) vorstellen, was der gesamten Operation den Namen gibt. Im nächsten Schritt wird das umgefaltete Signal um eine Zeit t_1 verschoben, wobei t_1 der Zeitpunkt ist, für den das Faltungsintegral gerade berechnet werden soll: $y(t_1)$. Hat die Zeit t_1 einen positiven Wert, so wird die umgefaltete Impulsantwort nach rechts verschoben, siehe Bild 1.3d. Im nächsten Schritt wird das gefaltete und verschobene Signal $x_2(t_1 - \tau)$ mit dem Signal $x_1(\tau)$ multipliziert, Bild 1.3e. Das Produktsignal $x_1(\tau)\, x_2(t_1 - \tau)$ wird schließlich über τ integriert, Bild 1.3f. Die Fläche unter der Produktkurve stellt nun $y(t)$ an der Stelle $t = t_1$ dar, siehe Bild 1.3g.

Die Faltungsoperation wird in Bild 1.3 nur für einen bestimmten Zeitpunkt t_1 dargestellt. Um die Entstehung des kontinuierlichen Ausgangssignals $y(t)$ mit wachsendem t zu verstehen, muss man sich vorstellen, dass die gefaltete Impulsantwort in Bild 1.3d kontinuierlich von links nach rechts verschoben wird. Die Fläche unter der Produktkurve in Bild 1.3f verändert sich dann kontinuierlich mit der Zeit.

Die geometrische Deutung der Faltungsoperation kann auch mit gegenüber der Darstellung in Bild 1.3 vertauschten Rollen für $x_1(t)$ und $x_2(t)$ durchgeführt werden. Das Ergebnis $y(t)$ ist aufgrund der Kommutativität (Gleichung 1.25) selbstverständlich das gleiche.

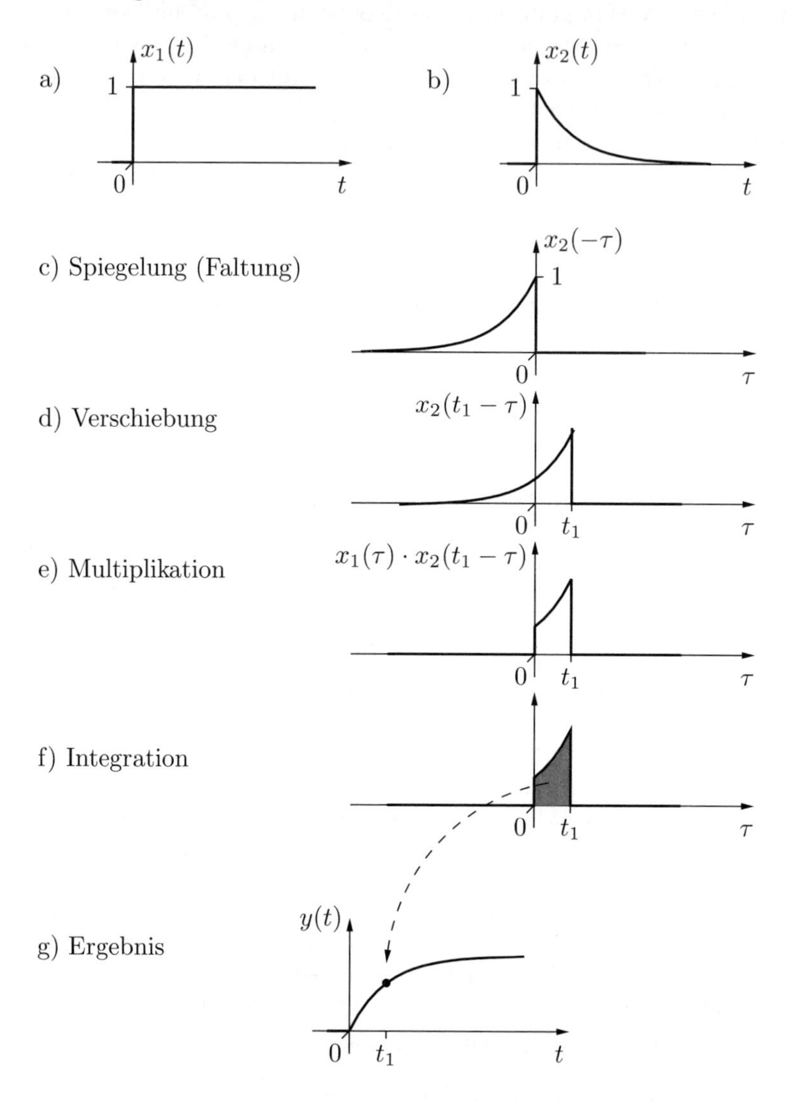

Bild 1.3: Geometrische Deutung der Faltungsoperation

Im Beispiel 1.1 wird das Faltungsintegral für zwei konkret vorgegebene Signale abschnittsweise berechnet und parallel dazu die geometrische Deutung gemäß Bild 1.3 durchgeführt. Im MATLAB-Projekt 1.C wird dieselbe Aufgabenstellung mit Hilfe von MATLAB bearbeitet und im MATLAB-Projekt 1.D wird die Faltungsoperation zur Signalglättung eingesetzt.

Beispiel 1.1: Abschnittsweise Berechnung des Faltungsintegrals

In diesem Beispiel sollen zwei Signale gefaltet und das Faltungsergebnis als mathematischer Ausdruck angegeben werden.

Gegeben sind die folgenden beiden Signale:

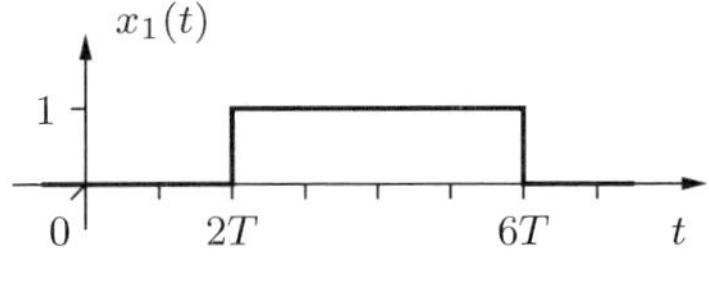

$$x_1(t) = \begin{cases} 1 & \text{für} \quad 2T \leq t \leq 6T \\ 0 & \text{sonst} \end{cases}$$

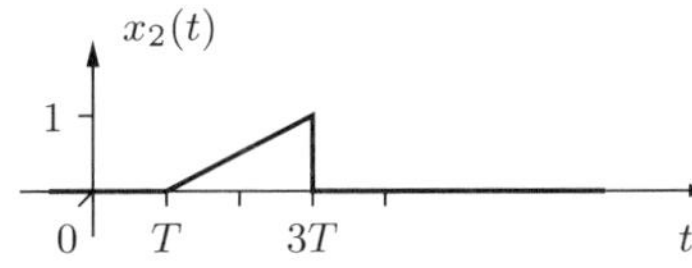

$$x_2(t) = \begin{cases} \frac{t-T}{2T} & \text{für} \quad T \leq t \leq 3T \\ 0 & \text{sonst} \end{cases}$$

Gesucht ist:

$$y(t) = \int_{-\infty}^{\infty} x_1(\tau)\, x_2(t-\tau)\, \mathrm{d}\tau\,.$$

Direkt nach dem Umschreiben in τ und der „Spiegelung“ von $x_2(t)$ (siehe Bild 1.3c) liegen die beiden Funktionen unter dem Integral wie folgt zueinander:

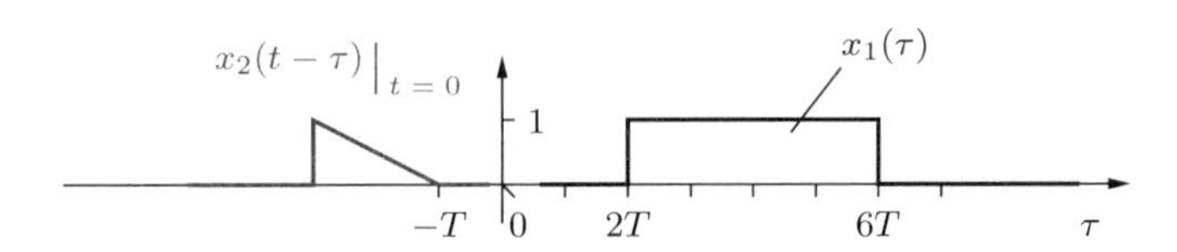

Zur abschnittsweisen Berechnung werden verschiedene Bereiche für den bei der Integration vorkommenden Parameter t, der ja die Lage von $x_2(-\tau)$ bestimmt, eingeteilt. Dies sind die Bereiche, innerhalb derer sich t ändern kann, ohne dass sich bei der Integration etwas wesentliches ändert. Für jeden der Bereiche kann das Faltungsintegral geschlossen gelöst werden. Wichtig dabei ist, dass die untere und obere Integrationsgrenze auf der τ-Achse korrekt ermittelt werden. Diese Integrationsgrenzen hängen teilweise von t ab (siehe Bild 1.3f).

- $-\infty < t < 3T$ (Keine Überlappung)

$$y(t) = 0$$

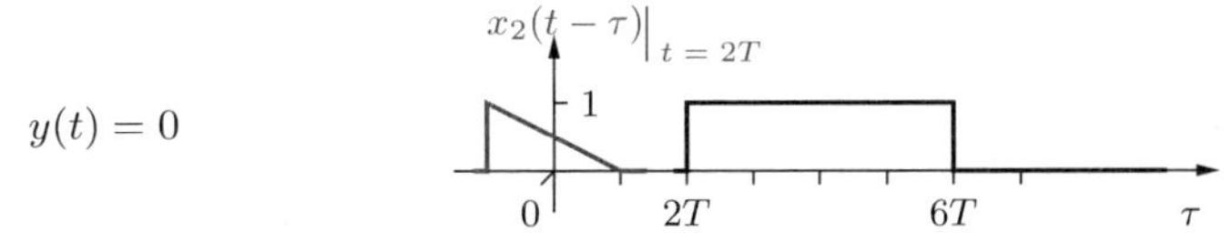

- $3T \leq t < 5T$ (Eindringphase)

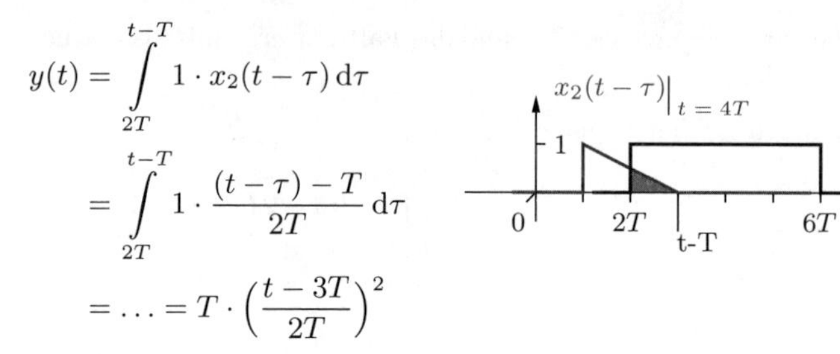

$$y(t) = \int_{2T}^{t-T} 1 \cdot x_2(t-\tau)\,\mathrm{d}\tau$$

$$= \int_{2T}^{t-T} 1 \cdot \frac{(t-\tau)-T}{2T}\,\mathrm{d}\tau$$

$$= \ldots = T \cdot \left(\frac{t-3T}{2T}\right)^2$$

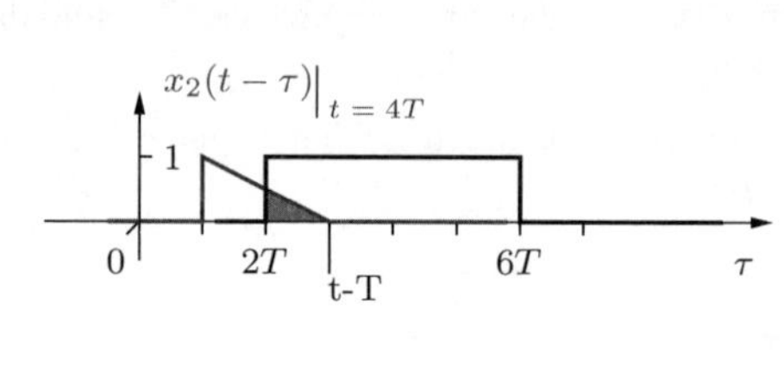

- $5T \leq t < 7T$ (Keine Flächenänderung)

$$y(t) = \text{Fläche}\{x_2(t)\} = T$$

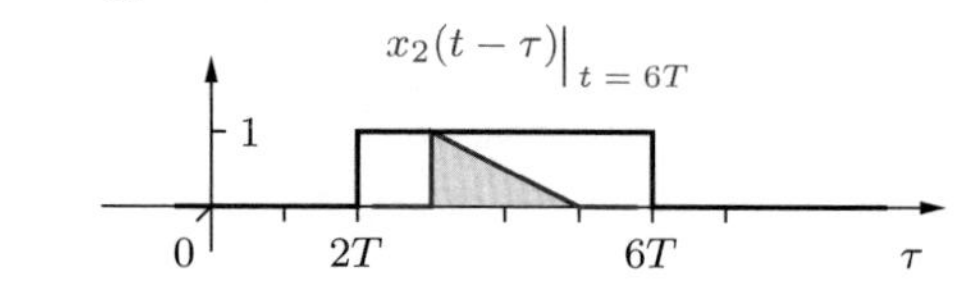

- $7T \leq t < 9T$ (Austrittsphase)

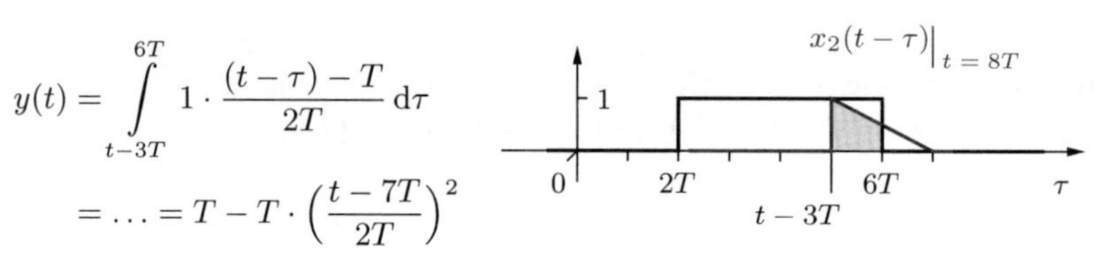

$$y(t) = \int_{t-3T}^{6T} 1 \cdot \frac{(t-\tau)-T}{2T}\,\mathrm{d}\tau$$

$$= \ldots = T - T \cdot \left(\frac{t-7T}{2T}\right)^2$$

- $9T \leq t < \infty$ (Keine Überlappung)

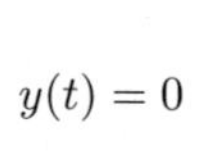

$$y(t) = 0$$

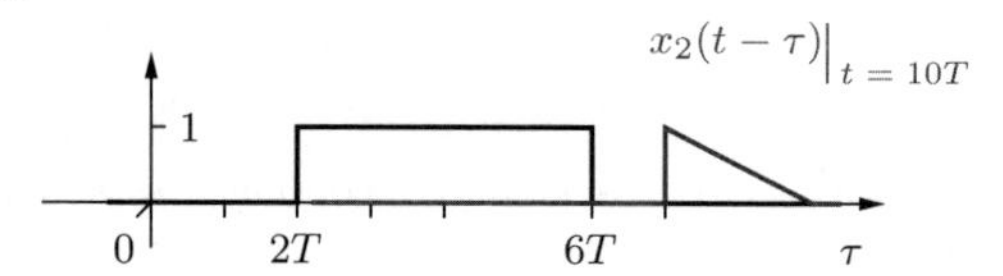

Zusammengefasst lautet das Ergebnis:

$$y(t) = \begin{cases} 0 & ;\ -\infty < t < 3T \\ T \cdot \left(\frac{t-3T}{2T}\right)^2 & ;\ \ 3T \leq t < 5T \\ T & ;\ \ 5T \leq t < 7T \\ T - T \cdot \left(\frac{t-7T}{2T}\right)^2 & ;\ \ 7T \leq t < 9T \\ 0 & ;\ \ 9T \leq t < \infty \end{cases}$$

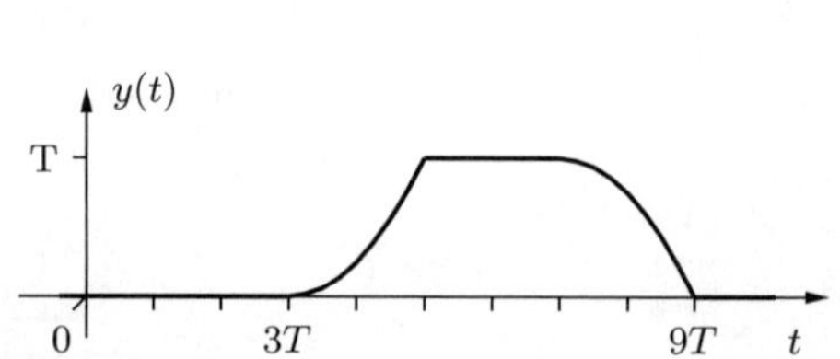

MATLAB-Projekt 1.C Faltung kontinuierlicher Signale

1. Aufgabenstellung

   Die beiden Signale aus dem Beispiel 1.1 sollen mit Hilfe des MATLAB-Faltungsbefehls `conv` verknüpft werden.

2. Lösungshinweise

   Man beachte, dass der MATLAB-Befehl `conv` eigentlich eine diskrete lineare Faltung, siehe Abschnitt 4.4.1, berechnet. Diese basiert auf einer Summation, während zur Faltung von kontinuierlichen Signalen eine Integration erforderlich ist. Die Umrechnung geschieht durch Multiplikation des mit `conv` gewonnenen Ergebnisses mit dem Rasterungsfaktor `dt`.

3. MATLAB-Programm

```
% Faltung kontinuierlicher Signale
clear; close all;

% Festlegung von Parametern
T = 1;                          % (in Sek.)
t_min = -T;                     % Zeitlicher Darstellungsbeginn
t_max=10*T;                     % Zeitliches Darstellungsende
dt = T/1000;                    % Delta-t
t = t_min:dt:t_max;             % Vektor mit den Zeitstützpunkten
T1 = 2*T;                       % Impulsbeginn in x1
Tb1 = 4*T;                      % Impulsbreite von x1
T2 = T;                         % Impulsbeginn in x2
Tb2 = 2*T;                      % Impulsbreite von x2

% Erzeugung der Signale
x1 = (t>=T1 & t<=(T1+Tb1));                  % Definition von x1
x2 = (t>=T2 & t<=(T2+Tb2)).*(t-T)/(2*T);     % Definition von x2

% Berechnung der Faltung
y = conv(x1,x2)*dt;
```

4. Darstellung der Lösung

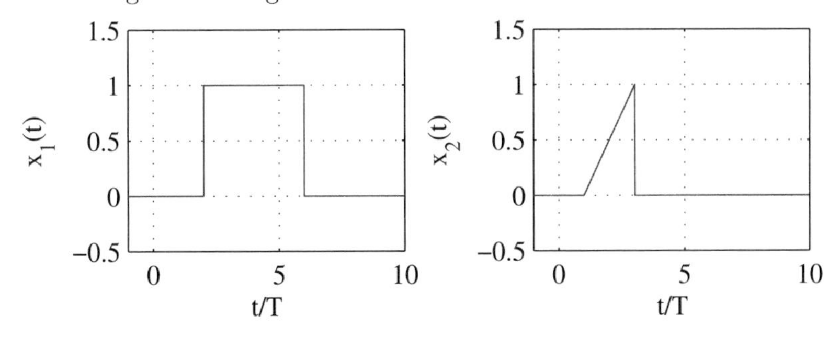

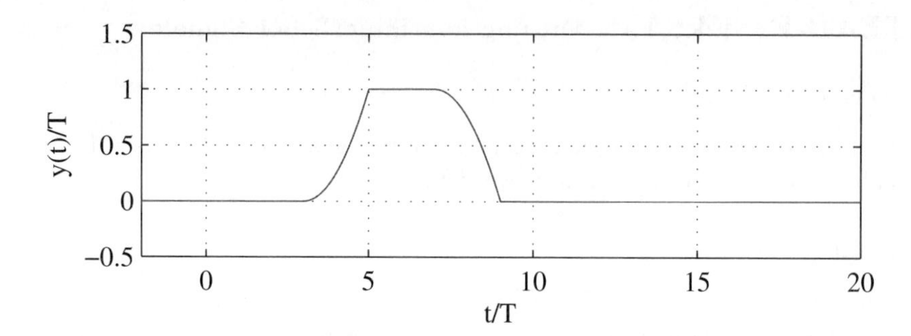

5. Weitere Fragen und Untersuchungen

   - Man variiere die Impulslängen sowie den Impulsbeginn der beiden Signale und beobachte das Faltungsergebnis.

MATLAB-Projekt 1.D Gleitender Mittelwert durch Faltung

1. Aufgabenstellung

   Es wird noch einmal das Projekt 1.B aufgegriffen. Die Glättung soll dieses Mal durch Faltung des verrauschten Sinussignals mit einem Rechtecksignal erreicht werden. Die Länge des Rechtecksignals soll gleich der Breite des Glättungsfensters aus dem Projekt 1.B sein.

2. MATLAB-Programm

   Das MATLAB-Programm aus dem Projekt 1.B kann weitgehend übernommen werden. Lediglich die for-Schleife ist durch folgende Zeilen zu ersetzen:

```
rect = rectwin(B);             % Rechtecksignal der Länge B (in dt-Schritten)
z_tmp = conv(y,rect)/B;        % Faltung mit Rechtecksignal u. Normierung
z = z_tmp(B:length(t)-1);      % B-1 Werte am Vektoranfang verwerfen
```

3. Darstellung der Lösung

   Die Lösung ist identisch mit der Lösung aus dem Projekt 1.B.

4. Weitere Fragen und Untersuchungen

   - Warum führt die Faltung mit dem Rechtecksignal zu exakt der gleichen Lösung wie bei der Bildung des gleitenden Mittelwertes im Projekt 1.B?
   - Warum sind die ersten $B-1$ Werte des Faltungsproduktes zu verwerfen?

Korrelation von Energiesignalen

Die *Korrelationsfunktion* oder *Energiekorrelationsfunktion* $\mathrm{r}_{xy}^{\mathrm{E}}(\tau)$ stellt einen Zusammenhang zwischen zwei determinierten Energiesignalen $x(t)$ und $y(t)$ her und zeigt die Ähnlichkeit (Verwandtschaft) beider Signale an. Dazu werden die beiden Signale um eine Zeit τ gegeneinander verschoben. Die Korrelationsfunktion ist folgendermaßen definiert:

$$\mathrm{r}_{xy}^{\mathrm{E}}(\tau) = \int_{-\infty}^{\infty} x^*(t)\, y(t+\tau)\, \mathrm{d}t\,. \tag{1.26}$$

Zwischen der Korrelationsfunktion zweier Energiesignale und dem Faltungsprodukt dieser Signale besteht ein einfacher Zusammenhang. Gleichung (1.26) lautet mit der Substitution $t \to -\vartheta$

$$\begin{aligned}\mathrm{r}_{xy}^{\mathrm{E}}(\tau) &= \int_{+\infty}^{-\infty} x^*(-\vartheta)\, y(\tau-\vartheta)\, (-\mathrm{d}\vartheta) = \int_{-\infty}^{+\infty} x^*(-\vartheta)\, y(\vartheta+\tau)\, \mathrm{d}\vartheta \\ &= x^*(-\tau) * y(\tau)\,. \end{aligned} \tag{1.27}$$

Ist $x(t)$ eine reelle und gerade Funktion von t, so ist das Korrelationsprodukt mit dem Faltungsprodukt identisch.

Wegen der engen Beziehung zwischen der Korrelation und der Faltung zweier Funktionen liegt die Frage nahe, ob die Korrelation ebenso wie die Faltung kommutativ ist. Unter Ausnutzung der Kommutativität der Faltung ergibt sich aus Gleichung (1.27)

$$\mathrm{r}_{xy}^{\mathrm{E}}(\tau) = x^*(-\tau) * y(\tau) = y(\tau) * x^*(-\tau) = (y^*(\tau) * x(-\tau))^* = (\mathrm{r}_{yx}^{\mathrm{E}}(-\tau))^*\,. \tag{1.28}$$

Die Korrelation ist also nicht kommutativ.

Wird in einer Korrelationsfunktion eine Funktion $x(t)$ mit sich selbst verknüpft, gilt also $y(t) = x(t)$, so spricht man von der *(Energie-)Autokorrelationsfunktion* $\mathrm{r}_{xx}^{\mathrm{E}}(\tau)$. Werden dagegen zwei verschiedene Funktionen $x(t)$ und $y(t)$ verknüpft, so spricht man von einer *(Energie-)Kreuzkorrelationsfunktion* $\mathrm{r}_{xy}^{\mathrm{E}}(\tau)$.

Die Autokorrelationsfunktion $\mathrm{r}_{xx}^{\mathrm{E}}(\tau)$ ist für reelle Energiesignale $x(t)$ stets eine gerade Funktion in τ:

$$\mathrm{r}_{xx}^{\mathrm{E}}(\tau) = \mathrm{r}_{xx}^{\mathrm{E}}(-\tau)\,. \tag{1.29}$$

Diese Eigenschaft ist sofort aus Gleichung (1.28) ablesbar, wenn man die Größe y durch x ersetzt.

1.4 Fourier-Transformation

Die *Fourier-Transformation* findet in vielen Gebieten der Physik und der Technik Anwendung, so z. B. in der Optik, in der Quantenphysik, bei der Ausbreitung elektromagnetischer Wellen und in der Wahrscheinlichkeitstheorie. Sie ist grundlegend für die Systemtheorie und somit auch für die analoge und digitale Signalverarbeitung in der Informations- und Regelungstechnik. Die Fourier-Transformation ist ferner Grundlage für die zeitdiskrete Fourier-Transformation, siehe Abschnitt 4.5.

Das vorliegende Kapitel behandelt nach der Einführung des Fourier-Integrals die wichtigsten Eigenschaften und Rechenregeln der Fourier-Transformation. Bei der Behandlung von Leistungssignalen wird die Theorie der Distributionen (verallgemeinerten Funktionen) zu Hilfe genommen. Nach der Faltung, der Korrelation und dem Parsevalschen Theorem werden abschließend Symmetrieeigenschaften der Fourier-Transformation und Fragen der Rücktransformation behandelt.

1.4.1 Fourier-Integral

Im Folgenden wird eine Klasse von komplex- oder reellwertigen Funktionen $x(t)$ der reellen unabhängigen Variablen t betrachtet, für die das folgende *Fourier-Integral* existiert:

$$X(\mathrm{j}\,\omega) = \int_{-\infty}^{\infty} x(t)\,\mathrm{e}^{-\mathrm{j}\,\omega t}\,\mathrm{d}t\,. \tag{1.30}$$

$X(\mathrm{j}\,\omega)$ wird auch als *Fourier-Transformierte*, *Fourier-Spektrum* oder *komplexes Amplitudenspektrum* von $x(t)$ bezeichnet. Die darin verwendete komplexe Exponentialfunktion $\exp(-\mathrm{j}\,\omega t)$ stellt den *Kern* der Transformation dar. Der unabhängige *Frequenzparameter* ω tritt stets in Verbindung mit der Größe j auf. Die Fourier-Transformierte $X(\mathrm{j}\,\omega)$ wird daher im Folgenden als Funktion von $\mathrm{j}\,\omega$ geschrieben.

Das Fourier-Integral existiert mindestens dann, wenn die Funktion $x(t)$ absolut integrierbar ist, d. h. wenn die Bedingung

$$\int_{-\infty}^{\infty} |x(t)|\,\mathrm{d}t < \infty \tag{1.31}$$

erfüllt ist. Dies ist eine hinreichende, aber nicht notwendige Bedingung. Es gibt durchaus Funktionen, die nicht absolut integrierbar sind, aber dennoch eine Fourier-Transformierte besitzen. Die Korrespondenztabelle B.1 enthält einige solcher Funktionen, z. B. $x(t) = \mathrm{si}(\omega_0 t)$ und $x(t) = \epsilon(t)$.

Im technischen Sinne stellt $X(\mathrm{j}\,\omega)$ die Signalbeschreibung (des Zeitsignals $x(t)$) im Frequenzbereich dar. Mit

$$x(t) = \frac{1}{2\pi} \int\limits_{-\infty}^{\infty} X(\mathrm{j}\,\omega)\,\mathrm{e}^{\,\mathrm{j}\,\omega t}\,\mathrm{d}\omega \tag{1.32}$$

kann die Beschreibung im Zeitbereich wiedergewonnen werden. Die Richtigkeit der *inversen Fourier-Transformation*, Gleichung (1.32), lässt sich durch Einsetzen von Gleichung (1.30) in (1.32) zeigen. Den Schlüssel zum Beweis liefert die Beziehung (A.3).

Neben der ausführlichen Darstellung in Gleichung (1.30) sind die beiden folgenden abkürzenden Schreibweisen üblich:

$$X(\mathrm{j}\,\omega) \;=\; \mathcal{F}\{x(t)\} \tag{1.33}$$

$$X(\mathrm{j}\,\omega) \overset{\mathcal{F}}{\bullet\!\!-\!\!\circ} x(t)\,. \tag{1.34}$$

Beispiel 1.2: Fourier-Transformierte des Rechtecksignals

Die Fourier-Transformierte des Rechtecksignals

$$\begin{aligned} x(t) &= \mathrm{rect}(t/T) \\ &= \epsilon(t+T/2) - \epsilon(t-T/2) \\ &= \begin{cases} 1 & \text{für } |t| \le T/2 \\ 0 & \text{sonst} \end{cases} \end{aligned}$$

rect(t/T)
1
...
...
−T/2
0
T/2
t

soll berechnet werden.

Durch direkte Anwendung des Fourier-Integrals aus Gleichung (1.30) erhält man

$$\begin{aligned} X(\mathrm{j}\,\omega) &= \int\limits_{-\infty}^{+\infty} \mathrm{rect}(t)\mathrm{e}^{\,-\mathrm{j}\,\omega t}\,\mathrm{d}t = \int\limits_{-T/2}^{+T/2} \mathrm{e}^{\,-\mathrm{j}\,\omega t}\,\mathrm{d}t = \frac{1}{-\mathrm{j}\,\omega}\,\mathrm{e}^{\,-\mathrm{j}\,\omega t}\Big|_{-T/2}^{T/2} \\ &= \frac{1}{-\mathrm{j}\,\omega}\left(\mathrm{e}^{\,-\mathrm{j}\,\omega T/2} - \mathrm{e}^{\,-\mathrm{j}\,\omega T/2}\right) = \frac{2}{\omega}\cdot\sin(\omega T/2) \\ &= T\cdot \mathrm{si}(\omega\,\frac{T}{2})\,. \end{aligned}$$

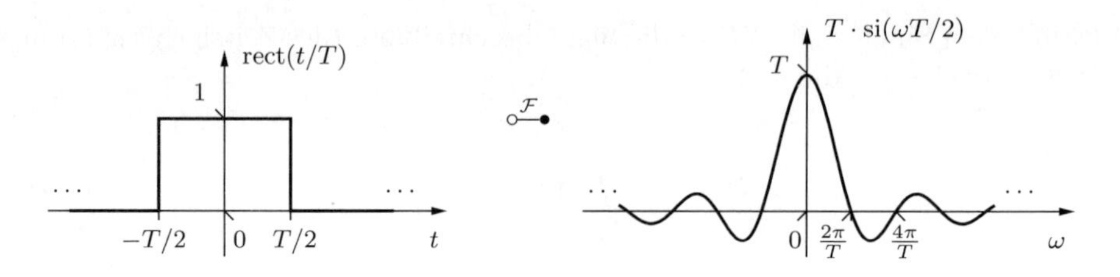

MATLAB-Projekt 1.E Fourier-Transformation

1. Aufgabenstellung

   Es soll eine MATLAB-Funktion zur Darstellung der Fourier-Transformierten von kontinuierlichen, impulsförmigen Signalen mit endlichen Amplitudenwerten erstellt werden. Die Fourier-Transformierte soll dazu an endlich vielen Frequenzstützpunkten innerhalb eines vorgegebenen endlich langen Frequenzintervalls berechnet werden.

   Impulsförmige Signale (zeitbegrenzte Signale) sind Signale, für die gilt:

$$x(t) = \begin{cases} \text{endlich} & \text{für} \quad T_1 \leq t \leq T_2 \\ 0 & \text{sonst} \end{cases}$$

2. Lösungsweg

   Die Fourier-Transformierte eines allgemeinen, kontinuierlichen Signals wird durch Gleichung (1.30) ermittelt. Einer Berechnung durch MATLAB stehen das *unendliche* Integrationsintervall sowie die Tatsachen, dass eine *kontinuierliche* Funktion in t gegeben ist und eine *kontinuierliche* Funktion in ω benötigt wird, im Wege.

   Für impulsförmige Signale (s. o.) genügt jedoch ein endliches Integrationsintervall und wenn $x(t)$ an endlich vielen Zeitstützpunkten vorliegt und man sich mit der näherungsweisen Berechnung von $X(\mathrm{j}\,\omega)$ an endlich vielen Frequenzstützpunkten aus einem endlich langen Frequenzintervall begnügt, so kann MATLAB zur Ermittlung dieser Werte herangezogen werden.

   Man muss sich bei der Wahl der Länge des Frequenzintervalls darüber im klaren sein, dass ein impulsförmiges Signal stets ein über ω unendlich ausgedehntes Spektrum besitzt (siehe Beispiel 1.4). Allerdings nimmt dieses mit steigendem $|\omega|$, von lokalen Schwankungen abgesehen, betragsmäßig immer mehr ab.

   Die in MATLAB zu programmierende Formel lautet also:

$$X(\mathrm{j}\,\omega) = \int_{T_1}^{T_2} x(t)\,\mathrm{e}^{-\mathrm{j}\,\omega t}\,\mathrm{d}t\;; \qquad \omega = \{\omega_1, \ldots, \omega_2\}\,.$$

Die Integration kann in MATLAB als numerische Integration mit der Trapezmethode durchgeführt werden. Dem benötigten Befehl, `trapz`, können als erstes Argument ein Vektor mit den Zeitstützpunkten $(T_1,\ldots,T_2)$ und als zweites Argument eine Matrix angegeben werden, in deren Spalten der Integrand aus obigem Integral für jeweils einen ω-Wert aus $\{\omega_1,\ldots,\omega_2\}$ steht. Die Matrix sieht also wie folgt aus:

$$\begin{pmatrix} x(T_1)\cdot \mathrm{e}^{-\mathrm{j}\,T_1\omega_1} & \ldots & x(T_1)\cdot \mathrm{e}^{-\mathrm{j}\,T_1\omega_2} \\ \vdots & \ddots & \\ x(T_2)\cdot \mathrm{e}^{-\mathrm{j}\,T_2\omega_1} & \ldots & x(T_2)\cdot \mathrm{e}^{-\mathrm{j}\,T_2\omega_2} \end{pmatrix}.$$

3. MATLAB-Programm

```
function ftx = fourier(x,t,w)
%FOURIER Fourier transform.
%   FTX = FOURIER(X,T,W) returns the Fourier transform of
%   the signal x(t) specified by the samples in vector X
%   at the timestamps in vector T. The Fourier transform
%   samples are calculated at the frequencies specified by the
%   given vector W. W should have units of rad/sec.
%
%                t_last      -jwt
%   FTX(jw)  =   int  x(t) e      dt  ;   where t_first is the first
%                t_first                  timestamp in T and t_last
%                                         is the last one.
%

%%% Test for correct function call
% Right number of arguments
if nargin ~= 3
  error('Function call is: FTX = FOURIER(X,T,W) ');
end
% Are x, t, w all vectors?
if ~isvector(x) | ~isvector(t) | ~isvector(w)
  error('X, T and W must be a vectors.');
end
if length(x) ~= length(t)
    error('X and T must be of the same length.');
end

%%% Vector type conversion if necessary
[row_t,col_t] = size(t);
if row_t == 1                               % We need t being a column vector.
    t = transpose(t);
end
[row_w,col_w] = size(w);
if col_w == 1                               % We need w being a row vector.
    w = transpose(w);
end

%%% Actual calculation
ftx = trapz(t,diag(x)*exp(-j*t*w));         % Numerical integration
```

Hinweis: Die Kommentarzeilen, die unmittelbar nach der Deklaration der Funktion, hier: `function ftx = fourier(x,t,w)`, folgen, werden bei Aufruf von `help <Funktionsname>`, hier `help fourier`, in MATLAB als „Hilfetext“ ausgegeben. In Anlehnung an bereits vorhandene Funktionen wurde dieser „Hilfetext“ auf Englisch geschrieben. Ebenfalls in Anlehnung an den MATLAB-Standard wurden die Fehlermeldungen, z. B. in `error('X, T and W must be vectors.');` auf Englisch geschrieben.

4. Weitere Fragen und Untersuchungen

- Man ermittle das Spektrum des Rechtecksignals aus Beispiel 1.2 mit Hilfe der MATLAB-Funktion `fourier`.
- Man schreibe eine Funktion `ifourier` zur Berechnung der inversen Fourier-Transformation nach Gleichung (1.32).

1.4.2 Eigenschaften der Fourier-Transformation

Linearität

Die Fourier-Transformation ist linear, da mit

$$x_1(t) \overset{\mathcal{F}}{\circ\!\!-\!\!\bullet} X_1(\mathrm{j}\,\omega)$$

und

$$x_2(t) \overset{\mathcal{F}}{\circ\!\!-\!\!\bullet} X_2(\mathrm{j}\,\omega)$$

gilt:

$$a\,x_1(t) + b\,x_2(t) \overset{\mathcal{F}}{\circ\!\!-\!\!\bullet} a\,X_1(\mathrm{j}\,\omega) + b\,X_2(\mathrm{j}\,\omega)\,. \tag{1.35}$$

Die Fourier-Transformierte einer Linearkombination von Signalen $x_1(t), x_2(t)$ ist gleich der Linearkombination der Fourier-Transformierten $X_1(\mathrm{j}\,\omega), X_2(\mathrm{j}\,\omega)$. Diese Aussage lässt sich auf eine Summe von mehr als zwei gewichteten Funktionen ausdehnen und, sofern sie existiert, auch auf eine gewichtete Summe von unendlich vielen Funktionen.

Dualität

Aufgrund der Ähnlichkeit der Fourier-Transformationsformel (1.30) und der Formel für die inverse Fourier-Transformation (1.32) lassen sich die beiden Formeln leicht ineinander überführen. Ausgehend von Gleichung (1.32):

$$x(t) = \frac{1}{2\pi} \int\limits_{-\infty}^{\infty} X(\mathrm{j}\,\omega)\,\mathrm{e}^{\,\mathrm{j}\,\omega t}\,\mathrm{d}\omega$$

ergibt sich durch die Substitutionen $t \to -\lambda$ und $\omega \to \tau$:

$$2\pi \cdot x(-\lambda) = \int_{-\infty}^{\infty} X(\mathrm{j}\,\tau)\,\mathrm{e}^{-\mathrm{j}\,\tau\lambda}\,\mathrm{d}\tau\,. \tag{1.36}$$

Dies bedeutet, dass mit

$$x(t) \overset{\mathcal{F}}{\circ\!\!-\!\!\bullet} X(\mathrm{j}\,\omega)$$

gilt:

$$X(\mathrm{j}\,t) \overset{\mathcal{F}}{\circ\!\!-\!\!\bullet} 2\pi \cdot x(-\omega)\,, \tag{1.37}$$

da rechts vom Gleichheitszeichen in Gleichung (1.36) das Fourier-Integral von der Funktion $X(\mathrm{j}\,t)$ steht.

Die Dualitätseigenschaft der Fourier-Transformation ist dazu geeignet, aus bekannten Korrespondenzen zwischen Zeit- und Frequenzbereich durch einfache Substitutionen gemäß Gleichung (1.37) neue Korrespondenzen abzuleiten, siehe Beispiel 1.3.

Beispiel 1.3: Dualität

Gesucht sei die Fourier-Transformierte des Signals $x(t) = \mathrm{si}(\omega_0 t)$.

Aufgabe: $x(t) = \mathrm{si}(\omega_0 t) \overset{\mathcal{F}}{\circ\!\!-\!\!\bullet} X(\mathrm{j}\,\omega) = ?$

Aus Beispiel 1.2 bekannt: $\mathrm{rect}(t/T) \overset{\mathcal{F}}{\circ\!\!-\!\!\bullet} T \cdot \mathrm{si}(\omega \frac{T}{2})$

Dualitätseigenschaft Gl. (1.37): $T \cdot \mathrm{si}(\frac{T}{2} t) \overset{\mathcal{F}}{\circ\!\!-\!\!\bullet} 2\pi \cdot \mathrm{rect}(-\omega/T)$

Zur Anpassung an die Aufgabe: $\frac{T}{2} \to \omega_0$

Und somit: $\mathrm{si}(\omega_0 t) \overset{\mathcal{F}}{\circ\!\!-\!\!\bullet} \frac{2\pi}{2\omega_0}\,\mathrm{rect}(-\omega/(2\omega_0))$

Da rect(·) eine gerade Funktion ist, lautet das Ergebnis:

$$X(\mathrm{j}\,\omega) = \frac{\pi}{\omega_0}\,\mathrm{rect}(\frac{\omega}{2\omega_0})\,.$$

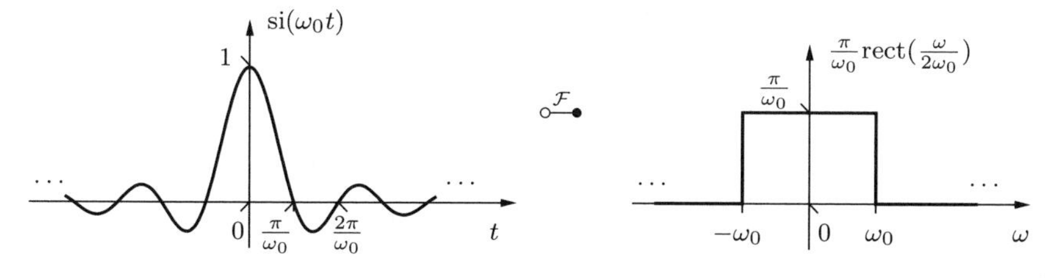

Zeit- und Frequenzverschiebung

Mit

$$x(t) \overset{\mathcal{F}}{\circ\!\!-\!\!\bullet} X(\mathrm{j}\,\omega)$$

gilt für das zeitverschobene Signal

$$x(t-t_0) \overset{\mathcal{F}}{\circ\!\!-\!\!\bullet} X(\mathrm{j}\,\omega)\,\mathrm{e}^{-\mathrm{j}\,t_0\omega} \tag{1.38}$$

und für die frequenzverschobene[3] Fourier-Transformierte

$$\mathrm{e}^{\mathrm{j}\,\omega_0 t}\,x(t) \overset{\mathcal{F}}{\circ\!\!-\!\!\bullet} X(\mathrm{j}\,(\omega-\omega_0))\,. \tag{1.39}$$

Konjugiert komplexe Zeitfunktion

Gilt für eine Funktion $x(t)$ die Fourier-Korrespondenz

$$x(t) \overset{\mathcal{F}}{\circ\!\!-\!\!\bullet} X(\mathrm{j}\,\omega)\,,$$

dann lautet die Korrespondenz für die zu $x(t)$ konjugiert komplexe Folge:

$$x^*(t) \overset{\mathcal{F}}{\circ\!\!-\!\!\bullet} X^*(-\mathrm{j}\,\omega)\,. \tag{1.40}$$

Zeitskalierung (Ähnlichkeitssatz) und Frequenzskalierung

Gegeben sei

$$x(t) \overset{\mathcal{F}}{\circ\!\!-\!\!\bullet} X(\mathrm{j}\,\omega)\,.$$

Für die zeitliche Skalierung des Signals $x(t)$ mit reellem $a \neq 0$ gilt:

$$x(a\,t) \overset{\mathcal{F}}{\circ\!\!-\!\!\bullet} \frac{1}{|a|}\,X(\mathrm{j}\,\frac{\omega}{a})\,. \tag{1.41}$$

Für den Spezialfall $a = -1$ erhält man aus dem Ähnlichkeitssatz den Satz zur *Zeitinversion*:

$$x(-t) \overset{\mathcal{F}}{\circ\!\!-\!\!\bullet} X(-\mathrm{j}\,\omega)\,. \tag{1.42}$$

Ist $x(t)$ eine *reellwertige* Funktion, dann kommt die imaginäre Einheit j beim Fourier-Integral über $x(t)$ allein im Kern $\mathrm{e}^{\mathrm{j}\,\omega t}$ vor. Daher führt eine Vorzeichenänderung von $\mathrm{j}\,\omega$ gemäß Gleichung (1.42) zur konjugiert komplexen Fourier-Transformierten, also:

$$x(-t) \overset{\mathcal{F}}{\circ\!\!-\!\!\bullet} X^*(\mathrm{j}\,\omega) \qquad \text{wenn} \quad x(t) \text{ reell.} \tag{1.43}$$

[3] Die Gleichung (1.39) wird auch Modulationssatz genannt.

Ganz offensichtlich geht die Skalierung der Zeitvariablen mit einer Frequenzskalierung einher. Daher folgt aus Gleichung (1.41) mit $a = 1/b, \quad b \neq 0$ sofort:

$$X(\mathrm{j}\, b\, \omega) \bullet\!\overset{\mathcal{F}}{-}\!\circ \frac{1}{|b|}\, x\Big(\frac{t}{b}\Big)\,. \tag{1.44}$$

Eine Streckung der Frequenzachse führt also auf eine Stauchung der Zeitachse und umgekehrt.

Eine Anwendung des Ähnlichkeitssatzes stellt die *Normierung* dar. Man kann eine Normierung mit der Normierungszeit T_n durchführen, indem man in Gleichung (1.41) $a = 1/T_\mathrm{n}$ setzt. Automatisch wird dadurch die Frequenzvariable ω auf eine Normierungsfrequenz $\omega_\mathrm{n} = 1/T_\mathrm{n}$ bezogen. Dies bedeutet, dass nur eine der beiden Normierungsgrößen frei wählbar ist.

Zeit-Bandbreite-Produkt

Der Ähnlichkeitssatz, Gleichung (1.41) besagt, dass einer Skalierung der Zeitachse mit dem Faktor a die Skalierung mit der Frequenzachse mit $1/a$ entspricht (vgl. MATLAB-Projekt 1.F). Deswegen ist das Produkt aus der Dauer T_D des Signals und der Bandbreite ω_B der zugehörigen Fourier-Transformierten *konstant.*

$$T_\mathrm{D} \cdot \omega_\mathrm{B} = \text{konstant} \tag{1.45}$$

Es gibt viele verschiedene Definitionen für die Dauer T_D eines Signals bzw. für die Bandbreite ω_B eines Spektrums. Im Folgenden werden einige gebräuchliche Definitionsmöglichkeiten vorgestellt.

- Für zeit- oder bandbegrenzte Signale ist es sinnvoll, als Signaldauer bzw. Bandbreite denjenigen Abschnitt zu definieren, außerhalb dessen das Signal bzw. das Spektrum verschwindet (siehe auch Beispiel 1.4).

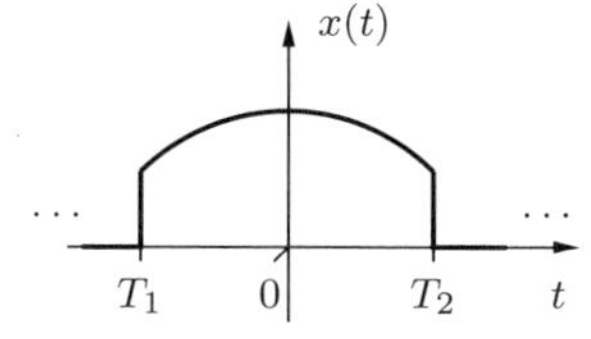

Signaldauer: $T_\mathrm{D} = T_2 - T_1$

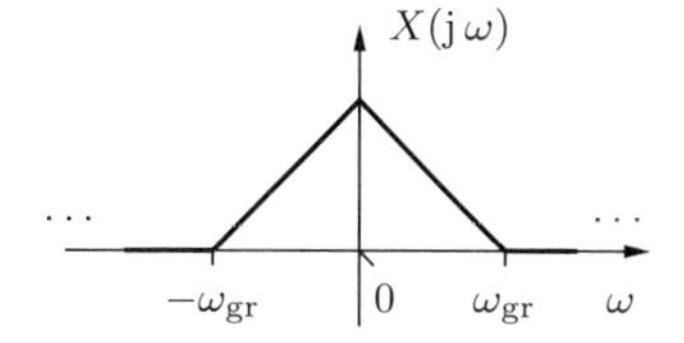

Bandbreite: $\omega_\mathrm{B} = 2\,\omega_\mathrm{gr}$

- Für zeitlich nicht begrenzte Signale $x(t)$ ist es sinnvoll, als Signaldauer eine Zeitkonstante des Signals zu verwenden. Als Alternative bietet sich auch die Dauer des *flächengleichen* Rechtecksignals an, welches die gleiche „Höhe“ (oft der Wert bei $t = 0$) wie $x(t)$ hat.

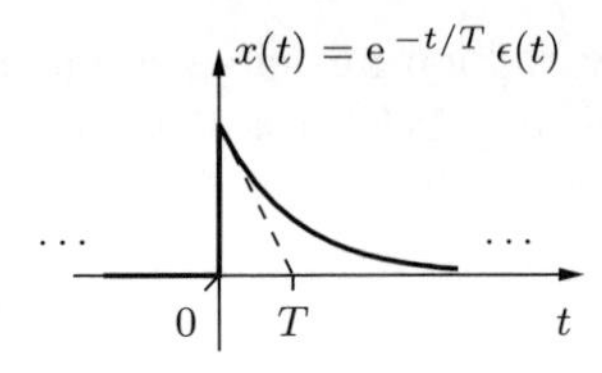

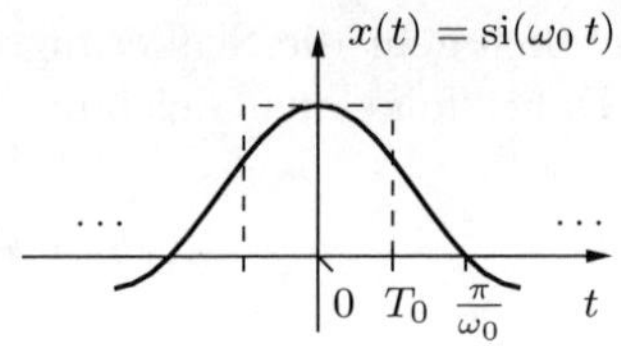

Signaldauer: $T_\mathrm{D} = T$

$$T_\mathrm{D} = 2\,T_0 = \frac{1}{x(0)} \int_{-\infty}^{\infty} x(t)\,\mathrm{d}t$$

$$= \frac{X(\mathrm{j}\,0)}{x(0)} \overset{\text{hier}}{=} \frac{\pi}{\omega_0}$$

- Für spektral nicht begrenzte Signale wird oft die sog. *3-dB-Grenzfrequenz* ω_gr als Bandgrenze verwendet. Die 3-dB-Grenzfrequenz ist diejenige Frequenz, an welcher der Betrag des Spektrums das $\frac{1}{\sqrt{2}}$-fache des Maximums des Spektrums (oder des Wertes bei $\omega = 0$) annimmt. Alternativ bietet sich wie bei den zeitlich unbegrenzten Signalen die Bandbreite des flächengleichen Rechteckspektrums an.

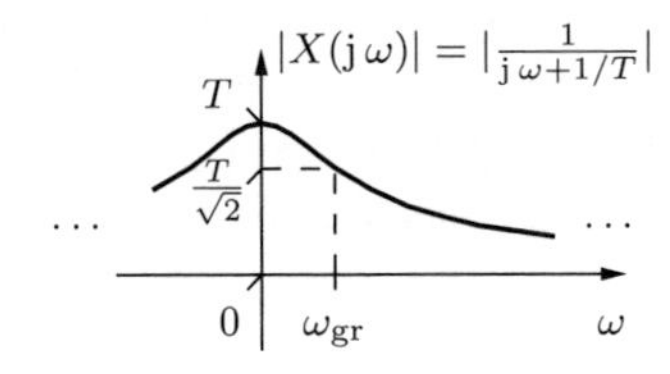

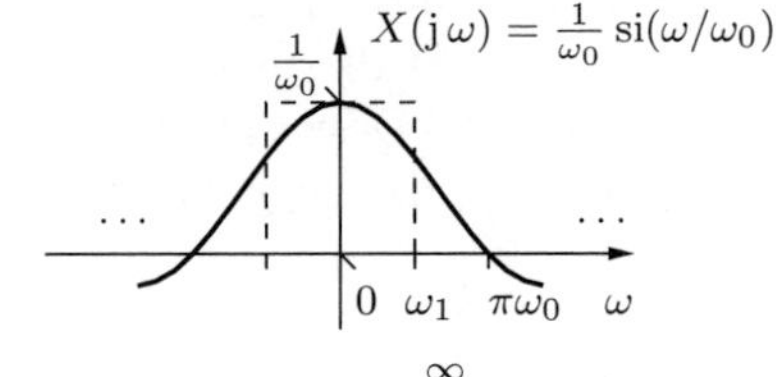

Bandbreite: $\omega_\mathrm{B} = 2\,\omega_\mathrm{gr}$

$$\omega_\mathrm{B} = 2\,\omega_1 = \frac{1}{X(\mathrm{j}\,0)} \int_{-\infty}^{\infty} X(\mathrm{j}\,\omega)\,\mathrm{d}\omega$$

$$= 2\pi \frac{x(0)}{X(\mathrm{j}\,0)} \overset{\text{hier}}{=} \pi\omega_0$$

MATLAB-Projekt 1.F Zeit-Bandbreite-Produkt

1. Aufgabenstellung und Lösungshinweis

   Das Zeit-Bandbreite-Produkt der Fourier-Transformation soll am Beispiel des Rechteckimpulses verifiziert werden.
   Zur Fourier-Transformation des Rechteckimpulses kann die Funktion `fourier` aus dem MATLAB-Projekt 1.E verwendet werden.

2. MATLAB-Programm

```
% Zeit-Bandbreite-Produkt
clear; close all;

% Festlegung von Parametern
a = 0.5;                        % Zeitskalierungsfaktor
T = 1;                          % (in Sek.)
```

```
t_min = -4*T;                   % Zeitlicher Darstellungsbeginn
t_max = 4*T;                    % Zeitliches Darstellungsende
dt = T/100;                     % Delta-t
t = t_min:dt:t_max;             % Vektor mit den Zeitstützpunkten
T1 = -T;                        % Impulsbeginn in x1
Tb1 = 2*T;                      % Impulsbreite von x1
% ... Parameter für die Fourier-Transformation
w0 = 2*pi/T;                    % (in rad/s)
w_min = -2*w0;                  % Darstellungsbeginn im Freq. ber.
w_max = 2*w0;                   % Darstellungsende im Freq. ber.
dw = w0/100;                    % Delta-w
w = w_min:dw:w_max;             % Vektor mit den Frequenzstützpunkten

% Erzeugung des Signales
x = (t>=T1 & t<=(T1+Tb1));                  % Definition von x(t)
T2 = T1/a; Tb2=Tb1/a;                       % Skalierung der Zeitachse mit a
x_a = (t>=T2 & t<=(T2+Tb2));                % Definition von x(a t)

% Berechnung der Fourier-Transformation an den Frequenzstellen in w
X = fourier(x,t,w);             % Fourier-Transformation von x(t)
X_a = fourier(x_a,t,w);         % Fourier-Transformation von x(a t)

% Berechung des Zeit-Bandbreite-Produkts
% ... Zeitdauer
T_D = Tb1;                      % Zeitdauer = Impulsbreite
% ... Bandbreite
[X_max,idx_max] = max(X);       % Maximum von X und zugehöriger Index
idx_3dB = find(X(idx_max:length(X))<=X_max/sqrt(2),1)+idx_max-1; % 3dB-Index
w_gr = 2*((w(idx_3dB-1)+w(idx_3dB))/2);    % Grenzfrequenz
% ... Produkt, normiert
ZBP = (T_D/T)*(w_gr/w0);
```

3. Darstellung der Lösung

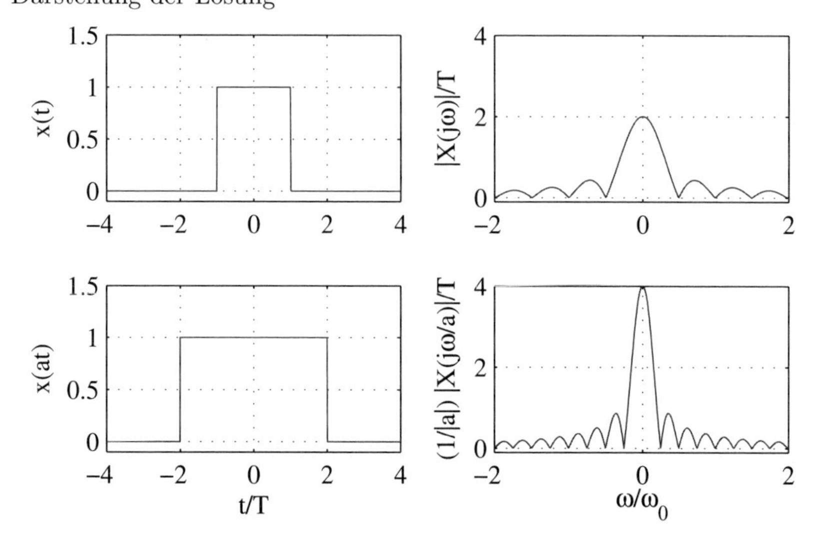

```
Zeit-Bandbreite-Produkt v. x(t)       = 0.9
Zeit-Bandbreite-Produkt v. x(at)      = 0.9
```

4. Weitere Fragen und Untersuchungen

- Man verändere den Skalierungsfaktor a und beobachte das Ergebnis.
- Statt vom Rechteckimpuls gehe man von $x(t) = \mathrm{e}^{-|t|/T} \cdot \mathrm{rect}(t/(10T))$ als zu transformierendem Signal aus. Für die Impulsdauer T_D dieses Signals setzt man sinnvollerweise $2T$ oder ein Vielfaches davon ein. T ist die Zeitkonstante des e-funktionsförmig abklingenden Signals.

Symmetrieeigenschaften

Im Folgenden sollen die Symmetrieeigenschaften der Fourier-Transformierten

$$X(\mathrm{j}\,\omega) = \mathrm{Re}\{X(\mathrm{j}\,\omega)\} + \mathrm{j}\ \mathrm{Im}\{X(\mathrm{j}\,\omega)\} = |X(\mathrm{j}\,\omega)| \cdot \mathrm{e}^{\mathrm{j}\,\varphi(\mathrm{j}\,\omega)} \tag{1.46}$$

eines *reellwertigen* Signals $x(t)$ sowie ihres Real- und Imaginärteils einerseits und ihres Betrages und ihrer Phase andererseits betrachtet werden.

Dazu wird das Signal zunächst in seinen *geraden* und in seinen *ungeraden* Anteil zerlegt:

$$x(t) = x_{\mathrm{g}}(t) + x_{\mathrm{u}}(t) \tag{1.47}$$

$$\text{mit} \qquad x_{\mathrm{g}}(t) = \frac{1}{2}(x(t) + x(-t)) \tag{1.48}$$

$$\text{und} \qquad x_{\mathrm{u}}(t) = \frac{1}{2}(x(t) - x(-t))\,. \tag{1.49}$$

Anschließend wird das Fourier-Integral, Gleichung (1.30), des so aufgeteilten Signals berechnet:

$$\begin{aligned} X(\mathrm{j}\,\omega) &= \int\limits_{-\infty}^{\infty} x(t)\,\mathrm{e}^{-\mathrm{j}\,\omega t}\,\mathrm{d}t \\ &= \int\limits_{-\infty}^{\infty} \Big(x_{\mathrm{g}}(t) + x_{\mathrm{u}}(t)\Big) \cdot \Big(\cos(\omega t) - \mathrm{j}\ \sin(\omega t)\Big)\,\mathrm{d}t\,. \end{aligned}$$

Da die symmetrische Integration nach der Zeit über eine in t ungerade Funktion den Wert null ergibt, bleibt für den Real- und Imaginärteil von $X(\mathrm{j}\,\omega)$ nur je ein

Term übrig:

$$\mathrm{Re}\{X(\mathrm{j}\,\omega)\} = \int_{-\infty}^{\infty} x_{\mathrm{g}}(t)\,\cos(\omega t)\,\mathrm{d}t \tag{1.50}$$

$$\mathrm{Im}\{X(\mathrm{j}\,\omega)\} = -\int_{-\infty}^{\infty} x_{\mathrm{u}}(t)\,\sin(\omega t)\,\mathrm{d}t\,. \tag{1.51}$$

Hieraus ist sofort erkennbar, dass der Realteil von $X(\mathrm{j}\,\omega)$ eine gerade und der Imaginärteil eine ungerade Funktion von ω ist, was gleichbedeutend damit ist, dass $X(\mathrm{j}\,\omega)$ konjugiert symmetrisch in ω ist, d. h. dass gilt:

$$X(\mathrm{j}\,\omega) = X^*(-\mathrm{j}\,\omega)\,. \tag{1.52}$$

Die Gleichungen (1.50 - 1.52) gelten, wie vorausgesetzt, nur für *reellwertige* Zeitsignale $x(t)$. Ist das Zeitsignal zudem noch gerade in t, d. h. ist sein ungerader Anteil $x_{\mathrm{u}}(t)$ null, so folgt aus Gleichung (1.51), dass seine Fourier-Transformierte rein reell ist. Analoge Überlegungen ergeben, dass zu einer ungeraden reellen Zeitfunktion eine rein imaginäre Fourier-Transformierte gehört.

Mit Gleichung (1.52) kann nun wie folgt gezeigt werden, dass der Betrag von $X(\mathrm{j}\,\omega)$, das sog. *Betragsspektrum*, eine gerade Funktion von ω ist:

$$|X(\mathrm{j}\,\omega)| = \sqrt{X(\mathrm{j}\,\omega)\cdot X^*(\mathrm{j}\,\omega)} = \sqrt{X^*(-\mathrm{j}\,\omega)\cdot X(-\mathrm{j}\,\omega)} = |X(-\mathrm{j}\,\omega)|\,. \tag{1.53}$$

Die Phase von $X(\mathrm{j}\,\omega)$, das sog. *Phasenspektrum* $\varphi(\omega) = \mathrm{arc}\{X(\mathrm{j}\,\omega)\}$, ist ungerade. Folgende Überlegung bestätigt dies: Der Imaginärteil von $X(\mathrm{j}\,\omega)$ in Gleichung (1.46) lautet $\mathrm{Im}\{X(\mathrm{j}\,\omega)\} = |X(\mathrm{j}\,\omega)|\cdot\sin(\varphi(\omega))$. Da er ungerade in ω ist, der Betrag $|X(\mathrm{j}\,\omega)|$ jedoch gerade, muss die Phase $\varphi(\omega)$ ungerade sein.

Tabelle 1.1: Symmetriebeziehungen der Fourier-Transformation

$x(t)$ reell	$\longleftrightarrow$	$\mathrm{Re}\{X(\mathrm{j}\,\omega)\}$ gerade,	$\mathrm{Im}\{X(\mathrm{j}\,\omega)\}$ ungerade
$x(t)$ reell	$\longleftrightarrow$	$\lvert X(\mathrm{j}\,\omega)\rvert$ gerade,	$\mathrm{arc}\{X(\mathrm{j}\,\omega)\}$ ungerade
$x(t)$ reell und gerade	$\longleftrightarrow$	$X(\mathrm{j}\,\omega)$ reell und gerade	
$x(t)$ reell und ungerade	$\longleftrightarrow$	$X(\mathrm{j}\,\omega)$ imaginär und ungerade	

1.4.3 Faltungs- und Fenstertheorem

Ausgehend vom Faltungsprodukt

$$y(t) = x_1(t) * x_2(t)$$

stellt sich die Frage, welche Beziehung zwischen den Fourier-Transformierten $X_1(\mathrm{j}\,\omega)$, $X_2(\mathrm{j}\,\omega)$ und $Y(\mathrm{j}\,\omega)$ der drei Signale $x_1(t)$, $x_2(t)$ und $y(t)$ besteht. Zur Beantwortung dieser Frage wird das Faltungsintegral (1.24) in das Fourier-Integral (1.30) eingesetzt:

$$\begin{aligned}
Y(\mathrm{j}\,\omega) &= \int_{-\infty}^{\infty} y(t)\,\mathrm{e}^{-\mathrm{j}\,\omega t}\,\mathrm{d}t = \int_{-\infty}^{\infty} \Big(\int_{-\infty}^{\infty} x_1(\tau) \cdot x_2(t-\tau)\,\mathrm{d}\tau \Big)\,\mathrm{e}^{-\mathrm{j}\,\omega t}\,\mathrm{d}t \\
&= \int_{-\infty}^{\infty} x_1(\tau) \Big(\int_{-\infty}^{\infty} x_2(t-\tau)\,\mathrm{e}^{-\mathrm{j}\,\omega t}\,\mathrm{d}t \Big)\,\mathrm{d}\tau \\
&= \int_{-\infty}^{\infty} x_1(\tau) \cdot \mathrm{e}^{-\mathrm{j}\,\omega \tau}\,\mathrm{d}\tau \;\cdot X_2(\mathrm{j}\,\omega) \\
&= X_1(\mathrm{j}\,\omega) \cdot X_2(\mathrm{j}\,\omega)\,.
\end{aligned}$$

Das Ergebnis lautet:

$$x_1(t) * x_2(t) \;\circ\!\!-\!\!\bullet\; X_1(\mathrm{j}\,\omega) \cdot X_2(\mathrm{j}\,\omega)\,. \tag{1.54}$$

Die Fourier-Transformierte eines Faltungsproduktes $x_1(t) * x_2(t)$ ist gleich dem Produkt $X_1(\mathrm{j}\,\omega) \cdot X_2(\mathrm{j}\,\omega)$ aus den Fourier-Transformierten der beiden Einzelsignale. Aus der Faltung zweier Signale im Zeitbereich wird eine Multiplikation im Frequenzbereich. Dieser Zusammenhang wird *Faltungstheorem* genannt und stellt eine grundlegende Beziehung für die Systemtheorie dar.

Eine weitere interessante Frage ist die nach der Fourier-Transformierten des Produkts

$$y(t) = x_1(t) \cdot x_2(t)$$

zweier Signale im Zeitbereich. Sie kann folgendermaßen berechnet werden:

$$Y(\mathrm{j}\,\omega) = \int_{-\infty}^{\infty} y(t)\,\mathrm{e}^{-\mathrm{j}\,\omega t}\,\mathrm{d}t = \int_{-\infty}^{\infty} x_1(t) \cdot x_2(t) \cdot \mathrm{e}^{-\mathrm{j}\,\omega t}\,\mathrm{d}t\,.$$

Mit der Formel (1.32) zur inversen Fourier-Transformation ergibt sich dann:

$$\begin{aligned} Y(\mathrm{j}\,\omega) &= \int_{-\infty}^{\infty} \frac{1}{2\pi} \int_{-\infty}^{\infty} X_1(\mathrm{j}\,\theta)\,\mathrm{e}^{\mathrm{j}\,\theta t}\mathrm{d}\theta \cdot \frac{1}{2\pi} \int_{-\infty}^{\infty} X_2(\mathrm{j}\,\vartheta)\,\mathrm{e}^{\mathrm{j}\,\vartheta t}\mathrm{d}\vartheta \cdot \mathrm{e}^{-\mathrm{j}\,\omega t}\,\mathrm{d}t \\ &= \frac{1}{2\pi} \int_{-\infty}^{\infty} X_1(\mathrm{j}\,\theta) \int_{-\infty}^{\infty} X_2(\mathrm{j}\,\vartheta)\, \frac{1}{2\pi} \int_{-\infty}^{\infty} \mathrm{e}^{\mathrm{j}\,\vartheta t}\mathrm{e}^{\mathrm{j}\,\theta t}\mathrm{e}^{-\mathrm{j}\,\omega t}\,\mathrm{d}t\;\mathrm{d}\vartheta\,\mathrm{d}\theta \\ &= \frac{1}{2\pi} \int_{-\infty}^{\infty} X_1(\mathrm{j}\,\theta) \int_{-\infty}^{\infty} X_2(\mathrm{j}\,\vartheta)\;\delta(\theta+\vartheta-\omega)\;\mathrm{d}\vartheta\,\mathrm{d}\theta\,, \qquad \text{siehe Bez. (A.3)} \\ &= \frac{1}{2\pi} \int_{-\infty}^{\infty} X_1(\mathrm{j}\,\theta)\cdot X_2(\mathrm{j}\,(\omega-\theta))\,\mathrm{d}\theta \;= \frac{1}{2\pi} X_1(\mathrm{j}\,\omega) * X_2(\mathrm{j}\,\omega)\,. \end{aligned}$$

Die Beziehung

$$x_1(t)\cdot x_2(t) \circ\!\!-\!\!\bullet\; \frac{1}{2\pi} X_1(\mathrm{j}\,\omega) * X_2(\mathrm{j}\,\omega) \tag{1.55}$$

heißt *Fenstertheorem* oder *Multiplikationstheorem* der Fourier-Transformation. Sie kann auch als *Faltungstheorem im Frequenzbereich* aufgefasst werden und ist die duale Beziehung zum Faltungstheorem im Zeitbereich, Gleichung (1.54). Der Name Fenstertheorem rührt von einem häufigen Anwendungsfall, nämlich der sog. *Fensterung* her. Dabei wird ein Signal $x_1(t)$ durch die Multiplikation mit einem zeitlich begrenzten Signal $x_2(t)$, einem sog. *Fenstersignal*, zeitlich begrenzt und ggf. innerhalb des „Fensterintervalls“ zeitabhängig gewichtet.

Beispiel 1.4: Fensterung zur Zeitbegrenzung

Zunächst soll ein beliebiges Zeitsignal $x(t)$ betrachtet werden, welches mit einem rechteckförmigen Fenstersignal $w^{\mathrm{Re}}(t) = \mathrm{rect}(t/T)$, siehe Beispiel 1.2, multipliziert wird. Mit dem Fenstertheorem (1.55) erhält man:

$$x(t)\cdot\mathrm{rect}(t/T) \circ\!\!-\!\!\bullet\; \frac{1}{2\pi} X(\mathrm{j}\,\omega) * \Big(T\cdot\mathrm{si}(\omega\frac{T}{2})\Big)\,.$$

Eine Zeitbegrenzung durch Multiplikation mit dem Rechteckfenster führt also im Frequenzbereich zu einem nicht bandbegrenzten Spektrum, da hier mit der unendlich ausgedehnten si-Funktion gefaltet wird. Da auch eine Zeitbegrenzung mit einem anderen Fenstersignal als dem Rechteckfenster eine Fensterung mit dem Rechteckfenster beinhaltet und da mit Hilfe der Dualitätseigenschaft der Fourier-Transformation entsprechendes für bandbegrenzte Signale gefolgert werden kann (s. a. Beispiel 1.5), gilt allgemein:

- **Zeitbegrenze Signale haben ein nicht bandbegrenztes Spektrum.**
- **Bandbegrenzte Signale sind zeitlich nicht begrenzt.**

Die Umkehrung dieser Sätze gilt nicht, was an dem einfachen Beispiel

$$\mathrm{e}^{-a|t|} \;\circ\!\!\stackrel{\mathcal{F}}{-}\!\!\bullet\; \frac{2a}{\omega^2 + a^2}$$

aus der Korrespondenztabelle B.1 abgelesen werden kann.

Nun soll speziell das Zeitsignal $x(t) = \cos(\omega_0 t)$ betrachtet werden, für das gilt:

$$\cos(\omega_0 t) \;\circ\!\!\stackrel{\mathcal{F}}{-}\!\!\bullet\; \pi \cdot \Big(\delta(\omega - \omega_0) + \delta(\omega + \omega_0)\Big) .$$

Es ergibt sich der folgende, graphisch dargestellte Zusammenhang:

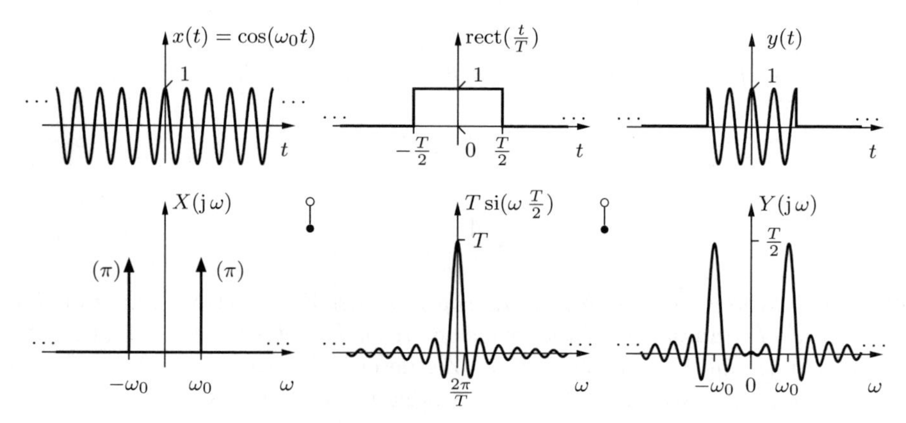

Und rechnerisch:

$$y(t) = \cos(\omega_0 t) \cdot \mathrm{rect}(t/T)$$

$$\circ\!\!-\!\!\bullet$$

$$\begin{aligned} Y(\mathrm{j}\,\omega) &= \frac{1}{2\pi}\Big(\pi \cdot \Big(\delta(\omega - \omega_0) + \delta(\omega + \omega_0)\Big) * \Big(T\,\mathrm{si}(\omega\frac{T}{2})\Big)\Big) \\ &= \frac{T}{2}\Big(\mathrm{si}((\omega - \omega_0)\frac{T}{2}) + \mathrm{si}((\omega + \omega_0)\frac{T}{2})\Big) . \end{aligned}$$

Beispiel 1.5: Bandbegrenzung und Gibbssches Phänomen

Ein beliebiges Zeitsignal $x(t)$ soll bandbegrenzt werden. Hierzu wird sein Spektrum $X(\mathrm{j}\,\omega)$ mit einer Rechteckfunktion (siehe auch Bild 2.10 im Abschnitt 2.3.3) im Frequenzbereich multipliziert:

$$X(\mathrm{j}\,\omega) \cdot \mathrm{rect}(\frac{\omega}{2\omega_{\mathrm{gr}}}) \;\bullet\!\!-\!\!\circ\; x(t) * \Big(\frac{\omega_{\mathrm{gr}}}{\pi}\,\mathrm{si}(\omega_{\mathrm{gr}} t)\Big) .$$

Gemäß dem Faltungstheorem, Gleichung (1.54), bedeutet diese Bandbegrenzung eine Faltung von $x(t)$ mit $\frac{\omega_{\mathrm{gr}}}{\pi}\,\mathrm{si}(\omega_{\mathrm{gr}} t)$ im Zeitbereich, da die si-Funktion mit der rect-Funktion eine Fourier-Korrespondenz bildet. Die Bandbegrenzung führt also zu einem zeitlich unbegrenzten Signal, vgl. auch Beispiel 1.4.

Schreibt man das bandbegrenzte Signal $x_{\text{gr}}(t)$ als Faltungsintegral, so erhält man:

$$x_{\text{gr}}(t) = x(t) * \left(\frac{\omega_{\text{gr}}}{\pi}\,\text{si}(\omega_{\text{gr}}t)\right) = \frac{\omega_{\text{gr}}}{\pi}\int\limits_{-\infty}^{\infty} x(\tau)\cdot\text{si}(\omega_{\text{gr}}(t-\tau))\,\mathrm{d}\tau$$

$$= \int\limits_{-\infty}^{\infty} x(\tau)\cdot\frac{\sin(\omega_{\text{gr}}(t-\tau))}{\pi(t-\tau)}\,\mathrm{d}\tau\,.$$

Wächst nun die Grenzfrequenz ω_{gr} über alle Grenzen, so kann wegen der Beziehung (A.4) aus der Distributionentheorie der folgende Ausdruck für das bandbegrenzte Signal angegeben werden:

$$\lim_{\omega_{\text{gr}}\to\infty} x_{\text{gr}}(t) = \int\limits_{-\infty}^{\infty} x(\tau)\cdot\delta(t-\tau)\,\mathrm{d}\tau$$

$$= x(t) \qquad \text{falls } x(t) \text{ stetig } \forall\, t\,,$$

d. h., im Falle einer stetigen Funktion $x(t)$ strebt die zugehörige bandbegrenzte Funktion $x_{\text{gr}}(t)$ mit zunehmender Grenzfrequenz ω_{gr} für alle Werte von t gegen die ursprüngliche Funktion $x(t)$.

Im Folgenden soll der Einfluss der Bandbegrenzung auf Signale $x(t)$ untersucht werden, die Sprungstellen besitzen. Solche Signale lassen sich immer in einen stetigen Anteil und in eine oder mehrere Sprungfunktionen zerlegen. Daher kommt die Sprungfunktion $\epsilon(t)$ als zu untersuchender Prototyp in Frage und man erhält nach der Bandbegrenzung mit $\text{rect}(\frac{\omega}{2\omega_{\text{gr}}})$ ganz analog zu oben:

$$\epsilon_{\text{gr}}(t) = \frac{\omega_{\text{gr}}}{\pi}\int\limits_{-\infty}^{\infty}\epsilon(\tau)\cdot\text{si}(\omega_{\text{gr}}(t-\tau))\,\mathrm{d}\tau = \frac{\omega_{\text{gr}}}{\pi}\int\limits_{0}^{\infty}\text{si}(\underbrace{\omega_{\text{gr}}(t-\tau)}_{\to\vartheta})\,\mathrm{d}\tau$$

$$= \frac{-1}{\pi}\int\limits_{\omega_{\text{gr}}t}^{-\infty}\text{si}(\vartheta)\,\mathrm{d}\vartheta = \frac{1}{\pi}\int\limits_{-\infty}^{\omega_{\text{gr}}t}\text{si}(\vartheta)\,\mathrm{d}\vartheta\,.$$

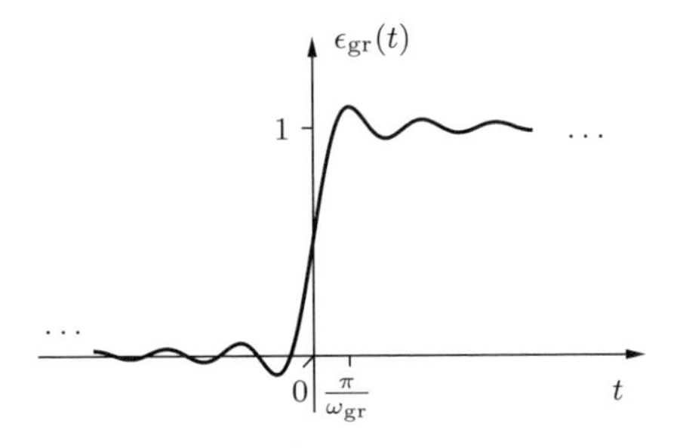

Die bandbegrenzte Sprungfunktion ergibt sich als Integral über die si-Funktion. Das Integral hat sein Maximum an der Stelle, an der die si-Funktion den ersten Nulldurchgang hat, d. h. bei $\vartheta = \pi$, bzw. bei $t = \pi/\omega_{\text{gr}}$. Eine Erhöhung der Bandgrenze ω_{gr} führt zu einem steileren Übergang, der Betrag des Überschwingens bleibt jedoch konstant bei ca. 9%. Dieser Sachverhalt ist in der Literatur als *Gibbssches Phänomen* bekannt.

1.4.4 Wiener-Khintchine-Theorem und Parsevalsches Theorem

Ebenso wie die Faltung kann auch die Korrelation im Frequenzbereich ausgedrückt werden. Wird das Faltungstheorem (Gleichung (1.54)) auf die Gleichung (1.27) zur Bestimmung der Korrelationsfunktion mit der Faltungsoperation angewandt, dann ergibt sich:

$$\mathrm{r}_{xy}^{\mathrm{E}}(t) = x^*(-t) * y(t) \quad \overset{\mathcal{F}}{\circ\!\!-\!\!\bullet} \quad X^*(\mathrm{j}\,\omega) \cdot Y(\mathrm{j}\,\omega)\,. \tag{1.56}$$

Hierbei wurden die Fourier-Korrespondenzen für die Zeitinversion, Gleichung (1.40), und für konjugiert komplexe Zeitfunktionen, Gleichung (1.42), angewandt. Diese Beziehung wird *Korrelationstheorem* genannt.

Das Korrelationstheorem liefert speziell für die Energieautokorrelierte $\mathrm{r}_{xx}^{\mathrm{E}}(t)$ den Zusammenhang:

$$\begin{aligned} \mathrm{r}_{xx}^{\mathrm{E}}(t) &= \int_{-\infty}^{\infty} x^*(\tau)\, x(\tau + t)\, \mathrm{d}\tau \\ &= x^*(-t) * x(t) \\ &\quad \Big\updownarrow \mathcal{F} \\ \mathrm{S}_{xx}^{\mathrm{E}}(\mathrm{j}\,\omega) &= X^*(\mathrm{j}\,\omega) \cdot X(\mathrm{j}\,\omega) = |X(\mathrm{j}\,\omega)|^2\,. \end{aligned} \tag{1.57}$$

$\mathrm{S}_{xx}^{\mathrm{E}}(\mathrm{j}\,\omega)$ wird als *Energiedichtespektrum* (engl.: „energy density spectrum“) bezeichnet. Der beschriebene Zusammenhang zwischen dem Energiedichtespektrum und der Energieautokorrelationsfunktion über die Fourier-Transformation wird *Wiener-Khintchine-Theorem* genannt. Ebenso wie die Korrelationsfunktion wird das Wiener-Khintchine-Theorem in seiner ursprünglichen Bedeutung auf stochastische Signale angewendet, siehe Gleichung (1.60).

Betrachtet man nun die Energiekorrelationsfunktion $\mathrm{r}_{xx}^{\mathrm{E}}(t)$ an der Stelle $t = 0$, dann erhält man zusammen mit der Definition der Signalenergie Gleichung (1.20)

$$\mathrm{r}_{xx}^{\mathrm{E}}(0) = \int_{-\infty}^{\infty} x^*(\tau)\, x(\tau)\, \mathrm{d}\tau = \int_{-\infty}^{\infty} |x(\tau)|^2\, \mathrm{d}\tau = \mathcal{E}_x\,. \tag{1.58}$$

Gemäß der Aussage des Wiener-Khintchine-Theorems lässt sich die Energieautokorrelationsfunktion aus dem Energiedichtespektrum durch Fourier-Rücktransformation gewinnen:

$$\begin{aligned} \mathrm{r}_{xx}^{\mathrm{E}}(t) &= \frac{1}{2\pi} \int_{-\infty}^{\infty} \mathrm{S}_{xx}^{\mathrm{E}}(\mathrm{j}\,\omega)\, \mathrm{e}^{\,\mathrm{j}\,\omega t}\, \mathrm{d}\omega \\ &= \frac{1}{2\pi} \int_{-\infty}^{\infty} |X(\mathrm{j}\,\omega)|^2\, \mathrm{e}^{\,\mathrm{j}\,\omega t}\, \mathrm{d}\omega\,. \end{aligned}$$

Wird auch hier $t = 0$ eingesetzt, so ergibt sich mit Gleichung (1.58) das *Parsevalsche Theorem* für Energiesignale:

$$\mathcal{E}_x = \int_{-\infty}^{\infty} |x(t)|^2\, \mathrm{d}t = \frac{1}{2\pi} \int_{-\infty}^{\infty} |X(\mathrm{j}\,\omega)|^2\, \mathrm{d}\omega\,. \tag{1.59}$$

Offensichtlich kann die Signalenergie von $x(t)$ auf dreierlei Weise berechnet werden: Direkt aus dem Signal $x(t)$ mit der Definitionsgleichung (1.20), aus der Energieautokorrelationsfunktion bei $t = 0$ und als Integral über das Energiedichtespektrum wie in Gleichung (1.59).

1.4.5 Leistungsdichtespektrum

Im Abschnitt 1.4.4 wurde die Energiekorrelationsfunktion und deren Fourier-Transformierte, das Energiedichtespektrum, untersucht. Dabei wurden Energiesignale zugrunde gelegt. Leistungssignale und insbesondere stationäre stochastische Prozesse können gemäß Abschnitt 1.1.2 u. a. mit Hilfe der Autokorrelationsfunktion $\mathrm{r}_{xx}(t)$ beschrieben werden. Die Fourier-Transformierte der Autokorrelationsfunktion eines stationären Zufallsprozesses heißt *Leistungsdichtespektrum*[4]

$$\mathrm{r}_{xx}(t) \;\circ\!\!\stackrel{\mathcal{F}}{-}\!\!\bullet\; \mathrm{S}_{xx}(\mathrm{j}\,\omega) = \int_{-\infty}^{\infty} \mathrm{r}_{xx}(t)\, \mathrm{e}^{\,-\mathrm{j}\,\omega t}\, \mathrm{d}t\,. \tag{1.60}$$

Umgekehrt lässt sich die Autokorrelationsfunktion $\mathrm{r}_{xx}(t)$ durch inverse Fourier-Transformation des Leistungsdichtespektrums berechnen:

$$\mathrm{r}_{xx}(t) = \frac{1}{2\pi} \int_{-\infty}^{\infty} \mathrm{S}_{xx}(\mathrm{j}\,\omega)\, \mathrm{e}^{\,\mathrm{j}\,\omega t}\, \mathrm{d}\omega\,. \tag{1.61}$$

Ein Leistungsdichtespektrum kann nur für Leistungssignale und ein Energiedichtespektrum (vgl. Abschnitt 1.4.4) nur für Energiesignale berechnet werden.

[4]Das Leistungsdichtespektrum wird von manchen Autoren auch als *spektrale Leistungsdichte* (oder engl.: „power spectral density“) bezeichnet. Man vergleiche hierzu Abschnitt 4.5.6.

Beispiel 1.6: Weißes Rauschen

Ein Zufallssignal $v(t)$, welches speziell die beiden Eigenschaften

1. Beliebige aufeinander folgende Werte von $v(t)$ sind nicht miteinander korreliert.
2. Das Leistungsdichtespektrum des Zufallssignals ist konstant über ω.

besitzt, wird (aufgrund seiner spektralen Eigenschaften) *weißes Rauschen* genannt.

Mit der ersten Eigenschaft, der Unkorreliertheit aufeinanderfolgender Werte, und Gleichung (1.19) ergibt sich für die Autokorrelationsfolge des weißen Rauschens:

$$\mathrm{r}_{vv}(\tau) = \mathrm{E}\{v^*(t) \cdot v(t+\tau)\} = \begin{cases} 0 & \text{für} \quad \tau \neq 0 \\ \mathrm{E}\{|v(t)|^2\} & \text{für} \quad \tau = 0\,. \end{cases}$$

Für *mittelwertfreie* weiße Rauschprozesse, d. h. $\mathrm{E}\{v(t)\} = 0$, gilt mit Gleichung (1.13):

$$\mathrm{r}_{vv}(\tau) = \sigma_v^2 \cdot \delta(\tau)$$

und daraus mit Gleichung (1.60):

$$\mathrm{S}_{vv}(\mathrm{j}\,\omega) = \sigma_v^2\,.$$

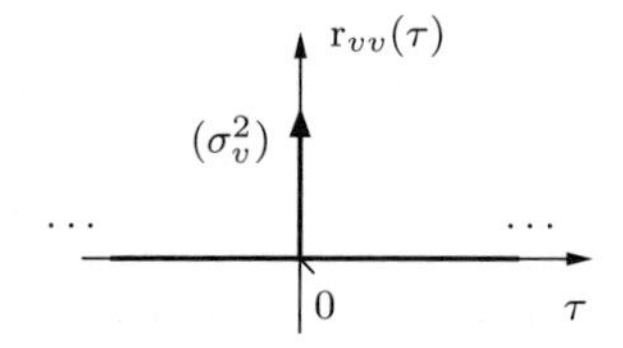

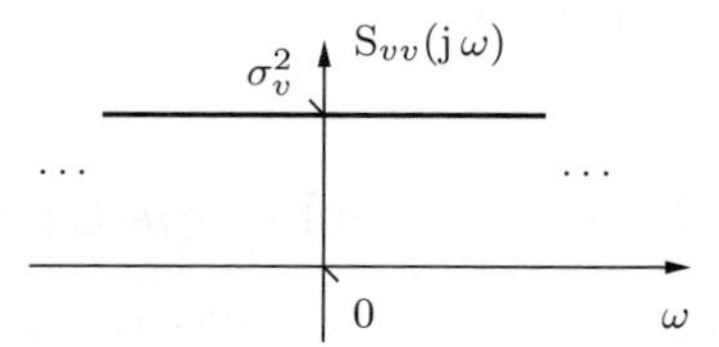

Ein derartiges Zufallssignal kann theoretisch als thermische Rauschspannung an einem elektrischen Widerstand R gemessen werden, sofern dieser eine konstante absolute Temperatur $T_{\mathrm{abs}} > 0$ K besitzt. Das zugehörige Leistungsdichtespektrum hat den Wert

$$\mathrm{S}_{vv}(\mathrm{j}\,\omega) = \sigma_v^2 = 2\,R\,k_{\mathrm{B}}\,T_{\mathrm{abs}} \qquad \text{mit} \quad k_{\mathrm{B}} = 1{,}38 \cdot 10^{-23}\,\mathrm{J/K}\,.$$

In der Praxis lässt sich die Rauschspannung nur innerhalb eines *endlichen* Frequenzintervalls messen. Der Effektivwert der Rauschspannung hängt damit von den Bandgrenzen ab (vgl. Beispiel 2.6).

Mittlere Signalleistung und Effektivwert

Die mittlere Signalleistung eines stationären Zufallssignals (und allg. eines Leistungssignals) ist einerseits $\mathrm{r}_{xx}(0)$, wie ein Vergleich der Gleichungen (1.19) und (1.21) ergibt, und andererseits, mit Gleichung (1.61), das Integral über das Leistungsdichtespektrum. Es gilt also:

$$\mathcal{P}_x = \mathrm{r}_{xx}(0) = \frac{1}{2\pi} \int_{-\infty}^{\infty} \mathrm{S}_{xx}(\mathrm{j}\,\omega)\,\mathrm{d}\omega\,. \tag{1.62}$$

Der *Effektivwert* x_{eff} eines Signals $x(t)$ ist definiert als der Wert jenes über t konstanten Signals $x_1(t) = x_{\text{eff}}$, welches die gleiche mittlere Signalleistung wie $x(t)$ besitzt. Mit Gleichung (1.21) bedeutet dies also:

$$\mathcal{P}_x = \lim_{T\to\infty} \frac{1}{T} \int_{-T/2}^{T/2} |x(t)|^2 \, \mathrm{d}t \overset{!}{=} \mathcal{P}_{x_1} = \lim_{T\to\infty} \frac{1}{T} \int_{-T/2}^{T/2} |x_1(t)|^2 \, \mathrm{d}t \overset{!}{=} x_{\text{eff}}^2$$

Damit gilt

$$x_{\text{eff}}^2 = \mathcal{P}_x = \mathrm{r}_{xx}(0) = \frac{1}{2\pi} \int_{-\infty}^{\infty} \mathrm{S}_{xx}(\mathrm{j}\,\omega) \, \mathrm{d}\omega \,. \tag{1.63}$$

1.5 Laplace-Transformation

Die *Laplace-Transformation* kann als eine Erweiterung der Fourier-Transformation aufgefasst werden. Während die Fourier-Transformation eine Funktion als kontinuierliche Summe von komplexen Exponentialfunktionen der Form $\mathrm{e}^{-\mathrm{j}\,\omega t}$ darstellt, verwendet die Laplace-Transformation komplexe Exponentialfunktionen der Form $\mathrm{e}^{-\sigma t - \mathrm{j}\,\omega t}$. Abhängig vom Wert des Parameters σ sind dieses abklingende, konstante oder anklingende sinusförmige Funktionen. Die Laplace-Transformierte einer Funktion ist daher eine analytische Fortsetzung der Fourier-Transformierten von der Achse der imaginären Frequenzparameter $\mathrm{j}\,\omega$ hinein in die Ebene der komplexen Parameter $\sigma + \mathrm{j}\,\omega$.

Das Motiv dieser Erweiterung ist die Erschließung funktionentheoretischer Konzepte zur Beschreibung der Signale und Systeme. Mit Hilfe der Laplace-Transformation kann eine größere Klasse von Zeitfunktionen erfasst werden als mit der Fourier-Transformation. Wichtige Systemeigenschaften wie Kausalität und Stabilität drücken sich unmittelbar in der Laplace-Transformierten der Impulsantwort aus. Die Rücktransformation erfolgt mit einem Konturintegral, das mit Hilfe des Residuensatzes ausgewertet werden kann.

Die Laplace-Transformation wird in diesem Kapitel nur so weit behandelt, wie es zur Beschreibung der wichtigsten Systemeigenschaften nötig ist. Neben den Rechenregeln werden Aspekte der praktischen Rücktransformation behandelt. Schwerpunkt der Betrachtungen ist die Beziehung der Laplace-Transformation zur Fourier-Transformation. Es werden die Voraussetzungen geklärt, unter denen ein Übergang von der einen Transformierten zur anderen durch eine einfache Frequenzvariablensubstitution erfolgen kann.

1.5.1 Definition der Laplace-Transformation

Die Fourier-Transformierte eines Signals wurde im Abschnitt 1.4 definiert als

$$X(\mathrm{j}\,\omega) = \int_{-\infty}^{\infty} x(t)\,\mathrm{e}^{-\mathrm{j}\,\omega t}\,\mathrm{d}t\,.$$

Dieses Integral konvergiert, wenn $x(t)$ absolut integrierbar ist. Für die meisten nicht absolut integrierbaren Signale existiert es jedoch nicht. Viele dieser nicht absolut integrierbaren Signale lassen sich dennoch transformieren, wenn der reelle Faktor $\mathrm{e}^{-\sigma t}$ mit in die Transformation eingeführt wird:

$$X(\sigma + \mathrm{j}\,\omega) = \int_{-\infty}^{\infty} x(t)\,\mathrm{e}^{-\sigma t}\,\mathrm{e}^{-\mathrm{j}\,\omega t}\,\mathrm{d}t\,. \tag{1.64}$$

Wählt man nun σ so, dass $x(t) \cdot \mathrm{e}^{-\sigma t}$ gerade absolut integrierbar ist, d. h., dass gilt:

$$\int_{-\infty}^{\infty} |x(t) \cdot \mathrm{e}^{-\sigma t}|\,\mathrm{d}t < \infty\,, \tag{1.65}$$

dann konvergiert das Integral Gleichung (1.64) und $X(\sigma + \mathrm{j}\,\omega)$ existiert. Mit der Abkürzung

$$s = \sigma + \mathrm{j}\,\omega \tag{1.66}$$

wird aus der Gleichung (1.64) die Laplace-Transformation:

$$X(s) = \int_{-\infty}^{\infty} x(t)\,\mathrm{e}^{-st}\,\mathrm{d}t\,. \tag{1.67}$$

Sie wird auch als *zweiseitige Laplace-Transformation*, bezeichnet, im Gegensatz zur *einseitigen Laplace-Transformation* (siehe Abschnitt 1.5.6).
Neben der ausführlichen Darstellung in Gleichung (1.67) werden die beiden folgenden Schreibweisen gebraucht:

$$X(s) = \mathcal{L}\{x(t)\} \tag{1.68}$$

$$X(s) \overset{\mathcal{L}}{\bullet\!\!-\!\!\circ} x(t)\,. \tag{1.69}$$

1.5.2 Konvergenz der Laplace-Transformation

Der oben eingeführte Parameter σ stellt laut Gleichung (1.66) den Realteil der komplexen Frequenzvariablen s dar. Die Laplace-Transformierte $X(s)$ existiert also für Werte von s, deren Realteile die Gleichung (1.65) erfüllen. Genauere Untersuchungen, z. B. in [Unb93] zeigen, dass dieses sogenannte Konvergenzgebiet i. a. ein Streifen parallel zur imaginären Achse in der s-Ebene ist. Selbstverständlich kann der Konvergenzbereich keine Unendlichkeitsstellen (Polstellen, kurz: Pole) von $X(s)$ enthalten.

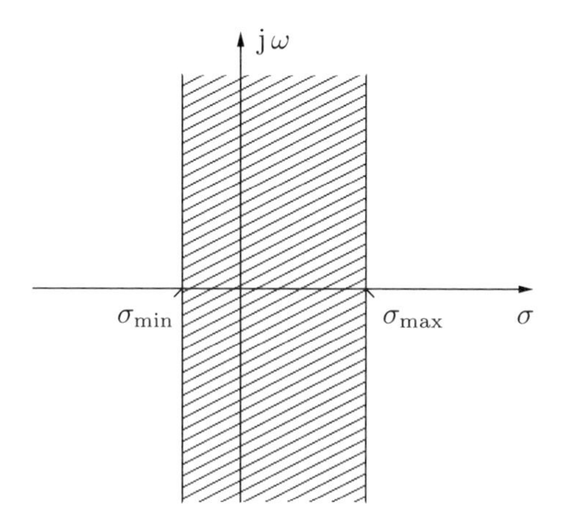

Bild 1.4: Konvergenzgebiet der Laplace-Transformation

Je nach dem zu transformierenden Signal $x(t)$ kann es dazu kommen, dass die untere Grenze $\sigma_{\min}$ des Konvergenzgebietes bei $-\infty$ liegt oder dass die obere Grenze $\sigma_{\max}$ $+\infty$ wird. Es kann auch sein, dass sich überhaupt kein σ finden lässt, für welches das Integral in Gleichung (1.67) konvergiert; dann gibt es kein Konvergenzgebiet. Bei der zweiseitigen Laplace-Transformierten eines allgemeinen Signals ist die Angabe des Konvergenzgebietes unerlässlich, da sie ansonsten nicht eindeutig dem Signal zugeordnet werden kann.
Falls die imaginäre Achse $s = \mathrm{j}\omega$ im Konvergenzgebiet von $X(s)$ liegt, so ist die Laplace-Transformierte von $x(t)$ für $s = \mathrm{j}\omega$ identisch mit der Fourier-Transformierten von $x(t)$.

Beispiel 1.7: Laplace-Transformation

a) $x(t) = \epsilon(t - t_0)$ mit $t_0 \in \mathbb{R}$ und $t \in (-\infty,\infty)$

Die Laplace-Transformierte von $x(t)$ lässt sich mit der Definitionsgleichung der Laplace-Transformation (1.67) wie folgt berechnen:

$$X(s) = \int_{-\infty}^{\infty} x(t)\,\mathrm{e}^{-st}\,\mathrm{d}t = \int_{t_0}^{\infty} \mathrm{e}^{-st}\,\mathrm{d}t = -\frac{1}{s}\,\mathrm{e}^{-st}\Big|_{t_0}^{\infty}$$

und damit:

$$X(s) = -\frac{1}{s}\,(0 - \mathrm{e}^{-st_0}) \qquad \text{für} \quad \mathrm{Re}\{s\} > 0$$
$$= \frac{1}{s}\,\mathrm{e}^{-st_0} \qquad \text{für} \quad \mathrm{Re}\{s\} > 0\,.$$

Der Konvergenzbereich der Laplace-Transformierten ergibt sich während der Berechnung und lautet hier $\mathrm{Re}\{s\} > 0$. Er gehört unbedingt mit zum Ergebnis der Berechnung. Da es sich bei obigem $x(t)$ um ein rechtsseitiges Signal handelt, kann der Konvergenzbereich auch aus der Angabe der Funktion $X(s)$ gewonnen werden (vgl. Beispiel 1.8).

b) $x(t) = \mathrm{e}^{-a|t|}$ mit $a \in \mathbb{R}$, $a > 0$ und $t \in (-\infty,\infty)$
Hier ergibt sich die folgende Berechnung mit der Definitionsgleichung der Laplace-Transformation (1.67):

$$X(s) = \int_{-\infty}^{\infty} x(t)\,\mathrm{e}^{-st}\,\mathrm{d}t = \int_{-\infty}^{0} \mathrm{e}^{at}\mathrm{e}^{-st}\,\mathrm{d}t + \int_{0}^{\infty} \mathrm{e}^{-at}\mathrm{e}^{-st}\,\mathrm{d}t$$
$$= \frac{1}{a-s}\,\mathrm{e}^{(a-s)t}\Big|_{-\infty}^{0} - \frac{1}{a+s}\,\mathrm{e}^{-(a+s)t}\Big|_{0}^{\infty}$$
$$= \frac{2a}{a^2 - s^2} \qquad \text{für} \quad -a < \mathrm{Re}\{s\} < a\,.$$

Der Konvergenzbereich umfasst also $-a < \mathrm{Re}\{s\} < a$ und bildet einen Konvergenzstreifen in der s-Ebene. $X(s)$ ist eine rationale Funktion in s und besitzt die beiden Pole $s_{\infty,1} = -a$ und $s_{\infty,2} = a$. Der Pol $s_{\infty,1}$ repräsentiert den Anteil von $x(t)$ für $t \geq 0$, der Pol $s_{\infty,2}$ denjenigen für $t \leq 0$.

c) $x(t) = \mathrm{e}^{-a|t|}$ mit $a \in \mathbb{R}$, $a \leq 0$ und $t \in (-\infty,\infty)$
Analog zur Berechnung in b) fallen zwei Konvergenzbedingungen an, nämlich $\mathrm{Re}\{s\} > -a$ und $\mathrm{Re}\{s\} < a$. Da sich für $a \leq 0$ kein s finden lässt, welches beide Bedingungen erfüllt ist existiert hier kein Konvergenzbereich.

Rationale Laplace-Transformierte

Die folgenden Konvergenzbetrachtungen beschränken sich auf diejenige Klasse von Signalen, die mit einer rationalen Laplace-Transformierten beschrieben werden. Solche Laplace-Transformierte lassen sich als Quotient zweier Polynome in s gemäß

$$X(s) = \frac{Z(s)}{N(s)} \qquad \sigma_{\min} < \mathrm{Re}\{s\} < \sigma_{\max} \tag{1.70}$$

schreiben. Die Beschränkung auf rationale Laplace-Transformierte ist insofern nicht gravierend, als der überwiegende und wichtigste Teil der in der Technik betrachteten Signale dieser Klasse angehören.
Für rationale Laplace-Transformierte sind neben der Form nach Gleichung (1.70) folgende weitere Darstellungsarten üblich:

- Die *Produktdarstellung*, gewonnen durch Zerlegung der Polynome $Z(s)$ und $N(s)$ in ihre Nullstellen $s_{0,k}$ mit $k = 1,\ldots,M$ und $s_{\infty,k}$ mit $k = 1,\ldots,N$.

$$X(s) = C_0 \cdot \frac{(s - s_{0,1}) \cdot (s - s_{0,2}) \ldots (s - s_{0,M})}{(s - s_{\infty,1}) \cdot (s - s_{\infty,2}) \ldots (s - s_{\infty,N})} \tag{1.71}$$

- Die *Partialbruchdarstellung*, welche für den Fall von ausschließlich einfachen Polen $s_{\infty,k}$ und $M < N$ die Form

$$X(s) = \sum_{k=1}^{N} \frac{A_k}{s - s_{\infty,k}} \tag{1.72}$$

besitzt.

Im Falle von $M \geq N$ wird zunächst eine Polynomdivision $(Z(s) \div N(s))$ durchgeführt, bis der Grad des Restzählers kleiner als der Grad von $N(s)$ geworden ist. Dadurch ergibt sich ein Vorlaufpolynom $K(s)$ vom Grad $M - N$. Anschließend kann der Quotient aus Restzähler und $N(s)$ wie im Fall $M < N$ zerlegt werden. Das Ergebnis hat dann die Form:

$$X(s) = K(s) + \sum_{k=1}^{N} \frac{A_k}{s - s_{\infty,k}} \tag{1.73}$$

Im Falle von mehrfachen Polen sind entsprechende Potenzen der Partialbrüche in Gleichung (1.72) anzusetzen. Ist beispielsweise $s_{\infty,j}$ ein m-facher Pol von $X(s)$, dann wird aus Gleichung (1.73)

$$X(s) = K(s) + \sum_{k=1,k\neq j}^{N-m} \frac{A_k}{s - s_{\infty,k}} + \sum_{i=1}^{m} \frac{B_i}{(s - s_{\infty,j})^i}\,. \tag{1.74}$$

Konvergenz der Laplace-Transformation rechtsseitiger Signale

Das Konvergenzgebiet der Laplace-Transformierten von den in der Praxis wichtigen *rechtsseitigen* Signalen, also von denjenigen Signalen, die für $t < t_0$, t_0 endlich, verschwinden, liegt im Bereich $\mathrm{Re}\{s\} > \max_k \mathrm{Re}\{s_{\infty,k}\}$. Wie Bild 1.5 zeigt, ist dies der Bereich rechts von der Linie durch den am weitesten rechts liegenden Pol von $X(s)$.
Man beachte, dass man das Konvergenzgebiet von Laplace-Transformierten von rechtsseitigen Signalen im Gegensatz zu den Laplace-Transformierten von allgemeinen Signalen nicht explizit angeben muss, da es aus $X(s)$ durch Berechnung der Pole gewonnen werden kann (vgl. Beispiel 1.8).
Ferner beachte man, dass die Laplace-Transformierte von rechtsseitigen Signalen für $s = \mathrm{j}\omega$ dann identisch mit der Fourier-Transformierten von $x(t)$ ist, wenn alle Pole von $X(s)$ links von der imaginären Achse der s-Ebene liegen. Damit ist nämlich gewährleistet, dass die $\mathrm{j}\omega$-Achse im Konvergenzgebiet liegt.

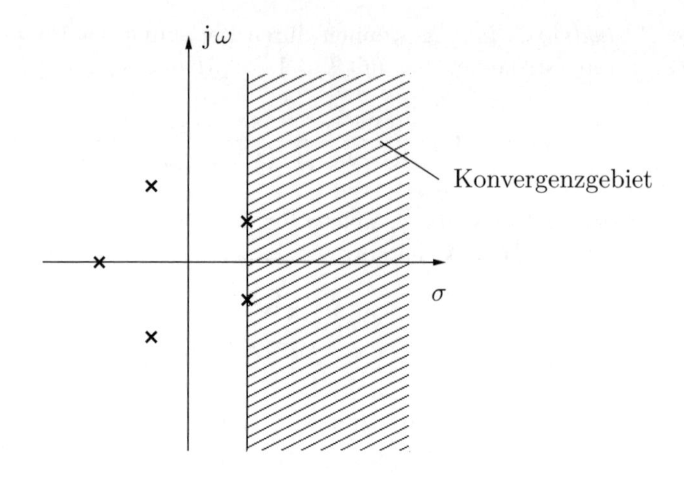

Bild 1.5: Konvergenzgebiet von rechtsseitigen Signalen

Beispiel 1.8: Laplace-Transformierte eines rechtsseitigen Signals

Das rechtsseitige Signal $x(t) = \mathrm{e}^{-at}\,\epsilon(t)$ besitzt die rationale Laplace-Transformierte

$$X(s) = \int_{-\infty}^{\infty} \mathrm{e}^{-at}\,\epsilon(t)\,\mathrm{e}^{-st}\,\mathrm{d}t = \int_{0}^{\infty} \mathrm{e}^{-(a+s)t}\,\mathrm{d}t = \frac{-1}{a+s}\cdot \mathrm{e}^{-(a+s)t}\Big|_0^{\infty} = \frac{1}{s+a}\,.$$

Das Konvergenzgebiet von $X(s)$ ergibt sich während der Berechnung von $X(s)$ und zwar bei der Auswertung des Teilausdruckes:

$$\frac{-1}{a+s}\cdot \mathrm{e}^{-(a+s)t}\Big|^{\infty}\,.$$

Die Exponentialfunktion $\mathrm{e}^{-(a+s)t}$ bleibt für $t \to \infty$ nur dann endlich, nämlich gleich null, wenn $\mathrm{Re}\{a+s\} > 0$ ist. Da es sich bei diesem Konvergenzgebiet aber um dasjenige einer Laplace-Transformierten eines *rechtsseitigen* Signals handelt, kann es auch durch Ermittlung des betragsgrößten Poles, hier $s = -a$, gewonnen werden. Also konvergiert $X(s)$ im Bereich

$$\mathrm{Re}\{s\} > \mathrm{Re}\{-a\}\,.$$

1.5.3 Eigenschaften und Rechenregeln

Die Laplace-Transformierte eines Zeitsignals wird in der Regel nicht mit dem Definitionsintegral (1.67) berechnet, sondern mit Hilfe einiger Rechenregeln aus den Standardkorrespondenzen, z. B. aus Anhang B.2, ermittelt. Im Folgenden werden die wichtigsten Rechenregeln und einige Beispiele für die genannte Vorgehensweise aufgezählt.

Linearität

Wenn $X_1(s)$ und $X_2(s)$ die Laplace-Transformierten von $x_1(t)$ und $x_2(t)$ sind, so gilt:

$$a\,x_1(t) + b\,x_2(t) \overset{\mathcal{L}}{\circ\!\!-\!\!\bullet} a\,X_1(s) + b\,X_2(s)\,. \tag{1.75}$$

Hierbei ist jedoch zu beachten, dass die Konvergenzgebiete von $X_1(s)$, von $X_2(s)$ und von der Linearkombination $aX_1(s) + bX_2(s)$ i. a. verschieden sind. Das Konvergenzgebiet der Linearkombination besteht jedoch *mindestens* aus dem Schnittgebiet der beiden einzelnen Konvergenzgebiete [GRS03].

Zeitverschiebung

Mit

$$x(t) \overset{\mathcal{L}}{\circ\!\!-\!\!\bullet} X(s)$$

gilt für das zeitverschobene Signal

$$x(t - t_0) \overset{\mathcal{L}}{\circ\!\!-\!\!\bullet} \mathrm{e}^{-s\,t_0} X(s)\,. \tag{1.76}$$

Das Konvergenzgebiet von $X(s)$ bleibt erhalten.

Multiplikation mit einer Exponentialfunktion, Frequenzverschiebung

Gilt

$$x(t) \overset{\mathcal{L}}{\circ\!\!-\!\!\bullet} X(s)$$

dann gilt auch

$$\mathrm{e}^{\,at} x(t) \overset{\mathcal{L}}{\circ\!\!-\!\!\bullet} X(s - a)\,, \tag{1.77}$$

wobei a komplexwertig sein kann. Die Multiplikation von $x(t)$ mit einer Exponentialfolge $\mathrm{e}^{\,at}$ entspricht also einer Verschiebung der komplexen Frequenzvariablen s um den Wert a. Das Konvergenzgebiet von $X(s-a)$ verschiebt sich dabei um $\mathrm{Re}\{a\}$ nach rechts in der s-Ebene.

Ähnlichkeitssatz

Gegeben sei

$$x(t) \overset{\mathcal{L}}{\circ\!\!-\!\!\bullet} X(s)$$

Für die zeitliche Skalierung des Signals $x(t)$ mit reellem $a \neq 0$ gilt:

$$x(a\,t) \overset{\mathcal{F}}{\circ\!\!-\!\!\bullet} \frac{1}{|a|} X(\frac{s}{a})\,. \tag{1.78}$$

Das Konvergenzgebiet wird dabei ebenfalls mit dem Faktor a skaliert.

Für den Spezialfall $a = -1$ erhält man aus dem Ähnlichkeitssatz den Satz zur *Zeitinversion*:

$$x(-t) \overset{\mathcal{L}}{\circ\!\!-\!\!\bullet} X(-s)\,. \tag{1.79}$$

Das Konvergenzgebiet von $X(-s)$ geht durch Spiegelung an der imaginären Achse aus demjenigen von $X(s)$ hervor.

Gemäß Gleichung (1.78) geht mit der Skalierung der Zeitvariablen eine Skalierung der Frequenzebene einher, vgl. auch Gleichung (1.44).

Konjugiert komplexe Zeitfunktion

Gilt

$$x(t) \overset{\mathcal{L}}{\circ\!\!-\!\!\bullet} X(s)$$

dann gilt auch

$$x^*(t) \overset{\mathcal{L}}{\circ\!\!-\!\!\bullet} X^*(s^*) \tag{1.80}$$

mit dem gleichen Konvergenzbereich wie $X(s)$.

Integration und Differentiation im Zeitbereich

Gegeben sei

$$x(t) \overset{\mathcal{L}}{\circ\!\!-\!\!\bullet} X(s)$$

Durch Integration von $x(t)$ erhält man den Integrationssatz der Laplace-Transformation:

$$\int_{-\infty}^{t} x(\tau)\,\mathrm{d}\tau \overset{\mathcal{L}}{\circ\!\!-\!\!\bullet} \frac{1}{s} \cdot X(s)\,. \tag{1.81}$$

Das Konvergenzgebiet von $\frac{1}{s} \cdot X(s)$ umfasst mindestens das Schnittgebiet der Konvergenzgebiete von $X(s)$ und $\frac{1}{s}$, wobei $\frac{1}{s}$ in der rechten s-Halbebene konvergiert.

Wenn $x(t)$ *überall* differenzierbar ist, dann gilt der Differentiationssatz der Laplace-Transformation:

$$\frac{\mathrm{d}}{\mathrm{d}t} x(t) \overset{\mathcal{L}}{\circ\!\!-\!\!\bullet} s \cdot X(s)\,. \tag{1.82}$$

Das Konvergenzgebiet von $s \cdot X(s)$ umfasst mindestens das Konvergenzgebiet von $X(s)$; ggf. ist es größer, nämlich dann, wenn ein in $X(s)$ vorhandener einfacher Pol durch die Operation weggekürzt wird.

Es ist zu beachten, dass viele in der Praxis relevante Signale Sprungstellen enthalten und dass daher die beim obigen Differentiationssatz vorausgesetzte Differenzierbarkeit für alle $t \in (-\infty,\infty)$ bei diesen Signalen nicht gegeben ist. So besitzen viele eingeschaltete Signale, wie beispielsweise $x(t) = \epsilon(t) \cdot \cos(\omega_0\, t)$, zum Einschaltzeitpunkt (hier $t = 0$) eine Sprungstelle. Derartige Signale lassen sich jedoch meist mit der einseitigen Laplace-Transformation, Abschnitt 1.5.6, behandeln, für welche mit Gleichung (1.100) eine modifizierte Form des Differentiationssatzes zur Verfügung steht.

1.5.4 Faltungstheorem und Fenstertheorem

Die Laplace-Transformierte des Faltungsintegrals aus Gleichung (1.24) lautet:

$$y(t) = x_1(t) * x_2(t) \;\circ\!\!\stackrel{\mathcal{L}}{-}\!\!\bullet\; Y(s) = X_1(s) \cdot X_2(s)\,. \tag{1.83}$$

Dies ist das Faltungstheorem der Laplace-Transformation. Das Konvergenzgebiet von $Y(s)$ besteht mindestens aus dem Schnittgebiet der Konvergenzgebiete von $X_1(s)$ und $X_2(s)$ [GRS03].

Das Fenstertheorem der Laplace-Transformation gibt an, wie die Laplace-Transformierte des Produktes zweier Funktionen aus den Laplace-Transformierten der beiden Funktionen zu berechnen ist. Es lautet:

$$y(t) = x_1(t) \cdot x_2(t) \;\circ\!\!\stackrel{\mathcal{L}}{-}\!\!\bullet\; Y(s) = \frac{1}{2\pi \mathrm{j}} \int\limits_{\sigma - \mathrm{j}\,\infty}^{\sigma + \mathrm{j}\,\infty} X_1(\varsigma) \cdot X_2(s - \varsigma)\, \mathrm{d}\varsigma\,, \tag{1.84}$$

wobei der Parameter σ so zu wählen ist, dass der Integrationsweg im Konvergenzgebiet von $Y(s)$ liegt, welches mindestens das Schnittgebiet der Konvergenzgebiete von $X_1(s)$ und $X_2(s)$ umfasst. Die Auswertung des Integrals ist mit Hilfe der komplexen Integralrechnung vorzunehmen [Föl03]. Falls die imaginäre Achse der s-Ebene im Konvergenzgebiet von $Y(s)$ liegt, dann erhält man das Fenstertheorem der Fourier-Transformation durch Auswertung des Integrals auf der imaginären Achse ($\sigma = 0$), d. h. durch die Substitutionen $s \to \mathrm{j}\,\omega$ und $\varsigma \to \mathrm{j}\,\theta$.

1.5.5 Inverse Laplace-Transformation

Zur Umkehrung der mit Gleichung (1.67) definierten Laplace-Transformation, d. h. zur Gewinnung von $x(t)$ aus $X(s)$ stehen eine Reihe von Methoden zur Verfügung, die je nach Aufbau der Funktion $X(s)$ unterschiedlich aufwendig sind. In diesem Abschnitt sollen die drei wichtigsten Verfahren vorgestellt werden.

Umkehrintegral

$$x(t) = \frac{1}{2\pi \mathrm{j}} \int\limits_{\sigma - \mathrm{j}\,\infty}^{\sigma + \mathrm{j}\,\infty} X(s)\, \mathrm{e}^{\,st}\, \mathrm{d}s\,. \tag{1.85}$$

Der Parameter σ muss so gewählt werden, dass der Integrationsweg im Konvergenzgebiet von $X(s)$ liegt. Gemäß Abschnitt 1.5.2 ergibt sich dieses Konvergenzgebiet

bei der Berechnung von $X(s)$, und ohne Kenntnis bzgl. des Konvergenzgebietes kann $X(s)$ nicht eindeutig zurücktransformiert werden.
Besitzt $X(s)$ ein Konvergenzgebiet und ist es in der s-Ebene nach rechts und links begrenzt (Konvergenzstreifen, vgl. Bild 1.4), so besitzt das zugehörige $x(t)$ Anteile in $t > 0$ *und* in $t < 0$. Ist das Konvergenzgebiet eine nach rechts offene Halbebene, so hat $x(t)$ nur Anteile in $t > 0$, ist es eine nach links offene Halbebene, so hat $x(t)$ nur Anteile in $t < 0$ [Mar94].

Bei der Auswertung des komplexen Umkehrintegrals (1.85) mit den Methoden der Funktionentheorie finden zwei wichtige mathematische Sätze Anwendung, und zwar das *Jordansche Lemma* und der *Residuensatz.*
Verschwindet nämlich $X(s)$ für $|s| \to \infty$, d. h. gilt

$$|X(s)| \to 0 \qquad \text{für} \quad |s| \to \infty\,, \tag{1.86}$$

(dies wird in der Regel von Laplace-Transformierten erfüllt), dann kann das Linienintegral aus Gleichung (1.85) im Unendlichen zu einem Ringintegral geschlossen werden. Den Anteil von $x(t)$ in $t > 0$ erhält man, wenn man alle Pole links des Konvergenzstreifens links herum orientiert einschließt, den Anteil in $t < 0$ dagegen, wenn man die rechts des Konvergenzstreifens liegenden Pole rechts herum orientiert einschließt. Der gegenüber dem Linienintegral zusätzliche Integrationsweg liefert wegen der Bedingung (1.86) nach dem Jordanschen Lemma keinen Beitrag zum Integrationsergebnis. Somit ergibt sich:

$$x(t) = \begin{cases} \frac{1}{2\pi \mathrm{j}} \oint X(s)\,\mathrm{e}^{\,st}\,\mathrm{d}s & \text{für} \quad t < 0 \\ \frac{1}{2\pi \mathrm{j}} \oint X(s)\,\mathrm{e}^{\,st}\,\mathrm{d}s & \text{für} \quad t \geq 0\,. \end{cases} \tag{1.87}$$

Die nunmehr vorliegenden Ringintegrale lassen sich mit Hilfe des Residuensatzes berechnen, wonach der Wert des Integrals der Summe aller Residuen innerhalb des (linksherum orientierten) geschlossenen Integrationsweges entspricht.

$$x(t) = \begin{cases} -\sum\limits_{\text{alle in C}} \mathrm{Res}\{X(s)\,\mathrm{e}^{\,st}\} & \text{für} \quad t < 0 \\ \sum\limits_{\text{alle in C}} \mathrm{Res}\{X(s)\,\mathrm{e}^{\,st}\} & \text{für} \quad t \geq 0 \end{cases} \tag{1.88}$$

Im Allgemeinen ist für jede Polstelle $s_{\infty,k}$, welche innerhalb des geschlossenen Integrationsweges C liegt, eine Laurent-Reihenentwicklung von $X(s)\,\mathrm{e}^{\,st}$ an der Polstelle $s_{\infty,k}$ durchzuführen. Der Entwicklungskoeffizient des Gliedes mit $1/(s - s_{\infty,k})$ stellt das gesuchte Residuum zur Polstelle $s_{\infty,k}$ dar. Oft kann dieser Entwicklungskoeffizient (und damit das Residuum) wie folgt gewonnen werden:

$$\mathrm{Res}\{X(s)\,\mathrm{e}^{\,st}\}\Big|_{s=s_{\infty,k}} = \frac{1}{(m-1)!}\Big(\frac{\mathrm{d}^{(m-1)}\chi(s)}{\mathrm{d}\,s^{m-1}}\Big)\Big|_{s=s_{\infty,k}}\,. \tag{1.89}$$

Hierbei ist

$$\chi(s) = X(s)\,\mathrm{e}^{\,st} \cdot (s - s_{\infty,k})^m \tag{1.90}$$

und $s_{\infty,k}$ eine m-fache Polstelle.

Beispiel 1.9: Laplace-Rücktransformation mit dem Umkehrintegral

Die Laplace-Transformierte

$$X(s) = \frac{2a}{a^2 - s^2} \qquad \text{für} \quad -a < \mathrm{Re}\{s\} < a \qquad \text{mit} \quad a > 0$$

soll mit Hilfe des Umkehrintegrals in den Zeitbereich zurücktransformiert werden.

Gemäß Gleichung (1.85) lautet das Umkehrintegral

$$x(t) = \frac{1}{2\pi\mathrm{j}} \int\limits_{\sigma-\mathrm{j}\,\infty}^{\sigma+\mathrm{j}\,\infty} \frac{2a}{a^2 - s^2}\,\mathrm{e}^{\,st}\,\mathrm{d}s\,.$$

Der Parameter σ kann im Intervall $(-a,a)$ (Konvergenzbereich) beliebig gewählt werden. $X(s)$ besitzt zwei Polstellen. Eine davon, nämlich $s_{\infty,1} = -a$, links des Konvergenzbereiches und die andere, $s_{\infty,2} = a$, rechts des Konvergenzbereiches. Mit Gleichung (1.88) ergibt sich $x(t)$ zu:

$$x(t) = \begin{cases} -\mathrm{Res}\{\frac{2a}{a^2-s^2}\,\mathrm{e}^{\,st}\}_{|s=a} & \text{für} \quad t < 0 \\ \mathrm{Res}\{\frac{2a}{a^2-s^2}\,\mathrm{e}^{\,st}\}_{|s=-a} & \text{für} \quad t \geq 0\,. \end{cases}$$

Nach Gleichung (1.89) ist

$$\text{für} \quad t < 0 \qquad -\mathrm{Res}\{\frac{2a}{a^2 - s^2}\,\mathrm{e}^{\,st}\}_{|s=a} = -\frac{2a}{a^2 - s^2}\,\mathrm{e}^{\,st}\,(s-a)_{|s=a} = -\frac{-2a}{a+s}\,\mathrm{e}^{\,st}{}_{|s=a} = \mathrm{e}^{\,at}$$

$$\text{für} \quad t \geq 0 \qquad \mathrm{Res}\{\frac{2a}{a^2 - s^2}\,\mathrm{e}^{\,st}\}_{|s=-a} = \frac{2a}{a^2 - s^2}\,\mathrm{e}^{\,st}\,(s-a)_{|s=-a} = \frac{2a}{a-s}\,\mathrm{e}^{\,st}{}_{|s=-a} = \mathrm{e}^{\,-at}\,.$$

Somit lautet das Ergebnis:

$$x(t) = \mathrm{e}^{\,-a|t|} \qquad t \in (-\infty,\infty)\,.$$

(Vgl. Beispiel 1.7.)

Rücktransformation über Partialbruchentwicklung

Wenn die Laplace-Transformierte $X(s)$ eine rationale Funktion in s ist, d. h. wenn sie sich wie in Gleichung (1.70) als Quotient zweier Polynome in s darstellen lässt und wenn $X(s)$ nur einfache Pole besitzt, dann lautet ihre Partialbruchdarstellung gemäß Gleichung (1.73)

$$X(s) = K(s) + \sum_{k=1}^{N} \frac{A_k}{s - s_{\infty,k}}$$

mit dem allgemeinen Konvergenzbereich $\sigma_{\min} < \mathrm{Re}\{s\} < \sigma_{\max}$. Das sog. Vorlaufpolynom $K(s)$ ist nur dann vorhanden, wenn der Zählergrad M von $X(s)$ größer oder gleich dem Nennergrad N ist. In diesem Fall besitzt $K(s)$ den Grad $M - N$.

Für die Rücktransformation des ggf. vorhandenen Vorlaufpolynoms $K(s)$ benötigt man die Laplace-Korrespondenz $K \bullet\!\!-\!\!\circ K \cdot \delta(t)$ aus Anhang B.2. Zusammen mit dem Differentiationssatz, Gleichung (1.82) ergibt sich formal:

$$\begin{aligned} K(s) &= \ldots + k_2 s^2 + k_1 s + k_0 \\ &\qquad \bullet\!\!-\!\!\circ \\ \mathcal{L}^{-1}\{K(s)\} &= \ldots + k_2 \delta''(t) + k_1 \delta'(t) + k_0 \delta(t) \,. \end{aligned} \tag{1.91}$$

In der Praxis treten fast nur rationale Laplace-Transformierte $X(s)$ mit einem Zählergrad M auf, welcher nicht größer als der Nennergrad N ist. Dies bedeutet, dass $X(s)$ für $s \to \infty$ endlich bleibt und außerdem, dass das Vorlaufpolynom $K(s)$ nur aus einem Absolutglied besteht, das für $N > M$ verschwindet. Damit treten in den zugehörigen Zeitfunktionen keine Ableitungen von Dirac-Impulsen auf.

Für die Rücktransformation der Partialbrüche in $X(s)$ ist es wesentlich, wo die Polstellen $s_{\infty,k}$ relativ zum Konvergenzbereich liegen. Partialbrüche mit Polen, welche links vom Konvergenzgebiet, also im Bereich $\mathrm{Re}\{s\} \le \sigma_{\min}$, liegen, werden mit

$$\frac{A_k}{s - s_{\infty,k}} \overset{\mathcal{L}}{\bullet\!\!-\!\!\circ} A_k \, \mathrm{e}^{s_{\infty,k} t} \cdot \epsilon(t) \tag{1.92}$$

zurücktransformiert. Auf Partialbrüche mit Polen rechts des Konvergenzgebietes, also in $\mathrm{Re}\{s\} \ge \sigma_{\max}$, wird die Korrespondenz

$$\frac{A_k}{s - s_{\infty,k}} \overset{\mathcal{L}}{\bullet\!\!-\!\!\circ} -A_k \, \mathrm{e}^{s_{\infty,k} t} \cdot \epsilon(-t) \tag{1.93}$$

angewandt.

Wenn $X(s)$ mehrfache Pole besitzt, dann treten gemäß Gleichung (1.74) in der Partialbruchdarstellung von $X(s)$ Terme der Form

$$\frac{B_i}{(s - s_{\infty,j})^i}$$

auf. Auch bei diesen Termen ist die Lage der Polstellen $s_{\infty,j}$ entscheidend für die Rücktransformation. Für Polstellen in $\mathrm{Re}\{s\} \leq \sigma_{\min}$ gilt:

$$\frac{B_i}{(s-s_{\infty,j})^i} \;\bullet\!\!\overset{\mathcal{L}}{-}\!\!\circ\; \frac{B_i}{(i-1)!}\, t^{i-1}\, \mathrm{e}^{s_{\infty,j}t} \cdot \epsilon(t) \tag{1.94}$$

und für Polstellen in $\mathrm{Re}\{s\} \geq \sigma_{\max}$ gilt:

$$\frac{B_i}{(s-s_{\infty,j})^i} \;\bullet\!\!\overset{\mathcal{L}}{-}\!\!\circ\; -\frac{B_i}{(i-1)!}\, t^{i-1}\, \mathrm{e}^{s_{\infty,j}t} \cdot \epsilon(-t)\,. \tag{1.95}$$

Beispiel 1.10: Laplace-Rücktransformation über Partialbruchentwicklung

Die Laplace-Transformierte

$$X(s) = \frac{-a}{s^2 - as - 2a^2} \qquad \text{mit} \quad a > 0$$

soll durch Partialbruchentwicklung und Anwendung von Laplace-Korrespondenzen in den Zeitbereich zurücktransformiert werden. Eine eindeutige Laplace-Rücktransformation ist nur möglich, wenn der Konvergenzbereich von $X(s)$ bekannt ist. Dieser kann unmittelbar angegeben sein, oder mittelbar dadurch, dass bekannt ist, dass das gesuchte $x(t)$ eine rechtsseitige (oder linksseitige) Zeitfunktion ist. In diesen Fällen liegt das Konvergenzgebiet nämlich rechts vom am weitesten rechts liegenden (oder links vom am weitesten links liegenden) Pol von $X(s)$.

Es sollen die beiden Fälle

a) $X(s)$ konvergiert in $-a < \mathrm{Re}\{s\} < 2a$

b) $X(s)$ konvergiert in $\mathrm{Re}\{s\} > 2a$

angenommen werden.

- Partialbruchzerlegung

  Nach der Berechnung der Pole $s_{\infty,1} = -a$ und $s_{\infty,2} = 2a$ lautet der Ansatz für die Partialbruchzerlegung

  $$X(s) = \frac{-a}{s^2 - as - 2a^2} = \frac{A_1}{s+a} + \frac{A_2}{s-2a}$$

  Die A_k können z. B. mit der Grenzwertmethode[5]

  $$A_k = \Big((s - s_{\infty,k}) \cdot X(s)\Big)\Big|_{s \to s_{\infty,k}}$$

  oder durch Bildung des Hauptnenners beim Partialbruchansatz und anschließendem Zählerkoeffizientenvergleich mit dem Zählerpolynom von $X(s)$ ermittelt werden. Es ergibt sich

  $$X(s) = \frac{-a}{s^2 - as - 2a^2} = \frac{1/3}{s+a} - \frac{1/3}{s-2a}\,.$$

[5] Hier nur für einfache Pole. Für mehrfache Pole siehe Beispiel 1.12.

Partialbruchzerlegung mit MATLAB:
Da die Koeffizienten von Zähler- und Nennerpolynom von $X(s)$ reine Zahlenwerte sein müssen, damit die Partialbruchzerlegung mit MATLAB durchgeführt werden kann, wird die Frequenzvariable s zunächst gemäß $\varsigma = s/a$ normiert. Daraus folgt:

$$X(s) = \frac{1}{a} \cdot \underbrace{\frac{-1}{\varsigma^2 - \varsigma - 2}}_{X_1(\varsigma)} .$$

Auf $X_1(\varsigma)$ lässt sich nun der MATLAB-Befehl `residue` zur Partialbruchzerlegung wie folgt anwenden:

```
[A,s_infty,K]=residue([-1],[1, -1, -2]);
```

Im Vektor `A` werden die Partialbruchkoeffizienten A_k, im Vektor `s_infty` die Pole $s_{\infty,k}$ und im Vektor `K` ggf. die Koeffizienten des Vorlaufpolynoms (hier nicht vorhanden) abgelegt.

- Rücktransformation mit den Laplace-Korrespondenzen

  a) $X(s)$ konvergiert in $-a < \mathrm{Re}\{s\} < 2a$:
  In diesem Fall ergibt sich mit den Gleichungen (1.92) und (1.93)

  $$x(t) = \frac{1}{3}\,\mathrm{e}^{-at}\,\epsilon(t) + \frac{1}{3}\,\mathrm{e}^{2at}\,\epsilon(-t) .$$

  b) $X(s)$ konvergiert in $\mathrm{Re}\{s\} > 2a$:
  In diesem Fall ergibt sich mit Gleichung (1.92)

  $$x(t) = \frac{1}{3}\left(\mathrm{e}^{-at} - \mathrm{e}^{2at}\right) \cdot \epsilon(t) .$$

1.5.6 Einseitige Laplace-Transformation

Die *einseitige Laplace-Transformation* ist definiert als:

$$X(s) = \int_{0^-}^{\infty} x(t)\,\mathrm{e}^{-st}\,\mathrm{d}t \qquad (1.96)$$

$$\circ\!\!-\!\!\bullet$$

$$x(t) = \frac{1}{2\pi\mathrm{j}} \int_{\sigma_R - \mathrm{j}\infty}^{\sigma_R - \mathrm{j}\infty} X(s)\,\mathrm{e}^{st}\,\mathrm{d}s \qquad \text{für} \quad t \geq 0 . \qquad (1.97)$$

Sie bezieht im Gegensatz zur im Abschnitt 1.5.1 eingeführten zweiseitigen Laplace-Transformation nur die im Bereich[6] $t \geq 0$ liegenden Werte von $x(t)$ in die Berechnung von $X(s)$ ein. Für Signale mit

$$x(t) = 0 \qquad \text{für} \quad t < 0 \qquad (1.98)$$

[6] Die untere Integrationsgrenze von Gleichung (1.96) hat einen infinitesimal kleinen negativen Wert, wodurch ggf. ein Dirac-Impuls bei $t = 0$ berücksichtigt wird.

liefern die ein- und die zweiseitige Laplace-Transformation demnach das gleiche Ergebnis. Für die einseitige Laplace-Transformation gelten die Konvergenzeigenschaften der zweiseitige Laplace-Transformation von rechtsseitigen Funktionen sinngemäß. Hervorzuheben ist der in diesem Fall besonders einfache Zusammenhang zwischen dem Konvergenzbereich und den Polstellen der Laplace-Transformierten.

Da für Signale in der Praxis meist die Gleichung (1.98) gilt, findet dort fast immer die einseitige Laplace-Transformation Anwendung.

Beispiel 1.11: Einseitige Laplace-Transformation

Die einseitige Laplace-Transformierte von

$$x(t) = \mathrm{e}^{-a|t|} \quad \text{mit} \quad a \in \mathbb{R}\,, \quad a > 0 \quad \text{und} \quad t \in (-\infty,\infty)$$

soll berechnet werden.
Mit der Definitionsgleichung ergibt sich:

$$X(s) = \int\limits_{0^-}^{\infty} \mathrm{e}^{-a|t|}\,\mathrm{e}^{-st}\,\mathrm{d}t = \frac{1}{s+a} \qquad \text{mit} \qquad \mathrm{Re}\{s\} > -a$$

Wenn bekannt ist, dass es sich bei $X(s)$ um eine einseitige Laplace-Transformierte handelt, muss der Konvergenzbereich nicht angegeben werden, da er sich aus den Polen von $X(s)$ mit der Vorschrift $\mathrm{Re}\{s\} > \max\limits_k(\mathrm{Re}\{s_{\infty,k}\})$ ermitteln lässt.
Die Rücktransformation einer einseitigen Laplace-Transformierten kann selbstverständlich nur den in $t \geq 0$ liegenden Anteil von $x(t)$ liefern, da bei der Hintransformation lediglich dieser Bereich berücksichtigt wurde. (Vgl. Beispiel 1.12.)

Zum Vergleich sei hier nochmals die *zweiseitige* Laplace-Transformierte von $x(t) = \mathrm{e}^{-a|t|}$ angegeben, die in Beispiel 1.7b zu $\frac{2a}{a^2-s^2}$ berechnet wurde.

Beispiel 1.12: Rücktransformation einer einseitigen Laplace-Transformierten

Gegeben sei die in s normierte, einseitige Laplace-Transformierte

$$X(s) = \frac{s^3 + 4s^2 + 6s + 2}{s^3 + 4s^2 + 5s + 2}$$

Da es sich bei $X(s)$ um eine einseitige Laplace-Transformierte handelt, konvergiert $X(s)$ im Bereich rechts vom am weitesten rechts liegenden Pol. Die Pole von $X(s)$ sind: $s_{\infty,1} = -2$ und $s_{\infty,2} = -1$ (doppelter Pol). Der Ansatz für die Partialbruchzerlegung lautet unter Berücksichtigung des mehrfachen Pols (vgl. Gleichung (1.73)):

$$X(s) = K(s) + \frac{A_1}{s+2} + \frac{B_1}{s+1} + \frac{B_2}{(s+1)^2}\,.$$

Das Vorlaufpolynom ergibt sich durch Polynomdivision zu $K(s) = 1$. Der Wert A_1 kann mit der Grenzwertmethode für einfache Pole wie in Beispiel 1.10 berechnet werden:

$$A_1 = \Big((s+2)\cdot X(s)\Big)\Big|_{s\to -2} = \frac{s^3+4s^2+6s+2}{(s+1)^2}\Big|_{s\to -2} = -2\,.$$

Für die Berechnung der B_i eines m-fachen Pols mit Hilfe der Grenzwertmethode wird die Formel

$$B_i = \frac{1}{(m-i)!}\,\frac{\mathrm{d}^{(m-i)}}{\mathrm{d}s^{(m-i)}}\Big((s-s_{\infty,k})^m\cdot X(s)\Big)\Big|_{s\to s_{\infty,k}}$$

benötigt. Durch sie ergibt sich hier

$$B_1 = \frac{1}{1!}\,\frac{\mathrm{d}}{\mathrm{d}s}\Big((s+1)^2\cdot X(s)\Big)\Big|_{s\to -1} = \frac{\mathrm{d}}{\mathrm{d}s}\Big(\frac{s^3+4s^2+6s+2}{(s+2)}\Big)\Big|_{s\to -1} = 2$$

und

$$B_2 = \frac{1}{0!}\Big((s+1)^2\cdot X(s)\Big)\Big|_{s\to -1} = \frac{s^3+4s^2+6s+2}{(s+2)}\Big|_{s\to -1} = -1\,.$$

Alternativ können A_1, B_1 und B_2 selbstverständlich auch durch Bildung des Hauptnenners beim Partialbruchansatz und anschließendem Zählerkoeffizientenvergleich mit dem Zählerpolynom von $X(s)$ oder mit dem MATLAB-Befehl

```
[A,s_infty,K]=residue([1,4,6,2],[1,4,5,2]);
```

ermittelt werden.

Das Ergebnis lautet

$$X(s) = 1 + \frac{-2}{s+2} + \frac{2}{s+1} + \frac{-1}{(s+1)^2}$$

Die Rücktransformation mittels Laplace-Korrespondenzen (Gleichungen (1.91), (1.92) und (1.94)) liefert:

$$x(t) = \delta(t) - 2\mathrm{e}^{-2t} + 2\mathrm{e}^{-t} - t\cdot\mathrm{e}^{-t} \qquad \text{für} \quad t \geq 0\,.$$

Zeitverschiebungssatz der einseitigen Laplace-Transformation

Mit der einseitigen Laplace-Transformation

$$x(t) \circ\!\!-\!\!\bullet\; X(s)$$

gilt für das um t_0 verschobene Signal

$$x(t-t_0) \circ\!\!-\!\!\bullet\; \mathrm{e}^{-s\,t_0}\cdot\Big(X(s) + \int_{-t_0}^{0^-} x(t)\,\mathrm{e}^{-st}\,\mathrm{d}t\Big)\,. \tag{1.99}$$

Im Gegensatz zur Zeitverschiebung bei der zweiseitigen Laplace-Transformation, Gleichung (1.76), tritt hier ein Korrekturterm auf, durch den berücksichtigt wird, dass der Integrationsbereich der einseitigen Laplace-Transformation auf $t \in [0^-,\infty)$ begrenzt ist.

Differentiationssatz der einseitigen Laplace-Transformation

Mit der einseitigen Laplace-Transformation

$$x(t) \circ\!\!-\!\!\bullet\, X(s)$$

gilt für das im Zeitintervall $t \in [0^-,\infty)$ abgeleitete Signal

$$\frac{\mathrm{d}}{\mathrm{d}t} x(t) \circ\!\!-\!\!\bullet\, s \cdot X(s) - x(0^-)\,. \tag{1.100}$$

Der hier gegenüber dem Differentiationssatz der zweiseitigen Laplace-Transformation, Gleichung (1.82), zusätzlich auftretende Term berücksichtigt den auf $t \in [0^-,\infty)$ begrenzten Erfassungsbereich der einseitigen Laplace-Transformation.

Beispiel 1.13: Differentiationssatz

- Gegeben ist das Signal $x(t) = \mathrm{e}^{-a|t|}$ mit $a \in \mathbb{R}, \quad a > 0$
  Die einseitige Laplace-Transformierte lautet
  $$x(t) \circ\!\!-\!\!\bullet\, \frac{1}{s+a}$$
  Zum Vergleich: Die *zweiseitige* Laplace-Transformierte lautet:
  $$x(t) \overset{\mathcal{L}}{\circ\!\!-\!\!\bullet} \frac{2a}{a^2 - s^2} \qquad -a < \mathrm{Re}\{s\} < a\,.$$
- Die zeitliche Ableitung des Signals $x(t)$ lautet:
  $$\frac{\mathrm{d}x(t)}{\mathrm{d}t} = -a \cdot \mathrm{sgn}(t) \cdot \mathrm{e}^{-a|t|}\,.$$
  Die einseitige Laplace-Transformierte von $\mathrm{d}x(t)/\mathrm{d}t$ lautet:
  $$\frac{\mathrm{d}x(t)}{\mathrm{d}t} \circ\!\!-\!\!\bullet\, \frac{-a}{s+a}\,.$$
  Zum Vergleich: Die *zweiseitige* Laplace-Transformierte von $\mathrm{d}x(t)/\mathrm{d}t$ lautet:
  $$\frac{\mathrm{d}x(t)}{\mathrm{d}t} \overset{\mathcal{L}}{\circ\!\!-\!\!\bullet} \left(\frac{-a}{a+s} + \frac{a}{a-s}\right) = \frac{2as}{a^2 - s^2} \qquad -a < \mathrm{Re}\{s\} < a\,.$$
- Mit dem Differentiationssatz für die einseitige Laplace-Transformation (1.100) ergibt sich:
  $$\frac{\mathrm{d}x(t)}{\mathrm{d}t} \circ\!\!-\!\!\bullet\, s \cdot \frac{1}{s+a} - x(0^-) = \frac{s}{s+a} - 1 = \frac{-a}{s+a} \qquad \checkmark$$
  und mit dem Differentiationssatz für die zweiseitige Laplace-Transformation (1.82) ergibt sich:
  $$\frac{\mathrm{d}x(t)}{\mathrm{d}t} \overset{\mathcal{L}}{\circ\!\!-\!\!\bullet}\, s \cdot \frac{2a}{a^2 - s^2} \qquad -a < \mathrm{Re}\{s\} < a \qquad \checkmark$$

Beim Differentiationssatz für die *einseitige* Laplace-Transformation muss die Anfangsbedingung $x(0^-)$ berücksichtigt werden, damit das Ergebnis der Laplace-Transformierten von $\mathrm{d}x(t)/\mathrm{d}t$ entspricht. Ein weiteres Beispiel für die Berücksichtigung der Anfangsbedingung liefert das MATLAB-Projekt 3.C.

Anfangswertsatz und Endwertsatz

Der *Anfangswertsatz* und der *Endwertsatz* gehören zu den sogenannten Grenzwertsätzen der einseitigen Laplace-Transformation. Der Anfangswertsatz

$$x(0^+) = \lim_{s \to \infty} s\, X(s) \tag{1.101}$$

gestattet aus der Betrachtung der einseitigen Laplace-Transformierten heraus eine Aussage über den Wert der Zeitfunktion bei $t = 0$. Ist $t = 0$ eine Sprungstelle von $x(t)$, dann liefert der Anfangswertsatz den rechtsseitigen Grenzwert $x(0^+)$.

Der Endwertsatz liefert eine Aussage über den Wert einer Zeitfunktion $x(t)$ für $t \to \infty$, wenn die einseitige Laplace-Transformierte von $x(t)$ bekannt ist.

$$\lim_{t \to \infty} x(t) = \lim_{s \to 0} s\, X(s) \tag{1.102}$$

Für die Gültigkeit des Endwertsatz ist die Existenz des Grenzwertes $\lim\limits_{t \to \infty} x(t)$ Voraussetzung.

Beispiel 1.14: Anfangswertsatz

Betrachtet wird folgende Korrespondenz der einseitigen Laplace-Transformation:

$$x(t) = \epsilon(t) \cdot \mathrm{e}^{\,at} \circ\!\!-\!\!\bullet \frac{1}{s-a}\,.$$

Die Zeitfunktion ist für $t = 0$ unstetig und hat den rechtsseitigen Grenzwert $x(0^+) = 1$. Dieses Ergebnis wird durch die Anwendung des Anfangswertsatzes bestätigt:

$$x(0^+) = \lim_{s \to \infty} s \cdot \frac{1}{s-a} = 1\,.$$

Beispiel 1.15: Endwertsatz

Betrachtet wird wieder die Korrespondenz:

$$x(t) = \epsilon(t) \cdot \mathrm{e}^{\,at} \circ\!\!-\!\!\bullet \frac{1}{s-a}\,.$$

Für reelle $a \leq 0$ existiert der Grenzwert $\lim\limits_{t \to \infty} x(t)$ und der Endwertsatz liefert

$$\lim_{t \to \infty} x(t) = \lim_{s \to 0} s \cdot \frac{1}{s-a} = \begin{cases} 0 & \text{für} \quad a < 0 \\ 1 & \text{für} \quad a = 0 \end{cases}.$$

Für reelle $a > 0$ existiert der Grenzwert $\lim\limits_{t \to \infty} x(t)$ nicht, weshalb der Endwertsatz nicht angewendet werden darf.

Für komplexe a existiert der Grenzwert nur für $\mathrm{Re}\{a\} < 0$ und der Endwertsatz liefert das richtige Ergebnis $\lim\limits_{t \to \infty} x(t) = 0$.

Kapitel 2

Kontinuierliche LTI-Systeme

2.1 Einleitung

Die kontinuierlichen LTI-Systeme [Fli91, OW92] sind die klassischen Systeme, zu denen unter anderem die Kirchhoffschen Netzwerke oder die mechanischen Schwingungssysteme gehören. Das Attribut *kontinuierlich* ist durch den Umstand begründet, dass alle Zeitfunktionen in solchen Systemen über der kontinuierlichen Zeitachse, d. h. für jeden Wert der reellen Zeitvariablen t, definiert sind.

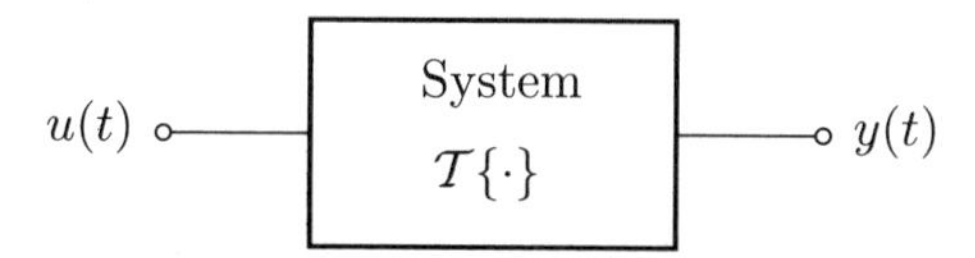

Bild 2.1: Skalares System mit eindimensionalen, kontinuierlichen Signalen

Die zwischen dem Eingangs- und dem Ausgangssignal bestehende Verknüpfung kann allgemein in Form einer Operatorbeziehung ausgedrückt werden.

$$y(t) = \mathcal{T}\{u(t)\} \tag{2.1}$$

2.2 Klassifizierung von kontinuierlichen Systemen

- Ein System heißt *linear*, wenn jede lineare Überlagerung (gewichtete Summe) von Eingangssignalen die lineare Überlagerung der entsprechenden Ausgangssignale bewirkt (lineares Superpositionsprinzip).

$$\mathcal{T}\{c_1\, u_1(t) + c_2\, u_2(t)\} = c_1\, \mathcal{T}\{u_1(t)\} + c_2\, \mathcal{T}\{u_2(t)\} \tag{2.2}$$

Gilt dies nicht, so ist das System nichtlinear.

- Ein System heißt *verschiebeinvariant* (z. B. zeitinvariant oder ortsinvariant), wenn für beliebiges t_0 bezogen auf (2.1) stets

$$\mathcal{T}\{u(t-t_0)\} = y(t-t_0) \tag{2.3}$$

gilt.

Gilt dies nicht, so ist das System verschiebevariant (z. B. zeitvariant)

- Ein System heißt *kausal*, wenn für jedes mögliche t_0 der Wert der Ausgangsfolge $y(t_0)$ nur von Werten der Eingangsfolge $u(t)$ mit $t \leq t_0$ abhängt. D. h. auf den Dirac-Impuls $\delta(t)$ antwortet ein kausales System mit einer Ausgangsfolge, die nur für $t \geq 0$ von null verschieden sein kann.

  Gilt dies nicht, so ist das System nichtkausal.

- Ein System heißt *stabil*, wenn jedes beschränkte Eingangssignal $u(t)$ ein ebenfalls beschränktes Ausgangssignal $y(t)$ bewirkt, d. h. wenn mit

$$|u(t)| \leq M < \infty$$

für das Ausgangssignal

$$|y(t)| \leq N < \infty$$

gilt. Diese Stabilitätsdefinition[1] wird auch *BIBO-Stabilität* (von engl.: „bounded input bounded output") genannt.

Gilt dies nicht, so ist das System instabil.

Im Folgenden werden kontinuierliche lineare zeitinvariante Systeme, sog. LTI-Systeme[2] betrachtet, welche theoretisch auch nichtkausal und/oder instabil sein können.

Wichtige Eigenschaften der LTI-Systeme sind bereits durch die Eigenschaften der Fourier- und der Laplace-Transformation vorweggenommen. Da Zeitfunktionen zur Beschreibung von Signalen und Impulsantworten zur Beschreibung von LTI-Systemen in ihrer Rolle vertauschbar sind, können Aussagen wie beispielsweise das konstante Zeit-Bandbreite-Produkt, das Faltungstheorem oder das Parsevalsche Theorem sofort auf die betrachteten Systeme angewendet werden.

2.3 Systembeschreibung

In diesem Abschnitt werden verschiedene Möglichkeiten zur Beschreibung von kontinuierlichen LTI-Systemen im Zeit- und im Frequenzbereich behandelt.

[1] Daneben gibt es weitere Stabilitätsdefinitionen, siehe z. B. [Unb93, Fet04].

[2] Von engl.: „linear time-invariant"

2.3.1 Beschreibung mit der Impulsantwort

Die Antwort eines linearen Systems auf den Dirac-Impuls heißt *Impulsantwort*. Sie wird üblicherweise mit $h(t)$ bezeichnet. Wegen der Zeitinvarianz (Gleichung (2.3)) der betrachteten LTI-Systeme gilt:

$$\mathcal{T}\{\delta(t-t_0)\} = h(t-t_0)\,. \tag{2.4}$$

Die Impulsantwort $h(t)$ eines LTI-Systems soll nun dazu verwendet werden, die Antwort $y(t)$ des Systems auf ein beliebiges Eingangssignal $u(t)$ zu berechnen. Dazu wird $u(t)$ gemäß Gleichung (1.10)

$$u(t) = \int\limits_{-\infty}^{\infty} u(\tau)\,\delta(t-\tau)\,\mathrm{d}\tau$$

dargestellt. Setzt man diese Gleichung in die Operatorbeziehung (2.1) ein und berücksichtigt, dass es sich bei dem das LTI-System beschreibenden Operator um einen linearen handelt, dann ergibt sich

$$\begin{aligned} y(t) &= \mathcal{T}\Big\{ \int\limits_{-\infty}^{\infty} u(\tau)\,\delta(t-\tau)\,\mathrm{d}\tau \Big\} = \int\limits_{-\infty}^{\infty} u(\tau)\,\mathcal{T}\{\delta(t-\tau)\}\,\mathrm{d}\tau \\ &= \int\limits_{-\infty}^{\infty} u(\tau)\,h(t-\tau)\,\mathrm{d}\tau\,, \end{aligned} \tag{2.5}$$

wobei im letzten Schritt auch die Zeitinvarianz des LTI-Systems, Gleichung (2.4), verwendet wurde. Das Ergebnis ist aus Abschnitt 1.3 als Faltungsprodukt

$$y(t) = u(t) * h(t) \tag{2.6}$$

bekannt. Offensichtlich beschreibt die Impulsantwort eines LTI-Systems dessen Ein-Ausgangsverhalten vollständig.

Beispiel 2.1: Berechnung einer Systemantwort

Ein LTI-System besitze die Impulsantwort

$$h(t) = \frac{1}{T}\,\mathrm{e}^{-t/T} \cdot \epsilon(t)\,.$$

Dieses System werde mit dem Rechtecksignal

$$u(t) = \mathrm{rect}(\frac{t}{T_1})$$

erregt.

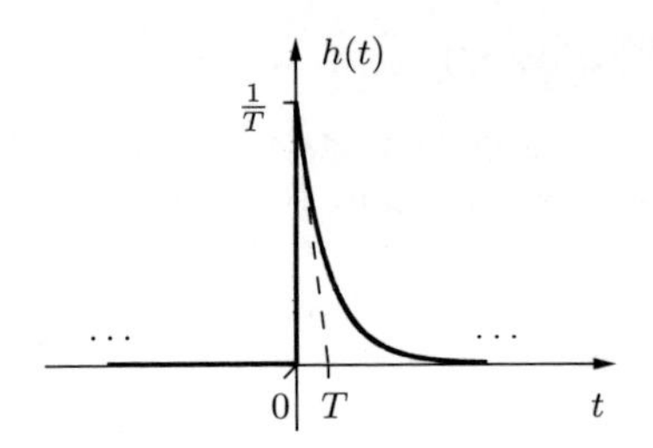

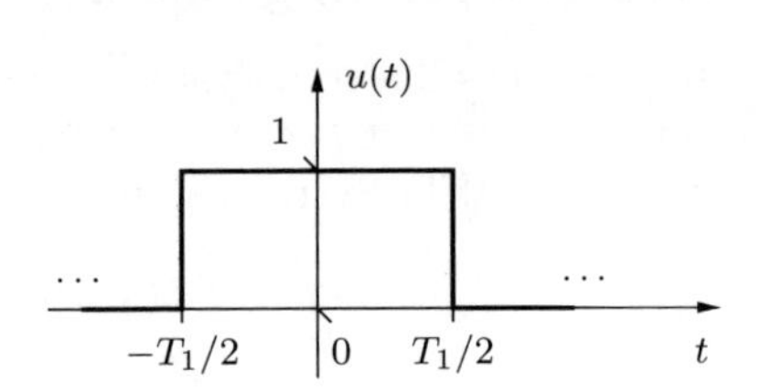

Das Ausgangssignal ergibt sich mit Gleichung (2.5) zu

$$y(t) = \frac{1}{T} \int_{-\infty}^{\infty} \mathrm{rect}(\frac{\tau}{T_1}) \cdot \mathrm{e}^{-(t-\tau)/T} \cdot \epsilon(t-\tau)\,\mathrm{d}\tau$$

Die Auswertung des Faltungsintegrals kann entsprechend Beispiel 1.1 vorgenommen werden. Demzufolge sind drei Bereiche zu unterscheiden:

- $-\infty < t < -\frac{T_1}{2}$ (Keine Überlappung)

$$y(t) = 0$$

- $-\frac{T_1}{2} \leq t < \frac{T_1}{2}$ (Überlappungszuwachs)

$$y(t) = \frac{1}{T} \int_{-\frac{T_1}{2}}^{t} \mathrm{e}^{-(t-\tau)/T}\,\mathrm{d}\tau = \frac{1}{T}\mathrm{e}^{-\frac{t}{T}} \left(T\,\mathrm{e}^{\frac{\tau}{T}}\right)\Big|_{-\frac{T_1}{2}}^{t} = 1 - \mathrm{e}^{-\frac{t}{T}}\,\mathrm{e}^{-\frac{T_1}{2T}}$$

- $\frac{T_1}{2} \leq t < +\infty$ (Abklingphase)

$$y(t) = \frac{1}{T} \int_{-\frac{T_1}{2}}^{\frac{T_1}{2}} \mathrm{e}^{-(t-\tau)/T}\,\mathrm{d}\tau = \frac{1}{T}\mathrm{e}^{-\frac{t}{T}} \left(T\,\mathrm{e}^{\frac{\tau}{T}}\right)\Big|_{-\frac{T_1}{2}}^{\frac{T_1}{2}} = \mathrm{e}^{-\frac{t}{T}} \left(\mathrm{e}^{\frac{T_1}{2T}} - \mathrm{e}^{-\frac{T_1}{2T}}\right)$$

Das Ausgangssignal wird durch die Parameter T, T_1 sowie deren Verhältnis T_1/T geprägt. Falls $T \ll T_1$ ist, dann erreicht $y(t)$ an der Stelle $t = T_1/2$ fast den Wert 1. Ist jedoch $T_1 \ll T$, dann strebt $y(t)$ gegen $T_1 \cdot h(t)$.

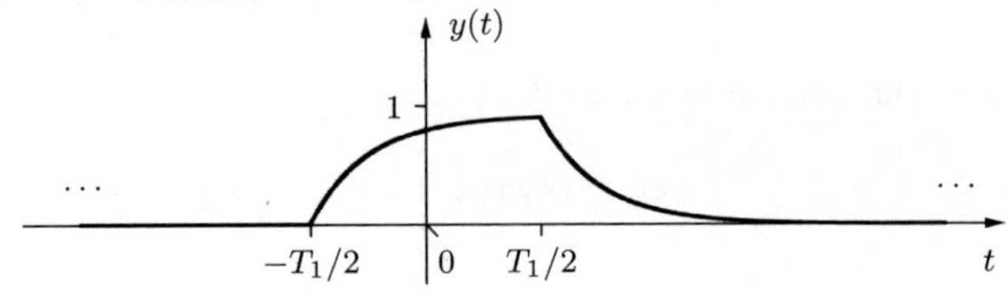

Kausalität und Stabilität

Die im vorliegenden Abschnitt 2.3 behandelten Systeme sind linear und zeitinvariant (LTI-Systeme) entsprechend den Definitionen im Abschnitt 2.2. Diese beiden Eigenschaften wurden bei der Herleitung des Zusammenhangs zwischen dem Ein- und dem Ausgangssignal des LTI-Systems, Gleichung (2.6), benutzt.
Außerdem kann ein System aber auch *kausal* und/oder *stabil* entsprechend Abschnitt 2.2 sein. Die Kausalität und die Stabilität eines kontinuierlichen LTI-Systems lassen sich unabhängig voneinander unmittelbar aus seiner Impulsantwort $h(t)$ ablesen. Dazu dienen die folgenden Sätze.

Satz 2.1 *Ein kontinuierliches LTI-System ist dann und nur dann kausal, wenn seine Impulsantwort $h(t)$ für alle negativen t verschwindet, d. h.:*

$$h(t) = 0, \qquad t < 0\,. \tag{2.7}$$

Satz 2.2 *Ein kontinuierliches LTI-System ist dann und nur dann stabil, wenn seine Impulsantwort $h(t)$ absolut integrierbar ist, d. h.:*

$$\int_{-\infty}^{\infty} |h(t)|\,\mathrm{d}t < \infty\,. \tag{2.8}$$

Diesen Sätzen zufolge ist das durch seine Impulsantwort gegebene LTI-System in Beispiel 2.1 kausal und stabil.

Eigenfunktionen von LTI-Systemen

Unter der *Eigenfunktion* eines Systems versteht man eine Funktion $u_{\mathrm{Eig}}(t)$, die das System bis auf einen (i. a. komplexen) Faktor[3] λ unverändert durchläuft. Mit Gleichung (2.1) gilt also:

$$y(t) = \mathcal{T}\{u_{\mathrm{Eig}}(t)\} \;=\; \lambda \cdot u_{\mathrm{Eig}}(t)\,. \tag{2.9}$$

Für kontinuierliche LTI-Systeme ist die Eigenfunktion die allgemeine Exponentialfunktion aus Gleichung (1.1)

$$u_{\mathrm{Eig}}(t) = U \cdot \mathrm{e}^{s_0 t}\,, \qquad \text{mit } U \in \mathbb{C}\,. \tag{2.10}$$

Dies lässt sich durch Faltung der Eigenfunktion mit der Impulsantwort zeigen, da für *LTI-Systeme* die in Gleichung (2.9) mit dem Operator $\mathcal{T}$ beschriebene Ein-Ausgangsbeziehung durch die Faltung hergestellt wird:

$$y(t) = h(t) * u_{\mathrm{Eig}}(t)$$

[3]Dieser Faktor wird *Eigenwert* genannt.

$$
\begin{aligned}
y(t) &= \int_{-\infty}^{\infty} h(\tau) \cdot u_{\text{Eig}}(t-\tau)\, \mathrm{d}\tau = \int_{-\infty}^{\infty} h(\tau) \cdot U\, \mathrm{e}^{s_0(t-\tau)}\, \mathrm{d}\tau \\
&= \underbrace{\int_{-\infty}^{\infty} h(\tau)\, \mathrm{e}^{-s_0\tau}\, \mathrm{d}\tau}_{\lambda = H(s_0)} \cdot \underbrace{U\, \mathrm{e}^{s_0 t}}_{u_{\text{Eig}}(t)} = \lambda \cdot u_{\text{Eig}}(t)\,.
\end{aligned}
$$

Der Faktor λ stellt sich also als die Laplace-Transformierte (siehe Abschnitt 1.5.1) der Impulsantwort $h(t)$ an der Stelle s_0 heraus, wobei entsprechend den Betrachtungen in Abschnitt 1.5.2 s_0 im Konvergenzbereich der Laplace-Transformierten von $h(t)$ liegen muss. Im Abschnitt 2.3.2 wird diese Laplace-Transformierte „Systemfunktion $H(s)$" genannt; sie ist ebenso wie die Impulsantwort $h(t)$ zur Beschreibung des Ein-Ausgangsverhaltens des LTI-Systems geeignet.

Ein Spezialfall der Eigenfunktion liegt vor, wenn man in Gleichung (2.10) $s_0 = \mathrm{j}\,\omega_0$ setzt, wodurch der Eigenwert zu $\lambda = H(\mathrm{j}\,\omega_0)$ wird. Dies bedeutet nun, dass das LTI-System auf eine ungedämpfte harmonische Schwingung $u(t) = U \cdot \mathrm{e}^{\mathrm{j}\,\omega_0 t}$ mit einer ebenfalls ungedämpften harmonischen Schwingung $y(t) = Y \cdot \mathrm{e}^{\mathrm{j}\,\omega_0 t}$ mit der gleichen Kreisfrequenz ω_0 und der Amplitude

$$Y = H(\mathrm{j}\,\omega_0) \cdot U \tag{2.11}$$

antwortet. Der (komplexe) Faktor $H(\mathrm{j}\,\omega_0)$ besitzt i. a. für unterschiedliche Kreisfrequenzen ω_0 unterschiedliche Werte. Sein Verlauf $H(\mathrm{j}\,\omega)$ über ω wird *komplexer Frequenzgang* oder allgemein *Übertragungsfunktion* (siehe dazu Abschnitt 2.3.3) genannt.

2.3.2 Beschreibung mit der Systemfunktion

Die Laplace-Transformierte der Impulsantwort $h(t)$ wird *Systemfunktion* $H(s)$ des Systems genannt.

$$H(s) = \int_{-\infty}^{\infty} h(t)\, \mathrm{e}^{-st}\, \mathrm{d}t \tag{2.12}$$

Da durch die Laplace-Transformation weder Informationen hinzufügt noch entfernt werden, beschreibt auch die Systemfunktion $H(s)$ - wie die Impulsantwort - das Ein-Ausgangsverhalten des LTI-Systems vollständig. Die Voraussetzung dafür ist selbstverständlich, dass das Konvergenzgebiet von $H(s)$ bekannt ist. Dieses ergibt sich, wie in Abschnitt 1.5 beschrieben, bei der Auswertung des Integrals in Gleichung (2.12).

Die Faltungsbeziehung aus Gleichung (2.6) kann alternativ auch mit dem Faltungstheorem (Gleichung (1.83)) der Laplace-Transformation ausgedrückt werden als:

$$Y(s) = U(s) \cdot H(s)\,. \tag{2.13}$$

Darin sind $U(s)$ die Laplace-Transformierte des Eingangssignals und $Y(s)$ die Laplace-Transformierte des Ausgangssignals. Wie bei allen Operationen im s-Bereich sind dabei die Konvergenzgebiete der beteiligten Funktionen zu beachten und ggf. genau zu untersuchen.

Beispiel 2.2: Systemfunktion $H(s)$

Die Impulsantwort des LTI-Systems aus Beispiel 2.1 lautet

$$h(t) = \frac{1}{T}\,\mathrm{e}^{-t/T} \cdot \epsilon(t)\,.$$

Die Systemfunktion dieses LTI-Systems ist die Laplace-Transformierte von $h(t)$, also

$$H(s) = \frac{\frac{1}{T}}{s + \frac{1}{T}}\,; \qquad \mathrm{Re}\{s\} > -\frac{1}{T}\,.$$

Das Eingangssignal ist in demselben Beispiel gegeben als

$$u(t) = \mathrm{rect}(\frac{t}{T_1})$$

woraus seine Laplace-Transformierte $U(s)$ zu

$$U(s) = \frac{1}{s} \cdot \left(\mathrm{e}^{\,s\frac{T_1}{2}} - \mathrm{e}^{\,-s\frac{T_1}{2}}\right); \qquad s \in \mathbb{C}\,.$$

berechnet werden kann.
Nach Gleichung (2.13) ist die Laplace-Transformierte des Ausgangssignals das Produkt aus $U(s)$ und $H(s)$:

$$\begin{aligned} Y(s) = U(s) \cdot H(s) &= \frac{1}{s} \cdot \left(\mathrm{e}^{\,s\frac{T_1}{2}} - \mathrm{e}^{\,-s\frac{T_1}{2}}\right) \cdot \frac{\frac{1}{T}}{s + \frac{1}{T}}\,; & \mathrm{Re}\{s\} > -\frac{1}{T} \\ &= \frac{\frac{1}{T}}{s^2 + \frac{1}{T}s} \cdot \left(\mathrm{e}^{\,s\frac{T_1}{2}} - \mathrm{e}^{\,-s\frac{T_1}{2}}\right); & \mathrm{Re}\{s\} > -\frac{1}{T} \end{aligned}$$

Mit der Laplace-Korrespondenz

$$\frac{\omega_0}{(s+a)^2 + \omega_0^2} \;\bullet\!\!\overset{\mathcal{L}}{-}\!\!\circ\; \epsilon(t) \cdot \sin(\omega_0 t)\,\mathrm{e}^{\,-at}$$

aus Anhang B.2 und der Darstellung der Sinusfunktion durch komplexe e-Funktionen

$$\sin z = \frac{1}{2\mathrm{j}}(\mathrm{e}^{\,\mathrm{j}\,z} - \mathrm{e}^{\,-\mathrm{j}\,z}) \quad \text{mit} \quad z \in \mathbb{C}$$

ergibt sich für den rationalen Term in $Y(s)$

$$\frac{\frac{1}{T}}{s^2 + \frac{1}{T}s} = \frac{2}{\mathrm{j}} \frac{\frac{\mathrm{j}}{2T}}{(s+\frac{1}{2T})^2 + (\frac{\mathrm{j}}{2T})^2} \quad \bullet\!\!\overset{\mathcal{L}}{-}\!\!\circ \quad \epsilon(t) \cdot (1 - \mathrm{e}^{-\frac{t}{T}}) .$$

Der Zeitverschiebungssatz der Laplace-Transformation, Gleichung (1.76) liefert schließlich

$$Y(s) \quad \bullet\!\!\overset{\mathcal{L}}{-}\!\!\circ \quad y(t) = \epsilon(t + \frac{T_1}{2}) \cdot (1 - \mathrm{e}^{-\frac{t+\frac{T_1}{2}}{T}}) - \epsilon(t - \frac{T_1}{2}) \cdot (1 - \mathrm{e}^{-\frac{t-\frac{T_1}{2}}{T}}) ,$$

was genau dem Ergebnis aus Beispiel 2.1 entspricht.

Die Systemfunktion ordnet jedem Wert s der komplexen s-Ebene einen komplexen Wert $H(s)$ zu. Trägt man den *Betrag* der Systemfunktion aus Beispiel 2.3 über einem Ausschnitt der s-Ebene auf, so erhält man die Darstellung in Bild 2.2. Man erkennt die Nullstelle bei $s = 0$ und die ungefähre Lage der beiden Polstellen. (Aus zeichentechnischen Gründen wurde $|H(s)|$ nur bis zu einem Maximalwert abgebildet.)

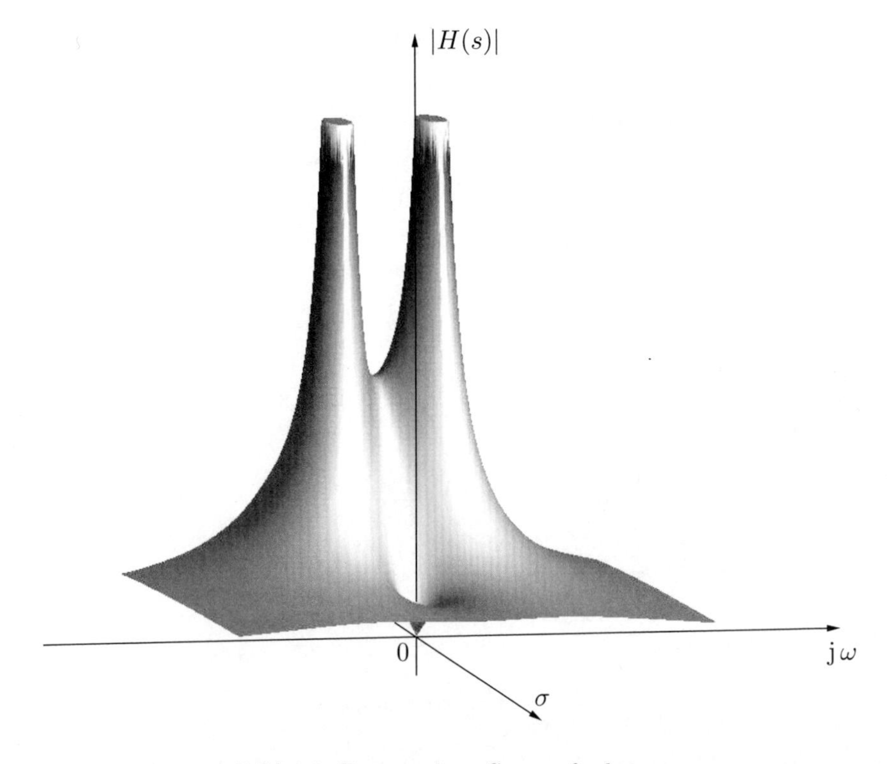

Bild 2.2: Betrag einer Systemfunktion

Pol-Nullstellenplan

Mit dem Pol-Nullstellenplan (auch Pol-Nullstellendiagramm) wird die Lage der Polstellen (Unendlichkeitsstellen) und der Nullstellen von $H(s)$ in der s-Ebene dargestellt. Die Pole und Nullstellen von $H(s)$ haben entscheidenden Einfluss auf die Übertragungsfunktion (vgl. Abschnitt 2.3.3). Außerdem ist die Lage der Pole nützlich bei der Beurteilung der Stabilität des Systems (s. u.).

Beispiel 2.3: Pol-Nullstellenplan

Die Systemfunktion

$$H(s) = \frac{s\frac{2}{T}}{s^2 + s\frac{2}{T} + \frac{2}{T^2}}$$

besitzt die Nullstellen $s_{0,1} = 0$ und $s_{0,2} = \infty$ sowie die Polstellen $s_{\infty,1,2} = -\frac{1}{T} \pm \mathrm{j}\,\frac{1}{T}$. Die Nullstelle $s_{0,2} = \infty$ bedeutet, dass $|H(s)|$ für $|s| \to \infty$ gegen null geht. Sie kann aus praktischen Gründen nicht wie betragsmäßig endlich große Nullstellen in den Pol-Nullstellenplan eingetragen werden; manchmal wird sie jedoch gesondert im Pol-Nullstellenplan vermerkt.

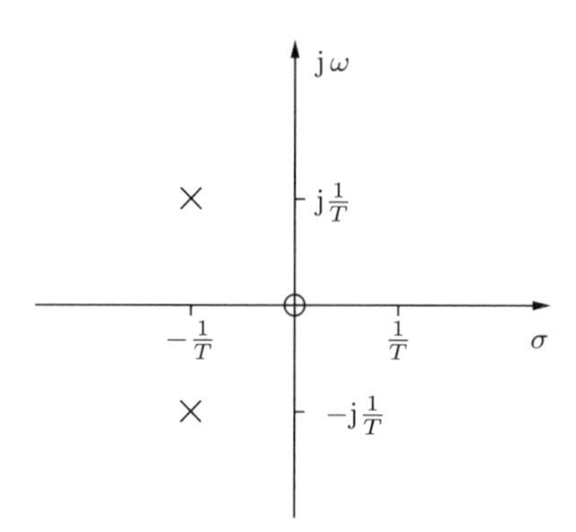

Die Bedeutung des Pol-Nullstellenplans erklärt sich dadurch, dass die in der Technik häufig auftretenden *rationalen* Systemfunktionen (vgl. Abschnitt 2.5) gemäß dem Fundamentalsatz der Algebra durch die Angabe aller ihrer (endlichen) Pol- und Nullstellen (einschließlich deren Vielfachheit) bis auf einen konstanten Faktor vollständig bestimmt sind.

Bedeutung von Kausalität und Stabilität für $H(s)$

Da *kausale* LTI-Systeme nach Satz 2.1 eine für $t < 0$ verschwindende Impulsantwort besitzen, kann zur Berechnung der zugehörigen Systemfunktion $H(s)$ die *einseitige* Laplace-Transformation nach Abschnitt 1.5.6 verwendet werden. Demzufolge kann der Konvergenzbereich der Systemfunktion von kausalen LTI-Systemen stets direkt aus $H(s)$ gewonnen werden. Er liegt nämlich gemäß Abschnitt 1.5.2 in der s-Ebene rechts der vertikalen Linie durch die am weitesten rechts liegende Polstelle von $H(s)$, da es sich bei $H(s)$ um die Laplace-Transformierte einer *rechtsseitigen* Funktion handelt.

Stabile LTI-Systeme zeichnen sich gemäß Satz 2.2 durch eine absolut integrierbare Impulsantwort aus, d. h. es gilt:

$$\int_{-\infty}^{\infty} |h(t)|\,\mathrm{d}t < \infty\,.$$

Der Konvergenzbereich von $H(s)$ ist entsprechend den Überlegungen in Abschnitt 1.5.1 dadurch gekennzeichnet, dass für alle $s = \sigma + \mathrm{j}\,\omega$ im Konvergenzbereich gilt:

$$\int_{-\infty}^{\infty} |h(t) \cdot \mathrm{e}^{-\sigma t}|\,\mathrm{d}t < \infty \qquad \text{(vgl. Gleichung (1.65))}.$$

Für $\sigma = 0$ stimmen diese beiden Bedingungen überein und das bedeutet, dass LTI-Systeme dann und nur dann stabil sind, wenn der Konvergenzbereich von $H(s)$ die imaginäre Achse der s-Ebene enthält.

Fasst man die vorangegangenen Betrachtungen zusammen, so ergibt sich für *kausale* Systeme folgende Stabilitätsbedingung:

Satz 2.3 *Ein kausales kontinuierliches LTI-System ist dann und nur dann stabil, wenn alle Pole $s_{\infty,k}$ seiner Systemfunktion links von der imaginären Achse der s-Ebene liegen, d. h.:*

$$\max_k \mathrm{Re}\{s_{\infty,k}\} < 0\,. \tag{2.14}$$

Diese Bedingung ist oft einfacher überprüfbar als die Bedingung nach Satz 2.2.

2.3.3 Beschreibung mit der Übertragungsfunktion

Die *Übertragungsfunktion*[4] $H(\mathrm{j}\,\omega)$ ist die Fourier-Transformierte der Impulsantwort $h(t)$ des Systems.

$$H(\mathrm{j}\,\omega) = \int_{-\infty}^{\infty} h(t)\,\mathrm{e}^{\mathrm{j}\,\omega t}\,\mathrm{d}t \tag{2.15}$$

Gemäß Abschnitt 1.4.2 konvergiert die Fourier-Transformierte einer Funktion nur, wenn diese absolut integrierbar ist. Auf ein LTI-System angewandt bedeutet dies, dass die Übertragungsfunktion nur dann existiert, wenn seine Impulsantwort absolut integrierbar ist, mit anderen Worten, wenn das LTI-System stabil ist. Die Übertragungsfunktion $H(\mathrm{j}\,\omega)$ beschreibt in dem Fall das Ein-/Ausgangsverhalten des Systems vollständig. Insbesondere kann dann die Übertragungsfunktion $H(\mathrm{j}\,\omega)$ auch aus $H(s)$ dadurch gewonnen werden, dass man $H(s)$ auf der imaginären Achse der s-Ebene auswertet, also $s = \mathrm{j}\,\omega$ einsetzt. Die imaginäre Achse der s-Ebene liegt ja bei stabilen Systemen im Konvergenzbereich von $H(s)$ und deshalb darf $H(s)$ dort auch ausgewertet werden.

Aus der Fourier-Transformierten $U(\mathrm{j}\,\omega)$ des Systemeingangssignals und der Übertragungsfunktion $H(\mathrm{j}\,\omega)$ lässt sich durch Anwendung des Faltungstheorems der

[4] Auch: *Frequenzgang*, besonders bei sinusförmigen Ein- und Ausgangssignalen, siehe S. 60.

Fourier-Transformation, Gleichung (1.54) oder durch Einsetzen von $s = \mathrm{j}\,\omega$ in Gleichung (2.13) die Fourier-Transformierte des Ausgangssignals zu

$$Y(\mathrm{j}\,\omega) = U(\mathrm{j}\,\omega) \cdot H(\mathrm{j}\,\omega) \tag{2.16}$$

berechnen.

Beispiel 2.4: Übertragungsfunktion

Die Impulsantwort des LTI-Systems aus Beispiel 2.1 lautet

$$h(t) = \frac{1}{T}\,\mathrm{e}^{-t/T} \cdot \epsilon(t)\,.$$

Die Übertragungsfunktion dieses LTI-Systems ist die Fourier-Transformierte dieser Impulsantwort, also

$$\begin{aligned} H(\mathrm{j}\,\omega) &= \int\limits_{-\infty}^{\infty} \frac{1}{T}\,\mathrm{e}^{-t/T} \cdot \epsilon(t) \cdot \mathrm{e}^{-\mathrm{j}\,\omega t}\,\mathrm{d}t \\ &= \frac{1}{T}\,\frac{-1}{\frac{1}{T} + \mathrm{j}\,\omega} \cdot \left(\mathrm{e}^{-(\frac{1}{T} + \mathrm{j}\,\omega)t}\right)\Big|_{0}^{+\infty} \\ &= \frac{\frac{1}{T}}{\frac{1}{T} + \mathrm{j}\,\omega}\,. \end{aligned}$$

Dieses Resultat hätte auch durch Einsetzen von $s = \mathrm{j}\,\omega$ in das Ergebnis von Beispiel 2.2 gewonnen werden können.

Darstellung der Übertragungsfunktion nach Betrag und Phase

Da die Übertragungsfunktion $H(\mathrm{j}\,\omega)$ i. a. komplexwertig ist, kann sie nicht direkt über ω aufgetragen werden. Meistens wird man sie in ihren Betrag und in ihre Phase aufspalten, seltener in ihren Real- und Imaginärteil.

$$H(\mathrm{j}\,\omega) = |H(\mathrm{j}\,\omega)| \cdot \mathrm{e}^{\mathrm{j}\,\varphi(\omega)} \tag{2.17}$$

Denkt man sich das Eingangssignal $u(t)$ eines Systems durch viele cos-Signale mit unterschiedlicher Amplitude und Frequenz approximiert, dann gibt der Betragsverlauf von $H(\mathrm{j}\,\omega)$ Auskunft darüber, mit welchem Faktor diese gedachten cos-Signale an den verschiedenen Frequenzen durch das System bewertet werden. In diesem Zusammenhang spricht man auch vom *Betragsfrequenzgang* des Systems. Der Phasenverlauf von $H(\mathrm{j}\,\omega)$ gibt dementsprechend darüber Auskunft, welche Phasenverschiebung die einzelnen cos-Signale beim Durchlauf durch das System erfahren.

Die Auswirkung der Lage der Pol- und Nullstellen der Systemfunktion $H(s)$ auf die Werte von $H(s)$ über der s-Ebene wurde mit Bild 2.2 für den Betrag $|H(s)|$ veranschaulicht. Vollzieht man in Bild 2.2 einen Schnitt längs der $\mathrm{j}\,\omega$-Achse, welcher senkrecht auf der s-Ebene steht, so erhält man als Schnittlinie den Betrag der

Übertragungsfunktion, den Betragsfrequenzgang, siehe Bild 2.3. Damit wird deutlich, dass Nullstellen (von $H(s)$) in der Nähe der $\mathrm{j}\,\omega$-Achse ein lokales Minimum im Betragsfrequenzgang verursachen und Pole ein lokales Maximum. Die Wirkung der Pole und Nullstellen auf den Betragsfrequenzgang wird mit zunehmender Nähe zur $\mathrm{j}\,\omega$-Achse stärker. Pole und Nullstellen auf der $\mathrm{j}\,\omega$-Achse werden zu Polen und Nullstellen des Betragsfrequenzganges.

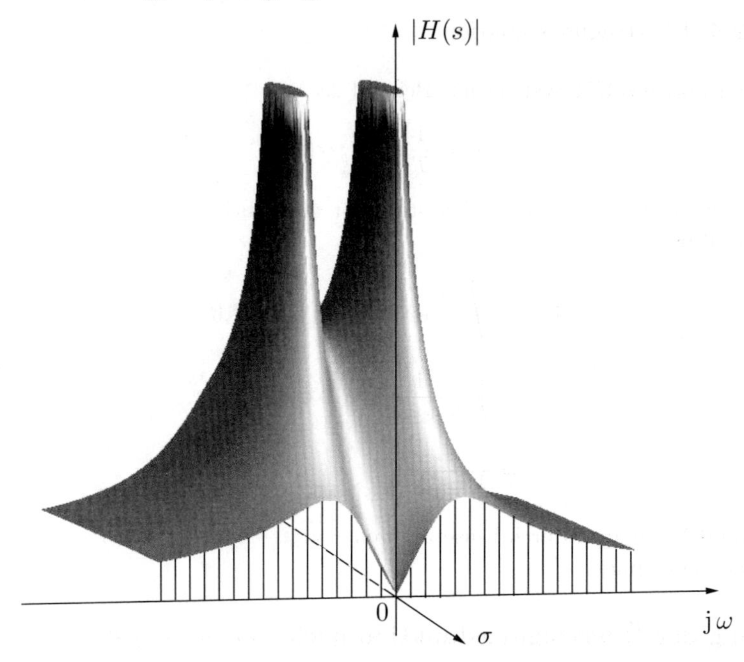

Bild 2.3: Schnitt von $|H(s)|$ mit der Fläche $\sigma = 0$

Beispiel 2.5: Betrag und Phase der Übertragungsfunktion

Die Übertragungsfunktion des LTI-Systems aus Beispiel 2.4 lautet

$$H(\mathrm{j}\,\omega) = \frac{\frac{1}{T}}{\frac{1}{T} + \mathrm{j}\,\omega} = \frac{\frac{1}{T}}{\sqrt{(\frac{1}{T})^2 + \omega^2}} \cdot \mathrm{e}^{\mathrm{j}\,\varphi(\omega)}$$

mit $\varphi(\omega) = \mathrm{arc}(H(\mathrm{j}\,\omega)) = \arctan \frac{\mathrm{Im}\{H(\mathrm{j}\,\omega)\}}{\mathrm{Re}\{H(\mathrm{j}\,\omega)\}} = \arctan(-\omega T)$ (siehe Gl. (A.7)).

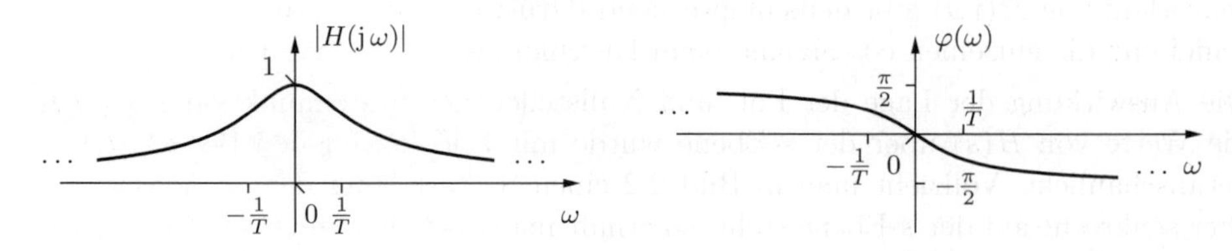

Dämpfung und Gruppenlaufzeit

Als *Dämpfung* bezeichnet man

$$a(\omega) = -20\,\log_{10}|H(\mathrm{j}\,\omega)| \quad \text{in} \;\; \mathrm{dB}\,. \tag{2.18}$$

Sie ist lediglich eine andere Darstellungsform des Betrags der Übertragungsfunktion, die besonders bei der Beurteilung der Filtereigenschaften eines LTI-Systems nützlich ist.

Die *Gruppenlaufzeit* ist definiert als

$$\tau(\omega) = -\frac{\mathrm{d}}{\mathrm{d}\,\omega}\,\varphi(\omega) \tag{2.19}$$

und gibt Auskunft über die Laufzeit der einzelnen Frequenzgruppen des Eingangssignals durch das System.

MATLAB-Projekt 2.A Analyse eines Systems

1. Aufgabenstellung

   Das durch seine Systemfunktion

   $$H(s) = \frac{s\frac{2}{T}}{s^2 + s\frac{2}{T} + \frac{2}{T^2}} \qquad\qquad \mathrm{Re}\{s\} > -\frac{1}{T}$$

   gegebene zeitkontinuierliche System soll mit Hilfe von MATLAB analysiert werden. Es sollen sein Pol-Nullstellenplan, seine Impulsantwort und der Betrag seiner Übertragungsfunktion berechnet und dargestellt werden. Ferner soll die Antwort $y(t)$ des Systems auf das Eingangssignal

   $$u(t) = \begin{cases} 1 & \text{für} \quad 3T < t < 6T \\ 0 & \text{sonst} \end{cases}$$

   ermittelt werden.

2. Lösungshinweise

   - MATLAB erlaubt die direkte Eingabe einer Übertragungsfunktion. Hierzu muss ein sog. „TF model" erstellt werden. Für die Laplace-Variable s lautet der benötigte Befehl: `s = tf('s')`. Anschließend kann $H(s)$ mit `Hs = (2/T)*s/(s^2+(2/T)*s+(2/(T^2)))` definiert werden.
   - Zur Berechnung von Impulsantwort, Übertragungsfunktion und Systemantwort auf ein vorgegebenes Eingangssignal können die MATLAB-Befehle `impulse`, `freqresp` und `lsim` verwendet werden. Diese setzen auf dem erstellten „TF model" auf.

- Der Pol-Nullstellenplan kann mit `pzplot` dargestellt werden. Dabei ist zu beachten, dass MATLAB eventuell vorhandene Nullstellen bei $s = \infty$ nicht im Pol-Nullstellenplan einträgt.

3. MATLAB-Programm

```
% Analyse eines Systems
clear; close all;

% Festlegung von Parametern
T = 1;                        % (in Sek.)
t_min = 0*T;                  % Zeitlicher Darstellungsbeginn
t_max = 15*T;                 % Zeitliches Darstellungsende
dt = T/100;                   % Delta-t
t = t_min:dt:t_max;           % Vektor mit den Zeitstützpunkten
% ... Parameter für die Übertragungsfunktion
w0 = 1/T;                     % (in rad/s)
w_min = -5*w0;                % Darstellungsbeginn im Frequenzbereich
w_max = 5*w0;                 % Darstellungsende im Frequenzbereich
dw = w0/100;                  % Delta-w
w = w_min:dw:w_max;           % Vektor mit den Frequenzstützpunkten

% Laplace-Variable spezifizieren
s = tf('s');

% H(s) definieren
Hs = (2/T)*s/(s^2+(2/T)*s+(2/(T^2)));

% Eingangssignal
u = (t>3*T)&(t<6*T);

% Berechnungen
% ... des Pol-Nullstellenplans
pzplot(Hs);
% ... der Impulsantwort
h = impulse(Hs,t);
% ... der Übertragungsfunktion
H = reshape(freqresp(Hs,w),1,length(w));
% ... der Antwort y(t) auf das Eingangssignal u(t)
y = lsim(Hs,u,t);
```

4. Darstellung der Lösung

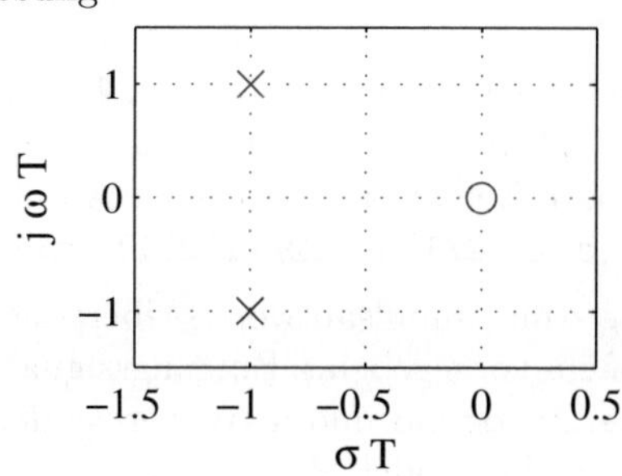

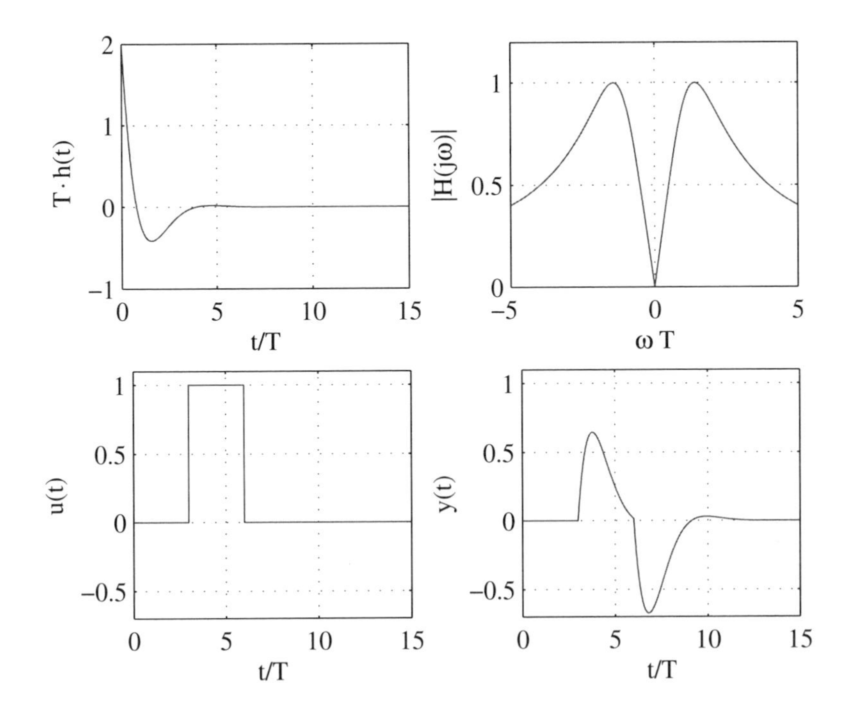

5. Weitere Fragen und Untersuchungen

- Man ermittle die Impulsantwort $h(t)$ durch Laplace-Rücktransformation aus $H(s)$ unter Berücksichtigung des Konvergenzgebietes und verifiziere damit den von MATLAB ermittelten Verlauf.
  Zum Vergleich: $h(t) = \frac{2}{T}\epsilon(t)\,\mathrm{e}^{-t/T}\,(\cos(t/T) - \sin(t/T))$
- Man vergleiche den Verlauf von $|H(\mathrm{j}\,\omega)|$ mit der Schnittlinie zwischen den Flächen $|H(s)|$ und $\sigma = 0$ in Bild 2.3.
- Man variiere das Eingangssignal $u(t)$ und beobachte das Ausgangssignal $y(t)$.

2.4 LTI-Systeme mit stochastischer Erregung

LTI-Systeme sind im praktischen Gebrauch für die Übertragung informationsbehafteter Signale wie Sprachsignale, Audiosignale, Videosignale oder Regelungssignale bestimmt. Alle diese Signale sind stochastische Signale und können als Musterfunktionen eines stochastischen Prozesses aufgefasst werden, vgl. Abschnitt 1.1.2.

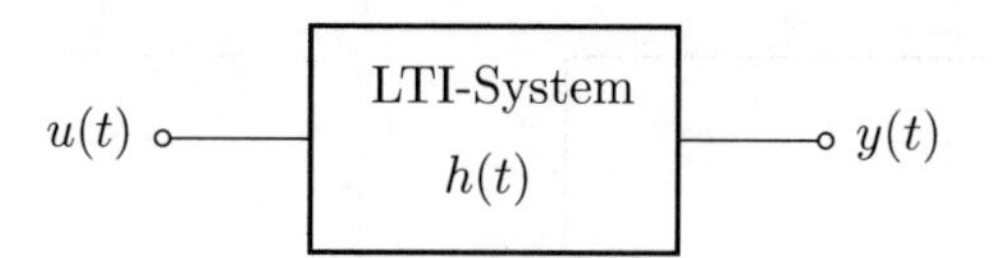

Bild 2.4: Übertragung einer Musterfolge durch ein LTI-System

Bild 2.4 zeigt ein LTI-System mit der Impulsantwort $h(t)$, das mit einer beliebig ausgewählten Musterfunktion $u(t)$ eines Zufallsprozesses erregt wird. Das System antwortet gemäß Gleichung (2.5) mit

$$y(t) = \int_{-\infty}^{\infty} u(\tau)\, h(t-\tau)\, \mathrm{d}\tau\,.$$

Dieses Ausgangssignal kann wiederum als Musterfunktion eines stochastischen Prozesses aufgefasst werden. Zur Beschreibung der beiden Prozesse am Ein- und Ausgang ist es jedoch müßig, alle möglichen Musterfunktionen am Eingang zu betrachten und die zugehörigen Musterfunktionen am Ausgang zu ermitteln. Die Prozesse werden vielmehr durch ihre stochastischen Kenngrößen wie Mittelwert oder Korrelationsfunktionen beschrieben. Im Folgenden sollen die Zusammenhänge zwischen den stochastischen Kenngrößen am Systemein- und -ausgang untersucht werden.

2.4.1 Mittelwert des Ausgangsprozesses

Wird das LTI-System mit einem stationären ergodischen Prozess erregt, welcher den Mittelwert μ_u besitzt, dann ergibt sich der Mittelwert μ_y des stochastischen Prozesses an seinem Ausgang zu:

$$\begin{aligned}
\mu_y &= \mathrm{E}\{y(t)\} = \mathrm{E}\{u(t) * h(t)\} \\
&= \int_{-\infty}^{\infty} \mathrm{E}\{u(\tau)\}\; h(t-\tau)\, \mathrm{d}\tau \\
&= \mu_u \int_{-\infty}^{\infty} h(t-\tau)\, \mathrm{d}\tau = \mu_u \int_{-\infty}^{\infty} h(\tau)\, \mathrm{d}\tau \\
&= \mu_u \cdot H(\mathrm{j}\,\omega)\Big|_{\omega=0}\,. \qquad (2.20)
\end{aligned}$$

Man beachte, dass die Erwartungswertbildung aufgrund ihrer Linearität in die Faltungssumme hereingezogen wurde. Ferner ist sie nur über die Musterfunktion $u(\tau)$ zu erstrecken, da die Impulsantwort eine determinierte Folge ist. Schließlich ergibt sich, dass der Mittelwert eines stochastischen Signals wie der Gleichanteil eines determinierten Signals übertragen wird.

2.4.2 Kreuzkorrelation zwischen Systemein- und -ausgang

Die Kreuzkorrelierte zwischen dem stationären ergodischen und reellen Prozess am Systemeingang und dem sich ergebenden Prozess am Systemausgang ergibt sich entsprechend Gleichung (1.16) zu

$$\begin{aligned} \mathrm{r}_{uy}(t) = \mathrm{E}\{u(\tau)\cdot y(\tau+t)\} &= \mathrm{E}\Big\{u(\tau)\cdot \int_{-\infty}^{\infty} u(\vartheta)\, h(\tau+t-\vartheta)\,\mathrm{d}\vartheta\Big\} \\ &= \int_{-\infty}^{\infty} \mathrm{E}\{u(\tau)\, u(\vartheta)\}\cdot h(\tau+t-\vartheta)\,\mathrm{d}\vartheta \\ &= \int_{-\infty}^{\infty} \mathrm{r}_{uu}(\vartheta-\tau)\cdot h(\tau+t-\vartheta)\,\mathrm{d}\vartheta \end{aligned} \tag{2.21}$$

Dabei wurde die Tatsache ausgenutzt, dass die Autokorrelationsfunktion (AKF) eines *stationären* Prozesses nur von der Zeitdifferenz $(\vartheta - \tau)$ abhängt. Mit der Substitution $\vartheta - \tau \to \lambda$ lautet Gleichung (2.21):

$$\begin{aligned} \mathrm{r}_{uy}(t) &= \int_{-\infty}^{\infty} \mathrm{r}_{uu}(\lambda)\cdot h(t-\lambda)\,\mathrm{d}\lambda \\ &= \mathrm{r}_{uu}(t) * h(t)\,; \end{aligned} \tag{2.22}$$

d. h. die Kreuzkorrelierte $\mathrm{r}_{uy}(t)$ zwischen dem Eingangs- und dem Ausgangsprozess ist durch eine Faltung der Eingangs-AKF $\mathrm{r}_{uu}(t)$ mit der Impulsantwort $h(t)$ des LTI-Systems gegeben.
Die Laplace-Transformation von Gleichung (2.22) führt auf die Kreuzleistungsdichte

$$S_{uy}(s) = S_{uu}(s)\cdot H(s)\,. \tag{2.23}$$

Da die Kreuzkorrelationsfunktion eine zweiseitige Funktion ist, ist die zweiseitige Laplace-Transformation zu verwenden. Die Kreuzleistungsdichte $S_{uy}(s)$ konvergiert in einem Konvergenzstreifen um die imaginäre Achse der s-Ebene und besitzt i. a. Pole sowohl links als auch rechts der imaginären Achse.

2.4.3 Autokorrelationsfunktion der Systemantwort

Im Abschnitt 2.3 wurde gezeigt, dass die Übertragung von determinierten Signalen durch LTI-Systeme mit Hilfe der Impulsantwort oder der Übertragungsfunktion des Systems beschrieben werden kann. Für stochastische Prozesse lässt sich kein konkretes Eingangssignal angeben; vielmehr werden sie durch ihre Autokorrelationsfunktion charakterisiert. Daher soll im Folgenden der Zusammenhang zwischen den Autokorrelationsfunktionen am Ein- und Ausgang des Systems untersucht werden.

Drückt man den Ausgangsprozess jeweils als Faltung des Eingangsprozesses mit der Impulsantwort aus, so erhält man die Ausgangs-AKF

$$\begin{aligned} \mathrm{r}_{yy}(t) &= \mathrm{E}\{y(\tau)\cdot y(t+\tau)\} \\ &= \mathrm{E}\Big\{ \int_{-\infty}^{\infty} u(\tau-\vartheta)\,h(\vartheta)\,\mathrm{d}\vartheta \cdot \int_{-\infty}^{\infty} u(t+\tau-\xi)\,h(\xi)\,\mathrm{d}\xi \Big\} \\ &= \int_{-\infty}^{\infty}\int_{-\infty}^{\infty} \underbrace{\mathrm{E}\{u(\tau-\vartheta)\,u(t+\tau-\xi)\}}_{\mathrm{r}_{uu}(t-\xi+\vartheta)} h(\vartheta)\,h(\xi)\,\mathrm{d}\vartheta\,\mathrm{d}\xi\,. \end{aligned}$$

Mit der Substitution $\xi-\vartheta\rightarrow\lambda$ lautet die Ausgangs-AKF

$$\begin{aligned} \mathrm{r}_{yy}(t) &= \int_{-\infty}^{\infty}\int_{-\infty}^{\infty} \mathrm{r}_{uu}(t-\lambda)\,h(\vartheta)\,h(\lambda+\vartheta)\,\mathrm{d}\vartheta\,\mathrm{d}\lambda \\ &= \int_{-\infty}^{\infty} \mathrm{r}_{uu}(t-\lambda) \int_{-\infty}^{\infty} h(\vartheta)\,h(\lambda+\vartheta)\,\mathrm{d}\vartheta\;\mathrm{d}\lambda \\ &= \int_{-\infty}^{\infty} \mathrm{r}_{uu}(t-\lambda)\cdot \mathrm{r}_{hh}^{\mathrm{E}}(\lambda)\,\mathrm{d}\lambda\,, \end{aligned}$$

oder

$$\mathrm{r}_{yy}(t) = \mathrm{r}_{uu}(t) * \mathrm{r}_{hh}^{\mathrm{E}}(t)\,. \tag{2.24}$$

Diese Gleichung beschreibt die Übertragung von stochastischen Prozessen über LTI-Systeme in Form von Autokorrelationsfunktionen. Ihre Fourier-Transformierte, welche sich mit der Transformation

$$\mathrm{r}_{hh}^{\mathrm{E}}(t) = h^*(-t) * h(t) \quad \overset{\mathcal{F}}{\circ\!\!-\!\!\bullet} \quad |H(\mathrm{j}\,\omega)|^2 \tag{2.25}$$

nach Gleichung (1.57) sowie mit Hilfe des Faltungstheorems aus Gleichung (1.54) ergibt, wird *Wiener-Lee-Beziehung* für stochastische Signale genannt. Sie lautet:

$$S_{yy}(\mathrm{j}\,\omega) = S_{uu}(\mathrm{j}\,\omega)\cdot|H(\mathrm{j}\,\omega)|^2\,. \tag{2.26}$$

Die Leistungsdichtespektren der Signale am Eingang und Ausgang des Systems werden also durch das Betragsquadrat der Übertragungsfunktion des LTI-Systems miteinander verknüpft.

Beispiel 2.6: Bandbegrenztes thermisches Rauschen

In Beispiel 1.6 wurde der elektrische Widerstand R mit der Temperatur T_{abs} als mögliche Quelle einer nicht bandbegrenzten, weißen Rauschspannung $u(t)$ mit dem Leistungsdichtespektrum

$$\mathrm{S}_{uu}(\mathrm{j}\,\omega) = 2\,R\,k_{\mathrm{B}}\,T_{\text{abs}}$$

vorgestellt. Diese Rauschspannung hätte Gleichung (1.21) zufolge eine unendlich hohe Signalleistung, womit klar ist, dass es sich dabei um eine Idealisierung handelt. In der Praxis wird immer eine Bandbegrenzung stattfinden, sobald man die Rauschspannung messen möchte. Tatsächlich wirken schon die in jedem realen Widerstand enthaltenen kapazitiven und induktiven Anteile im Falle eines Stromflusses, welcher zur Messung nötig ist, bandbegrenzend. Hinzu kommt die Bandbegrenzung durch das reale Messinstrument. Ein genaueres Modell für das thermische Rauschen eines elektrischen Widerstandes stellt daher die Bandbegrenzung des idealen thermischen Rauschens mittels eines idealen Tiefpasses dar.

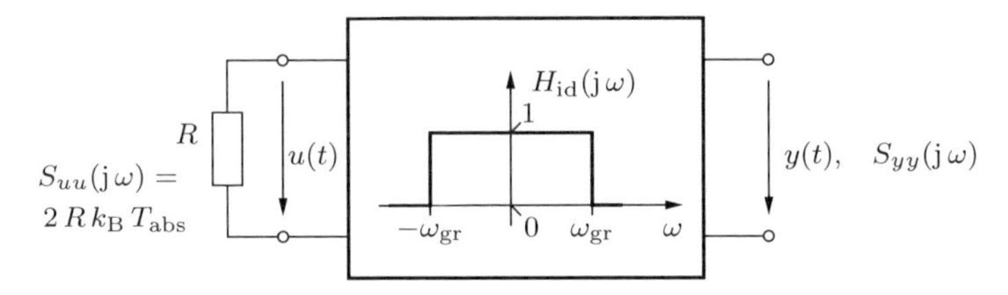

Die Wiener-Lee-Beziehung, Gleichung (2.26), liefert das Leistungsdichtespektrum des bandbegrenzten thermischen Rauschens $y(t)$:

$$\mathrm{S}_{yy}(\mathrm{j}\,\omega) = \mathrm{S}_{uu}(\mathrm{j}\,\omega) \cdot |H(\mathrm{j}\,\omega)|^2 = 2\,R\,k_{\mathrm{B}}\,T_{\text{abs}} \cdot |\mathrm{rect}(\frac{\omega}{2\omega_{\text{gr}}})|^2 \,.$$

Die mittlere Signalleistung der Rauschspannung $y(t)$ beträgt somit:

$$\mathcal{P}_y = \overline{y^2(t)} = \mathrm{r}_{yy}(0) = \frac{1}{2\pi} \int_{-\infty}^{\infty} \mathrm{S}_{yy}(\mathrm{j}\,\omega)\,\mathrm{d}\omega = \frac{2}{\pi}\,R\,k_{\mathrm{B}}\,T_{\text{abs}}\,\omega_{\text{gr}} \,.$$

Daraus lässt sich mit Gleichung (1.63) der Effektivwert der Rauschspannung nach der Bandbegrenzung berechnen:

$$y_{\text{eff}} = \sqrt{\frac{2}{\pi}\,R\,k_{\mathrm{B}}\,T_{\text{abs}}\,\omega_{\text{gr}}} = 2\,\sqrt{R\,k_{\mathrm{B}}\,T_{\text{abs}}\,f_{\text{gr}}} \,.$$

Wird ein Widerstand von $R = 10\,\mathrm{k\Omega}$ mit einer Temperatur von $T_{\text{abs}} = 293\,\mathrm{K}$ ($= 20°$ C) angenommen und besitzt der zur Bandbegrenzung verwendete ideale Tiefpass die Grenzfrequenz $f_{\text{gr}} = 20\,\mathrm{kHz}$, so ergibt sich mit der Boltzmann-Konstante $k_{\mathrm{B}} = 1{,}38 \cdot 10^{-23}\,\mathrm{J/K}$ ein Effektivwert von

$$\begin{aligned} y_{\text{eff}} &= 2\,\sqrt{10^4\,\Omega \cdot 1{,}38\,10^{-23}\,\mathrm{VAs/K} \cdot 293\,\mathrm{K} \cdot 2\,10^4\,1/\mathrm{s}} \\ &\approx 1{,}8\,\mu\mathrm{V}\,. \end{aligned}$$

2.4.4 Signal-Rausch-Verhältnis

Das *Signal-Rausch-Verhältnis* ist das Verhältnis der mittleren Signalleistung eines Nutzsignals $x(t)$ zur mittleren Signalleistung eines dieses Nutzsignal überlagernden Rauschsignals $v(t)$, also:

$$\mathrm{SNR} = \frac{\mathcal{P}_x}{\mathcal{P}_v} . \tag{2.27}$$

Es wird mit SNR (engl.: „signal to noise ratio") abgekürzt und oft auch als *S/N-Verhältnis* bezeichnet.

Betrachtet man das Summensignal $u(t) = x(t) + v(t)$ als ein „verrauschtes" Nutzsignal, so stellt das S/N-Verhältnis nach Gleichung (2.27) eine Art Qualitätsmaß für $u(t)$ dar. Ist der Wert von SNR hoch, so ist $u(t)$ gering verrauscht, andernfalls ist $u(t)$ stark verrauscht.

Da sich die Signalleistungen des Nutzsignals und des überlagerten Rauschsignals in der Praxis oft um mehrere Größenordnungen unterscheiden, ist die Angabe des S/N-Verhältnisses in logarithmierter Form, in dB (Dezibel), gebräuchlich.

$$\mathrm{SNR} = 10 \log_{10} \frac{\mathcal{P}_x}{\mathcal{P}_v} \qquad [\mathrm{dB}] . \tag{2.28}$$

In Bild 2.5 wird ein verrauschtes Signal $u(t)$ als Eingangssignal eines LTI-Systems verwendet. Das Ausgangssignal $y(t)$ setzt sich zusammen aus der Antwort $y_\mathrm{S}(t)$ des Systems auf den Nutzsignalanteil $x(t)$ des Eingangssignals und der Antwort $y_\mathrm{N}(t)$ auf den Rauschsignalanteil $v(t)$.

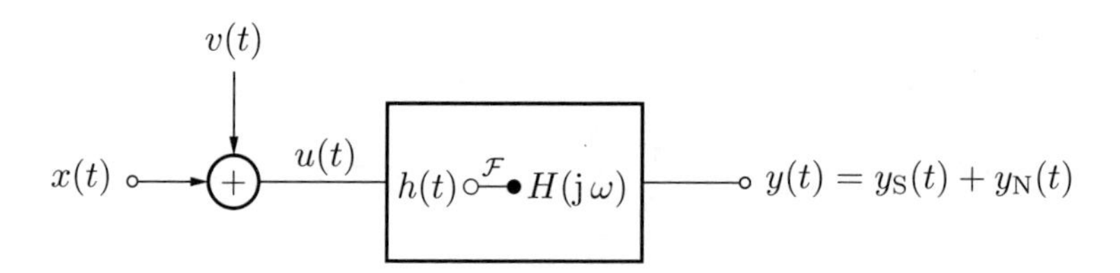

Bild 2.5: LTI-System mit Nutzsignal $x(t)$ und Rauschsignal $v(t)$

Häufig wird das S/N-Verhältnis am Ein- und am Ausgang eines Systems ermittelt und es wird verglichen, ob sich dieses Verhältnis am Ausgang gegenüber dem Eingang verbessert (vergrößert) oder verschlechtert (verkleinert) hat (vgl. Beispiel 2.7).

Beispiel 2.7: Verbesserung des S/N-Verhältnisses

Es wird die Anordnung nach Bild 2.5 betrachtet. Das LTI-System sei gegeben durch seine Übertragungsfunktion (vgl. Beispiel 2.5):

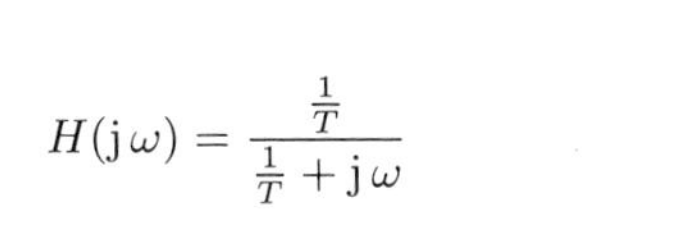

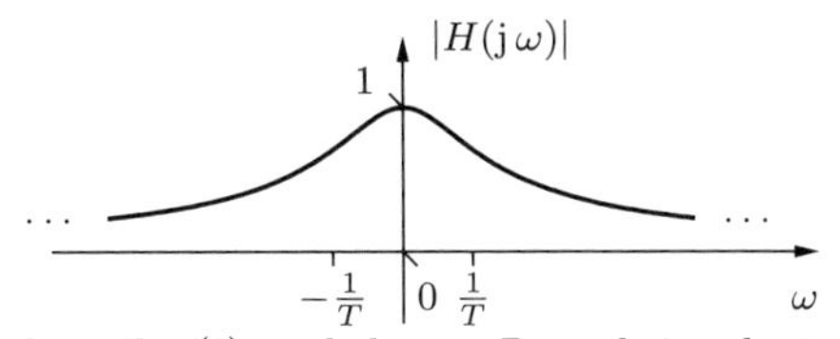

Für das Eingangssignal $u(t)$, dessen Nutzsignalanteil $x(t)$ und dessen Rauschsignalanteil $v(t)$ gelte:

$$u(t) = x(t) + v(t)$$

$$x(t) = \cos(\omega_x t) \quad \text{mit} \quad \omega_x = \frac{1}{T}$$

$$v(t) \;\text{mit}\; \mathrm{S}_{vv}(\mathrm{j}\,\omega) = \frac{0{,}1}{\omega_{\mathrm{gr}}} \cdot \mathrm{rect}(\frac{\omega}{2\omega_{\mathrm{gr}}})$$

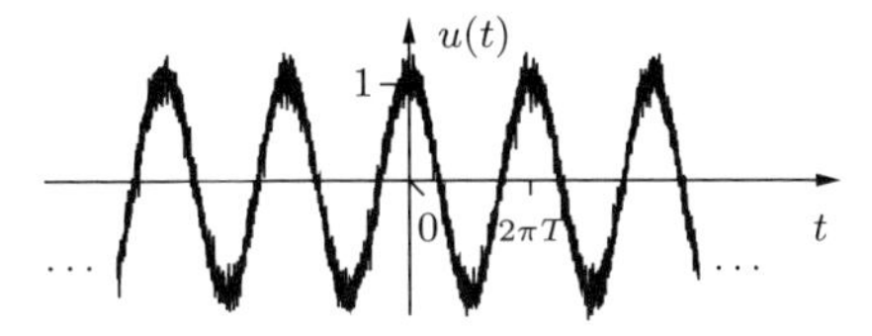

Die mittlere Signalleistung des Nutzsignalanteils in $u(t)$ lässt sich mit Gleichung (1.21) berechnen, wobei man zweckmäßigerweise nur über eine Periode $T_x = 2\pi/\omega_x$ von $x(t)$ mittelt. Damit ergibt sich:

$$\mathcal{P}_x = \frac{1}{T_x} \cdot \int_0^{T_x} |x(t)|^2 \,\mathrm{d}t = \frac{1}{T_x} \cdot \int_0^{T_x} \cos^2(\omega_x t)\,\mathrm{d}t = \frac{1}{T_x}\Big(\frac{t}{2} + \frac{1}{4\omega_x}\sin(2\omega_x t)\Big)\Big|_0^{T_x} = 0{,}5\,.$$

Zur Berechnung der mittleren Signalleistung des Rauschsignalanteils in $u(t)$ bietet sich Gleichung (1.62) an:

$$\mathcal{P}_v = \frac{1}{2\pi} \cdot \int_{-\infty}^{\infty} \mathrm{S}_{vv}(\mathrm{j}\,\omega)\,\mathrm{d}\omega = \frac{0{,}1}{2\pi\omega_{\mathrm{gr}}} \cdot \int_{-\omega_{\mathrm{gr}}}^{\omega_{\mathrm{gr}}} \mathrm{d}\omega = \frac{0{,}1}{\pi}\,.$$

Am Eingang des LTI-Systems ergibt sich daher ein S/N-Verhältnis (siehe Gleichungen (2.27) und (2.28)) von:

$$\mathrm{SNR} = \frac{\mathcal{P}_x}{\mathcal{P}_v} = \frac{0{,}5}{0{,}1/\pi} = 5 \cdot \pi \qquad (\,\hat{=}\, 12\,\mathrm{dB})$$

Zur Berechnung des S/N-Verhältnisses am Ausgang werden die mittleren Signalleistungen des Nutzsignalanteils $y_{\mathrm{S}}(t)$ und des Rauschsignalanteils $y_{\mathrm{N}}(t)$ im Ausgangssignal $y(t)$ des LTI-Systems benötigt. Der (determinierte) Nutzsignalanteil lässt sich mit Gleichung (2.6) berechnen:

$$y_{\mathrm{S}}(t) = x(t) * h(t)\,.$$

Im Frequenzbereich (siehe Gleichung (2.16)) gilt

$$Y_{\mathrm{S}}(\mathrm{j}\,\omega) = X(\mathrm{j}\,\omega) \cdot H(\mathrm{j}\,\omega)\,.$$

Da $X(\mathrm{j}\,\omega)$ als Fourier-Transformierte des kosinusförmigen Signals $x(t)$ nur an den Stellen $\omega = \pm\omega_x$ von null verschiedene Werte annimmt (vgl. Fourier-Korrespondenzen in Anhang B.1), gilt *hier* auch

$$Y_{\mathrm{S}}(\mathrm{j}\,\omega) = X(\mathrm{j}\,\omega) \cdot H(\mathrm{j}\,\omega_x) = X(\mathrm{j}\,\omega) \cdot |H(\mathrm{j}\,\omega_x)| \cdot \mathrm{e}^{\mathrm{j}\,\varphi(\omega_x)}\,.$$

Durch Rücktransformation unter Berücksichtigung des Zeitverschiebungssatzes der Fourier-Transformation, Gleichung (1.38), erhält man:

$$\begin{aligned} y_{\mathrm{S}}(t) &= |H(\mathrm{j}\,\omega_x)| \cdot x(t + \frac{\varphi(\omega_x)}{\omega_x}) \\ &= |H(\mathrm{j}\,\omega_x)| \cdot \cos(\omega_x t + \varphi(\omega_x))\,. \end{aligned}$$

Der Betrag der Übertragungsfunktion an der Stelle $\omega = \pm\omega_x = \pm\frac{1}{T}$ ist

$$|H(\mathrm{j}\,\omega_x)| = \frac{\frac{1}{T}}{\sqrt{(\frac{1}{T})^2 + \omega_x^2}} = \frac{1}{\sqrt{2}}\,,$$

womit sich die mittlere Signalleistung von $y_{\mathrm{S}}(t)$ zu

$$\mathcal{P}_{y_{\mathrm{S}}} = \frac{1}{T_x} \cdot \int_0^{T_x} |y_{\mathrm{S}}(t)|^2 \,\mathrm{d}t = \frac{1}{T_x} \cdot \frac{1}{2} \int_0^{T_x} \cos^2(\omega_x t + \varphi(\omega_x))\,\mathrm{d}t = \ldots = \frac{1}{2}\mathcal{P}_x = 0{,}25$$

ergibt. Offensichtlich beeinflusst nur der Betrag der Übertragungsfunktion des LTI-Systems die mittlere Signalleistung am Systemausgang, nicht jedoch dessen Phasenverlauf. Dies kommt auch in der Wiener-Lee-Beziehung, Gleichung (2.26) ganz deutlich zum Ausdruck. Diese Beziehung wird nun zur Berechnung des Leistungsdichtespektrums des Rauschsignalanteils im Ausgangssignal herangezogen:

$$\mathrm{S}_{y_{\mathrm{N}}y_{\mathrm{N}}}(\mathrm{j}\,\omega) = S_{vv}(\mathrm{j}\,\omega) \cdot |H(\mathrm{j}\,\omega)|^2\,.$$

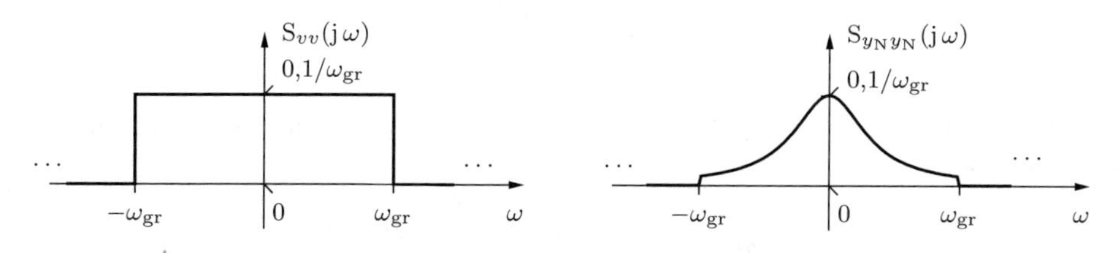

Die mittlere Signalleistung von $y_{\mathrm{N}}(t)$ wird wieder, wie oben, durch Integration über das zugehörige Leistungsdichtespektrum bestimmt:

$$\begin{aligned} \mathcal{P}_{y_{\mathrm{N}}} &= \frac{1}{2\pi} \cdot \int_{-\infty}^{\infty} \mathrm{S}_{y_{\mathrm{N}}y_{\mathrm{N}}}(\mathrm{j}\,\omega)\,\mathrm{d}\omega = \frac{1}{2\pi} \cdot \frac{0{,}1}{\omega_{\mathrm{gr}}} \cdot \int_{-\omega_{\mathrm{gr}}}^{\omega_{\mathrm{gr}}} |H(\mathrm{j}\,\omega)|^2\,\mathrm{d}\omega \\ &= \frac{1}{\pi} \cdot \frac{0{,}1}{\omega_{\mathrm{gr}}} \cdot \int_0^{\omega_{\mathrm{gr}}} \frac{1}{1 + (\frac{T}{2})^2\omega^2}\,\mathrm{d}\omega = \frac{0{,}1}{\pi} \cdot \frac{1}{\omega_{\mathrm{gr}}} \cdot \left(\frac{2}{T}\arctan(\frac{T}{2}\omega)\right)\Big|_0^{\omega_{\mathrm{gr}}} \\ &= \frac{0{,}1}{\pi} \cdot \frac{2}{\omega_{\mathrm{gr}}T} \cdot \arctan(\frac{T}{2}\omega_{\mathrm{gr}})\,. \end{aligned}$$

Ein relativ schmalbandiges Rauschsignal $v(t)$ am Systemeingang, bei welchem sich die gesamte Rauschleistung $\mathcal{P}_v = \frac{0{,}1}{\pi}$ auf einen Frequenzbereich $|\omega| \lessapprox \frac{4{,}66}{T}$ konzentriert, erfährt durch das gegebene LTI-System mit seinem Tiefpasscharakter (vgl. Abschnitt 3.2) eine

Verringerung der Rauschsignalleistung um einen Faktor $\gtrapprox 0{,}5$. Dadurch ergibt sich in einem solchen Fall am Systemausgang ein schlechteres (kleineres) S/N-Verhältnis als am Systemeingang. Beträgt beispielsweise $\omega_{\mathrm{gr}} = 2/T$, so ist $\mathcal{P}_{y_\mathrm{N}} = \frac{0{,}1}{\pi} \cdot \frac{\pi}{4}$ und damit das S/N-Verhältnis $\mathrm{SNR} = 10$ oder 10 dB.
Bei einem breitbandigen Rauschsignal $v(t)$ wird durch die bei hohen Frequenzen hohen Dämpfungswerte des gegebenen Systems eine relativ starke Verringerung der Rauschsignalleistung und damit eine Verbesserung des S/N-Verhältnisses am Ausgang gegenüber demjenigen am Eingang erreicht. Für $\omega_{\mathrm{gr}} = 10/T$ ist $\mathcal{P}_{y_\mathrm{N}} \approx \frac{0{,}1}{\pi} \cdot 0{,}27$ und damit

$$\mathrm{SNR} = \frac{\mathcal{P}_{y_\mathrm{S}}}{\mathcal{P}_{y_\mathrm{N}}} = \frac{0{,}25}{0{,}027/\pi} \approx 9{,}3 \cdot \pi \qquad (\hat{=}\, 14{,}6\,\mathrm{dB})\,.$$

Eine wesentliche Verbesserung der Rauschleistungsunterdrückung auch bei schmalbandigen Rauschsignalen kann erzielt werden, wenn statt des bisher verwendeten LTI-Systems mit der Übertragungsfunktion $H(\mathrm{j}\,\omega)$ das unten angegebene Alternativ-System (vergleiche auch Beispiel 2.3 und MATLAB-Projekt 2.A) mit Bandpasscharakter verwendet wird.

$$H_1(\mathrm{j}\,\omega) = \frac{\mathrm{j}\,\omega \frac{1}{T}}{-\omega^2 + \mathrm{j}\,\omega \frac{1}{T} + \frac{1}{T^2}}$$

Der kosinusförmige Nutzsignalanteil in $u(t)$, der ja bei der Frequenz $\omega_x = 1/T$ liegt, wird durch dieses System nicht gedämpft, d. h. $\mathcal{P}_{y_\mathrm{S}} = \mathcal{P}_x = 0{,}5$. Dagegen wird der Rauschsignalanteil in $u(t)$ durch $H_1(\mathrm{j}\,\omega)$ in den Frequenzbereichen $|\omega| > \omega_x$ *und* $|\omega| < \omega_x$ gedämpft. Dies führt bei einem bandbegrenzten Rauschen mit $\omega_{\mathrm{gr}} = 2/T$ zu einem S/N-Verhältnis von SNR $\approx$ 17,8 dB und bei $\omega_{\mathrm{gr}} = 10/T$ zu SNR $\approx$ 23,2 dB.

2.5 Realisierbare LTI-Systeme

In den bisherigen Abschnitten dieses Kapitels wurden LTI-Systeme ohne Rücksicht auf ihre Realisierbarkeit behandelt. Tatsächlich sind nämlich beispielsweise nichtkausale Systeme wie der ideale Tiefpass (siehe Abschnitt 2.5.5) nicht realisierbar. Mit konzentrierten Bauelementen realisierbare LTI-Systeme besitzen eine *rationale* Systemfunktion der Form

$$H(s) \doteq \frac{Y(s)}{U(s)} = \frac{b_{N_b}\, s^{N_b} + \ldots + b_1\, s + b_0}{a_{N_a}\, s^{N_a} + \ldots + a_1\, s + 1} \qquad N_a, N_b \in \mathbb{N}, \text{ endlich}\,. \tag{2.29}$$

Das Zählerpolynom in s wird oft $B(s)$ und das Nennerpolynom $A(s)$ genannt. Damit lautet die abgekürzte Darstellung der rationalen Systemfunktion

$$H(s) = \frac{B(s)}{A(s)}\,. \tag{2.30}$$

Das Absolutglied des Nennerpolynoms $A(s)$ ist dabei sinnvollerweise (siehe Abschnitt 2.5.3) stets 1.

Der *Grad* (die *Ordnung*) des LTI-Systems ist

$$N = \max(N_a, N_b)\,. \tag{2.31}$$

Bei der Realisierung eines Systems kommt der Systemordnung eine wichtige Bedeutung zu, nämlich die der mindestens benötigten Anzahl an Energiespeichern. Daher ist es einleuchtend, dass N_a und N_b endlich groß sein müssen.

Gemäß der Abschnitte 1.5.2 und 1.5.5 (hier insbesondere Beispiel 1.10) ist $H(s)$ nur dann die Systemfunktion eines *kausalen* Systems, wenn für das Konvergenzgebiet von $H(s)$ gilt: $\text{Re}\{s\} > \max_k \text{Re}\{s_{\infty,k}\}$. Diese Bedingung ist notwendig für die *Realisierbarkeit* eines Systems, da die Kausalität eines Systems eine notwendige Bedingung für seine Realisierbarkeit ist.

2.5.1 Stabilität realisierbarer Systeme

Wie eben festgestellt wurde, besitzen (mit konzentrierten Bauelementen) realisierbare Systeme die rationale Systemfunktion

$$H(s) = \frac{b_{N_b}\, s^{N_b} + \ldots + b_1\, s + b_0}{a_{N_a}\, s^{N_a} + \ldots + a_1\, s + 1} = \frac{B(s)}{A(s)}$$

mit dem Konvergenzgebiet

$$\text{Re}\{s\} \geq \max_k\{s_{\infty,k}\} \qquad (s_{\infty,k} \text{ sind die Pole von } H(s))\,.$$

Ein solches System ist stabil gemäß der Definition in Abschnitt 2.2 (BIBO-Stabilität), wenn

- seine Impulsantwort absolut integrierbar ist (vgl. Satz 2.2, Seite 59),

oder wenn

- alle Pole seiner Systemfunktion im Bereich $\text{Re}\{s\} < 0$, also in der linken s-Halbebene, liegen (vgl. Satz 2.3, Seite 64).

Man beachte, dass dadurch auch Pole bei $|s| = \infty$ ausgeschlossen sind. Dies führt dazu, dass für den Zähler- und Nennergrad der Systemfunktion von stabilen, realisierbaren Systemen

$$N_b \leq N_a \tag{2.32}$$

gilt. Damit einher geht auch die Tatsache, dass sich für $N_b > N_a$ durch Polynomdivision ein Vorlaufpolynom $c_{N_b-N_a} \cdot s^{N_b-N_a} + \ldots + c_1 \cdot s$ aus $H(s)$ abspalten ließe. Der Differentiationssatz der Laplace-Transformation, Gleichung (1.82), besagt jedoch, dass sich dadurch im Ausgangssignal auch ein- oder mehrfache Ableitungen des Eingangssignals ergäben. Der Einheitssprung $\epsilon(t)$ als amplitudenbegrenztes Eingangssignal würde dann den nicht amplitudenbegrenzten Dirac-Impuls $\delta(t)$ als Ausgangssignal zur Folge haben, was der BIBO-Stabilitätsdefinition widerspricht. (Vgl. hierzu die Anmerkungen zur Stabilität auf der Seite 80.)

Stabilitätstest

Bei gegebener rationaler Systemfunktion $H(s)$ ist die Überprüfung auf Stabilität über die Impulsantwort (s. o.) meist recht aufwendig. Einfacher ist es, zu überprüfen, ob die beiden Bedingungen

1. Zählergrad von $H(s) \leq$ Nennergrad von $H(s)$ (notwendige Bedingung)
2. Nullstellen des Nennerpolynoms von $H(s)$ liegen in $\mathrm{Re}\{s\} < 0$, d. h. das Nennerpolynom ist ein sog. *Hurwitz-Polynom* (hinreichende Bedingung)

erfüllt sind. Ist das der Fall, dann ist das System stabil.

Beispiel 2.8: Test auf Hurwitz-Polynom mit MATLAB

Gegeben sei die Systemfunktion

$$H(s) = \frac{s^2 - 2s + 2}{2s^5 + 2s^4 + s^3 + 0{,}5s^2 + 4s + 1} .$$

Da der Zählergrad nicht größer als der Nennergrad ist und das zugrunde liegende System von daher stabil sein könnte, muss zur Klärung der Frage nach der Stabilität untersucht werden, ob das Nennerpolynom ein Hurwitz-Polynom ist. Dies kann mit den folgenden MATLAB-Zeilen geschehen:

```
A=[2 2 1 0.5 4 1];

if max(real(roots(A))) < 0
   disp('Hurwitz-Polynom');
else
   disp('Kein Hurwitz-Polynom');
end;
```

Das Ergebnis ist: `Kein Hurwitz-Polynom`.

Beispiel 2.9: Test auf Hurwitz-Polynom mit dem Routh-Kriterium

Gegeben sei die Systemfunktion

$$H(s) = \frac{s^2 - 2s + 2}{2s^5 + 2s^4 + \alpha\, s^3 + 0{,}5\,\alpha\, s^2 + 4s + 1} .$$

Hat man kein Programm zur numerischen Ermittlung von Nullstellen zur Verfügung oder sind die Nennerkoeffizienten von $H(s)$ von einem oder mehreren Parametern (hier α) abhängig *und* lassen sich die Nullstellen des Nennerpolynoms auch nicht in geschlossener Form ermitteln (dies ist i. a. nur bis zum Grad drei möglich), dann kann mit Hilfe des Kriteriums nach Routh festgestellt werden, ob und ggf. für welche Parameter-Bereiche das Nennerpolynom $A(s)$ ein Hurwitz-Polynom ist.

Kriterium nach Routh

- Notwendige Bedingung für ein Hurwitz-Polynom
  Alle Koeffizienten von $A(s)$ müssen dasselbe Vorzeichen besitzen und $\neq 0$ sein.
- Hinreichende Bedingung für ein Hurwitz-Polynom
  Die Entwicklungskoeffizienten der Kettenbruchentwicklung

  $$\frac{A_{\text{unger}}(s)}{A_{\text{ger}}(s)} \quad \text{oder} \quad \frac{A_{\text{ger}}(s)}{A_{\text{unger}}(s)}$$

  (das Polynom mit dem höheren Grad steht im Zähler) müssen dasselbe Vorzeichen besitzen und $\neq 0$ sein. $A_{\text{unger}}(s)$ ist das Teilpolynom von $A(s) = A_{\text{unger}}(s) + A_{\text{ger}}(s)$, mit den ungeradzahligen Exponenten von s. $A_{\text{ger}}(s)$ ist entsprechend dasjenige mit den geradzahligen Exponenten.

Das Polynom $A(s) = 2s^5 + 2s^4 + \alpha\, s^3 + 0{,}5\,\alpha\, s^2 + 4s + 1$ erfüllt die notwendige Bedingung des Routh-Kriteriums für $\alpha > 0$.

Die Kettenbruchentwicklung von $\frac{A_{\text{unger}}(s)}{A_{\text{ger}}(s)} = \frac{2s^5+\alpha\, s^3+4s}{2s^4+0{,}5\,\alpha\, s^2+1}$ beginnt mit der Polynomdivision

$$\begin{array}{rl} 2s^5 + \alpha\, s^3 + 4s \;\div\; 2s^4 + 0{,}5\,\alpha\, s^2 + 1 & = s + \cfrac{1}{\frac{2s^4+0{,}5\,\alpha\, s^2+1}{0{,}5\,\alpha\, s^3+3s}} \\ -\;\underline{2s^5 + 0{,}5\,\alpha\, s^3 + s} & \\ 0{,}5\,\alpha\, s^3 + 3s & \end{array}$$

Der erste Entwicklungskoeffizient ist also 1 (Koeffizient des ersten Summanden des Ergebnisses). Für den Nenner des zweiten Summanden des Ergebnisses wird nun wieder eine Polynomdivision durchgeführt, woraus sich ein weiterer Entwicklungskoeffizient ergibt, nämlich $4/\alpha$. Die Fortsetzung dieser Vorgehensweise liefert schließlich die folgenden fünf Koeffizienten:

$$1 \qquad \frac{4}{\alpha} \qquad \frac{1}{1-24/\alpha^2} \qquad \frac{\frac{\alpha}{2}(1-24/\alpha^2)}{3-\frac{1}{1-24/\alpha^2}} \qquad 3-\frac{1}{1-24/\alpha^2}$$

Damit die vier von α abhängigen Koeffizienten das gleiche Vorzeichen wie der von α unabhängige Koeffizient besitzen, also positiv sind, müssen die folgenden Bedingungen für α erfüllt sein:

$$\alpha > 0 \qquad |\alpha| > \sqrt{24} \qquad \alpha > 6 \qquad \text{und} \quad |\alpha| > 6\,.$$

Die hinreichende Bedingung für ein Hurwitz-Polynom lautet also $\alpha > 6$; sie ist strenger als die notwendige Bedingung $\alpha > 0$. Somit ist $A(s)$ ein Hurwitz-Polynom für $\alpha > 6$.

Anmerkungen zur Stabilität

Bei einigen Systemen kommen Zweifel auf, ob der Stabilitätsbegriff der BIBO-Stabilität, wie er auf Seite 56 definiert wurde, sinnvoll ist. Zwar ist diese Definition unmittelbar einleuchtend und außerdem lässt sich die BIBO-Stabilität eines

LTI-Systems bei gegebener Impulsantwort mit Hilfe von Satz 2.2 und - im Falle von kausalen Systemen - bei gegebener Systemfunktion mit Hilfe von Satz 2.3 leicht überprüfen.

Bei scheinbar „alltäglichen“ Systemen wie dem Differenzierer mit der Systemfunktion $H_{\mathrm{D}}(s) = -s\,RC$ (vgl. Tabelle 2.1, Seite 88) oder sogar der reinen Induktivität (vgl. Bild 3.3) mit der Systemfunktion (hier eine Impedanz) $Z_L(s) = s\,L$ (Gleichung (3.10)) ergibt die Stabilitätsdefinition (und natürlich auch die Sätze 2.2 und 2.3) jedoch, dass es sich dabei um *instabile* Systeme handelt. Dasselbe Ergebnis ergibt sich für alle mit den Bauelementen aus Abschnitt 3.2.1 aufgebauten Netzwerke, deren (rationale) Systemfunktion einen Gradüberschuss im Zähler aufweist. Besonders bei *passiven* Systemen scheint es jedoch aus physikalischen Betrachtungen heraus unsinnig, dass sie als instabil eingestuft werden.

Diesen Widerspruch kann man durch eine differenziertere Betrachtung auflösen. Das Instabilitätsergebnis beruht auf dem einfachen Netzwerkmodell mit konzentrierten, einparametrigen Bauelementen. Dieses Modell ist zwar sehr gebräuchlich und Hauptgegenstand der Netzwerktheorie, beschreibt aber die Bauelemente nur in einem begrenzten Frequenzbereich. Der BIBO-Stabilitätsbegriff beruht jedoch auf einem prinzipiell unbegrenzten Frequenzbereich. Verfeinert man das Modell dahingehend, dass es auch realen Verhältnissen bei hohen Frequenzen entspricht, dann kommt auch die BIBO-Stabilitätsuntersuchung zu einem stabilen Netzwerk. Das verfeinerte Modell einer Spule sieht beispielsweise eine kleine parasitäre Parallelkapazität sowie einen in Reihe geschalteten kleinen parasitären Ohmschen Widerstand vor, um das reale Verhalten von Spulen bei hohen Frequenzen zu beschreiben. Das verfeinerte Modell einer Kapazität besitzt z. B. einen sehr hohen Ohmschen Parallelwiderstand sowie eine kleine parasitäre Induktivität in Reihe. Werden diese parasitären Bauelemente bei der Ermittlung der Systemfunktion berücksichtigt, dann besitzt diese keinen Gradüberschuss im Zähler mehr.

Eine weitere Unsicherheit ergibt sich bei der Stabilitätsbeurteilung von Systemen wie dem Integrierer mit der Systemfunktion $H_{\mathrm{I}}(s) = -1/s\,RC$ (vgl. Tabelle 2.1, Seite 88) oder der reinen Kapazität (vgl. Bild 3.2) mit der Systemfunktion (hier eine Impedanz) $Z_C(s) = 1/s\,C$ (Gleichung (3.5)). Eine BIBO-Stabilitätsuntersuchung – am einfachsten mittels Satz 2.3 – ergibt, dass beide Systeme instabil sind, da die Pole auf der $\mathrm{j}\,\omega$-Achse liegen, und nicht links davon. Systeme mit *einfachen* Polen auf der $\mathrm{j}\,\omega$-Achse werden oft als *quasi-stabil* bezeichnet, da sie lediglich bei Erregung mit ihrer Resonanzfrequenz mit einem unbegrenzten Ausgangssignal antworten. Dies gilt beispielsweise auch für Systeme (Oszillatoren) mit einem konjugiert-komplexen Polpaar auf der $\mathrm{j}\,\omega$-Achse.

Eine Verfeinerung der Bauteilmodelle wie oben beschrieben, zeigt, dass *passive* Systeme keine Pole auf der $\mathrm{j}\,\omega$-Achse besitzen können, weshalb sie, der praktischen Erfahrung entsprechend, stets stabil sind. Bei aktiven Systemen muss durch einen geeigneten Aufbau für Stabilität gesorgt werden [Fli79].

2.5.2 Einschaltverhalten

Das Ausgangssignal eines stabilen LTI-Systems, welches mit einem zum Zeitpunkt $t = 0$ eingeschalteten Eingangssignal erregt wird, lässt sich i. a. in drei Anteile zerlegen: In den *Ausschwinganteil*, den *Einschwinganteil* und den *stationären Anteil*.

Der Ausschwinganteil hängt lediglich vom Zustand der Energiespeicher des Systems zum Zeitpunkt $t = 0$ (Anfangsbedingungen) ab, nicht jedoch vom Eingangssignal.

Der Einschwinganteil oder *Einschwingvorgang* und der stationäre Anteil oder *stationäre Zustand* zusammengenommen stellen die Antwort desselben Systems auf das eingeschaltete Eingangssignal dar, wenn sämtliche Energiespeicher des Systems zum Zeitpunkt $t = 0$ ungeladen waren. Dabei beschreibt der Einschwinganteil den Ladevorgang der Systemenergiespeicher durch das Eingangssignal, während der stationäre Anteil das Ausgangssignal im eingeschwungenen Zustand darstellt. Das folgende Beispiel zeigt die Ermittlung von Einschwingvorgang und stationärem Zustand mit Hilfe der Laplace-Transformation. Die oben genannten drei Anteile des Ausgangssignals können auch durch Lösung der Systemdifferentialgleichung (siehe Abschnitt 2.5.3) gewonnen werden, was aber oft deutlich aufwendiger als die Vorgehensweise in Beispiel 2.10 ist. Weitere Beispiele für das Einschaltverhalten von Systemen – meist in Form von Sprungantworten – treten in den MATLAB-Projekten 3.A, 3.C und 3.D auf.

Beispiel 2.10: Einschwingvorgang und stationärer Zustand

Das LTI-System erster Ordnung mit der Systemfunktion

$$H(s) = \frac{1}{1+sT}\,; \qquad \mathrm{Re}\{s\} > -\frac{1}{T}$$

soll durch ein zum Zeitpunkt $t = 0$ eingeschaltetes sinusförmiges Signal

$$u(t) = \sin(\omega_0 t) \cdot \epsilon(t)$$

erregt werden. Der Energiespeicher des System sei zum Zeitpunkt $t = 0$ ungeladen. Das Ausgangssignal $y(t)$ soll mit Hilfe der Laplace-Transformation berechnet werden. Dabei sollen der Einschwinganteil und der stationäre Anteil von $y(t)$ unterschieden werden.

Mit der Laplace-Korrespondenz

$$u(t) \overset{\mathcal{L}}{\circ\!\!-\!\!\bullet} U(s) = \frac{\omega_0}{s^2+\omega_0^2}\,; \qquad \mathrm{Re}\{s\} > 0$$

aus Anhang B.2 sowie mit Gleichung (2.13) ergibt sich für die Laplace-Transformierte des Ausgangssignals:

$$Y(s) = H(s) \cdot U(s) = \frac{1/T}{s+1/T} \cdot \frac{\omega_0}{s^2+\omega_0^2}\,.$$

Die Partialbruchentwicklung (vgl. Beispiel 1.10) liefert

$$Y(s) = \frac{A_1}{s+1/T} + \frac{A_2}{s-\mathrm{j}\,\omega_0} + \frac{A_3}{s+\mathrm{j}\,\omega_0}$$

$$\text{mit} \quad A_1 = \frac{\omega_0 T}{1+(\omega_0 T)^2}, \qquad A_2 = \frac{1/2\mathrm{j}}{1+\mathrm{j}\,\omega_0 T} \qquad \text{und} \quad A_3 = A_2^*$$

$$= \frac{1}{1+(\omega_0 T)^2} \cdot \left(\frac{\omega_0 T}{s+1/t} + \frac{\omega_0 - s\,\omega_0 T}{s^2+\omega_0^2} \right).$$

Die Laplace-Rücktransformation ergibt schließlich:

$$y(t) = \frac{1}{1+(\omega_0 T)^2} \cdot \Big(\omega_0 T \mathrm{e}^{-t/T} + \sin(\omega_0 t) - \omega_0 T \cos(\omega_0 t) \Big) \cdot \epsilon(t)$$

$$= \underbrace{\frac{\omega_0 T}{1+(\omega_0 T)^2} \cdot \mathrm{e}^{-t/T} \cdot \epsilon(t)}_{\text{Einschwinganteil}} + \underbrace{\frac{1}{\sqrt{1+(\omega_0 T)^2}} \cdot \sin(\omega_0 t + \varphi_0) \cdot \epsilon(t)}_{\text{stationärer Anteil}} ;$$

dabei ist $\varphi_0 = -\arctan(\omega_0 T)$.

Die folgenden Abbildungen zeigen den Einschwinganteil und den stationären Anteil des Ausgangssignals getrennt (links) und das gesamte Ausgangssignal (rechts).

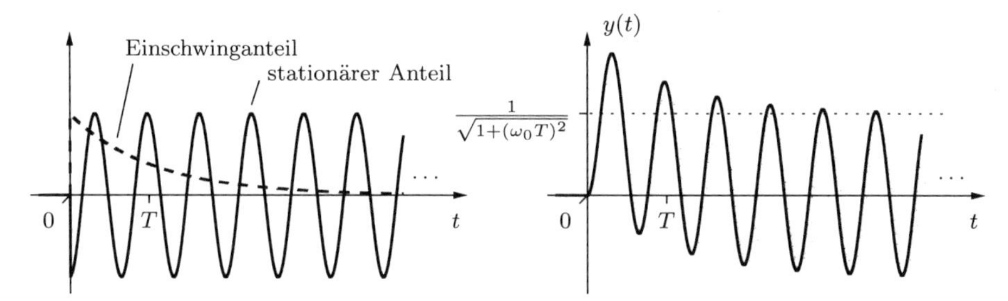

2.5.3 Beschreibung mit einer Differentialgleichung

Durch Umformung von Gleichung (2.29) erhält man

$$Y(s) \left(1 + \sum_{k=1}^{N_a} a_k\, s^k\right) = U(s) \sum_{k=0}^{N_b} b_k\, s^k$$

$$\text{oder} \qquad Y(s) = \sum_{k=0}^{N_b} b_k\, s^k\, U(s) - \sum_{k=1}^{N_a} a_k\, s^k\, Y(s)$$

und durch Laplace-Rücktransformation unter Berücksichtigung des Differentiationssatzes, Gleichung (1.82):

$$y(t) = \sum_{k=0}^{N_b} b_k \frac{\mathrm{d}^k\, u(t)}{\mathrm{d}\, t^k} - \sum_{k=1}^{N_a} a_k \frac{\mathrm{d}^k\, y(t)}{\mathrm{d}\, t^k}. \tag{2.33}$$

Mit konzentrierten Bauelementen realisierbare LTI-Systeme lassen sich also auch durch eine solche lineare *Differentialgleichung* mit konstanten Koeffizienten beschreiben. Ein derart beschriebenes System ist linear, weil die Funktionen $u(t)$ und $y(t)$ und ihre Ableitungen nur in linearer Form auftreten (lineare Differentialgleichung) und es ist zeitinvariant, da die Koeffizienten b_k und a_k unabhängig von der Zeit t sind.

2.5.4 Blockdiagramme für LTI-Systeme

Die Differentialgleichung (2.33) könnte direkt mit den Grundelementen aus Bild 2.6 in ein Blockdiagramm umgesetzt werden (vgl. Vorgehensweise bei den zeitdiskreten Systemen in den Abschnitten 5.5.1 und 5.5.3). Eine besondere Schwierigkeit bei

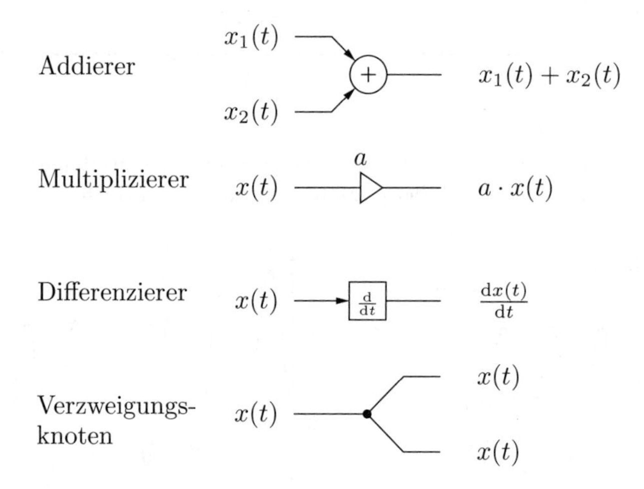

Bild 2.6: Grundelemente der zeitkontinuierlichen Signalverarbeitung

der technischen Umsetzung eines solchen Blockdiagramms besteht darin, dass ein Differenzierer als eigenständiges Teilsystem nicht stabil ist (vgl. hierzu die Anmerkungen zur Stabilität auf der Seite 80). Auch praktische, nichtideale Realisierungen des Differenzierers, z. B. als RC-aktive Schaltung [Fli79], haben eine starke Tendenz zur Instabilität. Aus diesem Grund werden Blockdiagramme für zeitkontinuierliche Systeme meist mit Integrierern statt mit Differenzierern angegeben. Zum Blockdia-

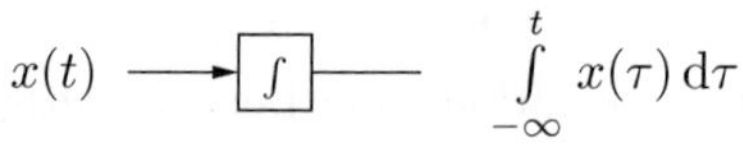

$x(t) \longrightarrow \boxed{\int} \longrightarrow \int_{-\infty}^{t} x(\tau)\,\mathrm{d}\tau$

Bild 2.7: Integrierer

gramm mit Integrierern kommt man, indem man, ausgehend von Gleichung (2.29) mit[5] $N = N_a$ (siehe Gln. (2.31) und (2.32)), folgende Umformungen vornimmt:

$$H(s) = \frac{Y(s)}{U(s)} = \frac{b_N\, s^N + \ldots + b_1\, s + b_0}{a_N\, s^N + \ldots + a_1\, s + a_0}\,, \qquad \text{mit } a_0 = 1$$

$$= \frac{b_N + b_{N-1}\, s^{-1} + \ldots + b_1\, s^{-N+1} + b_0\, s^{-N}}{a_N + a_{N-1}\, s^{-1} + \ldots + a_1\, s^{-N+1} + a_0\, s^{-N}}$$

$$\rightsquigarrow \qquad Y(s) = \frac{1}{a_N} \cdot \left(\sum_{k=0}^{N} b_{N-k}\, s^{-k}\, U(s) - \sum_{k=1}^{N} a_{N-k}\, s^{-k}\, Y(s) \right).$$

Der Integrationssatz (1.81) der Laplace-Transformation führt nun sofort auf das Blockdiagramm in Bild 2.8. Derartige Blockdiagramme stellten besonders in den

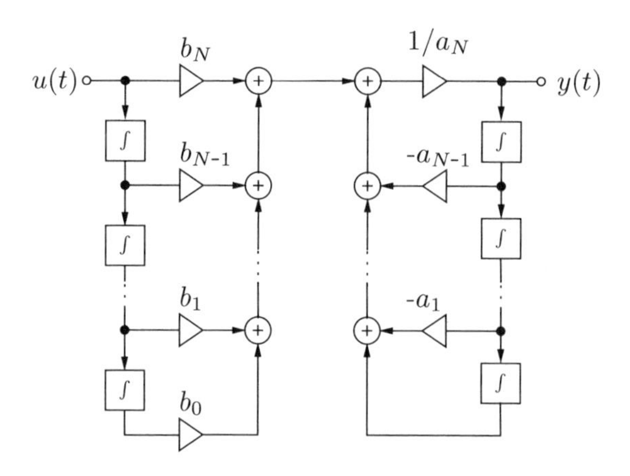

Bild 2.8: Zeitkontinuierliches LTI-System mit Integrierern

1950er und 1960er Jahren die Vorlage zum Aufbau von *Analogrechnern* aus Operationsverstärkergrundschaltungen (siehe Tabelle 2.1, Seite 88) dar.

2.5.5 Beispiele für Systeme mit nichtrationaler Systemfunktion

Neben den Systemen mit rationaler Systemfunktion gibt es einige bekannte technische Systeme mit einer nichtrationalen Systemfunktion. Die wichtigsten Beispiele werden im Folgenden genannt.

- **Abgeschlossene, homogene, elektrische Leitung**

  Eine homogene elektrische Leitung ist im Prinzip realisierbar, allerdings nicht mit konzentrierten Bauelementen. Dies spiegelt sich in ihrer Modellierung

[5] Ggf. sind einige der b_k zu null zu setzen.

mit sog. Leitungsbelägen wider. Der Widerstandsbelag R' repräsentiert die auf die Leitungslänge bezogenen Ohmschen Verluste einer Leitung, der Induktivitätsbelag L' ist die Induktivität der Leitung pro Längeneinheit, der Leitwertbelag G' repräsentiert die dielektrischen Verluste bezogen auf die Leitungslänge und der Kapazitätsbelag C' ist die Kapazität der Leitung pro Längeneinheit. Diese Werte sind i. a. frequenzabhängig, vor allem aufgrund des Skineffekts [Leh90].

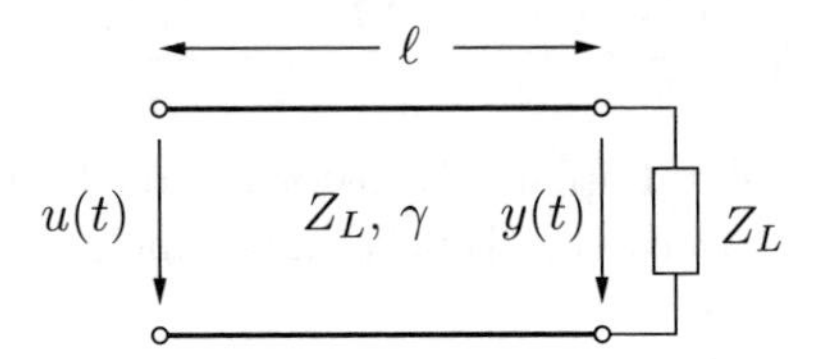

Bild 2.9: Abgeschlossene, homogene, elektrische Leitung

Aus den Leitungsbelägen und der Frequenz lässt sich der Wellenwiderstand

$$Z_L(\omega) = \sqrt{\frac{R'(\omega) + \mathrm{j}\,\omega\,L'(\omega)}{G'(\omega) + \mathrm{j}\,\omega\,C'(\omega)}} \tag{2.34}$$

und das Ausbreitungsmaß

$$\gamma(\omega) = \sqrt{(R'(\omega) + \mathrm{j}\,\omega\,L'(\omega)) \cdot (G'(\omega) + \mathrm{j}\,\omega\,C'(\omega))} \tag{2.35}$$

berechnen [MATW00]. Die Übertragungsfunktion der mit dem Wellenwiderstand abgeschlossenen homogenen Leitung lautet damit

$$H(\mathrm{j}\,\omega) = \mathrm{e}^{-\gamma(\omega)\cdot\ell}\,. \tag{2.36}$$

- **Idealer Tiefpass**

Der ideale Tiefpass ist ein lineares, zeitinvariantes System, welches in der Systemtheorie häufig für konzeptionelle Überlegungen und als Ausgangspunkt von einigen Filterentwurfsverfahren Verwendung findet. Er ist über seine Übertragungsfunktion definiert als:

$$H_{\mathrm{id}}(\mathrm{j}\,\omega) = \mathrm{rect}(\frac{\omega}{2\omega_{\mathrm{gr}}}) = \begin{cases} 1 & \text{für} \quad |\omega| < \omega_{\mathrm{gr}} \\ 0 & \text{sonst.} \end{cases} \tag{2.37}$$

Damit lautet seine Impulsantwort:

$$h_{\mathrm{id}}(t) = \frac{\omega_{\mathrm{gr}}}{\pi} \cdot \mathrm{si}(\omega_{\mathrm{gr}} t)\,. \tag{2.38}$$

Bild 2.10 zeigt die Verläufe von Übertragungsfunktion und Impulsantwort. Offensichtlich ist der ideale Tiefpass *kein* kausales System. Daher ist er prinzipiell *nicht realisierbar*.

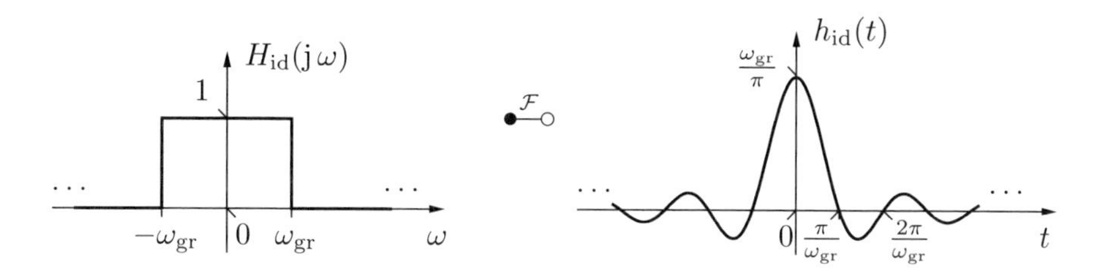

Bild 2.10: Idealer Tiefpass

- **Totzeitglied**

  Ein System, welches wie in Bild 2.11 dargestellt, an seinem Ausgang sein Eingangssignal um eine Zeit t_0 verzögert aber ansonsten unverändert ausgibt, wird Totzeitglied genannt. Seine Übertragungsfunktion lautet

$$H(\mathrm{j}\,\omega) = \mathrm{e}^{-\mathrm{j}\,\omega t_0} \tag{2.39}$$

  (man vergleiche hierzu auch die Zeitverschiebungssätze (1.38) und (1.76)).

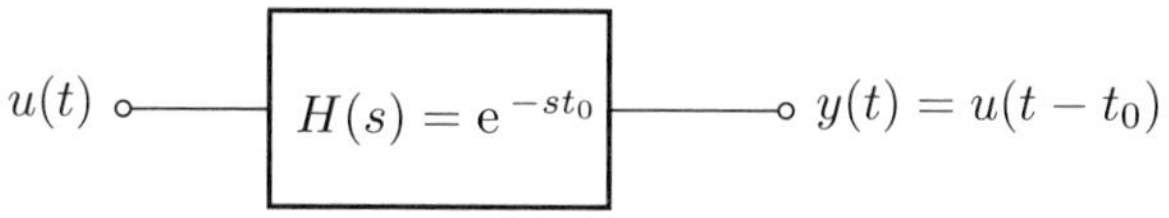

$u(t)$ — $H(s) = \mathrm{e}^{-st_0}$ — $y(t) = u(t - t_0)$

Bild 2.11: Totzeitglied

Ein ideales Totzeitglied ist im Zeitkontinuierlichen *nicht realisierbar*. In einem begrenzten Frequenzbereich lässt sich jedoch eine Übertragungsfunktion wie in Gleichung (2.39) mit Hilfe eines Allpasses mit näherungsweise linearer Phase innerhalb dieses Frequenzbereiches realisieren. Im Gegensatz zum Zeitkontinuierlichen sind ideale Totzeitglieder im Zeitdiskreten ohne weiteres möglich. Es handelt sich dabei nämlich lediglich um eine Verzögerung um (Speicherung für) eine bestimmte Anzahl von Abtasttakten.

Tabelle 2.1: Operationsverstärkergrundschaltungen

Addierer

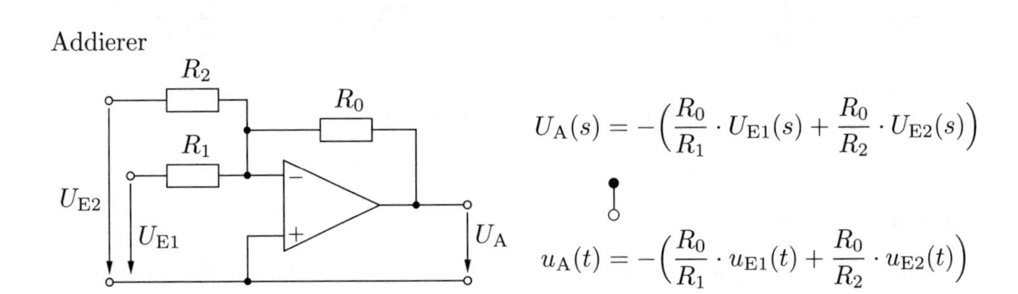

$$U_\mathrm{A}(s) = -\Big(\frac{R_0}{R_1} \cdot U_\mathrm{E1}(s) + \frac{R_0}{R_2} \cdot U_\mathrm{E2}(s)\Big)$$

$$\circ\!\!-\!\!\bullet$$

$$u_\mathrm{A}(t) = -\Big(\frac{R_0}{R_1} \cdot u_\mathrm{E1}(t) + \frac{R_0}{R_2} \cdot u_\mathrm{E2}(t)\Big)$$

Multiplizierer (Multiplikation mit einer Konstanten)

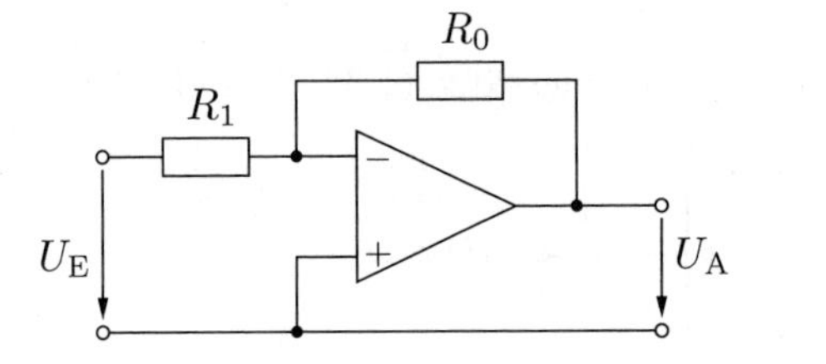

$$U_\mathrm{A}(s) = -\frac{R_0}{R_1} \cdot U_\mathrm{E}(s)$$

$$\circ\!\!-\!\!\bullet$$

$$u_\mathrm{A}(t) = -\frac{R_0}{R_1} \cdot u_\mathrm{E}(t)$$

Differenzierer

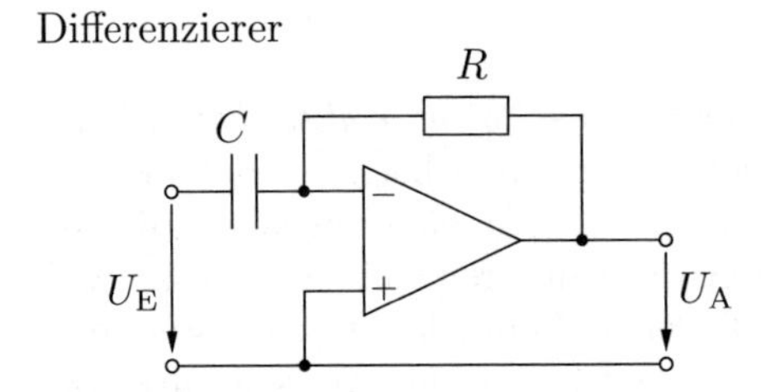

$$U_\mathrm{A}(s) = -RC \cdot s\, U_\mathrm{E}(s)$$

$$\circ\!\!-\!\!\bullet$$

$$u_\mathrm{A}(t) = -RC \cdot \frac{\mathrm{d}u_\mathrm{E}(t)}{\mathrm{d}t}$$

Integrierer

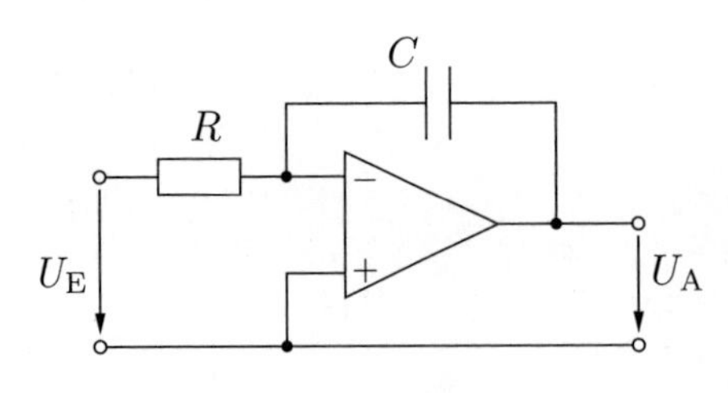

$$U_\mathrm{A}(s) = -\frac{1}{RCs} \cdot U_\mathrm{E}(s)$$

$$\circ\!\!-\!\!\bullet$$

$$u_\mathrm{A}(t) = -\frac{1}{RC} \cdot \int\limits_0^t u_\mathrm{E}(\tau)\,\mathrm{d}\tau + u_\mathrm{A}(0)$$

Kapitel 3

Anwendungsgebiete kontinuierlicher Systeme

3.1 Einleitung

Die Theorie zeitkontinuierlicher Signale und Systeme ist ein substanzielles Werkzeug für viele bedeutende Fachgebiete. Die Eigenschaften der Signale und Systeme spiegeln sich in den verschiedenen Erscheinungen der Fachgebiete wieder. Somit ist die Signal- und Systemtheorie eine gemeinsame Grundlage für eine Vielzahl von Wissensgebieten. Dazu gehören die elektrischen Netzwerke, passive und aktive analoge Filter, die elektrische Nachrichtenübertragung, die Mechanik inklusive weiter Teile des Maschinenbaus und insbesondere die Regelungstechnik mit verschiedenen technischen Anwendungen.
Dieses Kapitel behandelt zunächst elektrische Filter und Netzwerke. Nach der Einführung der passiven und aktiven Bauelemente werden Filterschaltungen als Systeme erster, zweiter und höherer Ordnung behandelt. Anschließend werden die wichtigsten Filterentwurfsverfahren unter Zuhilfenahme von MATLAB erläutert und in MATLAB-Projekten konkrete Filterentwürfe durchgeführt.
Im darauffolgenden Abschnitt wird die Anwendung der Signal- und Systemtheorie im Bereich der mechanischen Systeme gezeigt. Nach der Einführung der mechanischen Bauelemente werden mechanische Systeme erster, zweiter und höherer Ordnung behandelt und in MATLAB-Projekten demonstriert. So wird beispielsweise die Fahrt eines Autos über eine Bordsteinkante systemtheoretisch als Sprungantwort eines Systems vierter Ordnung modelliert und im MATLAB-Projekt die mechanische Bewegung des Autos simuliert.
Die Signal- und Systemtheorie hat für die Regelungs- und Steuerungstechnik eine besonders große Bedeutung. Das vorliegende Buch kann dazu nur eine kurze Einführung geben. Im letzten Abschnitt dieses Kapitels werden die grundlegenden Zusammenhänge in linearen Regelkreisen angesprochen und in einem MATLAB-

Projekt anhand eines geregelten Stromversorgungsgerätes veranschaulicht.

3.2 Elektrische Filter und Netzwerke

Es gibt einige einfache analoge Schaltungen mit mäßiger Filterwirkung, die aber leicht überschaubar sind und häufig verwendet werden. Im vorliegenden Abschnitt werden diese Schaltungen zusammengestellt und ihre wichtigsten Eigenschaften erläutert.

3.2.1 Lineare Bauelemente

Im Folgenden werden die wichtigsten linearen elektrischen Bauelemente beschrieben.

Passive Bauelemente

Bild 3.1 zeigt das Symbol des elektrischen Widerstandes R mit dem Strom $i_R(t)$ und der Spannung $u_R(t)$. Spannung und Strom sind nach dem Ohmschen Gesetz verknüpft:

$$u_R(t) = R \cdot i_R(t)\,. \tag{3.1}$$

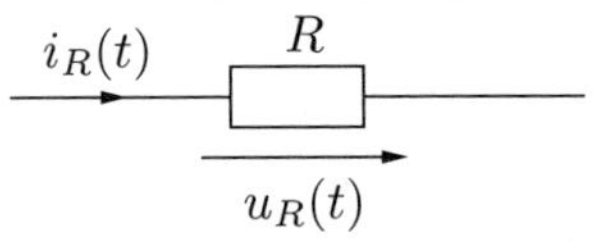

$i_R(t)$ R $u_R(t)$

Bild 3.1: Spannung und Strom am elektrischen Widerstand R

Durch Laplace-Transformation erhält man die gleiche Beziehung im Bildbereich:

$$U_R(s) = R \cdot I_R(s)\,. \tag{3.2}$$

Ein weiteres wichtiges Bauelement ist der *Kondensator*, der auch verallgemeinert als *Kapazität* bezeichnet wird. Bild 3.2 zeigt das Symbol der Kapazität C mit dem Strom $i_C(t)$ und der Spannung $u_C(t)$.

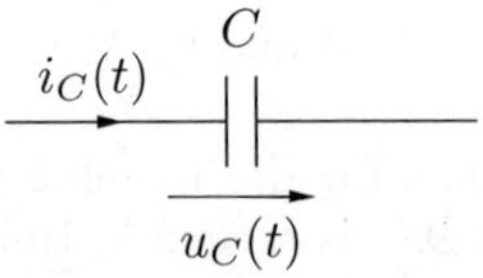

C $i_C(t)$ $u_C(t)$

Bild 3.2: Spannung und Strom an der elektrischen Kapazität C

Strom und Spannung zeigen den folgenden Zusammenhang:

$$i_C(t) = C \cdot \frac{\mathrm{d}}{\mathrm{d}t} u_C(t)\,. \tag{3.3}$$

Unter der Bedingung $u_C(0^-) = 0$ lautet diese Beziehung im Bildbereich

$$I_C(s) \ = C \cdot sU_C(s)\,. \tag{3.4}$$

Die *Impedanz* $Z_C(s)$ der Kapazität ist als Quotient der Spannung $U_C(s)$ und dem Strom $I_C(s)$ definiert:

$$Z_C(s) = \frac{U_C}{I_C} = \frac{1}{sC}\,. \tag{3.5}$$

Der Reziprokwert der Impedanz ist die *Admittanz*

$$Y_C(s) = \frac{I_C}{U_C} = sC\,. \tag{3.6}$$

Als drittes passives Bauelement wird die *Induktivität* betrachtet, die u. a. eine elektrische *Spule* beschreibt. Bild 3.3 zeigt das Symbol der Induktivität L mit dem Strom $i_L(t)$ und der Spannung $u_L(t)$.

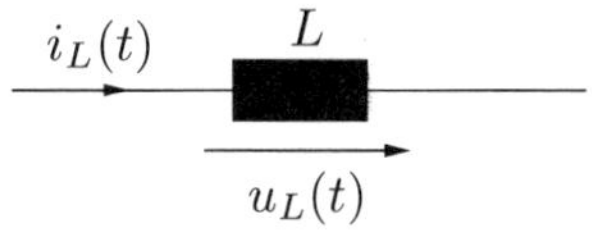

$i_L(t)$ L

$u_L(t)$

Bild 3.3: Spannung und Strom an der Induktivität L

Zwischen der Spannung und dem Strom an der Induktivität gilt die Beziehung

$$u_L(t) = L \cdot \frac{\mathrm{d}}{\mathrm{d}t} i_L(t) \tag{3.7}$$

und im Bildbereich unter der Bedingung $i_L(0^-) = 0$

$$U_L(s) \ = L \cdot sI_L(s)\,. \tag{3.8}$$

Daraus folgt die Admittanz der Induktivität

$$Y_L(s) = \frac{I_L}{U_L} = \frac{1}{sL} \tag{3.9}$$

und die Impedanz als Reziprokwert

$$Z_L(s) = \frac{U_L}{I_L} = sL\,. \tag{3.10}$$

Operationsverstärker

Operationsverstärker wurden ursprünglich im Analogrechner verwendet und sind heute vielseitig eingesetzte integrierte Halbleiterbauelemente. Vom Ansatz her liegt ein Differenzverstärker mit einem gegen unendlich gehenden Verstärkungsfaktor vor. Bild 3.4 zeigt das Symbol des Operationsverstärkers. Die Eingangsspannung U_E liegt zwischen einer nicht invertierenden (+) und einer invertierenden (-) Eingangsklemme.

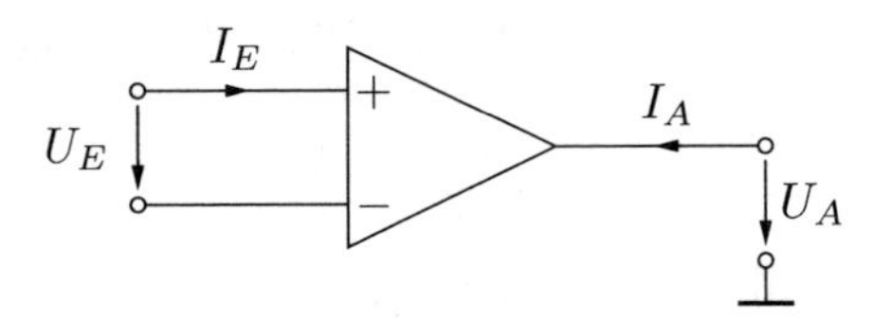

Bild 3.4: Symbol des Operationsverstärkers

Im linearen Betrieb sind Eingangsspannung U_E und Eingangstrom I_E gleichzeitig null

$$U_E = 0, \ I_E = 0, \tag{3.11}$$

was durch einen *Nullator* Nu modelliert wird, siehe Bild 3.5. Der Operationsverstärker verfügt im Allgemeinen nur über eine einzige Ausgangsklemme. Die Ausgangsspannung U_A ist auf den Bezugsknoten (Masseknoten) der symmetrischen Versorgungsspannung bezogen. Ausgangsspannung U_A und Ausgangsstrom I_A sind zunächst beliebig

$$U_A, I_A \quad \text{beliebig} \tag{3.12}$$

und stellen sich im linearen Betrieb in Zusammenwirkung mit der äußeren Beschaltung des Operationsverstärkers so ein, dass die Bedingung in Gleichung (3.11) erfüllt ist.

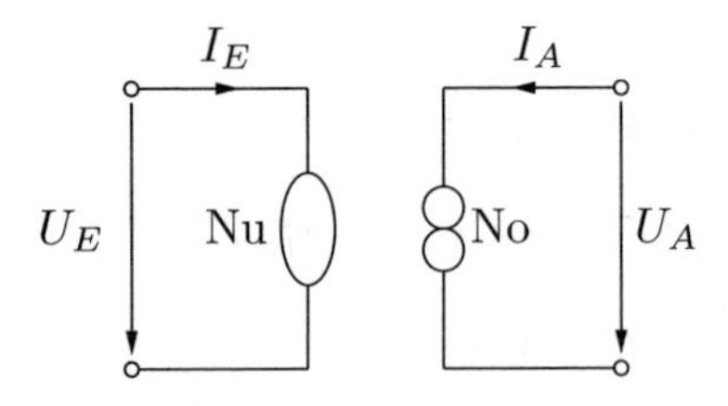

Bild 3.5: Nullator-Norator-Modell des Operationsverstärkers

Diese Eigenschaft wird mit einem *Norator* No modelliert, siehe Bild 3.5. In dem Modell in Bild 3.5 stellen der Nullator und der Norator zwei voneinander unabhängige Zweipolelemente dar.

Lineare Verstärker

Aus dem Operationsverstärker können durch äußere Beschaltung mit Widerständen lineare Spannungsverstärker abgeleitet werden [Fli79]. Im Folgenden werden der invertierende und der nichtinvertierende Spannungsverstärker betrachtet. Bild 3.6 zeigt das Schaltbild und das Ersatzschaltbild des *invertierenden Verstärkers*.

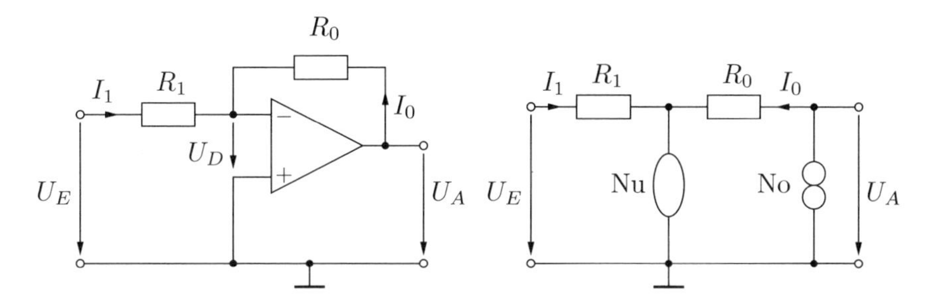

Bild 3.6: Schaltbild und Ersatzschaltbild des invertierenden Verstärkers

Der Spannungsverstärkungsfaktor kann wie folgt ermittelt werden. Wegen der Nullator-Eigenschaft ist die Spannung U_D am Operationsverstärkereingang gleich null. Die Eingangsspannung U_E liegt daher am Eingangswiderstand R_1 und es fließt der Eingangsstrom

$$I_1 = U_E/R_1 \,. \tag{3.13}$$

Der Strom durch den Rückkopplungswiderstand R_0 ergibt sich aus dem gleichen Grund zu

$$I_0 = U_A/R_0 \,. \tag{3.14}$$

Da der Nullator stromlos ist, gilt $I_1 = -I_0$ und mit (3.13) und (3.14)

$$U_E/R_1 = -U_A/R_0 \,. \tag{3.15}$$

Daraus folgt der Verstärkungsfaktor des invertierenden Verstärkers

$$v = \frac{U_A}{U_E} = -\frac{R_0}{R_1} \,. \tag{3.16}$$

Dieser Verstärkungsfaktor ist allein durch die beiden Widerstände R_0 und R_1 gegeben und ist stets negativ. Man spricht daher von einem vorzeicheninvertierenden oder einfach invertierenden Verstärker.

Der *nichtinvertierende Verstärker* ist in Bild 3.7 abgebildet. Da der Nullator-Strom $I = 0$ ist, liegt an der invertierenden Klemme des Operationsverstärkers die Spannung U_1, die sich aus der Ausgangsspannung U_A mit dem Spannungsteiler aus den Widerständen R_0 und R_1 wie folgt ergibt:

$$U_1 = U_A \frac{R_1}{R_0 + R_1} \,. \tag{3.17}$$

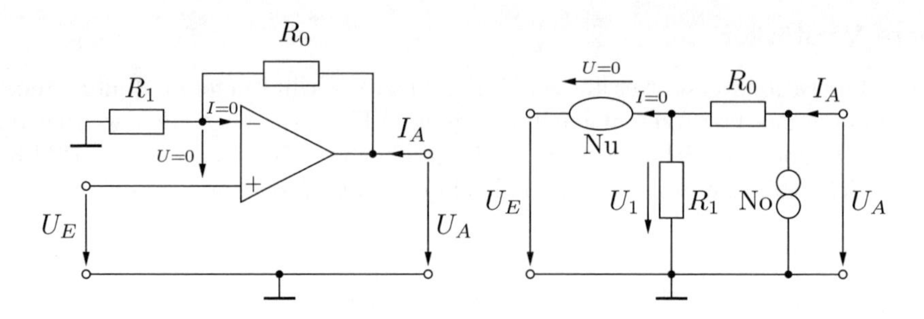

Bild 3.7: Schaltbild und Ersatzschaltbild des nichtinvertierenden Verstärkers

Da der Nullator spannungslos ist, $U = 0$, gilt $U_1 = U_E$ und damit

$$U_A = \frac{R_0 + R_1}{R_1} \cdot U_E = \underbrace{\left(1 + \frac{R_0}{R_1}\right)}_{v} \cdot U_E \tag{3.18}$$

mit dem Verstärkungsfaktor des nichtinvertierenden Verstärkers

$$v = 1 + \frac{R_0}{R_1}\,. \tag{3.19}$$

Dieser Verstärkungsfaktor ist stets positiv und nicht kleiner als 1. Ein Spezialfall des nichtinvertierenden Verstärkers ist der in Bild 3.8 gezeigte Spannungsfolger. Sein Verstärkungsfaktor folgt mit den Grenzübergängen $R_0 \to 0$ und $R_1 \to \infty$ aus Gleichung (3.19) zu

$$v = 1\,. \tag{3.20}$$

Ersetzt man R_0 in Bild 3.7 durch einen Kurzschluss und R_1 durch einen Leerlauf, so erhält man die Schaltung in Bild 3.8. Der Spannungsfolger wird als Entkopplungsverstärker und zur Realisierung aktiver Filter eingesetzt.

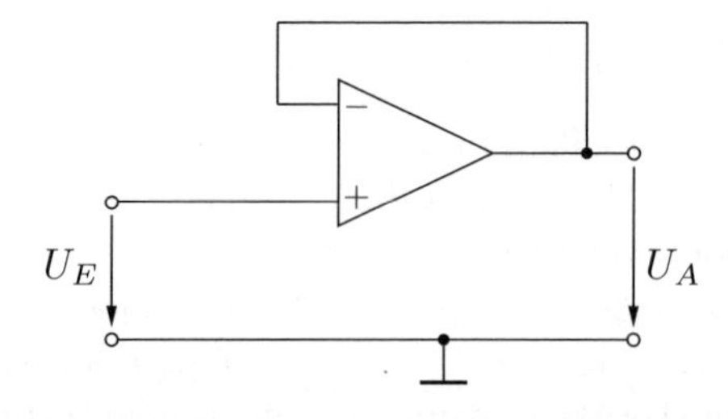

Bild 3.8: Schaltbild des Spannungsfolgers

3.2.2 Filterschaltungen erster Ordnung

In diesem Unterabschnitt werden Tiefpässe und Hochpässe erster Ordnung sowie Integrierer und Differenzierer behandelt.

Tiefpässe erster Ordnung

Bild 3.9 zeigt zwei Tiefpassschaltungen mit einer Systemfunktion erster Ordnung.

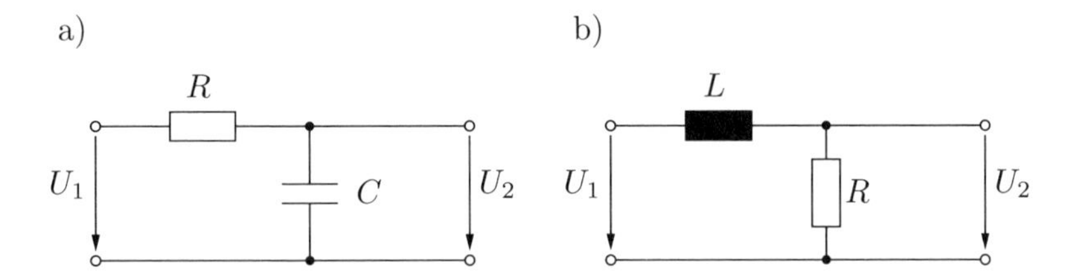

Bild 3.9: Passive Tiefpässe 1. Ordnung: RC-Glied (a) und LR-Glied (b)

Die Systemfunktion des RC-Tiefpasses in Bild 3.9a kann als Spannungsteiler berechnet werden:

$$H(s) = \frac{U_2(s)}{U_1(s)} = \frac{(1/sC)}{R + (1/sC)} = \frac{1}{1 + sCR} = \frac{1}{1 + sT} \tag{3.21}$$

mit $T = RC$ als Zeitkonstante des RC-Glieds. In ähnlicher Weise findet man die Systemfunktion des LR-Glieds in Bild 3.9b:

$$H(s) = \frac{U_2(s)}{U_1(s)} = \frac{R}{sL + R} = \frac{1}{1 + sL/R} = \frac{1}{1 + sT} \tag{3.22}$$

mit $T = L/R$ als Zeitkonstante des LR-Glieds.

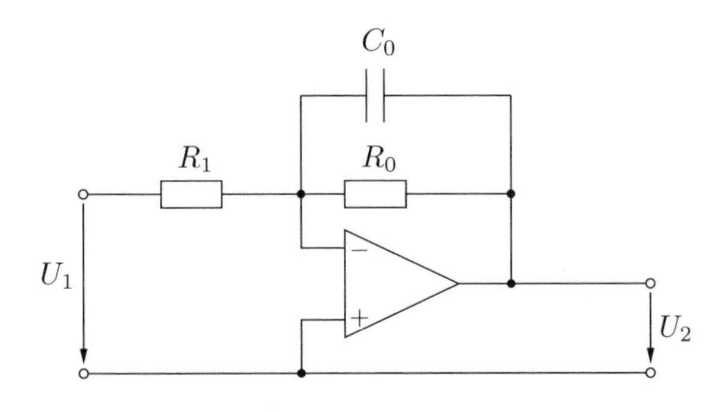

Bild 3.10: Aktiver Tiefpass 1. Ordnung

Der aktive Tiefpass in Bild 3.10 [Fli79] lässt sich in Anlehnung an den invertierenden Verstärker nach Bild 3.6 und Gleichung (3.16) berechnen, indem statt des Widerstandes R_0 eine Impedanz Z_0 betrachtet wird, die aus der Parallelschaltung aus C_0 und R_0 im Rückführungszweig besteht:

$$\begin{aligned} H(s) &= \frac{U_2(s)}{U_1(s)} = -\frac{Z_0}{Z_1} = -\frac{Y_1}{Y_0} = \frac{-1/R_1}{sC_0 + 1/R_0} = -\frac{R_0}{R_1} \cdot \frac{1}{sC_0R_0 + 1} \\ &= v \cdot \frac{1}{1 + sT} \end{aligned} \tag{3.23}$$

mit $v = -R_0/R_1$ als Gleichspannungsverstärkungsfaktor und $T = R_0C_0$ als Zeitkonstante des Tiefpasses. Der aktive Tiefpass unterscheidet sich von den beiden passiven nur durch den zusätzlichen Verstärkungsfaktor v, der beliebig einstellbar ist. Ansonsten haben die drei Tiefpässe die gemeinsame Systemfunktion

$$H(s) = \frac{1}{1 + sT} \tag{3.24}$$

und damit auch die gleiche Übertragungsfunktion (Frequenzgang) und das gleiche Zeitverhalten. Die (komplexe) Übertragungsfunktion errechnet sich aus Gleichung (3.24), indem s durch $\mathrm{j}\,\omega$ ersetzt wird:

$$H(\mathrm{j}\,\omega) = \frac{1}{1 + \mathrm{j}\,\omega T}\,. \tag{3.25}$$

Durch Betragsbildung folgt daraus der Betragsfrequenzgang

$$|H(\mathrm{j}\,\omega)| = \frac{1}{\sqrt{1 + \omega^2 T^2}} \tag{3.26}$$

und durch Logarithmierung (siehe Gleichung (2.18)) der Dämpfungsverlauf in dB, der in Bild 3.11 aufgezeichnet ist.

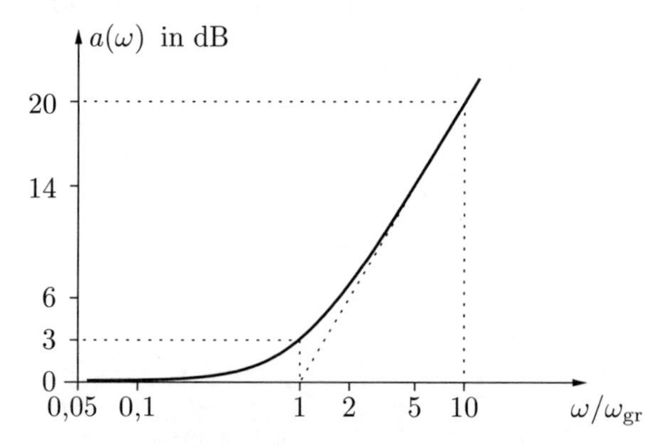

Bild 3.11: Dämpfungsverlauf des Tiefpasses erster Ordnung

Für $\omega \to 0$ ist der Betrag $|H(0)| = 1$ bzw. 0 dB. Bei der *Grenzfrequenz* $\omega_{\text{gr}} = 1/T$ hat der Betrag den Wert $1/\sqrt{2}$, was einer Dämpfung von 3 dB entspricht. Die 3dB-Grenzfrequenz ist also direkt durch die Zeitkonstante T des Tiefpasses gegeben.

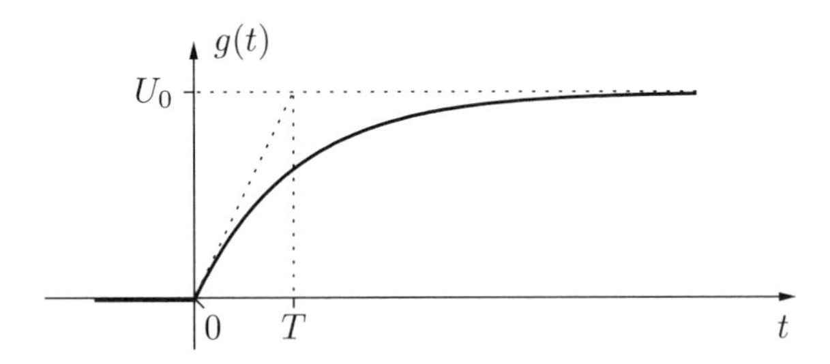

Bild 3.12: Sprungantwort des Tiefpasses erster Ordnung

In vielen schaltungstechnischen Anwendungen ist die Sprungantwort des Tiefpasses erster Ordnung von Interesse, d. h. die ausgangsseitige Reaktion des Tiefpasses aufgrund einer eingangsseitigen Anregung mit der Sprungfunktion. Eine Sprungfunktion hat für negative Zeiten den Wert 0 und für positive Zeiten den Wert U_0. Ihre Laplace-Transformierte lautet $F(s) = U_0/s$. Mit Hilfe von Gleichung (2.13) und der Systemfunktion $H(s)$ nach Gleichung (3.24) kann die Laplace-Transformierte am Ausgang des Tiefpasses angegeben werden:

$$G(s) = F(s) \cdot H(s) = \frac{U_0}{s} \cdot \frac{1}{1 + sT} . \tag{3.27}$$

Durch inverse Laplace-Transformation erhält man daraus das Zeitsignal

$$g(t) = U_0 \left(1 - e^{-t/T}\right) , \tag{3.28}$$

das in Bild 3.12 dargestellt ist. Nach dem Einschalten des Eingangssprungs zur Zeit $t = 0$ ist das Ausgangssignal zuerst null und steigt dann mit der Exponentialfunktion nach Gleichung (3.28) an. Es nähert sich schließlich asymptotisch dem Wert U_0. Die Steigung der Sprungantwort im Ursprung (bei $t = 0$) kann durch eine einfache Ableitung bestimmt werden:

$$\left. \frac{\mathrm{d}}{\mathrm{d}t} g(t) \right|_{t=0} = \left. U_0 \frac{1}{T} e^{-t/T} \right|_{t=0} = \frac{U_0}{T} . \tag{3.29}$$

Die Tangente im Ursprung läuft durch den Punkt $(t = T, g = U_0)$ und lässt sich daher leicht einzeichnen, siehe Bild 3.12.
Die Zeit T wird häufig als Anstiegszeit für die Sprungantwort definiert. Mit dieser Definition hat das Produkt aus der 3dB-Grenzfrequenz ω_{gr} und der Anstiegszeit T den Wert 1, unabhängig von der Zeitkonstanten T des Tiefpasses. Dieses Phänomen ist als *konstantes Zeit-Bandbreite-Produkt* bekannt, siehe Gleichung (1.45).

Hochpässe erster Ordnung

Bild 3.13 zeigt zwei Schaltungen mit einer Hochpasssystemfunktion erster Ordnung. Die Systemfunktionen können wieder als Spannungsteiler berechnet werden.

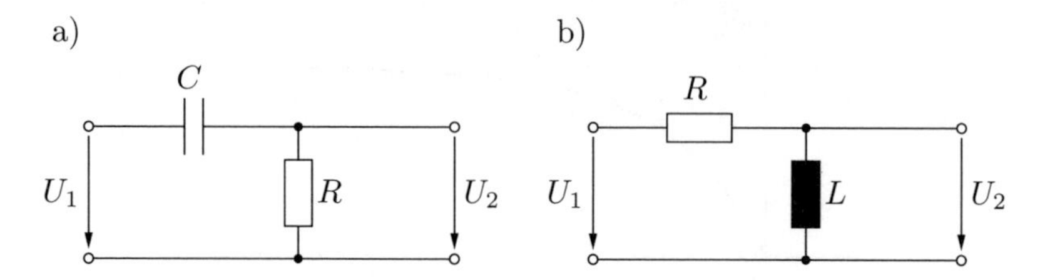

Bild 3.13: Passive Hochpässe erster Ordnung: CR-Glied (a), RL-Glied (b)

Für das CR-Glied in Bild 3.13a gilt

$$H(s) = \frac{U_2(s)}{U_s(s)} = \frac{R}{R + (1/C)} = \frac{sCR}{1 + sCR} = \frac{sT}{1 + sT} \tag{3.30}$$

mit $T = RC$ als Zeitkonstante des CR-Glieds. Ebenso gilt für das RL-Glied in Bild 3.13b

$$H(s) = \frac{U_2(s)}{U_1(s)} = \frac{sL}{R + sL} = \frac{sL/R}{1 + sL/R} = \frac{sT}{1 + sT} \tag{3.31}$$

mit $T = L/R$.

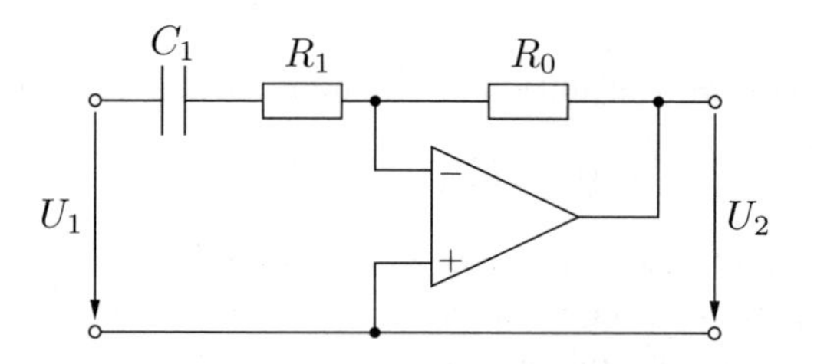

Bild 3.14: Aktiver Hochpass erster Ordnung

Den aktiven Hochpass in Bild 3.14 berechnet man wieder in Anlehnung an den invertierenden Verstärker nach Bild 3.6 und Gleichung (3.16), indem statt des Widerstandes R_1 eine Reihenschaltung $R_1 + (1/sC_1)$ betrachtet wird:

$$H(s) = \frac{U_2(s)}{U_1(s)} = -\frac{Z_0}{Z_1} = -\frac{R_0}{R_1 + (1/sC_1)} = -\frac{R_0}{R_1} \cdot \frac{sC_1R_1}{1 + sC_1R_1} = v \cdot \frac{sT}{1 + sT} \tag{3.32}$$

Darin ist $v = -R_0/R_1$ der Verstärkungsfaktor für hohe Frequenzen und $T = R_1C_1$ die Zeitkonstante des Hochpasses. Der aktive Hochpass unterscheidet sich von den beiden passiven durch den zusätzlichen Verstärkungsfaktor v, der durch entsprechende Wahl von R_0 beliebig einstellbar ist. Sieht man von v ab, so ist allen drei Hochpässen die Systemfunktion

$$H(s) = \frac{sT}{1 + sT} \tag{3.33}$$

gemeinsam. Daraus kann, wie beim Tiefpass erster Ordnung, der Dämpfungsverlauf

$$a(\omega) = -20 \cdot \log_{10} |H(\mathrm{j}\,\omega)| = -20 \cdot \log_{10} \frac{\omega T}{\sqrt{1 + \omega^2 T^2}} \tag{3.34}$$

abgeleitet werden. Der Dämpfungsverlauf in dB ist in Bild 3.15 aufgezeichnet.

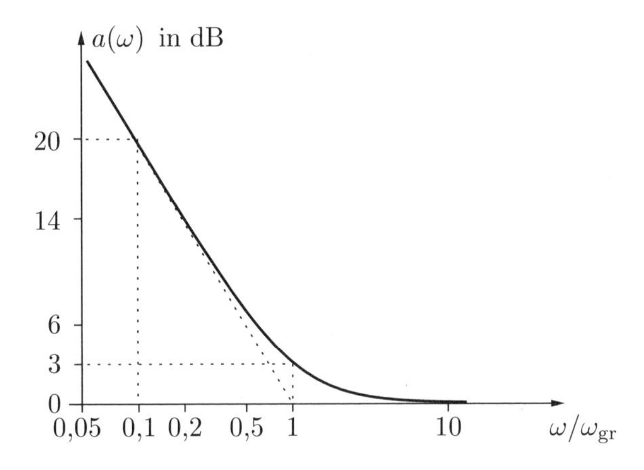

Bild 3.15: Dämpfungsverlauf des Hochpasses erster Ordnung

Integrierer und Differenzierer

Lässt man in der Tiefpassschaltung in Bild 3.10 den Rückkopplungswiderstand R_0 weg, so erhält man eine Schaltung (vgl. Tabelle 2.1, Seite 88) zur zeitlichen Integration der Eingangsspannung $u_1(t)$. Gleichung (3.23) lautet mit $R_0 \to \infty$

$$H(s) = \frac{U_2(s)}{U_1(s)} = -\frac{Y_1}{Y_0} = -\frac{1/R_1}{sC_0} = -\frac{1}{sC_0R_1} = -\frac{1}{sT}\,. \tag{3.35}$$

Diese Beziehung lautet im Zeitbereich

$$u_2(t) = -\frac{1}{T} \int_0^{\infty} u_1(t)\,\mathrm{d}t \; + u_2(0) \tag{3.36}$$

mit $u_2(0)$ als Spannung an der Kapazität zur Zeit $t = 0$. Diese Integriererschaltung ist ein wesentliches Element des Analogrechners und findet darüber hinaus bei elektronischen Schaltungen vielseitige Anwendung.
Ersetzt man den Widerstand R_1 in der Hochpassschaltung in Bild 3.13 durch einen Kurzschluss, so erhält man eine Schaltung (vgl. Tabelle 2.1) zur zeitlichen Differentiation der Eingangsspannung $u_1(t)$. Gleichung (3.32) lautet mit $R_1 \to 0$

$$H(s) = \frac{U_2(s)}{U_1(s)} = -\frac{R_0}{1/sC_1} = -sC_1R_0 = -sT\,. \tag{3.37}$$

Daraus folgt im Zeitbereich

$$u_2(t) = -T\,\frac{\mathrm{d}}{\mathrm{d}t}u_1(t)\,. \tag{3.38}$$

Bei realen Operationsverstärkern ist die Differenziererschaltung ohne den Widerstand R_1 nicht stabil (vgl. hierzu die Anmerkungen zur Stabilität auf der Seite 80). Gleichung (3.37) kann aber auch mit $sC_1R_1 \ll 1$ in Gleichung (3.32) angenähert werden. Der aktive Hochpass mit dem Widerstand R_1 eignet sich also auch zum Differenzieren von Signalen $u_1(t)$, allerdings nur in einem Frequenzbereich $\omega \ll \omega_{\mathrm{gr}} = (1/C_1R_1)$.

Allpässe erster Ordnung

Allpässe haben eine frequenzunabhängige Dämpfung, häufig eine Dämpfung von 0 dB. Sie sollen nur die Phase bzw. die Gruppenlaufzeit der Signale beeinflussen. Bild 3.16 zeigt eine Allpassschaltung erster Ordnung mit der Systemfunktion

$$H(s) = \frac{1 - sT}{1 + sT} = -\frac{s - s_0}{s + s_0} \tag{3.39}$$

mit $T = 1/s_0 = R_1 \cdot C_1$.

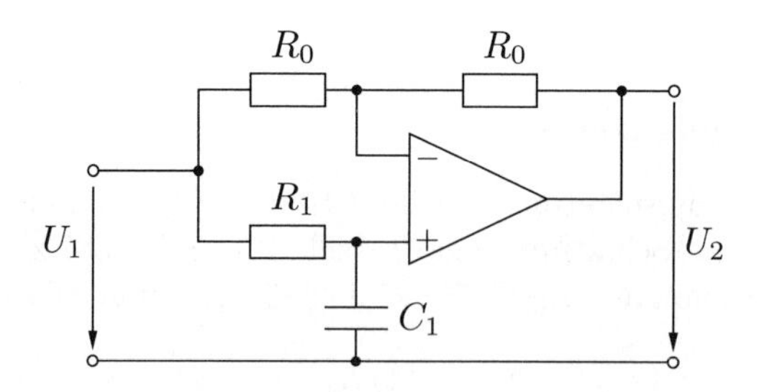

Bild 3.16: Aktiver Allpass erster Ordnung

Der reelle Pol und die reelle Nullstelle liegen in der s-Ebene spiegelsymmetrisch zur $\mathrm{j}\,\omega$-Achse. Dieses führt zu einer konstanten Betragsübertragungsfunktion

$$|H(\mathrm{j}\,\omega)| = \frac{\sqrt{\omega^2 + s_0^2}}{\sqrt{\omega^2 + s_0^2}} = 1\,. \tag{3.40}$$

Von Interesse ist die Gruppenlaufzeit des Allpasses, die sich gemäß Gleichung (2.19) aus Gleichung (3.39) zu

$$\tau(\omega) = \frac{2s_0}{\omega^2 + s_0^2} \tag{3.41}$$

berechnet. Ihr Verlauf ist in Bild 3.17 aufgezeichnet.

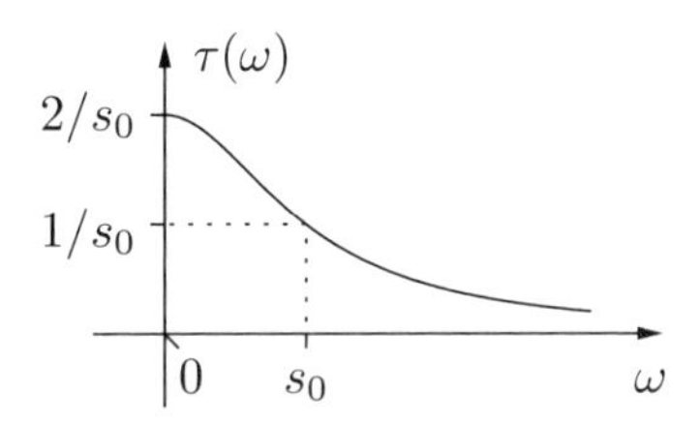

Bild 3.17: Gruppenlaufzeit des Allpasses erster Ordnung

Allpässe dienen zur Kompensation von Laufzeitentzerrungen und zur Realisierung von Verzögerungsgliedern, siehe dazu Abschnitt 3.2.5. Beim Entwurf solcher Filter wird der Nullstellenbetrag s_0 ermittelt. Die Kapazität C_1 kann frei gewählt werden. Der Widerstand R_1 ergibt sich dann zu

$$R_1 = \frac{1}{s_0 C_1} \, . \tag{3.42}$$

Der Wert der beiden Widerstände R_0 kann ebenfalls frei gewählt werden.

3.2.3 Filterschaltungen zweiter Ordnung

In diesem Unterabschnitt werden Tiefpässe, Hochpässe und Allpässe zweiter Ordnung behandelt.

Tiefpässe zweiter Ordnung

Bild 3.18 zeigt eine Tiefpassschaltung aus passiven Bauelementen mit einer Systemfunktion zweiter Ordnung.

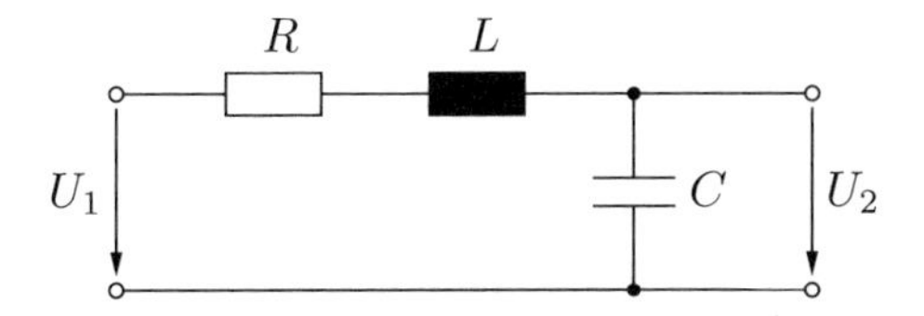

Bild 3.18: Passiver Tiefpass zweiter Ordnung

Auch bei dieser Schaltung kann die Systemfunktion als Spannungsteiler ermittelt werden:

$$H(s) = \frac{U_2(s)}{U_1(s)} = \frac{1/sC}{R + sL + 1/sC} = \frac{1/LC}{s^2 + sR/L + 1/LC}\,. \tag{3.43}$$

Zum Vergleich lautet die allgemeine Tiefpasssystemfunktion zweiter Ordnung

$$H_{TP}(s) = H_0 \cdot \frac{|s_\infty|^2}{s^2 + s|s_\infty|/Q_\infty + |s_\infty|^2}\,. \tag{3.44}$$

Darin ist $|s_\infty|$ der Polbetrag und Q_∞ die Polgüte. Der skalare Faktor H_0 kennzeichnet die Verstärkung bei tiefen Frequenzen (Gleichspannungsverstärkung). Für $s = \mathrm{j}\,\omega$ erhält man aus dem Polbetrag die Resonanzfrequenz ω_∞. Die Betragsübertragungsfunktion $|H(\mathrm{j}\,\omega)|$ zeigt bei der Resonanzfrequenz eine Überhöhung um den Faktor Q_∞ gegenüber der Gleichspannungsverstärkung. Für hohe Frequenzen $\omega \gg \omega_\infty$ strebt die Betragsübertragungsfunktion gegen null.
Ein Vergleich von Gleichung (3.43) mit Gleichung (3.44) zeigt für $s \to 0$ eine Gleichspannungsverstärkung $H_0 = 1$. Dieses bestätigt die Schaltung in Bild 3.18: Bei einer Gleichspannung U_1 an den Eingangsklemmen ergibt sich die Leerlaufausgangsspannung zu $U_2 = U_1$. Die Resonanzfrequenz ω_∞ wird durch die Bauelementeparameter L und C festgelegt. Die Polgüte und damit die Resonanzüberhöhung wachsen mit kleiner werdendem Widerstand R.
Umgekehrt können aus einer vorgegebenen Tiefpasssystemfunktion zweiter Ordnung mit $H_0 = 1$ aus den Parametern $|s_\infty|$ und Q_∞ die Bauelementewerte der Schaltung bestimmt werden. Gibt man den Kapazitätswert C vor, was aus praktischen Erwägungen wünschenswert ist, so erhält man aus dem Vergleich von Gleichung (3.43) mit Gleichung (3.44) für die Induktivität

$$L = \frac{1}{|s_\infty|^2 C} \tag{3.45}$$

und für den Widerstand

$$R = \frac{|s_\infty| L}{Q_\infty}\,. \tag{3.46}$$

Bild 3.19 zeigt als Alternative eine aktive Tiefpassschaltung mit einer Systemfunktion zweiter Ordnung [SK55, Fli79]. Eine Analyse dieser Schaltung führt auf die Systemfunktion

$$H(s) = \frac{U_2(s)}{U_1(s)} = \frac{1}{s^2 C_1 C_3 R_2 R_4 + s C_1 (R_2 + R_4) + 1}\,. \tag{3.47}$$

Für $s \to 0$ folgt daraus eine Gleichspannungsverstärkung von $H_0 = 1$, was auch die Schaltung in Bild 3.19 plausibel macht. Für Gleichspannung sind die beiden Kapazitäten C_1 und C_3 unwirksam. An den Widerständen fällt keine Spannung ab, da der Operationsverstärkereingang stromlos ist. Die Eingangsgleichspannung

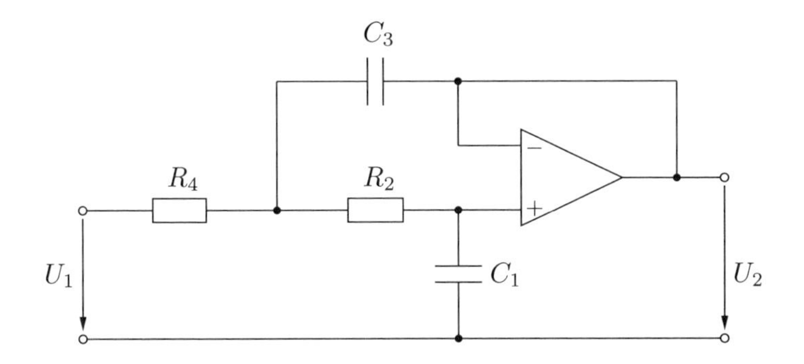

Bild 3.19: Aktiver Tiefpass zweiter Ordnung

U_1 liegt also am Eingang des Spannungsfolgers und hat daher eine gleich große Ausgangsspannung U_2 zur Folge.
Für den Polbetrag gilt

$$|s_\infty| = 1/\sqrt{C_1 C_3 R_2 R_4} \tag{3.48}$$

und für die Polgüte

$$Q_\infty = \frac{\sqrt{C_3/C_1}}{\sqrt{R_2/R_4} + \sqrt{R_4/R_2}} \,. \tag{3.49}$$

Für den Schaltungsentwurf können die beiden Kapazitäten C_1 und C_3 vorgegeben werden, allerdings wie Gleichung (3.49) zeigt, mit der Nebenbedingung

$$2Q_\infty \leq \sqrt{C_3/C_1} \,. \tag{3.50}$$

Es bleibt die Aufgabe, aus den vorgegeben Parametern $|s_\infty|$ und Q_∞ die Bauelementewerte R_2 und R_4 zu berechnen. Dazu wird zunächst die Zwischengröße

$$k = \frac{1}{2Q_\infty}\sqrt{\frac{C_3}{C_1}} \pm \sqrt{\frac{C_3}{4Q_\infty^2 C_1} - 1} \tag{3.51}$$

berechnet und dann die beiden Widerstände

$$R_2 = \frac{1}{k|s_\infty|\sqrt{C_1 C_3}} \tag{3.52}$$

und

$$R_4 = \frac{k}{|s_\infty|\sqrt{C_1 C_3}} \,. \tag{3.53}$$

Die beiden Lösungen für k in Gleichung (3.51) sind reziprok zueinander und zeigen, wie auch Gleichung (3.49), dass die beiden Widerstandswerte R_2 und R_4 vertauscht werden können.

Hochpässe zweiter Ordnung

Bild 3.20 zeigt eine Hochpassschaltung aus passiven Bauelementen mit der Systemfunktion

$$H(s) = \frac{U_2(s)}{U_1(s)} = \frac{sL}{R + 1/sC + sL} = \frac{s^2}{s^2 + sR/L + 1/LC}\,. \tag{3.54}$$

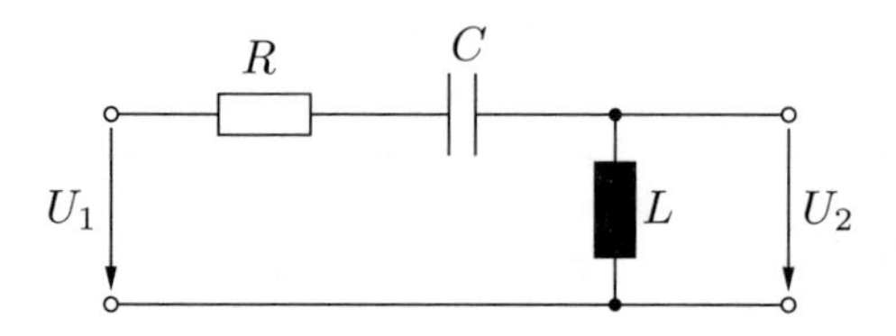

Bild 3.20: Passiver Hochpass zweiter Ordnung

Vergleicht man dieses Ergebnis mit der allgemeinen Hochpasssystemfunktion zweiter Ordnung

$$H_{HP}(s) = H_0 \cdot \frac{s^2}{s^2 + s|s_\infty|/Q_\infty + |s_\infty|^2}\,, \tag{3.55}$$

so sieht man für $s \to \infty$, dass $H_0 = 1$ gilt. Auch Polbetrag und Polgüte werden nach der gleichen Beziehung berechnet wie bei der passiven Tiefpassschaltung in Bild 3.18. Daher gelten auch für den Schaltungsentwurf des Hochpasses die Gleichungen (3.45) und (3.46).

Bild 3.21 zeigt als Alternative eine aktive Hochpassschaltung mit einer Systemfunktion

$$H(s) = \frac{U_2(s)}{U_1(s)} = \frac{s^2 C_2 C_4 R_1 R_3}{s^2 C_2 C_4 R_1 R_3 + s(C_2 + C_4)R_3 + 1}\,. \tag{3.56}$$

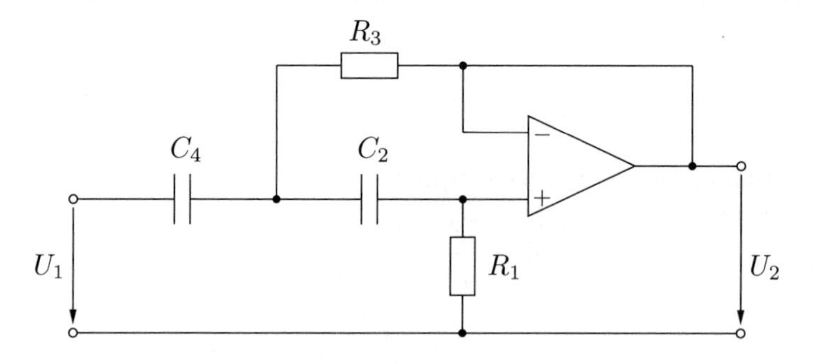

Bild 3.21: Aktiver Hochpass zweiter Ordnung

Diese Funktion hat einen Polbetrag

$$|s_\infty| = 1/\sqrt{C_2 C_4 R_1 R_3} \tag{3.57}$$

und eine Polgüte

$$Q_\infty = \frac{\sqrt{R_1/R_3}}{\sqrt{C_2/C_4} + \sqrt{C_4/C_2}} \,. \tag{3.58}$$

Beim Schaltungsentwurf können die beiden Kapazitäten vorgegeben werden, z. B. gleich groß: $C_2 = C_4 = C$. Dann folgen aus den Gleichungen (3.57) und (3.58) die beiden Widerstände zu

$$R_1 = \frac{2Q_\infty}{|s_\infty|C} \qquad \text{und} \qquad R_3 = \frac{R_1}{4Q_\infty^2} \,. \tag{3.59}$$

Allpässe zweiter Ordnung

Bild 3.22 zeigt eine Filterschaltung zweiter Ordnung, die bei geeigneter Dimensionierung einen Allpass zweiter Ordnung realisieren kann [Fli79].

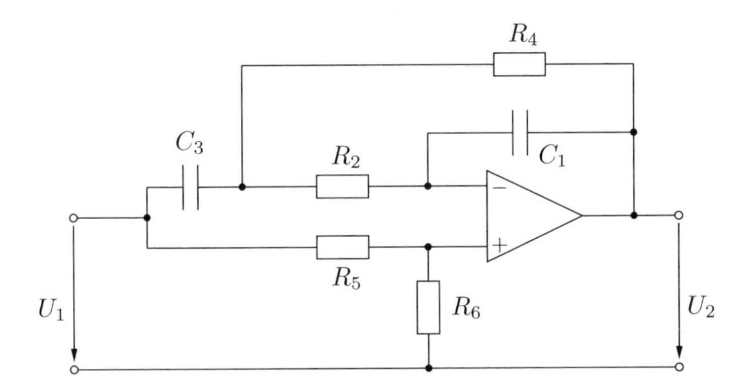

Bild 3.22: Aktive Allpassschaltung zweiter Ordnung

Eine Analyse dieser Schaltung führt auf die Systemfunktion

$$\begin{aligned} H(s) &= \frac{U_2(s)}{U_1(s)} \\ &= \frac{R_6}{R_5 + R_6} \cdot \frac{s^2 C_1 C_3 R_2 R_4 + sC_1(R_2 + R_4) + 1 - sC_3 R_4 R_5/R_6}{s^2 C_1 C_3 R_2 R_4 + sC_1(R_2 + R_4) + 1} \,. \end{aligned} \tag{3.60}$$

Ein Vergleich mit Gl. (3.47) zeigt, dass die Schaltung in Bild 3.22 das gleiche Nennerpolynom besitzt wie die Tiefpassschaltung in Bild 3.19. Es gelten daher auch die Beziehungen (3.48) bis (3.53). Bei gegebenem Polbetrag $|s_\infty|$ und gegebener Polgüte Q_∞ und bei Kapazitäten, die unter Berücksichtigung von (3.50) frei gewählt werden können, errechnen sich die beiden Widerstände R_2 und R_4 mit (3.52) und (3.53). Der Allpass zweiter Ordnung besitzt die allgemeine Systemfunktion

$$H_{\mathrm{AP}}(s) = H_0 \cdot \frac{s^2 - s|s_\infty|/Q_\infty + |s_\infty|^2}{s^2 + s|s_\infty|/Q_\infty + |s_\infty|^2} \,, \tag{3.61}$$

bei der die Pole in der linken s-Halbebene und die Nullstellen an der $j\omega$-Achse gespiegelt in der rechten s-Halbebene liegen. Aufgrund dieser Symmetrie ist der Betrag $|H_{AP}(j\omega)|$ für alle Frequenzen ω konstant. Um Gl. (3.60) auf die Form von (3.61) zu bringen, muss der mittlere Zählerkoeffizient mit Hilfe des Widerstandsverhältnisses $\rho = R_5/R_6$ entsprechend angepasst werden. Nach einer Zwischenrechnung erhält man für ρ die Beziehung

$$\rho = 2 \cdot \frac{C_1}{C_3} \cdot (1 + \frac{1}{k^2}) \tag{3.62}$$

mit k nach Gl. (3.51). Der Widerstand R_6 kann frei gewählt werden, der Widerstand R_5 ergibt sich dann zu

$$R_5 = \rho \cdot R_6 \,. \tag{3.63}$$

Der konstante Betragsfrequenzgang der so dimensionierten Allpassschaltung lautet

$$|H_{AP}(j\omega)| = \frac{R_6}{R_5 + R_6} \,. \tag{3.64}$$

Die betrachtete Allpassschaltung hat, wie jeder Allpass, eine frequenzunabhängige konstante Dämpfung.

3.2.4 Filter höherer Ordnung in Kaskadenstruktur

Zur Realisierung von Filtern höherer Ordnung bietet sich die Kaskadentechnik an, bei der Filterstufen erster und zweiter Ordnung in Kette geschaltet werden. Die Struktur eines Kaskadenfilters ist in Bild 3.23 dargestellt.

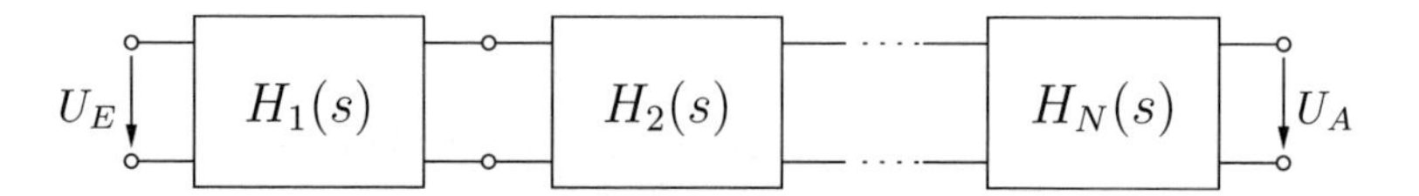

Bild 3.23: Filter höherer Ordnung in Kaskadenstruktur

Die Systemfunktionen $H_1(s)$ bis $H_N(s)$ haben die Ordnung 1 oder 2. Verwendet man aktive Filterschaltungen mit einem Operationsverstärker am Ausgang, so wird die Ausgangsspannung einer Filterstufe durch die nachgeschaltete Filterstufe nicht belastet. Da die Ausgangsspannung einer Filterstufe gleichzeitig die Eingangsspannung der nachgeschalteten Filterstufe ist, ergibt sich die Gesamtsystemfunktion $H(s) = U_A(s)/U_E(s)$ als Produkt der Systemfunktionen der Filterstufen:

$$H(s) = \frac{U_A(s)}{U_E(s)} = \prod_{i=1}^{N} H_i(s) \,. \tag{3.65}$$

Zur Realisierung einer Systemfunktion $H(s)$ höherer Ordnung ist eine Faktorisierung gemäß Gleichung (3.65) in Filtersystemfunktionen erster und zweiter Ordnung

nötig. Dazu werden die Pole und Nullstellen von $H(s)$ betrachtet. Jedem konjugiert komplexen Polpaar wird eine Filterstufe zugeordnet. Ebenso können zwei reelle Pole für eine Filterstufe zusammengefasst werden. Bleibt ein einzelner reeller Pol übrig, so wird diesem eine Filterstufe erster Ordnung zugeordnet. Den verschiedenen Filterstufen können, sofern vorhanden, null oder zwei Nullstellen der Systemfunktion $H(s)$ zugeordnet werden, eine einzelne Nullstelle der Filterstufe erster Ordnung.
Mit den so zugeordneten Polen und Nullstellen können die Schaltungen der Filterstufen entworfen und dimensioniert werden. Die Filterstufen werden dann vom Eingang zum Ausgang hin mit steigender Polgüte angeordnet, die letzte Filterstufe besitzt folglich das Polpaar mit der höchsten Polgüte. Durch diese Anordnung wird eine optimale Aussteuerungsfähigkeit des Gesamtfilters erreicht. Beispiele dieser Vorgehensweise zeigt der folgende Abschnitt.

3.2.5 Filterentwurf mit MATLAB

MATLAB bietet ein leicht bedienbares Werkzeug für den Entwurf von Filtern höherer Ordnung. Nach der Wahl des Filtertyps und der Filterordnung können mit einem einzigen Befehl die Pole und Nullstellen der Systemfunktion ermittelt werden. Aus diesen kann dann, wie in den vorhergehenden Abschnitten beschrieben, die elektrische Filterschaltung durch Kaskadierung von Filterstufen entworfen werden.
Ferner ermöglicht MATLAB die Analyse und Bewertung der zuvor entworfenen Systemfunktion. Mit wenigen Befehlen ist es möglich, beispielsweise den Frequenzgang, die Sprungantwort oder die Gruppenlaufzeit eines Filters zu berechnen und graphisch auszugeben. Im Folgenden wird der Entwurf der wichtigsten Filtertypen beschrieben.

Butterworth-Filter

Butterworth-Filter sind Tiefpassfilter zur Bandbegrenzung von Signalen. Sie können aber auch in Band- oder Hochpässe transformiert werden. Butterworth-Filter sind durch einen maximal flachen Dämpfungsverlauf im Durchlassbereich charakterisiert. Zu höheren Frequenzen hin nimmt die Dämpfung zu. Bei der Grenzfrequenz f_{gr} erreicht sie 3 dB. Von der Grenzfrequenz zum Sperrbereich hin fällt die Filterflanke mit $N \cdot 6$ dB/Oktave ab. Dabei ist N die Ordnung des Filters. Mit zunehmender Ordnung können steilere Filterflanken realisiert werden.

Der MATLAB-Befehl zum Entwurf eines Butterworth-Filters lautet

```
[z,p,k]=buttap(N)
```

Einziger Eingabeparameter ist die Ordnung `N`. Als Ergebnis kommt der Vektor `z` der Nullstellen, der Vektor `p` der Pole und die Skalierungskonstante `k` heraus. Im Falle des Butterworth-Filters ist der Vektor `z` immer leer und die Konstante $k = 1$. Die Pole sind so normiert, dass die Durchlassgrenzfrequenz bei $\omega = 1$ liegt.

MATLAB-Projekt 3.A Butterworth-Filter

1. Aufgabenstellung und Lösungshinweis

   Es soll ein Butterworth-Filter mit einer frei wählbaren Ordnung entworfen werden. Für verschiedene Ordnungen N soll der Frequenzgang in dB, die Sprungantwort und die Gruppenlaufzeit berechnet und graphisch dargestellt werden. Zur Berechnung der Sprungantwort soll eine Partialbruchzerlegung durchgeführt werden. Die Gruppenlaufzeit (Gleichung (2.19)) soll als Quotient kleiner Differenzen $\tau(\omega) \approx -\Delta\varphi(\omega)/\Delta\omega$ berechnet werden.

   Ferner soll ein Butterworth-Filter 5. Ordnung mit einer 3dB-Grenzfrequenz von 3,4 kHz entworfen werden. Nach dem Entwurf der Übertragungsfunktion mit MATLAB soll eine Filterschaltung mit kaskadierten aktiven Filterstufen angegeben werden.

2. MATLAB-Programm

```
% Butterworth-Filter
clear; close all;

% Festlegung von Parametern
T = 1;                              % (in Sek.)
t_min = 0*T;                        % Zeitlicher Darstellungsbeginn
t_max = 40*T;                       % Zeitliches Darstellungsende
dt = T/10;                          % Delta-t
t = t_min:dt:t_max;                 % Vektor mit den Zeitstützpunkten
% ... Parameter für die Übertragungsfunktion
w0 = 1/T;                           % (in rad/s)
w_min = 0;                          % Darstellungsbeginn im Frequenzbereich
w_max = 2*w0;                       % Darstellungsende im Frequenzbereich
dw = w0/100;                        % Delta-w
w = w_min:dw:w_max;                 % Vektor mit den Frequenzstützpunkten
%
om = logspace(-1,1,500);            % log. Frequenzachse
N = [2,4,8];                        % N = Filterordnung

% Berechnungen
for m = 1:length(N)
% Entwurf des Butterworth-Filters
  [z,p,k] = buttap(N(m));           % Nullstellen, Pole, Skalierung
  A = poly(p);                      % Nennerkoeffizienten
  B = k;                            % Konstanter Zähler

% Berechnung des Dämpfungsverlaufes
  H = freqs(B,A,om);                % Übertragungsfunktion (Frequenzgang)
  a(m,:) = -20*log10(abs(H));       % Dämpfung in dB

% Berechnung der Sprungantwort mit Patialbruchzerlegung
  A1 = [A 0];                       % Multiplikation mit 1/s
  [r,ps,d] = residue(B,A1);         % Berechnung der Residuen
  g(m,1:401) = real(r.'*exp(ps*t)); % Sprungantwort

% Berechnung der Gruppenlaufzeit
```

```
    H = freqs(B,A,w);                  % Übertragungsfunktion (Frequenzgang)
    phi = phase(H);                    % Phase von H(jw)
    tau(m,:) = -diff(phi)./dw;         % Gruppenlaufzeit
end
```

3. Darstellung der Lösung

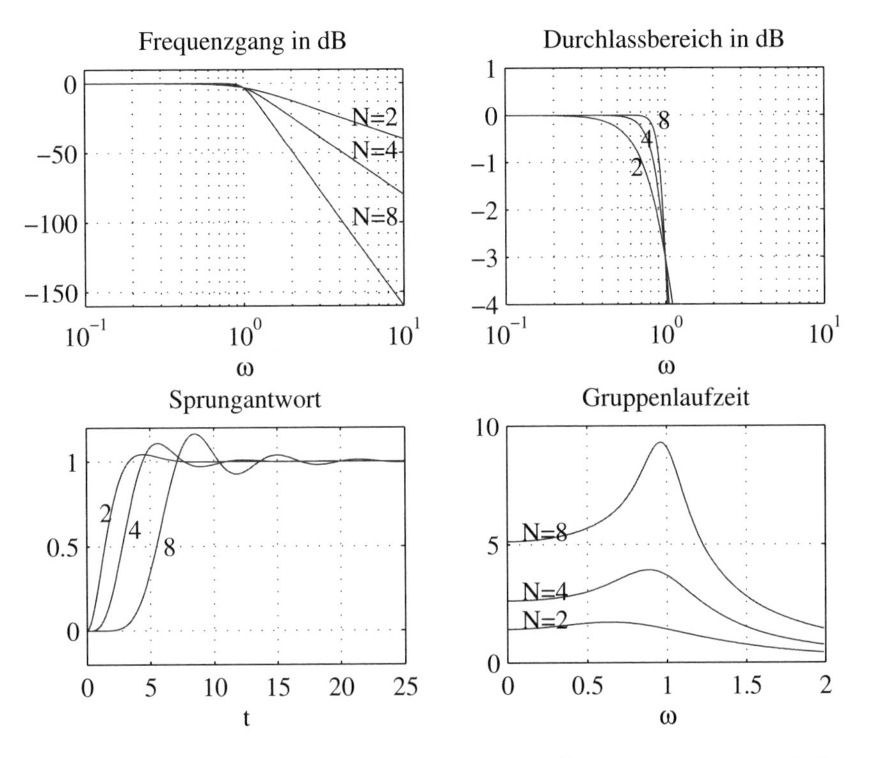

Die mit MATLAB berechneten Frequenzgänge, Sprungantworten und Gruppenlaufzeiten sind hier für die Filterordnungen $N = 2$, 4 und 8 graphisch dargestellt. Daraus erkennt man, dass die Filterflanke mit zunehmender Ordnung steiler wird. Die Überschwinger der Sprungantwort und die Verzögerung der Sprungflanke nehmen stetig mit der Ordnung zu. Auch die Gruppenlaufzeit steigt mit der Ordnung, die Spitzen nahe der Grenzfrequenz werden mit zunehmender Ordnung ausgeprägter.

Mit der Filterordnung $N = 5$ liefert das MATLAB-Programm die folgenden 5 normierten Pole:

```
p =
   -0.3090 + 0.9511i
   -0.3090 - 0.9511i
   -0.8090 + 0.5878i
```

```
-0.8090 - 0.5878i
-1.0000
```

Die Pole sind so normiert, dass die 3dB-Grenzfrequenz bei $\omega = 1$ liegt, siehe Frequenzgänge im Durchlassbereich. Um eine Grenzfrequenz von 3,4 kHz zu erreichen, müssen die normierten Pole noch mit einer Normierungsfrequenz von $\omega_n = 2\pi \cdot 3400$ rad/s multipliziert werden. Das erste konjugiert komplexe Polpaar hat die höchste Polgüte und wird daher in der dritten Filterstufe realisiert. Das zweite Polpaar wird der zweiten Filterstufe zugeordnet. Der reelle Pol bei -1.0000 wird mit einer Tiefpassfilterstufe erster Ordnung realisiert. Für die beiden Filterstufen zweiter Ordnung wird die Schaltung in Bild 3.19 verwendet. Nach der geeigneten Wahl der beiden Kapazitäten C_1 und C_3 werden jeweils die beiden Widerstände R_2 und R_4 nach (3.52) und (3.53) berechnet. Wählt man für die dritte Filterstufe $C_1 = 1$ nF und $C_3 = 22$ nF, so erhält man mit $Q_\infty = 1{,}6181$ den größeren der beiden Werte $k = 2{,}4984$ und mit $|s_\infty| = 2\pi\cdot$ 3400 rad/s die Widerstände $R_2 = 3994\ \Omega$ und $R_4 = 24936\ \Omega$. Die nächstliegenden Werte aus der E96-Reihe lauten $R_2 = 3{,}92$ kΩ und $R_4 = 24{,}9$ kΩ. Die zweite Filterstufe wird entsprechend dimensioniert.

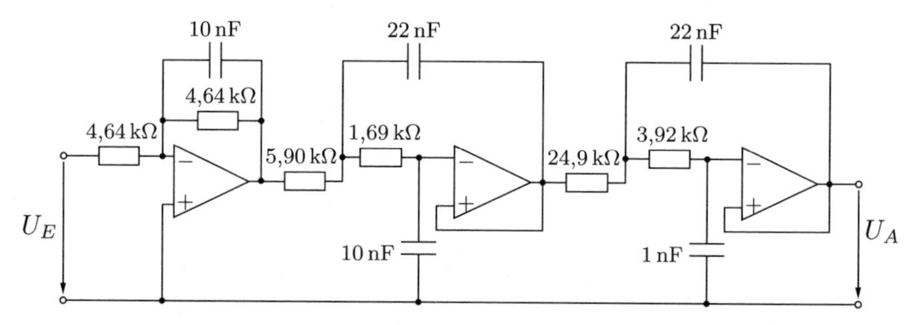

Für die erste Filterstufe wird der Tiefpass erster Ordnung aus Bild 3.10 verwendet. Nach freier Wahl der Kapazität C_0 wird der Widerstand R_0 aus dem reellen Pol bestimmt und wegen $|v| = 1$ wird $R_1 = R_0$ gesetzt. Die obige Abbildung zeigt die Kaskadenschaltung mit den dimensionierten Bauelementen.

4. Weitere Fragen und Untersuchungen

- Wie groß sind die Polbeträge $|s_{\infty i}|$ eines Butterworth-Filters?
- Wie viele komplexe Polpaare hat ein Butterworth-Filter 6. Ordnung?
- Wie lauten die Polgüten der Polpaare eines Butterworth-Filters 6. Ordnung?
- Wie groß muss die Ordnung N eines Butterworth-Filters gewählt werden, damit bei der normierten Frequenz $\omega = 2$ eine Dämpfung von mindestens 30 dB auftritt?

Tschebyscheff-Filter

Tschebyscheff-Filter dienen ebenso wie Butterworth-Filter der Bandbegrenzung von Signalen, unterscheiden sich aber im Dämpfungsverlauf. Die Dämpfung besitzt im Durchlassbereich eine gleichmäßige Welligkeit (engl.: „equiripple") in einem Schlauch mit vorgebbarer Schwankungsbreite d_D. Bei der Grenzfrequenz wird der Schlauch zu höheren Dämpfungen hin verlassen. Nach der Grenzfrequenz steigt die Dämpfung stärker an, als beim Butterworth-Filter und läuft dann wieder in eine Filterflanke mit $N \cdot 6$ dB/Oktave ein. Mit größerer vorgegebener Schwankungsbreite wird die Filterflanke steiler.
Der MATLAB-Befehl zum Entwurf eines Tschebyscheff-Filters lautet

```
[z,p,k]=cheb1ap(N,d_D)
```

Eingabeparameter sind die Ordnung `N` und die maximal zulässige Dämpfung im Durchlassbereich `d_D` (in dB). Als Ergebnis kommt der Vektor `z` der Nullstellen, der Vektor `p` der Pole und die Skalierungskonstante `k` heraus. Die Anzahl der Pole ist gleich der Ordnung N. Vor dem Quotienten aus Zähler und Nenner steht die Konstante k, die im Falle des Tschebyscheff-Filters im Allgemeinen von 1 verschieden ist. Die Pole sind so normiert, dass die Durchlassgrenzfrequenz bei $\omega = 1$ liegt. Benutzt man den MATLAB-Befehl `freqs(B,A,w)` zur Analyse der Systemfunktion $H(s)$, so setzt man für den Vektor `B` der Zählerkoeffizienten die Konstante k ein.

Cauer-Filter

Cauer-Filter, auch elliptische Filter genannt, sind ebenfalls Bandbegrenzungsfilter. Sie besitzen zusätzlich Nullstellen auf der $\mathrm{j}\omega$-Achse, die das Sperrverhalten des Filters unterstützen und damit im Sperr- wie im Durchlassbereich eine gleichmäßige Welligkeit. Von allen Filtertypen gleicher Ordnung N haben Cauer-Filter die steilste Filterflanke [Pap57].
Der MATLAB-Befehl zum Entwurf eines Cauer-Filters lautet

```
[z,p,k]=ellipap(N,d_D,d_S)
```

Eingabeparameter sind die Ordnung `N`, die maximal zulässige Dämpfung im Durchlassbereich `d_D` (in dB) und die Mindestdämpfung `d_S` im Sperrbereich (in dB). Als Ergebnis kommt der Vektor `z` der Nullstellen, der Vektor `p` der Pole und die Skalierungskonstante `k` heraus. Die Anzahl der Pole ist gleich der Ordnung N. Der Vektor `z` beinhaltet die Nullstellen auf der $\mathrm{j}\omega$-Achse. Die Konstante ist im Allgemeinen von 1 verschieden. Die Pole sind so normiert, dass die Durchlassgrenzfrequenz bei $\omega = 1$ liegt.
Benutzt man den MATLAB-Befehl `freqs(B,A,w)` zur Analyse der Systemfunktion $H(s)$, so errechnet man den Vektor `B` der Zählerkoeffizienten aus dem Vektor z und der Konstanten k.

Bessel-Filter

Bessel-Filter sind Tiefpässe, die neben der gewünschten Dämpfungswirkung, nämlich einer Dämpfung von hohen Spektralanteilen, eine nahezu konstante Gruppenlaufzeit realisieren und dadurch Laufzeitverzerrungen vermeiden. Unterschiedliche Laufzeiten von Spektralanteilen eines Signals führen nämlich zu Änderungen der Kurvenform des Zeitsignals. Durch die Approximation einer konstanten Gruppenlaufzeit ist die Tiefpassdämpfungswirkung nicht so ausgeprägt wie bei Butterworth-, Tschebyscheff- oder gar Cauer-Filtern, d. h. die Filterflanke ist relativ flach.
Der MATLAB-Befehl zum Entwurf eines Bessel-Filters lautet

```
[z,p,k]=besselap(N)
```

Eingabeparameter ist die Ordnung `N`. Mit zunehmender Ordnung N wird die konstante Gruppenlaufzeit besser approximiert, bzw. wird eine prozentuale Abweichung zu höheren Frequenzen hin verschoben.
Als Ergebnis kommt der Vektor `z` der Nullstellen, der Vektor `p` der Pole und die Skalierungskonstante `k` heraus. Im Falle des Bessel-Filters ist der Vektor `z` immer leer und die Konstante $k = 1$.

Verzögerungsfilter

Aus der Signalverarbeitung ist die Forderung bekannt, ein Signal um eine bestimmte Zeit zu verzögern, ohne dabei das Spektrum oder den zeitlichen Verlauf des Signals nennenswert zu ändern. Ein verzerrungsfreies System hat eine frequenzunabhängige Verstärkung (z. B. 0 dB) und eine frequenzunabhängige Gruppenlaufzeit. Ein solches Verzögerungssystem soll im Folgenden angenähert werden.
Das Bessel-Filter kann eine konstante Gruppenlaufzeit beliebig gut annähern. Allerdings hat es gleichzeitig ein ungewolltes Dämpfungsverhalten. Durch Ableitung eines Allpasses aus dem Bessel-Tiefpass kann dieses Problem gelöst werden: In der rechten s-Halbebene werden Nullstellen hinzu gefügt, die bezüglich der $\mathrm{j}\omega$-Achse spiegelsymmetrisch zu den Polen in der linken s-Halbebene liegen. Durch die Hinzunahme der Nullstellen in der rechten s-Halbebene verdoppelt sich die Gruppenlaufzeit gegenüber dem Bessel-Filter. Der prinzipielle Verlauf über der Frequenz bleibt aber erhalten. Das folgende MATLAB-Projekt verdeutlicht die praktische Berechnung eines Verzögerungsfilters, das aus einem Bessel-Filter abgeleitet wird.

MATLAB-Projekt 3.B Verzögerungsfilter

1. Aufgabenstellung und Lösungshinweis

   Im ersten Schritt sollen Verzögerungsfilter der Ordnungen 2 bis 7 berechnet und ihre normierte Gruppenlaufzeit in Abhängigkeit von der normierten Frequenz dargestellt werden.

   Im zweiten Teil soll eine praktische Aufgabe erfüllt werden. Es wird eine aktive Filterschaltung in Kaskadenstruktur gesucht, die Signale im Bereich von 0 bis

1 kHz um 1 ms verzögert. Bei 1 kHz soll die Abweichung von der geforderten Verzögerungszeit nicht größer als 5% sein.

2. MATLAB-Programm

```
% Verzögerungsfilter
clear; close all;

% Festlegung von Parametern
w_min = 0;                          % Darstellungsbeginn im Frequenzbereich
w_max = 2;                          % Darstellungsende im Frequenzbereich
dw = 0.01;                          % Delta-w
w = w_min:dw:w_max;                 % Vektor mit den Frequenzstützpunkten

% Berechnung der Zähler- und Nennerpolynome der Ordnungen 2 bis 7
for N = 2:7
  [z,p,k] = besselap(N);                       % Entwurf Bessel-Filter
  A(N,:) = [zeros(1,13-N) poly(p)];            % Nennerpolynome
  z = -p; B(N,:) = [zeros(1,13-N) poly(z)];    % Zählerpolynome

% Berechnung der Gruppenlaufzeit
  H(N,:) = freqs(B(N,:),A(N,:),w);             % Komplexer Frequenzgang
  phi(N,:) = phase(H(N,:));                    % Phase des Frequenzgangs
  tau(N,:) = -diff(phi(N,:))./dw;              % Gruppenlaufzeit
end
```

3. Darstellung der Lösung

Das MATLAB-Programm liefert die Gruppenlaufzeitverläufe für die Ordnungen $N = 2$ bis 7 über der normierten Frequenz. Bei tiefen Frequenzen nimmt die Gruppenlaufzeit mit zunehmender Ordnung nahezu linear zu. Gleichzeitig wächst die Bandbreite der konstanten Gruppenlaufzeit.

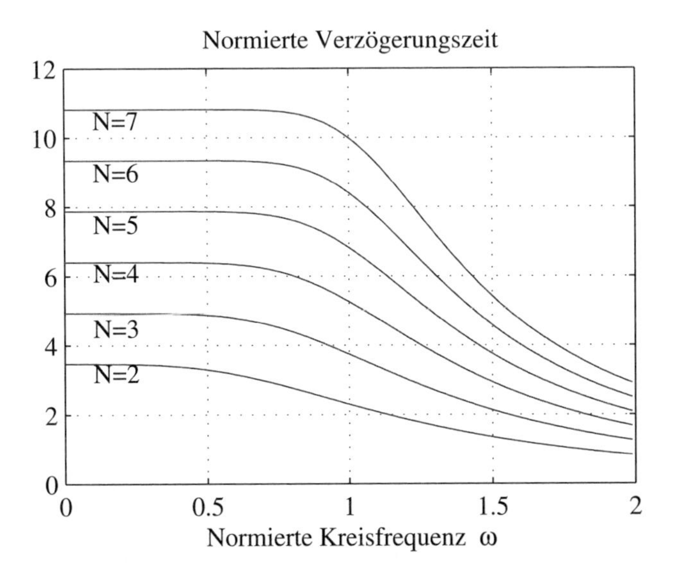

Bei der Auswahl des Verzögerungsverlaufes für das geforderte 1 ms-Filter zeigt sich, dass die normierte Gruppenlaufzeit τ' für $N = 5$ bei tiefen Frequenzen 7,8726 beträgt. Um eine Laufzeit von $\tau = 1$ ms zu realisieren, muss die Normierungszeit $t_n = \tau/\tau' = 0{,}127023$ ms betragen. Daraus folgt die Normierungsfrequenz $\omega_n = 1/t_n = 7872{,}6$ rad/s. Die betrachtete Grenzfrequenz von 1 kHz lautet als normierte Kreisfrequenz $\omega' = 2\pi \cdot 1000$ rad/s / $\omega_n = 0{,}7981$. Bei dieser Frequenz kann aus dem Verzögerungsverlauf für N=5 eine Gruppenlaufzeit von 7,6356 abgelesen werden, die etwa 3% unter der bei tiefen Frequenzen liegt. Daher ist ein Filter mit der Ordnung $N = 5$ für die gestellte Aufgabe geeignet.

Für die Filterordnung $N = 5$ liefert das MATLAB-Programm die folgenden 5 normierten Pole:

```
p =
        -0.9264
        -0.8516 - 0.4427i
        -0.8516 + 0.4427i
        -0.5906 - 0.9072i
        -0.5906 + 0.9072i
```

Die aktive Filterschaltung wird als Kaskade aus einem Allpass erster Ordnung nach Bild 3.16 und zwei Allpässen zweiter Ordnung nach Bild 3.22 aufgebaut, wobei die Filterstufe mit der höheren Polgüte am Ende der Kaskade liegt. Die folgende Abbildung zeigt die Gesamtschaltung.

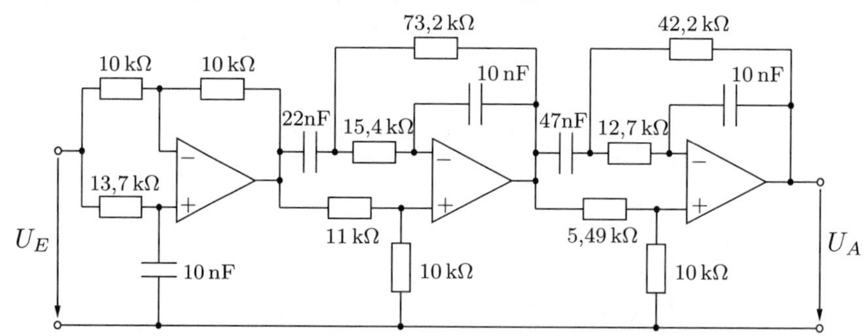

Zur Dimensionierung der Allpassstufe erster Ordnung kann zunächst $R_0 = R_1 = 10$ kΩ und $C_2 = 10$ nF frei gewählt werden. Der Widerstand R_2 kann dann mit Gleichung (3.42) aus dem normierten reellen Pol, der Normierungsfrequenz ω_n und C_2 zu 13711 Ω errechnet werden. Der nächstliegende E96-Wert ist 13,7 kΩ.

Zur Realisierung der zweiten Allpassstufe mit den Polparametern $|s'_{\infty 2}| = 0{,}95979$ und $Q_{\infty 2} = 0{,}56352$ werden die Kapazitäten zu $C_3 = 22$ nF und $C_1 = 10$ nF gewählt. Mit dem Zwischenparameter $k = 2{,}1717$ folgt aus Gleichung (3.52) der Widerstand $R_2 = 4109\,\Omega$ und aus Gleichung (3.53) der Widerstand

$R_4 = 19377\,\Omega$. Schließlich wird mit Gleichung (3.62) der Zwischenparameter $\rho = 1{,}1018$ errechnet und mit Gleichung (3.63) der Widerstand $R_5 = 11018\,\Omega$. Die dritte Filterstufe wird sinngemäß dimensioniert.

4. Weitere Fragen und Untersuchungen

- Wie groß wäre die prozentuale Laufzeitabweichung bei 1 kHz, wenn ein Filter der Ordnung $N = 4$ gewählt worden wäre?
- Wie groß ist die Dämpfung des Filters aus obiger Abbildung?
- Wie müsste ein zusätzlicher Vorverstärker aussehen, der für eine Dämpfung von 0 dB sorgt?

3.3 Mechanische Schwingungssysteme

Schwingungsfähige mechanische Systeme können häufig als LTI-Systeme beschrieben werden. Der vorliegende Abschnitt soll einen kurzen, beispielhaften Einblick in die Beschreibung mechanischer Systeme im Zeit- und Bildbereich geben und eine typische Fragestellung aus diesem Bereich mit MATLAB behandeln.

3.3.1 Lineare mechanische Bauelemente

Im Folgenden werden die wichtigsten linearen mechanischen Bauelemente beschrieben.

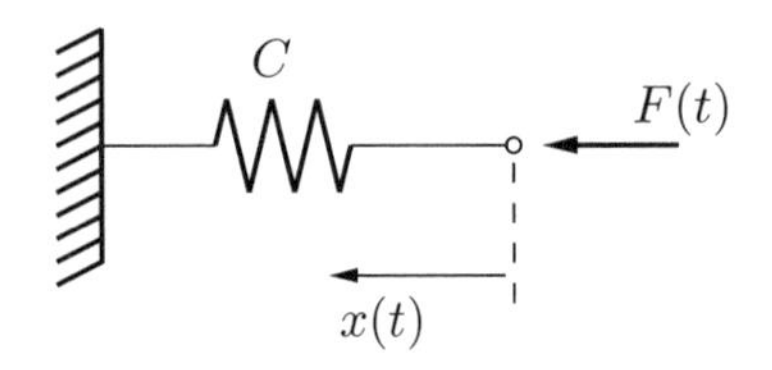

Bild 3.24: Kraft und Wegauslenkung an der mechanischen Feder C

Bild 3.24 zeigt die *mechanische Feder* mit der Federkonstanten C. Die angreifende Kraft $F(t)$ führt zu einer Wegauslenkung $x(t)$. Die drei Größen sind nach dem Newtonschen Axiom (actio = reactio) wie folgt verknüpft:

$$F(t) = C \cdot x(t)\,. \tag{3.66}$$

Durch Laplace-Transformation erhält man die gleiche Beziehung im Bildbereich:

$$F_L(s) = C \cdot X(s)\,. \tag{3.67}$$

Die Kraft F wird in N ($1\text{ N} = 1\text{ kg}\,\text{m/s}^2$), der Weg x in m und die Federkonstante C in N/m angegeben.

Ein weiteres wichtiges Bauelement ist das *Dämpfungsglied* mit der Dämpfungskonstanten D. Bild 3.25 zeigt das Symbol des Dämpfungsgliedes mit der angreifenden Kraft $F(t)$ und der Wegauslenkung $x(t)$.

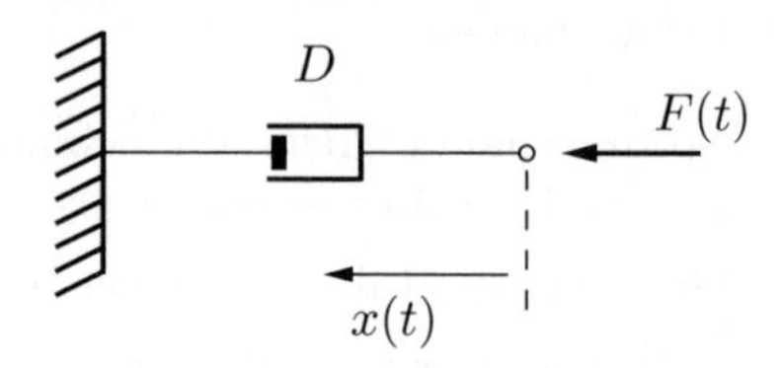

Bild 3.25: Kraft und Wegauslenkung an dem Dämpfungsglied D

Die vom Dämpfungsglied entwickelte Gegenkraft zur angreifenden Kraft $F(t)$ ist proportional zur Ableitung der Wegauslenkung, also zur Geschwindigkeit des Angiffspunktes.

$$F(t) = D \cdot \frac{\mathrm{d}}{\mathrm{d}t} x(t) = D \cdot \dot{x}(t)\,. \tag{3.68}$$

Unter der Bedingung $x(0^-) = 0$ lautet diese Beziehung im Bildbereich

$$F_L(s) \; = D \cdot s\, X(s)\,. \tag{3.69}$$

Die Dämpfungskonstante D wird in N s/m angegeben.

Als drittes mechanisches Bauelement wird die Masse m betrachtet. Bild 3.26 zeigt das Symbol der Masse mit der angreifenden Kraft $F(t)$ und der Wegauslenkung $x(t)$.

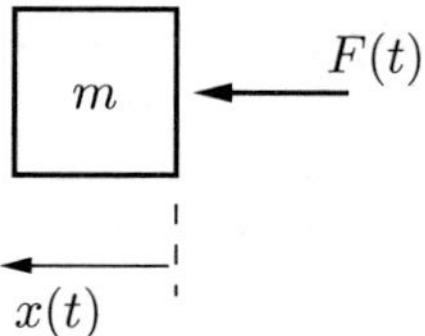

Bild 3.26: Kraft und Wegauslenkung an der Masse m

Die von der Masse entwickelte Gegenkraft zur angreifenden Kraft $F(t)$ ist proportional zur zweiten Ableitung der Wegauslenkung, also zur Beschleunigung der Masse.

$$F(t) = m \cdot \frac{\mathrm{d}^2}{\mathrm{d}t^2} x(t) = m \cdot \ddot{x}(t) \tag{3.70}$$

und im Bildbereich unter den Bedingungen $x(0^-) = 0$ und $\dot{x}(0^-) = 0$

$$F_L(s) \; = m \cdot s^2 X(s)\,. \tag{3.71}$$

Die Masse m wird in kg angegeben.

Durch Zusammenfügen der beschriebenen mechanischen Bauelemente entstehen schwingungsfähige mechanische Systeme, die in den folgenden Unterabschnitten beispielhaft beschrieben werden.

3.3.2 Mechanische Systeme erster Ordnung

In diesem Unterabschnitt werden mechanische Tiefpass- und Hochpasssysteme erster Ordnung behandelt.

Mechanisches Tiefpasssystem erster Ordnung

Bild 3.27 zeigt ein mechanisches Schwingungssystem mit einer Systemfunktion erster Ordnung.

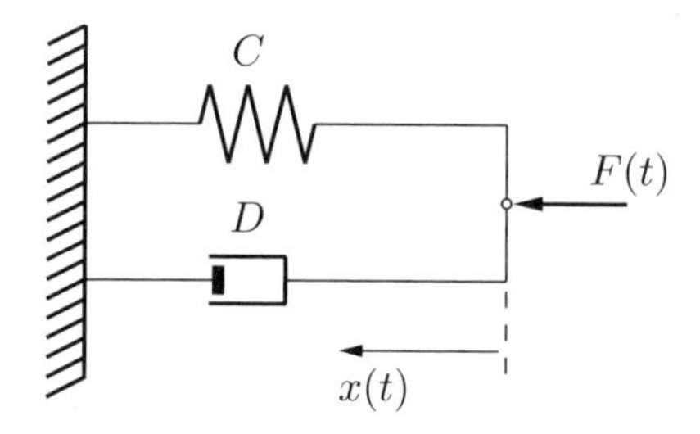

Bild 3.27: Anordnung eines mechanischen Tiefpasssystems

Dieses System wird nach (3.67) und (3.68) durch folgende Differentialgleichung beschrieben:

$$C \cdot x(t) + D \cdot \dot{x}(t) = F(t)\,. \tag{3.72}$$

Unter der Annahme $x(0^-) = 0$ ergibt sich daraus im Bildbereich

$$C \cdot X(s) + D \cdot sX(s) = F_L(s)\,. \tag{3.73}$$

Betrachtet man die angreifende Kraft als Eingangsgröße und die Auslenkung des Systems als Ausgangsgröße, so lässt sich die folgende Systemfunktion angeben:

$$H(s) = \frac{X(s)}{F_L(s)} = \frac{1}{C + sD} = \frac{1}{C} \cdot \frac{1}{1 + sT} \tag{3.74}$$

mit $T = D/C$ als Zeitkonstante des Systems. Das mechanische System ist bezüglich der gewählten Ein- und Ausgangsgröße ein Tiefpasssystem erster Ordnung. Erregt man dieses System mit einer sprungförmigen Kraft

$$F(t) = F_0 \cdot \epsilon(t) \;\circ\!\!-\!\!\bullet\; F_0 \cdot \frac{1}{s}\,, \tag{3.75}$$

so reagiert es mit einer Auslenkung

$$X(s) = \frac{F_0}{C} \cdot \frac{1}{s} \cdot \frac{1}{1+sT}, \tag{3.76}$$

die im Zeitbereich

$$x(t) = \frac{F_0}{C} \cdot (1 - e^{-t/T}) \cdot \epsilon(t) \tag{3.77}$$

lautet. Diese Sprungantwort ist in Bild 3.28 zu sehen.

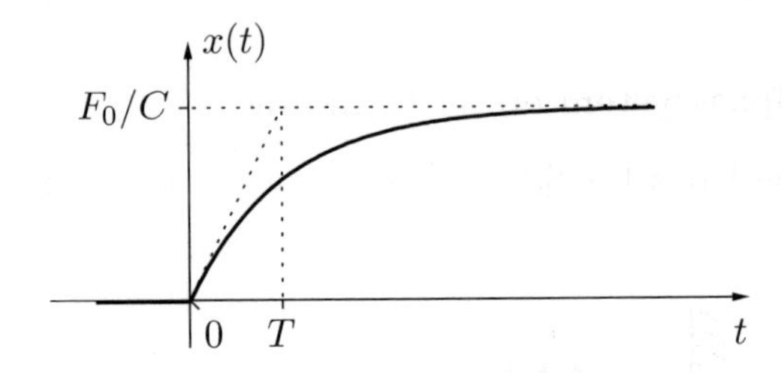

Bild 3.28: Auslenkung des mechanischen Tiefpasssystems in Bild 3.27 aufgrund einer sprungförmigen Krafteinwirkung

Ein Vergleich mit Bild 3.12 zeigt, dass das betrachtete mechanische System einem elektrischen Tiefpass erster Ordnung, z. B. einem RC-Glied äquivalent ist.

Mechanisches Hochpasssystem erster Ordnung

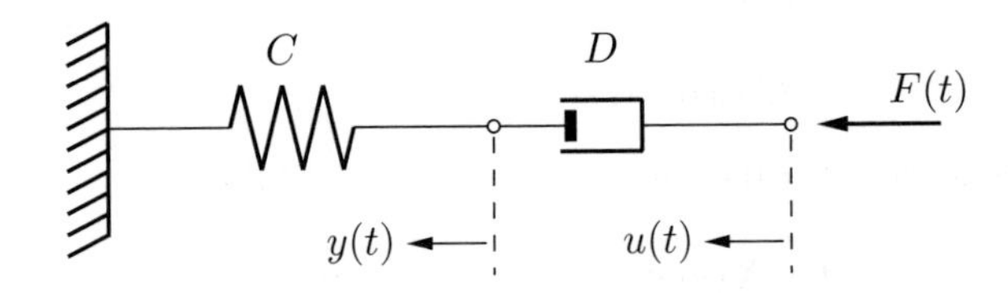

Bild 3.29: Anordnung eines mechanischen Hochpasssystems

Bild 3.29 zeigt ein mechanisches System, bei dem die Auslenkung $u(t)$ an der Stelle der Krafteinwirkung als Eingangsgröße und die Auslenkung $y(t)$ zwischen Feder und Dämpfung als Ausgangsgröße betrachtet wird. Aus der *Kräftebilanz* an dem Punkt zwischen Feder und Dämpfungsglied folgt die Differentialgleichung

$$C \cdot y(t) + D \cdot \big(\dot{y}(t) - \dot{u}(t)\big) = 0\,. \tag{3.78}$$

Unter der Annahme $y(0^-) = 0$ und $u(0^-) = 0$ ergibt sich daraus im Bildbereich

$$C \cdot Y(s) + D \cdot \big(sY(s) - sU(s)\big) = 0\,. \tag{3.79}$$

Daraus kann unmittelbar die Systemfunktion abgelesen werden:

$$H(s) = \frac{Y(s)}{U(s)} = \frac{sT}{1+sT}\,. \tag{3.80}$$

$H(s)$ in Gleichung (3.80) zeigt, dass das System in Bild 3.29 Hochpasscharakter hat. Einer schnellen Änderung von $u(t)$ folgt $y(t)$ nahezu trägheitslos.

3.3.3 Mechanisches System zweiter Ordnung

In diesem Unterabschnitt wird als Beispiel ein schwingungsfähiges mechanisches System zweiter Ordnung betrachtet. Bild 3.30 zeigt eine Anordnung aus einer Masse m, einer Feder C und einem Dämpfungsglied D.

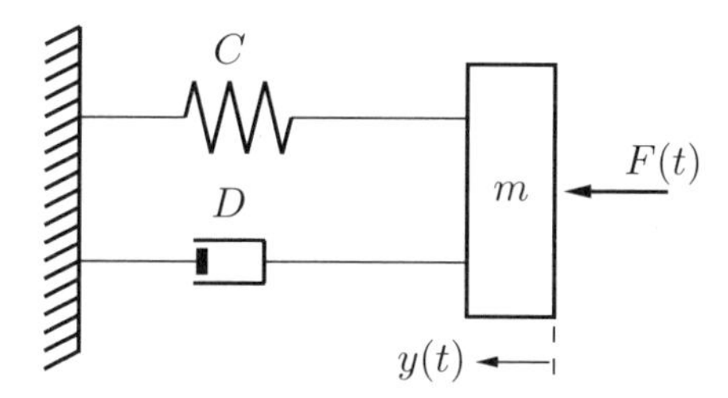

Bild 3.30: Mechanisches Schwingungssystem zweiter Ordnung

Der angreifenden Kraft $F(t)$ steht die Trägheitskraft durch Beschleunigung der Masse m, die Kraft durch die Geschwindigkeit des Dämpfungsgliedes D und die Kraft durch Auslenkung der Feder C entgegen. Aus dieser Kräftebilanz folgt die Differentialgleichung

$$m\ddot{y}(t) + D\dot{y}(t) + Cy(t) = F(t)\,. \tag{3.81}$$

Unter den Nebenbedingungen, dass Auslenkung und Geschwindigkeit zur Zeit $t = 0^-$ gleich null sind, $y(0^-) = 0$ und $\dot{y}(0^-) = 0$, lautet (3.81) Laplace-transformiert

$$ms^2Y(s) + DsY(s) + CY(s) = F_L(s)\,. \tag{3.82}$$

Daraus folgt die Systemfunktion mit der angreifenden Kraft als Eingangsgröße und der Auslenkung als Ausgangsgröße zu

$$H(s) = \frac{Y(s)}{F_L(s)} = \frac{1}{ms^2 + Ds + C}\,. \tag{3.83}$$

Die Anordnung in Bild 3.30 ist daher ein mechanisches Tiefpasssystem zweiter Ordnung.

MATLAB-Projekt 3.C Mechanische Eigenschwingungen

1. Aufgabenstellung und Lösungshinweis

   Die Masse des mechanischen Systems in Bild 3.30 soll zum Zeitpunkt $t = 0^-$ eine Auslenkung $y(0^-) = y_0 = 5$ cm und die Geschwindigkeit $\dot{y}(0^-) = 0$ haben. Zur Zeit $t = 0$ wird das System sich selbst überlassen, d. h. es wirken keine externen Kräfte mehr auf das System ein. Mit den Parametern $C = 200$ N/m, $m = 1$ kg und $D = 3$ Ns/m soll die Auslenkung und die Geschwindigkeit der Masse m für $t \geq 0$ berechnet werden.

   Mit den Anfangsbedingungen $y(0^-) = y_0$ und $\dot{y}(0^-) = 0$ und der angreifenden Kraft $F(t) = 0$ folgt aus (3.81) die Laplace-transformierte Gleichung

   $$ms^2Y(s) - msy_0 + DsY(s) - Dy_0 + CY(s) = 0. \tag{3.84}$$

   Diese Gleichung lautet nach $Y(s)$ aufgelöst

   $$Y(s) = \frac{ms + D}{ms^2Y(s) + Ds + C} \cdot y_0. \tag{3.85}$$

   Durch Rücktransformation erhält man die Auslenkung $y(t)$ für $t \geq 0$. Die Geschwindigkeit der Masse m errechnet sich durch Rücktransformation von $s \cdot Y(s)$.

2. MATLAB-Programm

```
% Mechanische Eigenschwingungen
clear; close all;

D = 3;                % Dämpfungsfaktor [Ns/m]
C = 200;              % Federkonstante [N/m]
m = 1;                % Masse [kg]
y0 = 0.05;            % Auslenkung [m]
t = 0:0.01:3;         % Zeitvektor [s]

% Laplace-Variable spezifizieren
s = tf('s');
% Y(s) definieren
Ys = ((m*s+D)/(m*s^2+D*s+C)) * y0;

% Auslenkung berechnen (Laplace-Rücktransformation)
yt = impulse(Ys,t);

% Geschwindigkeit berechnen
% (Ableitung im Zeitbereich entspricht Multiplikation mit s im Laplace-Bereich)
Vs = Ys * s;
vt = impulse(Vs,t);
```

3. Darstellung der Lösung

   Das folgende Bild zeigt die Auslenkung und Geschwindigkeit der Masse m, nachdem das System bei $t = 0$ sich selbst überlassen wurde. Ausgehend von einer Auslenkung $y(0^-) = y_0 = 5$ cm folgt die Masse einer gedämpften Eigenschwingung, die sich als Exponentialfunktion mit den Polen des Nennerpolynoms von $Y(s)$ (Wurzeln der charakteristischen Gleichung) im Exponenten ergibt. Die Geschwindigkeit $v(t)$ folgt daraus durch zeitliche Ableitung der Auslenkung $y(t)$.

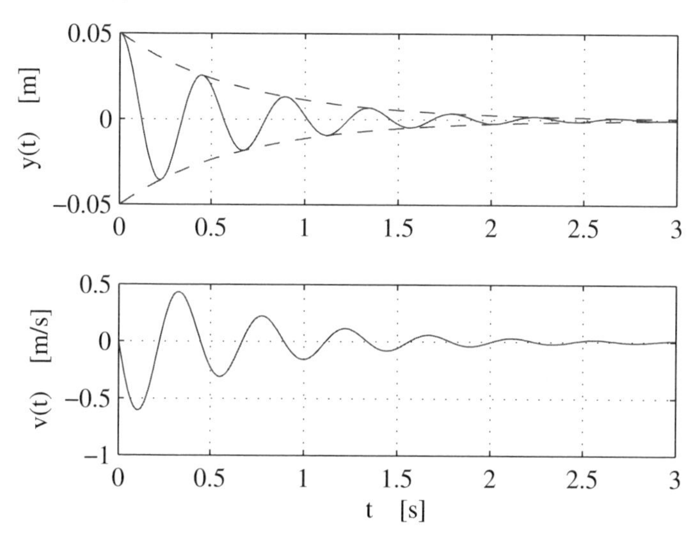

4. Weitere Fragen und Untersuchungen

   - Zeigen Sie, dass der Parameter D die Stärke des Abklingens der Eigenschwingung beeinflusst. Variieren Sie diesen Parameter im MATLAB-Programm.
   - Zeigen Sie durch eine Betrachtung der Pole von $Y(s)$, dass die Frequenz der Eigenschwingung von den Parametern m und C abhängt. Variieren Sie diese Parameter im MATLAB-Programm.
   - Gehen Sie von einer Anfangsauslenkung von $y(0^-) = y_0 = 10$ cm aus. Wie ändert sich die Eigenschwingung? Deuten Sie dieses Ergebnis.
   - Wie lautet $Y(s)$, wenn neben der Anfangsauslenkung auch eine Anfangsgeschwindigkeit der Masse bei $t = 0^-$ vorliegt?

3.3.4 Mechanisches System höherer Ordnung

Ein System mit mehr als einer Masse und einer Feder führt auf eine Differentialgleichung höherer Ordnung, d. h. größer als zwei. Sofern verschiedene Federn nicht in Reihe oder parallel gekoppelt und verschiedene Massen starr aneinander gekoppelt sind, kann die Ordnung des Systems als Anzahl der Massen plus Anzahl der Federn angegeben werden. Zur Analyse eines Systems höherer Ordnung werden mehrere Differentialgleichnungen aufgestellt und Laplace-transformiert. Das so entstehende algebraische Gleichungssystem wird dann nach den gesuchten mechanischen Größen, häufig Wege und Winkel, aufgelöst. Dieses Vorgehensweise soll am folgenden MATLAB-Projekt demonstriert werden.

MATLAB-Projekt 3.D **Autofahrt über Bordsteinkante**

1. Aufgabenstellung und Lösungshinweis

   Ein PKW soll mit konstanter Geschwindigkeit aus einer ebenen Fläche kommend über eine Bordsteinkante fahren. Dabei soll die vertikale Bewegung der Räder und der Karosserie beobachtet werden. Der Einfachheit halber soll nur ein Rad mit der darüber aufgehängten Karosserie modelliert werden.

   Die folgende Abbildung zeigt das vereinfachte Modell mit der Karosseriemasse m_{K}, der Radaufhängung mit der Feder C_{K} und dem Stoßdämpfer D. Das betrachtete Rad hat die Masse m_{R} und ist mit seinem Reifen gegenüber der Straße mit der Konstanten C_{R} abgefedert.

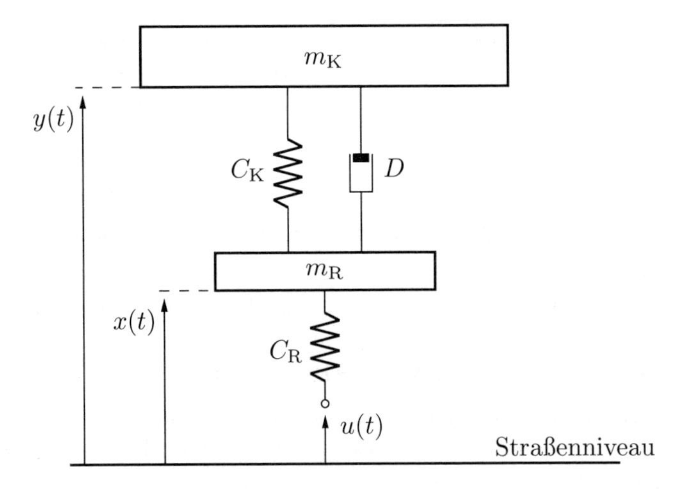

   Die unten dargestellte Störgröße $u(t)$ gibt den zeitlichen Verlauf des Höhenprofils des Fahrweges an. Auf der ebenen Fläche ist $u(t) = 0$. Zur Zeit $t = t_0$ überfährt das Rad die Bordsteinkante mit der Höhe u_{B}. Dies führt zu einer Auslenkung $x(t)$ von der Ruhelage des Rades und $y(t)$ von der Ruhelage der Karosserie. Beide Größen sollen mit MATLAB ermittelt werden. Die Modellparameter werden mit $m_{\mathrm{K}} = 400$ kg (1/4 der Gesamtmasse), $C_{\mathrm{K}} = 10^5$ N/m, $D = 3000$ Ns/m, $m_{\mathrm{R}} = 40$ kg, $C_{\mathrm{R}} = 4 \cdot 10^5$ N/m und $u_{\mathrm{B}} = 10$ cm angenommen.

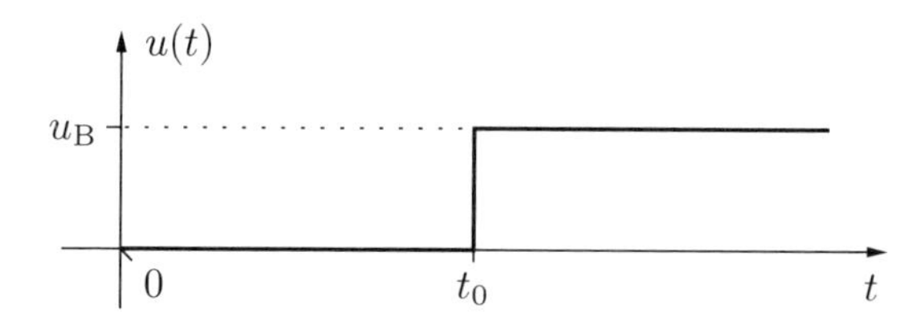

Unter der Annahme, dass die Auslenkungen von der Ruhelage von Rad und Karosserie bei der Fahrt vor der Bordsteinkante Null sind, also die Anfangsbedingungen $x(0^-) = 0$ und $y(0^-) = 0$ gelten, führt die Analyse mit Laplacetransformierten Größen auf die beiden folgenden Gleichungen

$$m_R \cdot s^2 X(s) + C_R \cdot (X(s) - U(s)) + C_K \cdot (X(s) - Y(s)) + D \cdot s(X(s) - Y(s)) = 0$$

und

$$m_K \cdot s^2 Y(s) + C_K \cdot (Y(s) - X(s)) + D \cdot s(Y(s) - X(s)) = 0\,.$$

Die Lösung dieses Gleichungssystems ergibt die beiden gesuchten Auslenkungen

$$X(s) = \frac{Z_X(s)}{N(s)} \cdot U(s)$$

und

$$Y(s) = \frac{Z_Y(s)}{N(s)} \cdot U(s)$$

mit den Zählerpolynomen

$$Z_X(s) = s^2 m_K C_R + sDC_R + C_R C_K$$

und

$$Z_Y(s) = sDC_R + C_R C_K$$

und dem Nennerpolynom

$$N(s) = s^4 m_K C_R + s^3 D(m_R + m_K) + s^2 a_2 + sD C_R + C_R C_K$$
$$\text{mit} \quad a_2 = m_R C_K + m_K C_K + m_K C_R\,.$$

$N(s)$ ist vom vierten Grad, das System also vierter Ordnung, was mit der Anzahl der Massen und Federn übereinstimmt.

2. MATLAB-Programm

```
% Autofahrt über Bordsteinkante
clear; close all;

% Festlegung von Parametern
```

```
D = 3000;                      % Dämpfungsfaktor [Ns/m]
C_K = 1e5;                     % Federkonstante Karosserie [N/m]
C_R = 4e5;                     % Federkonstante Rad [N/m]
m_K = 400;                     % Masse Karosserie [kg]
m_R = 40;                      % Masse Reifen [kg]
u_B = 0.1;                     % Höhe Bordstein [m]
dt = 0.001;                    % Zeitliche Auflösung [s]
t = 0:dt:2.5;                  % Zeitvektor [s]
t0 = 1;                        % Zeitpunkt der Fahrt über Bordsteinkante

% Laplace-Variable spezifizieren
s = tf('s');

% H(s) für x und y definieren
Z_X = s^2*m_K*C_R + s*D*C_R + C_R*C_K;
Z_Y = s*D*C_R + C_R*C_K;
a2 = m_R*C_K+m_K*C_K+m_K*C_R;
N = s^4*m_R*m_K + s^3*D*(m_R+m_K) + s^2*a2 + s*D*C_R + C_R*C_K;
H_X = Z_X / N;
H_Y = Z_Y / N;

% Impulsantwort berechnen
h_x = impulse(H_X,t);
h_y = impulse(H_Y,t);

% u-Vektor im Zeitbereich definieren
u = (t >= t0);

% Faltung der Impulsantworten mit u liefert die Auslenkungen der Massen
x = conv(h_x,u)*dt;
y = conv(h_y,u)*dt;
```

3. Darstellung der Lösung

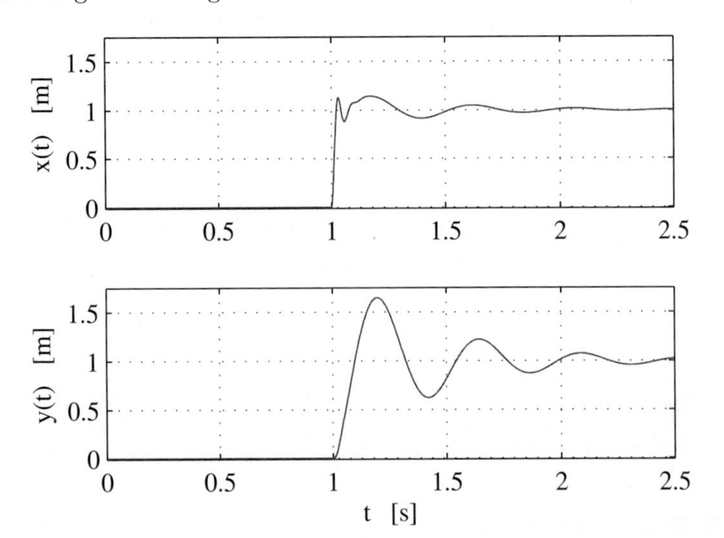

4. Weitere Fragen und Untersuchungen

   - Verändern Sie die Dämpferkonstante D des Stoßdämpfers und die Federkonstante C_K so, dass $y(t)$ einen für die Fahrzeuginsassen möglichst angenehmen Verlauf (schnelles Einschwingen, wenig Überschwingen) hat.

3.4 Lineare Regelkreise

Um das dynamische und statische Verhalten zu verbessern, werden Systeme häufig in einen *Regelkreis* eingebettet. Dazu wird die Ausgangsgröße auf einen Regler zurückgekoppelt, der wiederum die Eingangsgröße des Systems beeinflusst, siehe Bild 3.31.

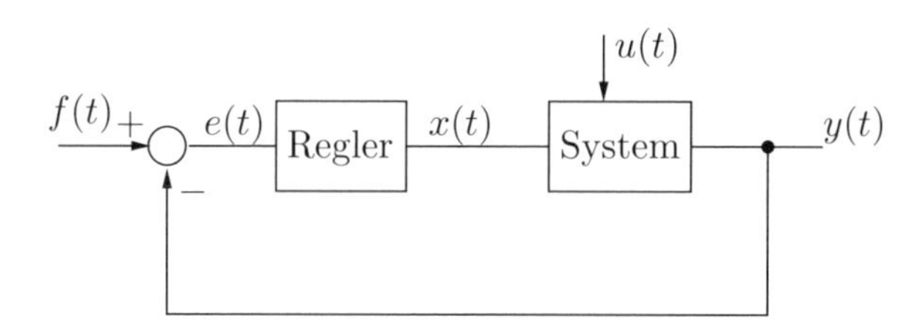

Bild 3.31: Grobstruktur eines Regelkreises

Das ursprüngliche System wird mit der Steuergröße $x(t)$ beaufschlagt. Die Eingangsgröße $f(t)$ des Gesamtsystems wird als Führungsgröße oder Sollwert bezeichnet, die Ausgangsgröße $y(t)$ als Istwert. Die Differenz $e(t) = f(t) - y(t)$ steuert den *Regler* aus und wird Regelabweichung genannt. Häufig treten noch Störgrößen $u(t)$ auf, die das System und die Ausgangsgröße in ungewollter Weise beeinflussen.

Die folgenden Betrachtungen beschränken sich auf lineare Regelkreise, d. h. das System und der Regler zeigen unabhängig voneinander lineares Verhalten. Dann gelten die folgenden Beziehungen:

$$y(t) = h(t) * x(t) + h_u(t) * u(t) \tag{3.86}$$

mit den Impulsantworten $h(t)$ für die *Steuergröße* und $h_u(t)$ für die *Störgröße*,

$$x(t) = r(t) * e(t) \tag{3.87}$$

mit der Impulsantwort $r(t)$ des Reglers und

$$e(t) = f(t) - y(t) \tag{3.88}$$

für die Differenzbildung am Eingang. Die weitere Auswertung erfolgt mit der Laplace-Transformation. Dabei können Anfangswerte der Größen $f(t)$, $x(t)$ und

$y(t)$ oder Anfangswerte im Regler oder im System besonders einfach berücksichtigt werden. Für den Fall, dass alle Anfangswerte null sind, ergibt sich aus den Gleichungen (3.86) bis (3.88) folgende Beziehung im Bildbereich:

$$Y(s) = H(s) \cdot R(s) \cdot \big(F(s) - Y(s)\big) + H_u(s) \cdot U(s) \tag{3.89}$$

und daraus

$$Y(s) = \frac{H(s) \cdot R(s)}{1 + H(s) \cdot R(s)} \cdot F(s) + \frac{H_u(s)}{1 + H(s) \cdot R(s)} \cdot U(s)\,. \tag{3.90}$$

Gleichung (3.90) zeigt die Abhängigkeit der Ausgangsgröße $Y(s)$ von der Führungsgröße $F(s)$ und der Störgröße $U(s)$. In beiden Übertragungsfunktionen taucht der Regler $R(s)$ auf. Der Regler beeinflusst also sowohl die Wirkung der Führungsgröße $F(s)$ auf die Ausgangsgröße $Y(s)$ als auch die Wirkung der Störgröße $U(s)$ auf $Y(s)$. Mit diesen Einflussmöglichkeiten des Regelkreises werden nun die folgenden Ziele verfolgt:

- Die Regelabweichung $e(t)$ soll möglichst klein gemacht werden, die Ausgangsgröße $y(t)$ soll der Führungsgröße $f(t)$ möglichst genau folgen.
- Die Antwort auf eine sprungförmige Änderung der Führungsgröße soll schnell und hinreichend gedämpft sein, es sollen keine oder nur kleine Überschwinger auftreten.
- Der Einfluss der Störgröße $u(t)$ auf die Ausgangsgröße $y(t)$ soll möglichst gering sein.
- Das Systemverhalten soll unempfindlich und robust gegen Parameterschwankungen sein.
- Das Gesamtsystem soll (auch im Fall gewisser Parameteränderungen) stabil sein. (Die Rückkopplungsstruktur des Regelkreises bringt eine potentielle Instabilität mit sich!)

Als Regler werden lineare Systeme nullter bis zweiter Ordnung eingesetzt, deren Parameter im Sinne der oben genannten Ziele optimiert werden. Der einfachste Regler ist der *P-Regler (Proportional-Regler)* mit einer frequenzunabhängigen, konstanten Übertragungsfunktion:

$$R(s) = K_p\,. \tag{3.91}$$

Weitere Regler mit einem einzigen Parameter sind der *I-Regler (Integrierer)*

$$R(s) = \frac{1}{sT_I}\,, \tag{3.92}$$

der *D-Regler (Differenzierer)*

$$R(s) = sT_D \tag{3.93}$$

und der *T-Regler*

$$R(s) = \frac{1}{1 + sT}. \tag{3.94}$$

Statt des idealen D-Reglers wird in der Praxis der *DT-Regler*

$$R(s) = \frac{sT_D}{1 + sT}. \tag{3.95}$$

eingesetzt, der zwei Parameter besitzt. Weitere Regler mit zwei Parametern sind der *PI-Regler*

$$R(s) = K_p + \frac{1}{sT_I}, \tag{3.96}$$

der *PD-Regler*

$$R(s) = K_p + sT_D \tag{3.97}$$

und der *PT-Regler*

$$R(s) = \frac{K_p}{1 + sT}. \tag{3.98}$$

Drei Parameter weist der *PID-Regler* auf, der proportionales, integrierendes und differenzierendes Verhalten zeigt:

$$R(s) = K_p + \frac{1}{sT_I} + sT_D. \tag{3.99}$$

Praktisch wird stattdessen häufig ein *PIDT-Regler* verwendet.
Für den Entwurf der Regler gibt es eine Menge von bekannten Entwurfsverfahren [Föl94, Orl98, Lun99]. Im folgenden MATLAB-Projekt wird ein linearer Regelkreis untersucht und die Parameter des Reglers auf heuristischem Wege bestimmt.

MATLAB-Projekt 3.E **Geregeltes Stromversorgungsgerät**

1. Aufgabenstellung und Lösungshinweis

   Das betrachtete Gleichspannungsnetzgerät besteht zunächst aus einem Stellglied mit einem nachgeschalteten Tiefpassfilter. Das Stellglied wird von einer Steuerspannung U_{St} gesteuert und liefert eine pulsierende Spannung mit dem Gleichanteil U_0, die nach der Filterung zur gewünschten Ausgangsgleichspannung U_{AUS} wird. U_{AUS} ist proportional zu U_{St}. Wird das Netzgerät belastet, so reduziert sich die Ausgangsspannung U_{AUS} aufgrund der Belastung durch den Laststrom I_L (Störgröße).

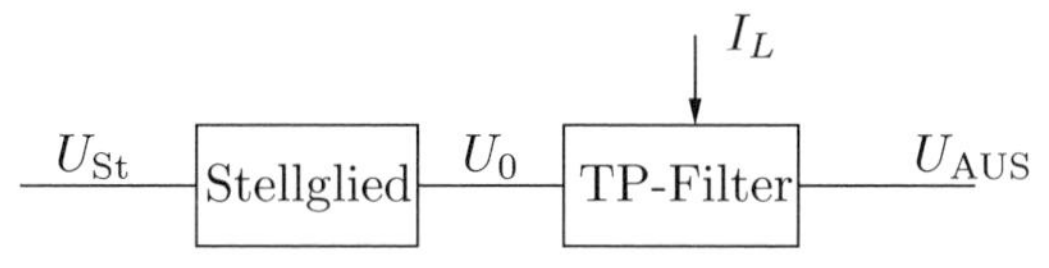

Das Stellglied wird als Tiefpasssystem erster Ordnung modelliert:

$$H_{\mathrm{St}}(s) = \frac{U_0(s)}{U_{\mathrm{St}}(s)} = \frac{1}{1 + 0{,}01s}.$$

Alle zeitabhängigen Größen sind auf 1 s normiert. Das Filter soll hier vereinfachend als RC-Tiefpass mit der Übertragungsfunktion $H_{RC}(s)$ angenommen werden.

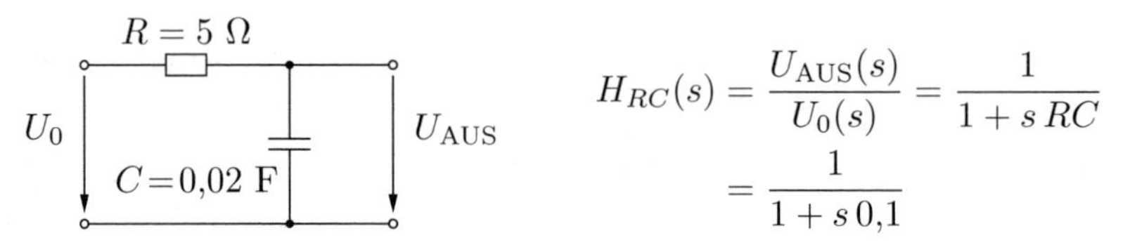

$$H_{RC}(s) = \frac{U_{\mathrm{AUS}}(s)}{U_0(s)} = \frac{1}{1 + s\,RC} = \frac{1}{1 + s\,0{,}1}$$

Stellglied und TP-Filter zusammen bilden die Regelstrecke (das zu regelnde System) mit einer Übertragungsfunktion

$$H(s) = H_{\mathrm{St}}(s) \cdot H_{RC}(s) = \frac{1}{(1 + 0{,}01s)(1 + 0{,}1s)}.$$

Das Stellglied stellt ausgangsseitig eine ideale Spannungsquelle dar. Der Einfluss des nach außen fließenden Laststroms I_L auf die Ausgangsspannung ist daher allein durch das RC-Glied bestimmt:

$$U_{\mathrm{AUS}}(s) = -\frac{R}{1 + s\,RC} \cdot I_L(s) = -\frac{5}{1 + s\,0{,}1} \cdot I_L(s).$$

Um den Einstellvorgang der Versorgungsspannung zu verbessern und den Einfluss des Laststromes auf die Ausgangsspannung zu minimieren, wird das betrachtete System in einen Regelkreis eingebunden, siehe Abbildung.

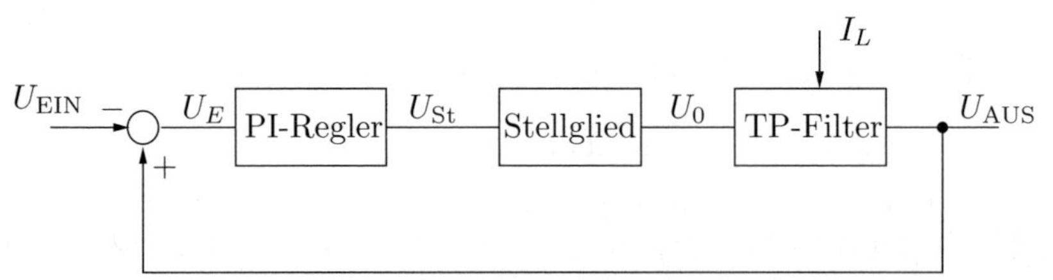

Der Regler ist als PI-Regler ausgeführt, die schaltungstechnische Realisierung mit einem Operationsverstärker zeigt die folgende Abbildung.

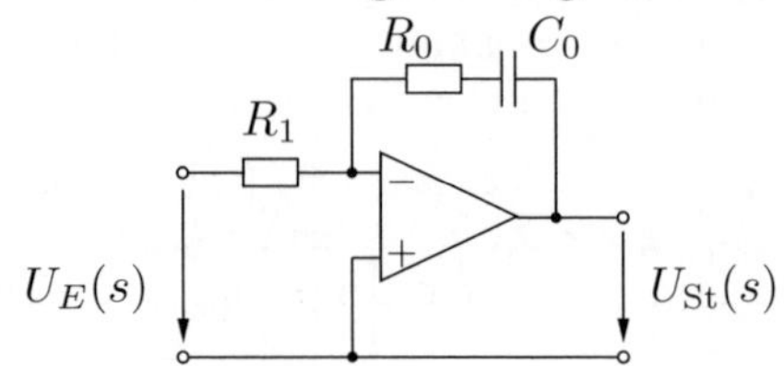

Die Spannungsübertragungsfunktion des Reglers lautet

$$R(s) = \frac{U_{\mathrm{St}}(s)}{U_E(s)} = -\frac{Z_0(s)}{Z_1(s)} = -\frac{R_0 + \frac{1}{sC_0}}{R_1} = -\frac{R_0}{R_1} - \frac{1}{s\,C_0 R_1}\,.$$

Ein Vergleich mit der Beziehung (3.96)

$$R(s) = K_p + \frac{1}{sT_I}\,,$$

zeigt die beiden Parameter. Ändert man das Vorzeichen von $R(s)$ durch Vorzeichenwechsel bei der Differenzbildung, so lauten die Proportionalitätskonstante $K_p = R_0/R_1$ und die Integrationszeitkonstante $T_I = C_0 \cdot R_1$. Diese beiden Parameter sollen im vorliegenden MATLAB-Projekt mit heuristischen Methoden so optimiert werden, dass eine sprungförmige Änderung der Führungsspannung U_{EIN} einen kurzen Einschwingvorgang der Ausgangsspannung U_{AUS} mit geringem Überschwingen zur Folge hat und dass ein Laststrom I_L die Ausgangsspannung nur wenig beeinflusst.

Der Einfluss von U_{EIN} und I_L auf U_{AUS} kann sinngemäß mit (3.90) ermittelt werden. Identifiziert man $F(s)$ mit $U_{\mathrm{EIN}}(s)$, $U(s)$ mit $I_L(s)$ und $Y(s)$ mit $U_{\mathrm{AUS}}(s)$ und setzt man $H(s)$ (Systemfunktion der Regelstrecke), $R(s)$ (Systemfunktion des Reglers) und $H_U(s) = U_{\mathrm{AUS}}(s)/I_L(s)$ (Einfluss des Laststromes) ein, so erhält man die folgende Beziehung für die Optimierung der Reglerparameter T_I und K_p:

$$U_{\mathrm{AUS}}(s) = \frac{(1 + sT_I K_p)}{sT_I(1 + 0{,}01s)(1 + 0{,}1s) + (1 + sT_I K_p)} \cdot U_{\mathrm{EIN}}(s)$$
$$- \frac{5\,sT_I(1 + 0{,}01s)(1 + 0{,}1s)}{(1 + 0{,}1\,s)\Big(sT_I(1 + 0{,}01s)(1 + 0{,}1s) + (1 + sT_I K_p)\Big)} \cdot I_L(s)\,.$$

In dieser Beziehung sind alle Spannungen auf 1 V, Ströme auf 1 A und Zeitkonstanten auf 1 s bezogen. Das Einschwingverhalten soll für den Fall untersucht werden, dass ein Strom von 0,5 A fließt und die Führungsspannung zum Zeitpunkt $t_0 = 2$ s einen Sprung von 10 V auf 15 V macht und der Laststrom zum Zeitpunkt $t_1 = 4$ s von 0,5 A auf 1 A springt.

2. MATLAB-Programm

```
% Geregeltes Stromversorgungsgerät
clear; close all;

% Festlegung von Parametern
```

```
T_I = 0.12;                % Integrationszeitkonstante = C_0 * R_1
K_P = 0.5;                 % Proportionalitätskonstante = R_0/R_1;
dt = 0.001;                % Zeitliche Auflösung [s]
t = 0:dt:6;                % Zeitvektor [s]
t0 = 2;                    % Zeitpunkt Spannungssprung [s]
t1 = 4;                    % Zeitpunkt Stromerhöhung [s]

% Laplace-Variable spezifizieren
s = tf('s');

% Systemfunktionen in U_AUS = f(U_EIN, I_L) spezifizieren
N =  s*T_I*(1+0.01*s)*(1+0.1*s) + (1+K_P*s*T_I);
Hs1 = (1+s*T_I*K_P) / N;
Hs2 = -s*T_I*5*(1+0.01*s)*(1+0.1*s) / ((1+0.1*s) * N);

% Zugehörige Impulsantworten berechnen
h1 = impulse(Hs1,t);
h2 = impulse(Hs2,t);

% U_EIN-Vektor im Zeitbereich definieren
u_EIN = 10*ones(1,length(t));
u_EIN(t>=t0) = 15;

% I_L-Vektor im Zeitbereich definieren
i_L = 0.5*ones(1,length(h1));
i_L(t>=t1) = 1;

% Faltungen von u_EIN(t) und i_L(t) mit den entspr. Impulsantworten
u_AUS1 = conv(h1,u_EIN)*dt;
u_AUS2 = conv(h2,i_L)*dt;
% Gesamtes u_AUS(t)
u_AUS = u_AUS1 + u_AUS2;
```

3. Darstellung der Lösung

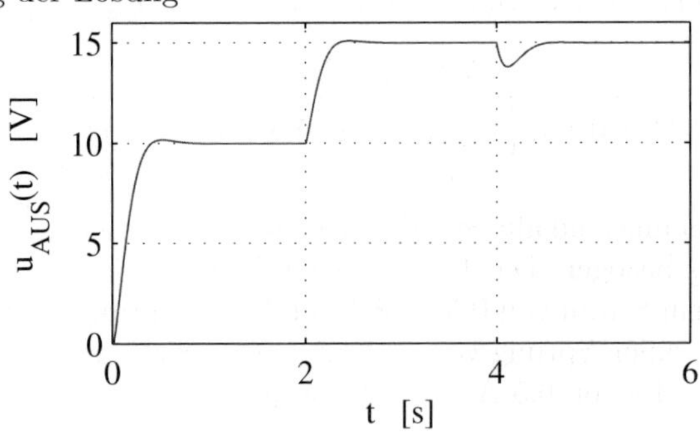

4. Weitere Fragen und Untersuchungen

   - Verändern Sie die Parameter T_I und K_P.

Kapitel 4

Diskrete Signale

4.1 Einleitung

Während kontinuierliche Signale $x_\mathrm{a}(t)$ für alle (reellen) Werte von t definiert sind, werden diskrete Signale $x[n]$ nur zu diskreten (ganzzahligen) Werten von n definiert. Sie können daher auch als eine Folge von Werten mit dem Folgenindex n aufgefasst werden. Zwischen diesen diskreten Stellen n ist $x[n]$ nicht definiert. Die Signalwerte $x[n]$ können beliebige reelle und im allgemeinen komplexe Werte annehmen und außerdem auch mit einer Maßeinheit, z. B. V (Volt), behaftet sein. Eine einheitenlose und quantisierte (wertediskrete) Repräsentation der Signalwerte ist erst dann erforderlich, wenn das Signal auf einem digitalen Signalverarbeitungssystem, z. B. einem digitalen Signalprozessor, verarbeitet werden soll (vgl. Kapitel 6).

4.2 Signaldarstellung im Zeitbereich

Ein zeitdiskretes Signal kann beispielsweise aus den Amplitudenwerten eines zeitkontinuierlichen Signals $x_\mathrm{a}(t)$ zu bestimmten äquidistanten Zeitpunkten $t = nT_\mathrm{A}$ bestehen; dabei ist T_A der Abstand dieser Zeitpunkte, d. h.

$$x[n] = x_\mathrm{a}(nT_\mathrm{A}), \qquad n = \ldots, -3, -2, -1, 0, 1, 2, 3, \ldots \quad . \tag{4.1}$$

Bild 4.1 zeigt ein Beispiel für ein zeitdiskretes Signal.

4.2.1 Elementare zeitdiskrete Signale

Einige elementare Signale, die bei der Behandlung von zeitdiskreten Systemen in Kapitel 5 eine besondere Rolle spielen, sollen im Folgenden beschrieben werden.

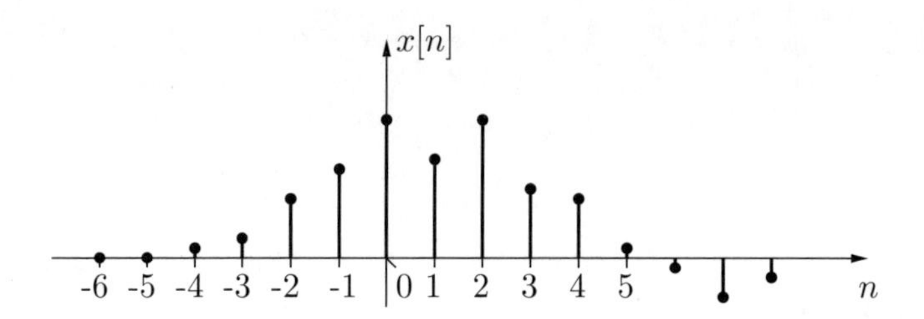

Bild 4.1: Graphische Darstellung eines zeitdiskreten Signals

Impuls- und Sprungfolge

Als Impulsfolge wird die Folge

$$\delta[n] = \begin{cases} 0 & \text{für} \quad n \neq 0 \\ 1 & \text{für} \quad n = 0 \end{cases} \tag{4.2}$$

bezeichnet.
Als Sprungfolge wird die Folge

$$\epsilon[n] = \begin{cases} 0 & \text{für} \quad n < 0 \\ 1 & \text{für} \quad n \geq 0 \end{cases} \tag{4.3}$$

bezeichnet.
Zwischen der Impulsfolge und der Sprungfolge gelten folgende Zusammenhänge:

$$\delta[n] = \epsilon[n] - \epsilon[n-1] \tag{4.4}$$

und

$$\epsilon[n] = \sum_{k=-\infty}^{n} \delta[k] \qquad \text{oder} \qquad \epsilon[n] = \sum_{k=0}^{\infty} \delta[n-k]\,. \tag{4.5}$$

Ganz allgemein kann mit Hilfe der Impulsfolge jede Folge beschrieben werden durch

$$x[n] = \sum_{k=-\infty}^{\infty} x[k]\,\delta[n-k]\,. \tag{4.6}$$

Kosinus- und Exponentialfolge

Die reelle Kosinusfolge mit den konstanten reellen Werten: A (Amplitude), ω_0 (Kreisfrequenz), T_A (Abtastabstand) und φ (Phase bei $n = 0$) lautet:

$$x[n] = A\cos(\omega_0 n T_\mathrm{A} + \varphi), \qquad -\infty < n < \infty\,. \tag{4.7}$$

Um einheitenbehaftete Größen innerhalb von Funktionen wie z. B. cos(·) zu vermeiden, werden die Kreisfrequenz ω mit der Einheit 1/s (1/Sekunde) und der Abtastabstand T_A mit der Einheit s (Sekunde) zu der einheitenlosen, normierten Kreisfrequenz

$$\Omega = \omega \cdot T_\mathrm{A} = 2\pi f \cdot T_\mathrm{A} \tag{4.8}$$

zusammengefasst.
Die Gleichung (4.7) wird damit:

$$x[n] = A\cos(\Omega_0 n + \varphi), \qquad -\infty < n < \infty\,. \tag{4.9}$$

Die allgemeine Exponentialfolge mit der komplexen Amplitude $A = |A| \cdot \mathrm{e}^{\mathrm{j}\varphi}$ und der komplexen Kreisfrequenz $s_0 = \sigma_0 + \mathrm{j}\,\omega_0$ lautet:

$$x[n] = A\,\mathrm{e}^{s_0 n T_\mathrm{A}} = |A|\;\mathrm{e}^{\varsigma_0 n}\;\mathrm{e}^{\mathrm{j}\,(\Omega_0 n + \varphi)} \quad \text{mit} \quad \varsigma_0 = \sigma_0 \cdot T_\mathrm{A}, \quad -\infty < n < \infty\,. \tag{4.10}$$

Aus dieser Folge kann durch Realteilbildung, je nach Wahl von ς_0 (siehe MATLAB-Projekt 4.A) eine an- oder abklingende oder eine konstante Kosinusfolge gewonnen werden.

MATLAB-Projekt 4.A Darstellung von elementaren Signalen

1. Aufgabenstellung

   Die graphischen Darstellungen der elementaren Signale aus dem Abschnitt 4.2 sollen mit Hilfe von MATLAB erzeugt werden.

2. MATLAB-Programm

```
% Darstellung von elementaren Signalen
clear; close all;

% Festlegung von Parametern
n_min=-4;                  % Minimalwert für n
n_max=20;                  % Maximalwert für n
n=n_min:n_max;             % Folgenindizes
Omega0=2*pi*0.08;          % Normierte Kreisfrequenz
phi=2*pi/8;                % Phase
Sigma0=-0.15;              % Normierte Dämpfung
A3=1;                      % Reelle Amplitude A von Signal x3
A4=1*exp(j*phi);           % Komplexe Amplitude A von Signal x4

% Erzeugung der elementaren Signale
% Impulsfolge
x1=(n==0);                 % Elementweiser Vergleich; setzt x1=1, wo n==0
% ... graphische Ausgabe von x1
figure;
subplot(2,2,1);
stem(n,x1);
axis([n_min n_max -0.1 1.1]);
```

```
xlabel('n'), ylabel('\delta[n]');

% Sprungfolge
x2=(n>=0);                    % Elementweiser Vergleich; setzt x2=1, wo n>=0
% ... graphische Ausgabe von x2
subplot(2,2,2);
stem(n,x2);
axis([n_min n_max -0.1 1.1]);
xlabel('n'), ylabel('\epsilon[n]');

% Kosinusfolge
x3=A3*cos(Omega0*n+phi);  % x3 mit cos-Folge belegen
% ... graphische Ausgabe von x3
subplot(2,2,3);
stem(n,x3)
axis([n_min n_max -1.1 1.1]);
xlabel('n'), ylabel('Kosinusfolge');

% Realteil der Exponentialfolge (Abklingende Kosinusfolge)
x4=real(A4*exp((Sigma0+j*Omega0)*n));  % x4 mit Exponentialfolge belegen
% ... graphische Ausgabe von x4
subplot(2,2,4);
stem(n,x4)
axis([n_min n_max -0.6 1.5]);
xlabel('n'), ylabel('Exp.folge, Realteil');
```

3. Darstellung der Lösung

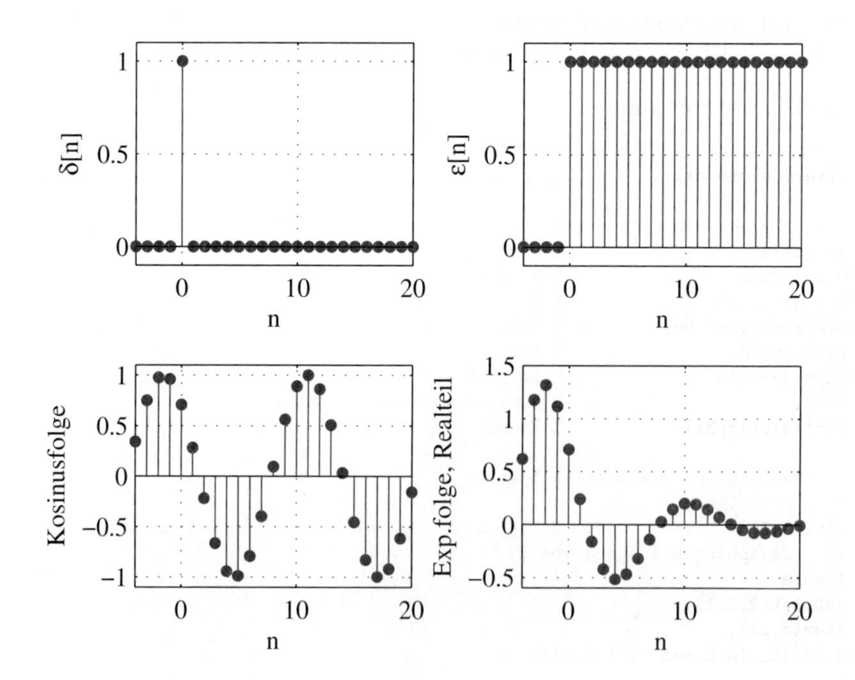

4. Weitere Fragen und Untersuchungen

- Ändern Sie die Werte ς_0 und Ω_0 für die Exponentialfolge, so dass Sie eine anklingende und eine konstante Schwingung erhalten.
- Stellen Sie bei $\varphi = 0$ einmal den Realteil der Exponentialfolge und einmal den Imaginärteil dieser Folge dar.
- Machen Sie sich klar, dass die Kosinusfolge $\cos(\Omega_0\, n) = \cos(2\pi \frac{T_\mathrm{A}}{T_0}\, n)$ nur für rationale Verhältnisse von $\frac{T_\mathrm{A}}{T_0}$ periodisch (siehe Abschnitt 4.2.2) ist, obwohl $\cos(\omega_0 t) = \cos(2\pi \frac{t}{T_0})$ periodisch mit der Periodenlänge T_0 ist.

4.2.2 Spezielle Signalarten

Rechts- und linksseitige Signale

Unter einem *rechtsseitigen* diskreten Signal oder einer rechtsseitigen Folge versteht man ein Signal, welches für $n < n_0$ mit $n_0 < \infty$ identisch null ist.
Bild 4.2 zeigt ein Beispiel für ein rechtsseitiges Signal.

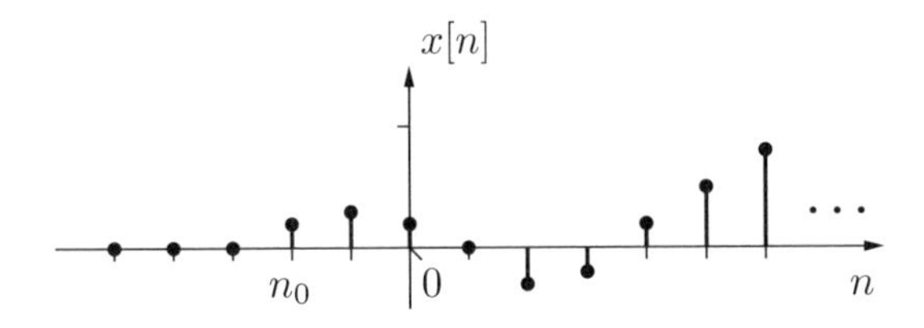

Bild 4.2: Rechtsseitiges Signal

Rechtsseitige Signale können durch Multiplikation der um n_0 verschobenen Sprungfolge mit einem beliebigen Signal gewonnen werden. Sie tragen der Tatsache Rechnung, dass alle in der Praxis vorkommenden Signale irgendwann einmal eingeschaltet werden/wurden.
Linksseitige Signale sind solche Signale, die für $n > n_0$ mit $n_0 > -\infty$ identisch verschwinden.

Finite Signale

Ein diskretes Signal, für das

$$x_N[n] = \begin{cases} \text{endlich} & \text{für } n = 0,1,\ldots,N-1 \\ \text{nicht definiert} & \text{sonst} \end{cases} \tag{4.11}$$

gilt, wird *finites* Signal der Länge N (N diskrete Werte) genannt.

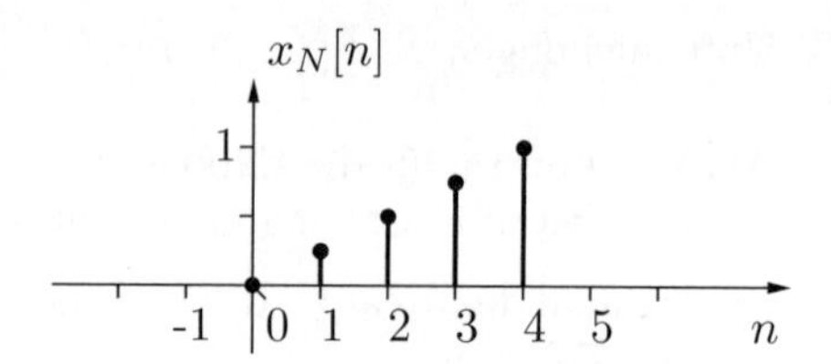

Bild 4.3: Finites Signal

Bild 4.3 zeigt ein Beispiel für ein finites Signal der Länge $N = 5$. Das tiefgestellte N bei der Signalbezeichnung $x_N[n]$ soll auf die endliche Länge N hinweisen. Finite Signale können wegen ihrer endlichen Länge auf einem Digitalrechner verarbeitet werden. Möchte man ein allgemeines diskretes Signal $x[n]$ auf einem Digitalrechner verarbeiten, dann muss man zunächst einen geeigneten, repräsentativen Ausschnitt aus dem Signal gewinnen und diesen als finites Signal $x_N[n]$ auffassen. Dabei ist jedoch zu beachten, dass das damit gewonnene Verarbeitungsergebnis im allgemeinen nicht exakt dem theoretischen Verarbeitungsergebnis von $x[n]$ entspricht (siehe Abschnitt 4.7.6).

Periodische Signale

Unter einem *periodischen* Signal $\tilde{x}_N[n]$ versteht man ein Signal, für welches

$$\tilde{x}_N[n] = \tilde{x}_N[n+N] \qquad \forall\, n \tag{4.12}$$

gilt, wobei N die Periodenlänge des Signals genannt wird.

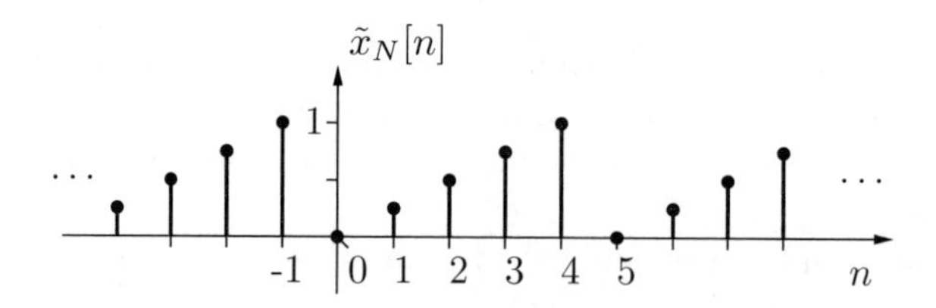

Bild 4.4: Periodisches Signal

In Bild 4.4 ist ein periodisches Signal der Periodenlänge $N = 5$ dargestellt, welches aus dem in Bild 4.3 gezeigten finiten Signal $x_N[n]$ gemäß

$$\tilde{x}_N[n] = x_N[n \bmod N] \qquad -\infty < n < \infty \tag{4.13}$$

gewonnen werden kann.

Fenstersignale

Ein diskretes Signal, für das

$$\breve{x}_N[n] = \begin{cases} \text{endlich} & \text{für } n = 0,1,\ldots,N-1 \\ 0 & \text{sonst.} \end{cases} \quad (4.14)$$

gilt, wird *Fenstersignal* oder *Fensterfolge* genannt. Fenstersignale sind sowohl rechtsseitige als auch linksseitige Signale. Bild 4.5 zeigt ein Beispiel.

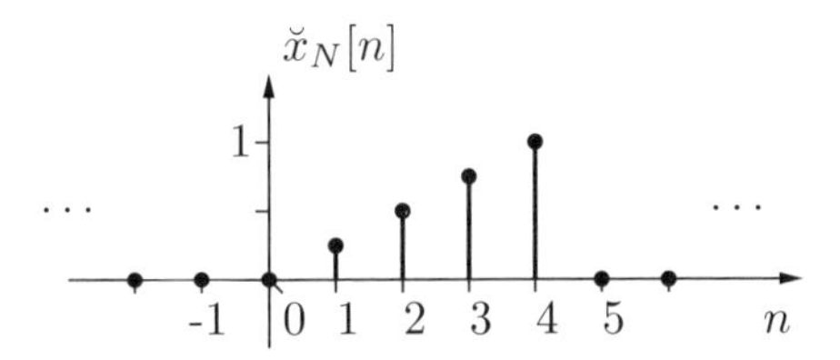

Bild 4.5: Beispiel für ein Fenstersignal

Zu ihrer Mitte symmetrische Fenstersignale werden oft dazu verwendet, durch ihre Multiplikation mit einem beliebigen Signal $x[n]$ aus diesem einen bestimmten Bereich in n „auszuschneiden“. Dieser Vorgang wird auch *Fensterung* genannt. Als Beispiel soll die Fensterung mit dem Rechteckfenster $w_N^{\mathrm{Re}}[n]$ dienen.

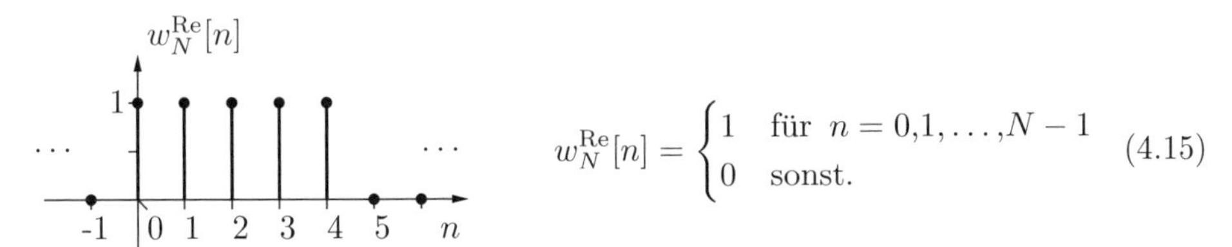

$$w_N^{\mathrm{Re}}[n] = \begin{cases} 1 & \text{für } n = 0,1,\ldots,N-1 \\ 0 & \text{sonst.} \end{cases} \quad (4.15)$$

Multipliziert („fenstert“) man das periodische Signal $\tilde{x}_N[n]$ aus Bild 4.4 mit dem dargestellten Rechteckfenster, so entsteht genau das in Bild 4.5 gezeigte Fenstersignal.

Umwandlung von finiten Signalen und Fenstersignalen

In diesem Kapitel wird oft die formale Umwandlung eines finiten Signals in das „zugehörige“ Fenstersignal und umgekehrt gebraucht. Hierfür sollen die folgenden Definitionen gelten:

1. Umwandlung eines finiten Signals in das „zugehörige“ Fenstersignal

$$x_N[n] \;\mapsto\; \breve{x}_N[n] = \begin{cases} x_N[n] & \text{für } n = 0,1,\ldots,N-1 \\ 0 & \text{sonst.} \end{cases} \quad (4.16)$$

2. Umwandlung eines Fenstersignals in das „zugehörige“ finite Signal

$$\breve{x}_N[n] \quad \mapsto \quad x_N[n] = \begin{cases} \breve{x}_N[n] & \text{für } n = 0,1,\ldots,N-1 \\ \text{nicht definiert} & \text{sonst.} \end{cases} \tag{4.17}$$

4.2.3 Stochastische Signale

Stochastische Signale, auch Zufallssignale genannt, können im Gegensatz zu *determinierten* Signalen nicht durch Gleichungen, sondern nur durch statistische Kenngrößen wie beispielsweise Erwartungswert, Varianz und Autokorrelationsfunktion beschrieben werden. Ihre Augenblickswerte können somit nicht vorhergesagt werden. Beispiele für stochastische Signale sind abgetastete Versionen von Sprach- und Musiksignalen oder von medizinischen Signalen (EKG, EEG, ...).
Zur Ermittlung der statistischen Eigenschaften von stochastischen Signalen können zwei Konzepte verwendet werden, nämlich zum einen das des *Zufallsprozesses* mit *Zufallsvariablen* und zugehörigen Verteilungsfunktionen und zum anderen das Konzept der zeitlichen Mittelung über ein einzelnes stochastisches Signal.

Zufallsvariable und diskreter stochastischer Prozess

Die Gesamtheit aller möglichen Ergebnisse eines Zufallsexperimentes, aus welchem Zufallssignale $x[n]$ hervorgehen, wird Zufallsprozess $X[n]$ genannt. Bei einem Zufallsprozess handelt es sich also um eine Schar diskreter Signale, welche auch Musterfolgen des Prozesses genannt werden. Alle möglichen Amplitudenwerte in dieser Schar, die zum Zeitpunkt $n = n_0$ auftreten können, stellen Probenwerte der Zufallsvariablen $X[n_0]$ dar (Bild 4.6). Damit kann ein Zufallsprozess $X[n]$ auch als Folge von Zufallsvariablen $X[n_i]$ interpretiert werden.
Zur Beschreibung der Amplitudenwerte, welche ein beliebig aus der Schar aller möglichen Zufallssignale des Prozesses herausgegriffenes Zufallssignal $x[n]$ zum Zeitpunkt $n = n_0$ annehmen kann, wird die *Verteilungsfunktion*

$$F_{X[n_0]}(\xi) = \mathrm{P}\{X[n_0] \leq \xi\} \tag{4.18}$$

verwendet. Sie gibt an, wie groß die Wahrscheinlichkeit $\mathrm{P}\{\cdot\}$ dafür ist, dass die Zufallsvariable $X[n_0]$ Werte annimmt, die kleiner als ein bestimmter reeller Wert ξ sind.
Hieraus kann durch Ableitung die *Dichtefunktion*

$$f_{X[n_0]}(\xi) = \frac{\mathrm{d}}{\mathrm{d}\xi} F_{X[n_0]}(\xi) \tag{4.19}$$

gewonnen werden.
Nimmt beispielsweise die Zufallsvariable ausschließlich Werte aus dem Intervall $[a,b]$ an und ist die Auftrittswahrscheinlichkeit für alle Werte innerhalb dieses Intervalls gleich, dann liegt eine sog. Gleichverteilung vor. Die zugehörige Dichte- und Verteilungsfunktion ist in Bild 4.7 dargestellt.

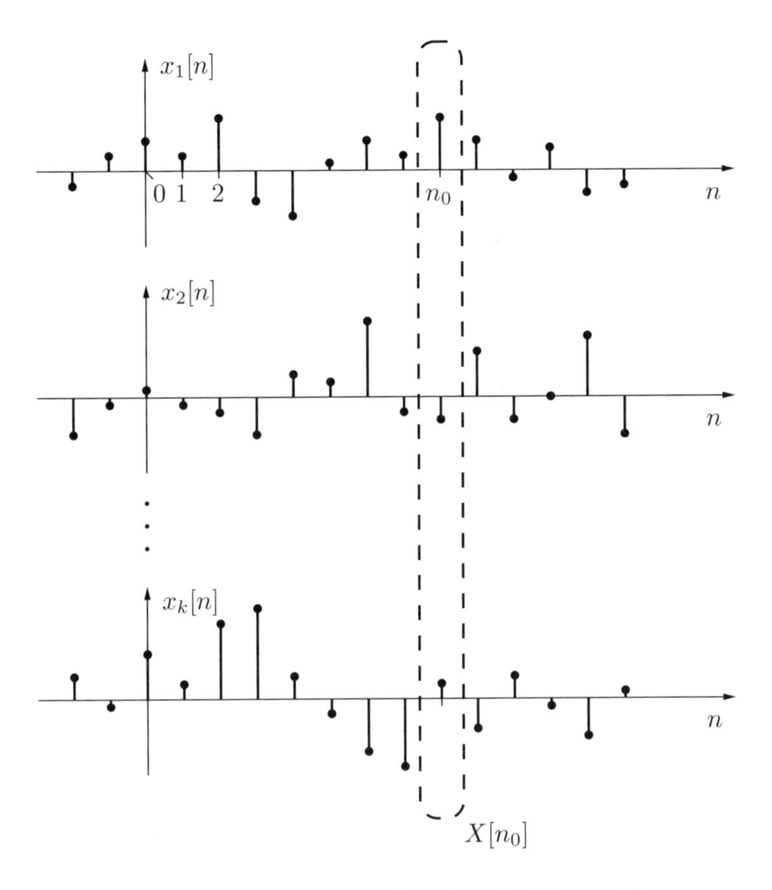

Bild 4.6: Schar diskreter Signale oder Musterfolgen

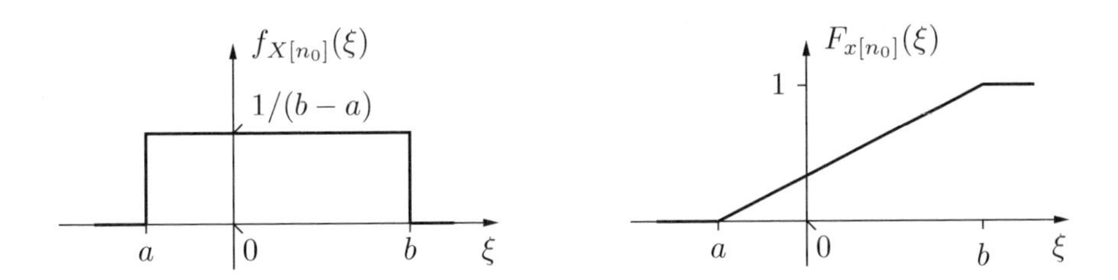

Bild 4.7: Dichte- und Verteilungsfunktion bei Gleichverteilung

Erwartungswert und Varianz

Eine Zufallsvariable X wird vollständig durch ihre Verteilungsfunktion bzw. durch ihre Dichtefunktion beschrieben. Häufig reichen jedoch Kenngrößen aus, welche das durchschnittliche Verhalten eines Zufallsexperiments beschreiben.
Eine dieser Kenngrößen ist der *Erwartungswert* oder lineare Mittelwert μ_X von X. Dessen Definition lautet:

$$\mathrm{E}\{X\} = \int_{-\infty}^{\infty} \xi \, f_X(\xi) \, \mathrm{d}\xi = \mu_X \,. \tag{4.20}$$

Für einen Zufallsprozess $X[n]$ ergibt sich demnach i. a. eine Mittelwertfolge

$$\mu_X[n] = \mathrm{E}\{X[n]\} = \int_{-\infty}^{\infty} \xi \, f_{X[n]}(\xi) \, \mathrm{d}\xi \,, \tag{4.21}$$

d. h. der Mittelwert des Prozesses hängt vom Zeitpunkt n ab.

Die *Varianz* ist eine weitere wichtige Kenngröße eines Zufallsprozesses; sie ist definiert als:

$$\begin{aligned} \sigma_X^2[n] = \mathrm{Var}\{X[n]\} &= \int_{-\infty}^{\infty} (\xi - \mu_X)^2 \, f_X(\xi) \, \mathrm{d}\xi \\ &= \mathrm{E}\{|X[n] - \mu_X[n]|^2\} = \mathrm{E}\{X^2[n]\} - \big(\mathrm{E}\{X[n]\}\big)^2 \,. \end{aligned} \tag{4.22}$$

Offensichtlich ist die Varianz der Erwartungswert des Zufallsprozesses $|X[n] - \mu_X[n]|^2$, also desjenigen Prozesses, der die quadratische Abweichung des Prozesses $X[n]$ von seinem Mittelwert $\mu_X[n]$ beschreibt.
Die Wurzel aus der Varianz heißt *Standardabweichung* $\sigma_X[n]$.

Kreuz- und Autokorrelationsfolge

Soll die Beziehung zwischen zwei Zufallsvariablen betrachtet werden, dann ist die *gemeinsame Verteilungsfunktion* nach Gleichung (4.23) sinnvoll.

$$F_{XY}(\xi,\upsilon) = \mathrm{P}\{X \le \xi, Y \le \upsilon\} \tag{4.23}$$

Daraus kann durch partielle Ableitung nach ξ und υ die *gemeinsame Dichtefunktion* gewonnen werden:

$$f_{XY}(\xi,\upsilon) = \frac{\partial^2}{\partial\xi \, \partial\upsilon} F_{XY}(\xi,\upsilon) \,. \tag{4.24}$$

Gilt für die gemeinsame Dichtefunktion

$$f_{XY}(\xi,\upsilon) = f_X(\xi) \cdot f_Y(\upsilon) \,, \tag{4.25}$$

dann heißen die Zufallsvariablen X und Y *statistisch unabhängig.*
Mit Hilfe der gemeinsamen Dichtefunktion lässt sich nun der gemeinsame Erwartungswert zweier Zufallsvariablen X und Y ermitteln. Er wird *Korrelation* $\mathrm{r}_{X,Y}$ genannt und ist wie folgt definiert:

$$\mathrm{r}_{XY} = \mathrm{E}\{X^*Y\} = \int_{-\infty}^{\infty}\int_{-\infty}^{\infty} \xi^* \, \upsilon \, f_{XY}(\xi,\upsilon) \, \mathrm{d}\xi \, \mathrm{d}\upsilon \,. \tag{4.26}$$

Die zwei Zufallsvariablen heißen *unkorreliert*, wenn der gemeinsame Erwartungswert gemäß Gleichung (4.27) separierbar ist.

$$\mathrm{r}_{XY} = \mathrm{E}\{X^*Y\} = \mathrm{E}\{X^*\}\mathrm{E}\{Y\} = \mu_X^* \mu_Y \tag{4.27}$$

Die Unkorreliertheit stellt eine Art „Unabhängigkeit im Mittel“ dar; somit ist die Unabhängigkeit zweier Zufallsvariablen eine hinreichende Bedingung für ihre Unkorreliertheit.
Werden zwei i. a. komplexwertige Zufallsprozesse betrachtet, so können diese, wie bereits erwähnt, als Folgen von Zufallsvariablen $X[k]$ und $Y[l]$ aufgefasst werden. Damit kann die *Kreuzkorrelationsfolge* definiert werden als

$$\mathrm{r}_{XY}[k,l] = \mathrm{E}\{X^*[k] \cdot Y[l]\} \,. \tag{4.28}$$

Ferner kann für $Y[l] = X[l]$ die *Autokorrelationsfolge*

$$\mathrm{r}_{XX}[k,l] = \mathrm{E}\{X^*[k] \cdot X[l]\} \,. \tag{4.29}$$

berechnet werden.
Für stationäre Prozesse $X[n]$, also grob gesagt für solche Prozesse, deren statistische Eigenschaften sich nicht mit dem Zeitpunkt n ändern, hängt die Autokorrelationsfolge nur von der Differenz der Zeitpunkte k und l aus Gleichung (4.29) ab. Es gilt also:

$$\mathrm{r}_{XX}[n] = \mathrm{E}\{X^*[k] \cdot X[n+k]\} \,. \tag{4.30}$$

In der Praxis liegt oft keine ausreichend große Zahl an Musterfolgen eines Zufallsprozesses vor, sondern nur eine geringe Anzahl an gemessenen Musterfolgen. Außerdem ist die Dichtefunktion oft nicht bekannt. Daher ist die Berechnung der Erwartungswerte als Scharmittel oder mit Hilfe der Definitionsgleichung oft nicht möglich. Bei stationären Prozessen wird deshalb von der Hypothese der *Ergodizität* [Hän01] ausgegangen, d. h. es wird davon ausgegangen, dass alle statistischen Eigenschaften der Schar mit denen einer beliebigen Musterfunktion aus der Schar übereinstimmen. Dann kann der Erwartungswert über die Schar durch den *zeitlichen Mittelwert* einer einzelnen Musterfunktion ersetzt werden.

Zeitliche Mittelung

Der zeitliche Mittelwert der i-ten Musterfolge $x[n] = x_i[n]$ ist

$$\mu_X = \lim_{N\to\infty} \frac{1}{2N{+}1} \sum_{n=-N}^{N} x[n]\,, \tag{4.31}$$

die Varianz ist

$$\sigma_X^2 = \lim_{N\to\infty} \frac{1}{2N{+}1} \sum_{n=-N}^{N} |x[n] - \mu_X|^2 \tag{4.32}$$

und die zugehörige Autokorrelationsfolge lautet:

$$\mathrm{r}_{XX}[n] = \lim_{N\to\infty} \frac{1}{2N{+}1} \sum_{k=-N}^{N} x^*[k]\, x[n+k]\,. \tag{4.33}$$

Da bei einer tatsächlichen Messung der Zufallsprozess nur in einem endlich langen Zeitintervall $n = 0,1,\ldots,N-1$ beobachtet werden kann, wird der wahre Mittelwert μ_X oft durch den *Schätzwert*

$$\hat{\mu}_X = \frac{1}{N} \sum_{n=0}^{N-1} x[n] \tag{4.34}$$

ersetzt. Dieser kann in MATLAB durch den Befehl `mean(x)` aus dem Vektor `x` der Folgenwerte berechnet werden. Ganz entsprechend kann man auch die Schätzungen für die Varianz (MATLAB-Befehl: `var(x)`) und die Autokorrelationsfolge (MATLAB-Befehl: `xcorr(x,'biased')`) ermitteln.
Im Zusammenhang mit Schätzungen von stochastischen Eigenschaften von Zufallsprozessen werden die Begriffe *Erwartungstreue*, *Wirksamkeit* und *Konsistenz* definiert und gebraucht. Diesbezüglich sei auf den Abschnitt 6.7 verwiesen.

MATLAB-Projekt 4.B Finite stochastische Signale

1. Aufgabenstellung

   Es soll ein endlich langes (finites) diskretes stochastisches Signal als Näherung für eine Musterfolge eines stochastischen Prozesses erzeugt und untersucht werden. Dazu sollen der Mittelwert und die Varianz des Signals berechnet und sein zeitlicher Verlauf sowie die zugehörige Autokorrelationsfolge und Amplitudenverteilung dargestellt werden.

2. Lösungshinweise

   MATLAB bietet die Befehle `rand` und `randn` zur Erzeugung von pseudogleichverteilten bzw. pseudo-normalverteilten Zahlen. Mit den Befehlen

```
x = sqrt(12)*sigma*(rand(1,N)-0.5) + mu;  % Gleichverteilung
x = sigma*randn(1,N) + mu;                % Normalverteilung
```

können `N` Werte lange Musterfolgen von Pseudo-Zufallsprozessen mit vorgegebenem Mittelwert `mu` und vorgegebener Standardabweichung `sigma` generiert werden. `mean`, `var` und `xcorr` dienen dazu, die tatsächlichen Kenngrößen Mittelwert, Varianz und Autokorrelationsfolge aus der aktuell generierten Musterfolge `x` zu ermitteln. Dabei werden die folgenden Formeln verwendet:

$$\hat{\mu}_X = \frac{1}{N}\sum_{n=0}^{N-1} x_N[n], \qquad \hat{\sigma}_X^2 = \frac{1}{N}\sum_{n=0}^{N-1} |x_N[n] - \mu_X|^2$$

und (bei Verwendung der `xcorr`-Option `'biased'`)

$$\hat{\mathrm{r}}_{XX}[n] = \begin{cases} \frac{1}{N}\sum\limits_{k=0}^{N-1-n} x^*[k]\,x[n+k] & \text{für } n = 0,1,\ldots,N-1 \\ \hat{\mathrm{r}}_{XX}^*[|n|] & \text{für } n = -(N-1),\ldots,-1\,. \end{cases}$$

Die Amplitudenverteilung der `N` Werte der generierten Musterfolge `x` kann mit dem MATLAB-Befehl `hist` erstellt und mit `bar` dargestellt werden. Wenn vor der Darstellung noch eine Normierung auf `N` und auf die Breite der Amplitudenklassen (Säulen) im Histogramm vorgenommen wird, kann eine Schätzung für die Wahrscheinlichkeitsdichtefunktion $f_X(\xi)$ gewonnen werden.

3. MATLAB-Programm

```
% Finite stochastische Signale
clear; close all;

% Festlegung von Parametern
N=10000;                    % Länge des stochastischen Signals
MU=0;                       % Vorgegebener Mittelwert des stochastischen Signals
SIGMA=2;                    % Vorgegebene Standardabweichung
K=20;                       % Anzahl der Klassen (Säulen) im Histogramm

% Signalerzeugung
x=SIGMA*randn(1,N)+MU;      % Diskretes stochastisches Signal erzeugen

% Berechnung der gesuchten statistischen Kenngrößen
mu_x = mean(x);                  % Mittelwert von x
var_x = var(x);                  % Varianz von x
r_xx = xcorr(x,'biased');        % Autokorrelationsfolge von x
[verteilung,alpha] = hist(x,K);  % Amplitudenverteilung von x
b = (alpha(K)-alpha(1))/(K-1);   % Säulenbreite
f = verteilung/(N*b);            % Schätzung der Wahrscheinlichkeitsdichte

% Formatierte Ausgabe von mu_X und var_X
disp(['Mittelwert          = ' num2str(mu_x)]);
disp(['Varianz             = ' num2str(var_x)]);

% Darstellung eines Ausschnitts des Signals x
subplot(2,1,1)
n=0:99;
stem(n,x(1:100));
```

```
xlabel('n'), ylabel('x_N[n]');

% Darstellung eines Ausschnitts der AKF des Signals x
subplot(2,2,3)
n=-99:99;
stem(n,r_xx(N-99:N+99));
xlabel('n'), ylabel('r_X_X[n]');

% Darstellung der Schätzung der Wahrscheinlichkeitsdichte
subplot(2,2,4)
bar(alpha,f);
xlabel('\xi'), ylabel('f_X[\xi]');
```

4. Darstellung der Lösung

```
Mittelwert      = 0.013271
Varianz         = 4.0291
```

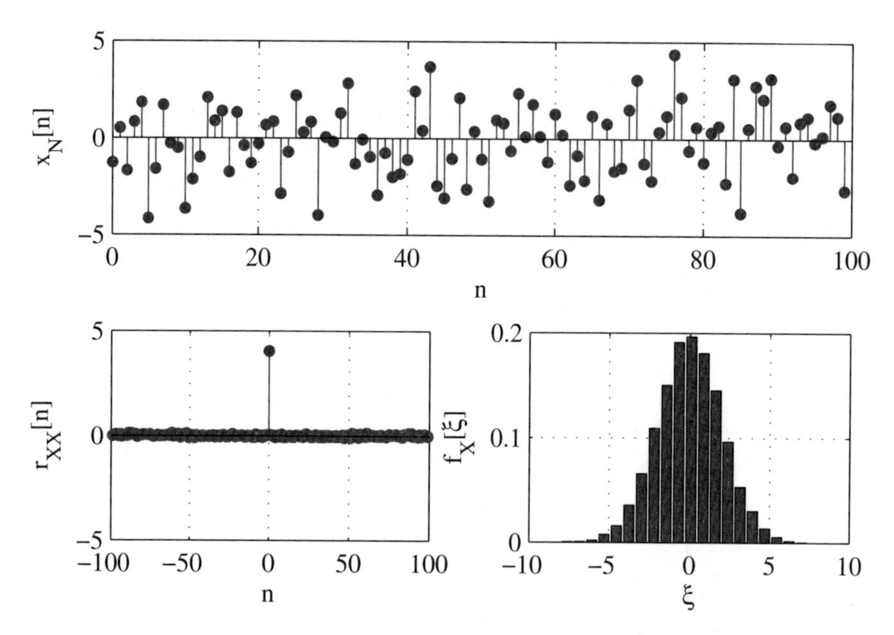

5. Weitere Fragen und Untersuchungen

- Wiederholen Sie den Programmdurchlauf mehrmals mit gleichen Parametern und vergleichen Sie die Ergebnisse.
- Variieren Sie die Länge N (100000, 10000, 1000, 100) und bewerten Sie die Ergebnisse.
- Variieren Sie die Zahl K der Klassen (5, 10, 20, 50, 100, 200) im Histogramm.
- Variieren Sie den Mittelwert (0, 1, 3) und die Standardabweichung (1, 2, 3) und interpretieren Sie die Ergebnisse.

- Erzeugen Sie ein Signal **x** mit gleichverteilten Werten und wiederholen Sie die bisherigen Untersuchungen.

4.3 Signalleistung und Signalenergie

Als *Signalleistung* eines zeitdiskreten Signals $x[n]$ bezeichnet man den Ausdruck $|x[n]|^2$. Dies ist ein Wert, der zu jedem Zeitpunkt $n = n_0$ ausgerechnet werden kann. Sollen unterschiedliche Signale mittels einer charakteristischen Größe verglichen werden, so eignen sich jedoch weitaus besser die *mittlere Signalleistung*

$$\mathcal{P}_x = \lim_{N\to\infty} \frac{1}{2N+1} \sum_{n=-N}^{N} |x[n]|^2 \tag{4.35}$$

sowie die *Signalenergie*

$$\mathcal{E}_x = \sum_{n=-\infty}^{\infty} |x[n]|^2 \tag{4.36}$$

des zeitdiskreten Signals $x[n]$.

Auf der Grundlage dieser Größen werden Signale, für die

$$\mathcal{E}_x < M < \infty \tag{4.37}$$

gilt, als diskrete *Energiesignale* und Signale, für die

$$0 < \mathcal{P}_x < M < \infty \tag{4.38}$$

gilt, als diskrete *Leistungssignale* bezeichnet.

Somit gehören beispielsweise periodische Signale und Zufallssignale zur Klasse der Leistungssignale, während Fenstersignale den Energiesignalen zuzuordnen sind.

Signalleistung und Signalenergie für finite Signale

Da finite Signale gemäß Gleichung (4.11) über einem endlich langen Intervall von n definiert sind, ist zur Berechnung ihrer Signalenergie auch nur ein endliches Summationsintervall sinnvoll, d. h. man definiert:

$$\mathcal{E}_{x_N} = \sum_{n=0}^{N-1} |x_N[n]|^2 \,. \tag{4.39}$$

Die mittlere Signalleistung ergibt sich daraus zu

$$\mathcal{P}_{x_N} = \frac{1}{N} \cdot \mathcal{E}_{x_N} \,. \tag{4.40}$$

Für die finiten Signale kann also eine endliche Signalenergie und eine endliche Signalleistung ermittelt werden und deshalb sind sie formal gleichzeitig den Leistungs- sowie den Energiesignalen zuzurechnen.

4.4 Faltung von Signalen

4.4.1 Lineare Faltung und Korrelation

Die *lineare Faltung* zweier diskreter Signale $x_1[n]$ und $x_2[n]$ ist definiert als die Summe

$$y[n] = x_1[n] * x_2[n] = \sum_{k=-\infty}^{\infty} x_1[k]\, x_2[n-k] \quad ; \quad n = -\infty \ldots \infty\,. \tag{4.41}$$

Sie kann gemäß Bild 4.8 folgendermaßen graphisch veranschaulicht werden: Die zu faltenden Folgen $x_1[n]$ und $x_2[n]$ werden entsprechend der Faltungssumme in Gleichung (4.41) als $x_1[k]$ und zunächst $x_2[n-k]\big|_{n=0}$ gemeinsam über k dargestellt. Nun wird die Produktfolge dieser beiden Folgen berechnet und anschließend die Summe über deren Folgenwerte gebildet. Das Ergebnis ist $y[n]\big|_{n=0}$. Diese Vorgehensweise wird nun für alle weiteren Werte von n (in einem sinnvollen Rahmen) fortgesetzt, was einer schrittweisen Verschiebung von $x_2[-k]$ über $x_1[k]$ hinweg entspricht. Für jeden eingesetzten Wert $n = n_0$ ergibt sich *ein* Wert $y[n_0]$ der Ergebnisfolge als Summe über die Folgenwerte der Produktfolge $x_1[k] \cdot x_2[n_0 - k]$.
Die Faltungsoperation ist wie im Fall der kontinuierlichen Signale kommutativ, d. h. es gilt

$$y[n] = x_1[n] * x_2[n] = x_2[n] * x_1[n]\,, \tag{4.42}$$

was sich leicht durch die Substitution $n - k \rightarrow m$ in Gleichung (4.41) zeigen lässt. Wie in Kapitel 5 gezeigt wird, spielt die Faltungsoperation eine zentrale Rolle bei der Bestimmung der Antwort eines linearen Systems auf ein vorgegebenes Eingangssignal. In diesem Zusammenhang werden weitere graphische Deutungen der Faltungssumme einander gegenübergestellt.

Die *Energiekorrelationsfolge* eines determinierten Energiesignals ist ganz ähnlich wie die Autokorrelationsfolge eines Zufallssignals in Gleichung (4.33) definiert als:

$$\mathrm{r}_{xx}^{\mathrm{E}}[n] = \sum_{k=-\infty}^{\infty} x^*[k]\, x[n+k] \quad ; \quad n = -\infty \ldots \infty\,. \tag{4.43}$$

Sie kann gemäß

$$\begin{aligned} \mathrm{r}_{xx}^{\mathrm{E}}[n] &= \sum_{k=-\infty}^{\infty} x^*[k]\, x[n+k] = \sum_{m=-\infty}^{\infty} x^*[m-n]\, x[m] = \sum_{m=-\infty}^{\infty} x^*[-(n-m)]\, x[m] \\ &= x^*[-n] * x[n] \end{aligned} \tag{4.44}$$

auch als Faltung dargestellt werden.

Zu faltende Folgen:

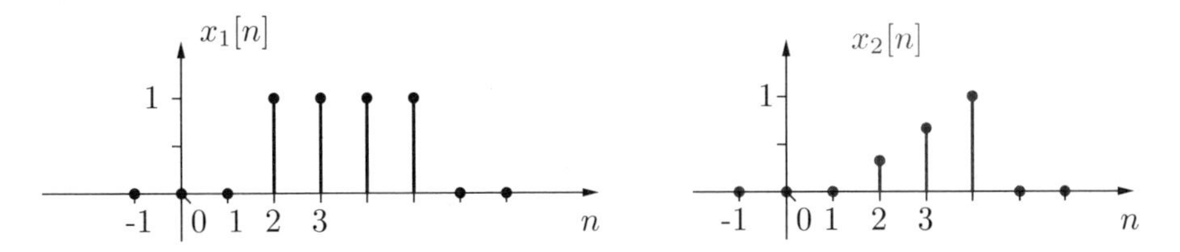

$x_2[n-k]$ beispielhaft für $n = \{0, 4, 9\}$ sowie $x_1[k]$:

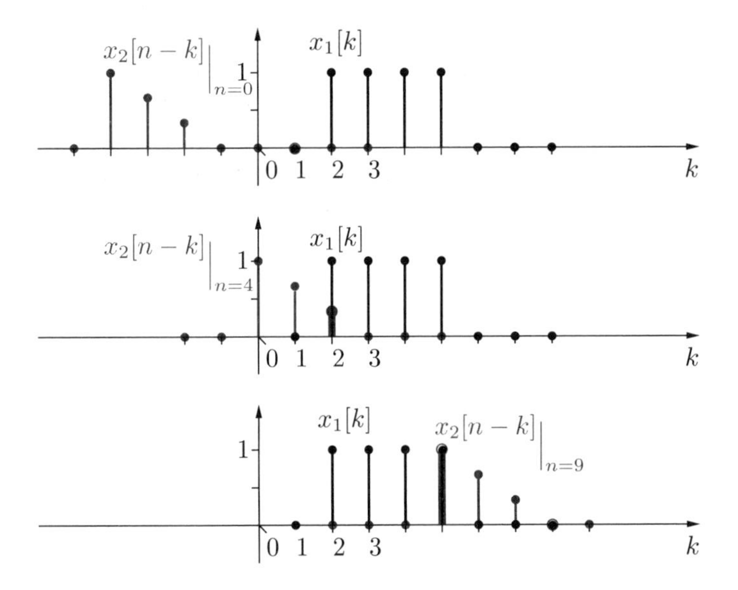

Ergebnis $y[n]$ der graphischen Faltung:

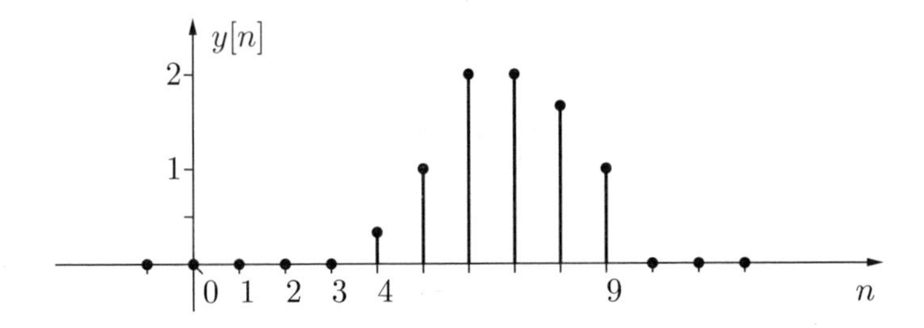

Bild 4.8: Graphische Darstellung der linearen Faltung

Lineare Faltung von finiten Signalen

Werden zwei finite Signale $x_{N_1,1}[n]$ und $x_{N_2,2}[n]$ mit den Längen N_1 und N_2 gemäß Gleichung (4.16) in die Fenstersignale $\breve{x}_{N,1}[n]$ und $\breve{x}_{N,2}[n]$ umgewandelt und werden diese miteinander linear gefaltet, dann ergibt sich im Bereich $0 \leq n \leq (N_1 + N_2 - 2)$ des Faltungsergebnisses wieder ein finites Signal $y_N[n]$ und zwar mit der Länge $N = N_1 + N_2 - 1$. In MATLAB kann die lineare Faltung zweier finiter Signale mit dem Befehl `y=conv(x1,x2)` berechnet werden (vgl. MATLAB-Projekt 4.C).

MATLAB-Projekt 4.C Faltung diskreter Signale

1. Aufgabenstellung und Lösungshinweis

   Es sollen ein endlich langes, exponentiell abfallendes Signal `x1` und ein Rechtecksignal `x2` erzeugt werden. Die Länge beider Signale soll variabel gehalten werden. Es ist zunächst das Faltungsprodukt `x1*x2` zu berechnen und darzustellen. Zum Vergleich ist das Faltungsprodukt `x2*x1` zu berechnen. Ferner soll die Länge des Faltungsproduktes ermittelt werden.

   Die Faltung wird mit dem Befehl `conv(x1,x2)` berechnet. Die Länge eines Signals x kann mit dem Befehl `length(x)` ermittelt werden.

2. MATLAB-Programm

```
% Faltung diskreter Signale
clear; close all;

% Festlegung von Parametern
N1=20;                  % Länge des Signals x1
N2=5;                   % Länge des Signals x2
n1=0:N1-1;              % Folgenindizes für x1
n2=0:N2-1;              % Folgenindizes für x2

% Erzeugung beider Signale
x1=0.9.^n1;             % Signal x1: Exponentialfolge
x2=ones(1,N2);          % Signal x2: Konstante Folge

% Faltungsoperationen
y1=conv(x1,x2);         % Faltung x1*x2
y2=conv(x2,x1);         % Faltung x2*x1 (umgekehrte Reihenfolge)
N3=length(y1);          % Länge des Faltungsprodukts

% Ausgabe auf Befehlszeile
disp(['Länge des Signals x1  = ' sprintf('%3d',N1)]);
disp(['Länge des Signals x2  = ' sprintf('%3d',N2)]);
disp(['Länge des Faltungsprodukts = ' sprintf('%3d',N3)]);
```

3. Darstellung der Lösung

```
Länge des Signals x1  =  20
Länge des Signals x2  =   5
Länge des Faltungsproduktes =  24
```

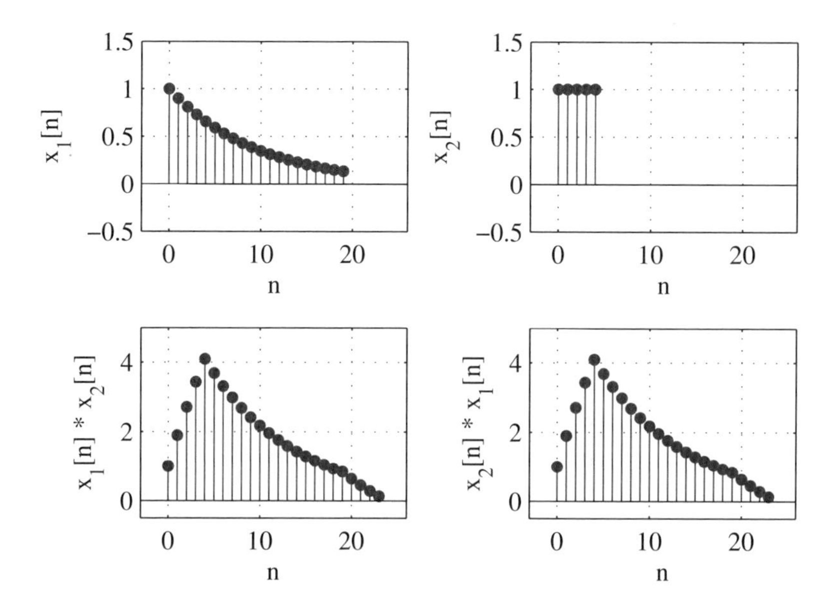

4. Weitere Fragen und Untersuchungen

- Geben Sie eine geometrische Deutung des Faltungsproduktes `x1*x2` an.
- Geben Sie eine entsprechende Deutung von `x2*x1` an. Warum sind beide Ergebnisse exakt gleich?
- Wie kann erreicht werden, dass in der Darstellung vor und nach den Signalen Nullen erscheinen?
- Wie hängt die Länge des Faltungsproduktes von den Längen der beiden Signale `x1` und `x2` ab?
- Wiederholen Sie die Untersuchungen mit zwei Rechtecksignalen. Welches spezielle Signal stellt das Faltungsprodukt dar, wenn beide Rechtecksignale gleich lang sind?

4.4.2 Zyklische Faltung

Im Gegensatz zur linearen Faltung werden bei der *zyklischen Faltung* zwei finite Signale mit der gleichen Länge N zu einem Ergebnissignal von *ebenfalls* der Länge N verknüpft. Die zyklischen Faltung ist definiert als die Summe

$$\begin{aligned} y_N[n] &= x_{N,1}[n] \overset{N}{\circledast} x_{N,2}[n] \\ &= \sum_{k=0}^{N-1} x_{N,1}[k]\, x_{N,2}[(n-k) \bmod N] \quad ; \quad n = 0,1,\ldots,N-1 \,. \end{aligned} \tag{4.45}$$

Sie wird in erster Linie zur schnellen Berechnung der linearen Faltung von finiten Signalen benutzt, beispielsweise auf einem digitalen Signalprozessor. Dazu bedient man sich des Faltungstheorems der DFT (vgl. Abschnitt 4.7.3) und des FFT-Algorithmus aus Abschnitt 4.7.7. Da bei der linearen Faltung zweier finiter Signale die drei beteiligten Signale $x_{N_1,1}[n]$, $x_{N_2,2}[n]$ und $y_{(N_1+N_2-1)}[n]$ unterschiedliche Längen besitzen, muss die einheitliche Signallänge N der zyklischen Faltung zu $N \geq N_1 + N_2 - 1$ gewählt werden. Andernfalls treten bei der Berechnung der zyklischen Faltung aufgrund ihrer Modulooperation Überlappungseffekte auf und das Ergebnis stimmt i. a. nicht mehr mit dem der linearen Faltung überein. Die zunächst kürzeren Signale $x_{N_1,1}[n]$ und $x_{N_2,2}[n]$ werden vor der Anwendung der zyklischen Faltung durch Anfügen von äquidistanten Nullwerten auf die gemeinsame Länge N erweitert.

MATLAB-Projekt 4.D Zyklische Faltung

1. Aufgabenstellung

   In MATLAB gibt es zwar die Funktion `y=conv(x1,x2)` für die lineare Faltung finiter Signale, aber keine Funktion für die zyklische Faltung. Sie soll in diesem Projekt erstellt werden. Dazu sollen zwei verschiedene Möglichkeiten zur Berechnung der zyklischen Faltung untersucht werden:

   (a) Direkte Programmierung der Definitionsgleichung mit `for`-Schleifen.

   (b) Verdopplung der Länge von x_1 oder x_2 durch Wiederholung seiner Elemente als Ersatz für die periodische Fortsetzung und anschließende lineare Faltung durch Verwendung von `conv(·)` sowie Wahl der zweiten N Elemente des Ergebnisses der linearen Faltung als Ergebnis der zyklischen Faltung.

2. Hinweis: Eine dritte Möglichkeit zur Berechnung der zyklischen Faltung wird im MATLAB-Projekt 4.P im Abschnitt 4.7.7 untersucht.

3. MATLAB-Programm

```
function c = cycconv(a,b)
%CYCCONV Cyclic or circular convolution.
%   C = CYCCONV(A, B) convolves vectors A and B, both having
%   the same length N. The resulting vector has also length N.
%
%   See also the MATLAB-function CONV for linear convolution.

na = length(a);
nb = length(b);

if na ~= prod(size(a)) | nb ~= prod(size(b))
  error('A and B must be vectors.');
end

if size(a) ~= size(b)
```

```
   error('Vector dimensions must agree.');
end

% Cyclic convolution via Definition
N=na;              % length of A and B
sa=size(a);
if sa(1)==1        % row vector
   c = zeros(1,N);
else               % column vector
   c = zeros(N,1);
end
for n = 0:(N-1)
   for k = 0:(N-1)
      c(n+1) = c(n+1) + (a(k+1)*b(mod(n-k,N)+1));
   end
end
```

Hinweis: Die Kommentarzeilen, die unmittelbar nach der Deklaration der Funktion, hier: `function c = cycconv(a,b)`, folgen, werden bei Aufruf von `help <Funktionsname>`, hier `help cycconv`, in MATLAB als „Hilfetext" ausgegeben. In Anlehnung an die bereits vorhandene Funktion `y=conv(x1,x2)` wurde dieser „Hilfetext" auf Englisch geschrieben. Ebenfalls in Anlehnung an den MATLAB-Standard wurden die Fehlermeldungen, z. B. in `error('A and B must be vectors.');` auf Englisch geschrieben.

Eine zweite Möglichkeit zur Berechnung der zyklischen Faltung ist:

```
% Cyclic convolution via periodic continuation and linear convolution
sa=size(a);
if sa(1)==1        % row vector
   aa=[a,a];
else               % column vector
   aa=[a;a];
end
cc=conv(aa,b);
c=cc(N+1:2*N);     % select the right section of cc
```

4. Weitere Fragen und Untersuchungen

   - Wie muss N gewählt werden, damit die lineare Faltung mit Hilfe der zyklischen Faltung berechnet werden kann?

4.5 Signalbeschreibung mit der zeitdiskreten Fourier-Transformation

Wie kontinuierliche Signale können auch diskrete Signale mit Hilfe der (auf diskrete Signale angepassten) Fourier-Transformation im Frequenzbereich dargestellt werden. Um die Fourier-Transformation für (zeit-)diskrete Signale gegen diejenige für (zeit-)kontinuierliche Signale - siehe Abschnitt 1.4 - abgrenzen zu können, wird sie auch *zeitdiskrete Fourier-Transformation* genannt. Dieser Begriff darf jedoch nicht mit dem der *diskreten Fourier-Transformation (DFT)* - siehe Abschnitt 4.7 - verwechselt werden.

4.5.1 Definition der zeitdiskreten Fourier-Transformation

Die Definitionsgleichung der zeitdiskreten Fourier-Transformation kann gewonnen werden, indem zunächst die Fourier-Transformation für kontinuierliche Signale aus Gleichung (1.30) auf ein mit der Dirac-Impulsreihe $d_{T_\mathrm{A}}(t) = \sum_{n=-\infty}^{\infty} \delta(t - nT_\mathrm{A})$ multipliziertes kontinuierliches Signal, also auf

$$x_{\mathrm{A},\delta}(t) = x_\mathrm{a}(t) \cdot d_{T_\mathrm{A}}(t) = \sum_{n=-\infty}^{\infty} x_\mathrm{a}(nT_\mathrm{A})\, \delta(t - nT_\mathrm{A}) \tag{4.46}$$

angewandt wird[1]. Dies liefert:

$$x_{\mathrm{A},\delta}(t) \circ\!\!-\!\!\bullet\; X_{\mathrm{A},\delta}(\mathrm{j}\,\omega) = \sum_{n=-\infty}^{\infty} x_\mathrm{a}(nT_\mathrm{A})\, \mathrm{e}^{-\mathrm{j}\,\omega n T_\mathrm{A}} \,. \tag{4.47}$$

Die Fourier-Transformierte $X_{\mathrm{A},\delta}(\mathrm{j}\,\omega)$ wird nun als eine Funktion von $\mathrm{e}^{\mathrm{j}\,\omega T_\mathrm{A}}$ geschrieben und mit $x[n] = x_\mathrm{a}(nT_\mathrm{A})$ aus Gleichung (4.1) als Fourier-Transformierte (Fourier-Spektrum) des diskreten Signals $x[n]$ aufgefasst. Es ergibt sich also

$$X(\mathrm{e}^{\mathrm{j}\,\omega T_\mathrm{A}}) = \sum_{n=-\infty}^{\infty} x[n]\, \mathrm{e}^{-\mathrm{j}\,\omega n T_\mathrm{A}} \,. \tag{4.48}$$

Man beachte, dass die Fourier-Transformierte eines *diskreten* Signals die gleiche Einheit (z. B. Volt) besitzt wie das diskrete Signal selbst. Demgegenüber hat, wie aus Abschnitt 1.4 bekannt, die Fourier-Transformierte eines *kontinuierlichen* Signals eine um den Faktor „Sekunde" veränderte Einheit (z. B. Volt · Sekunde) bezogen auf das kontinuierliche Signal.
Unter Verwendung der normierten Kreisfrequenz nach Gleichung (4.8) lautet die Fourier-Transformation für zeitdiskrete Signale:

$$X(\mathrm{e}^{\mathrm{j}\,\Omega}) = \sum_{n=-\infty}^{\infty} x[n]\, \mathrm{e}^{-\mathrm{j}\,n\Omega} \tag{4.49}$$

$$x[n] = \frac{1}{2\pi} \int_{-\pi}^{\pi} X(\mathrm{e}^{\mathrm{j}\,\Omega})\, \mathrm{e}^{\mathrm{j}\,n\Omega}\, \mathrm{d}\Omega \,. \tag{4.50}$$

Gleichung (4.50) stellt hierbei die inverse Fourier-Transformation für zeitdiskrete Signale dar; dies kann z. B. dadurch gezeigt werden, dass man Gleichung (4.49) in die Gleichung (4.50) einsetzt [OS99].

[1] Das Signal $x_{\mathrm{A},\delta}(t)$ wird „ideal abgetastet" genannt (vgl. Kapitel 6).

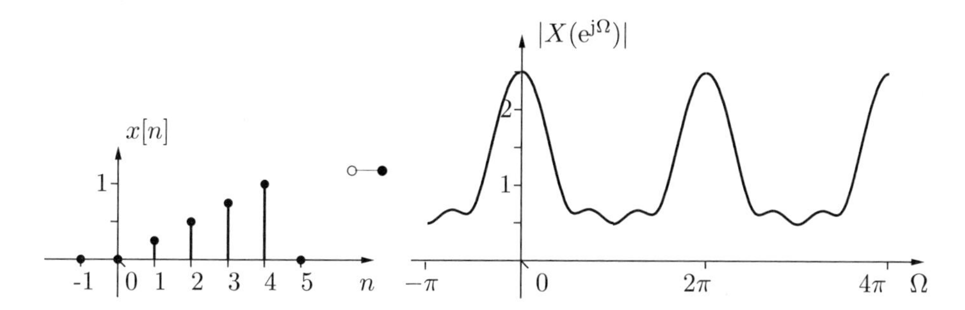

Bild 4.9: Beispiel für eine zeitdiskrete Fourier-Transformation

MATLAB-Projekt 4.E Zeitdiskrete Fourier-Transformation

1. Aufgabenstellung

   Es soll eine MATLAB-Funktion zur Berechnung der zeitdiskreten Fourier-Transformierten von zeitdiskreten und evtl. um m verschobenen Fenstersignalen $\breve{x}_N[n-m]$ (vgl. Gleichung (4.14)) erstellt werden. Die Funktion soll die zeitdiskrete Fourier-Transformierte an $K = 1000$ äquidistanten Frequenzstützwerten Ω_k im Intervall $\Omega = [-\pi,\pi)$ ermitteln.

2. Lösungsweg

   Die zeitdiskrete Fourier-Transformierte eines allgemeinen diskreten Signals wird durch Gleichung (4.49) ermittelt. Einer Berechnung durch MATLAB stehen die *unendliche* Summe über n und die Tatsache, dass eine *kontinuierliche* Funktion in Ω benötigt wird, im Wege. Für Fenstersignale genügt jedoch eine Summe mit endlich vielen Summanden und wenn diese Summe nur an endlich vielen Frequenzstützpunkten innerhalb einer Periode der zeitdiskreten Fourier-Transformierten ausgewertet werden soll, dann kann MATLAB eingesetzt werden. Eine quasi-kontinuierliche Darstellung der berechneten Periode der Fourier-Transformierten erfolgt mit Hilfe des Befehls `plot`, der zwischen den an den Frequenzstützpunkten berechneten Werten interpoliert.

   Die in MATLAB zu programmierende Formel lautet also:

   $$X(\mathrm{e}^{\,\mathrm{j}\,\Omega_k}) = \sum_{n=m}^{N+m-1} \breve{x}_N[n-m]\,\mathrm{e}^{\,-\mathrm{j}\,n\Omega_k}\,, \qquad \Omega_k = \{-\pi,\ldots,\pi^-\}\,.$$

   Sie kann in MATLAB mit zwei `for`-Schleifen realisiert werden oder etwas eleganter mit Hilfe eines Vektor-Matrixproduktes. Dieses lautet für $m = 0$:

   $$\Big(X(\mathrm{e}^{\,\mathrm{j}\,(-\pi)})\ X(\mathrm{e}^{\,\mathrm{j}\,(0)})\ \ldots\ X(\mathrm{e}^{\,\mathrm{j}\,(\pi^-)})\Big) = \big(\breve{x}_N[0]\ \breve{x}_N[1]\ \ldots\ \breve{x}_N[N-1]\big)\cdot \mathbf{E}_{\Omega_k}$$

mit

$$\mathbf{E}_{\Omega_k} = \begin{pmatrix} \mathrm{e}^{-\mathrm{j}\,0(-\pi)} & \dots & \mathrm{e}^{-\mathrm{j}\,0(0)} & \dots & \mathrm{e}^{-\mathrm{j}\,0(\pi^-)} \\ \mathrm{e}^{-\mathrm{j}\,1(-\pi)} & \dots & \mathrm{e}^{-\mathrm{j}\,1(0)} & \dots & \mathrm{e}^{-\mathrm{j}\,1(\pi^-)} \\ \mathrm{e}^{-\mathrm{j}\,2(-\pi)} & \dots & & & \\ \vdots & & & & \\ \mathrm{e}^{-\mathrm{j}\,(N-1)(-\pi)} & \dots & \mathrm{e}^{-\mathrm{j}\,(N-1)(0)} & \dots & \mathrm{e}^{-\mathrm{j}\,(N-1)(\pi^-)} \end{pmatrix}.$$

3. MATLAB-Programm

```
function [ftx,w] = dtft(x,m)
%DTFT Discrete-time Fourier transform.
%   [FTX,W] = DTFT(X) returns the discrete-time Fourier transform
%   of the signal specified by vector X at frequencies designated
%   in vector W. W has units of rad/sample and spans the interval
%   [-PI,PI).
%
%         jw      N-1          -jnw
%   FTX(e)   =    sum   x[n] e              where  N = length(x)
%                 n=0
%
%
%   [FTX,W] = DTFT(X,M) returns the discrete-time Fourier transform
%   of the signal specified by vector X and the time-shift to the
%   right specified by M. So M is the index n of the first signal
%   value given in X. FTX is calculated at frequencies designated
%   in vector W.
%
%         jw     N+M-1         -jnw
%   FTX(e)   =    sum   x[n] e              where  N = length(x)
%                 n=M
%

%%% Test for correct function call
% Right number of arguments
if nargin < 1 | nargin > 2
  error('Function call is: [FTX,W] = DTFT(X) or [FTX,W] = DTFT(X,M)');
end
% Is x a vector?
if ~isvector(x)
  error('X must be a vector.');
end

n = 0:(length(x)-1);        % Definition of n

% Is m a real integer scalar?
if nargin == 2
    if ~isscalar(m) | ~isreal(m) | m ~= round(m)
        error('M must be one real integer value.');
    end
    n = n + m;
end
```

```
% Transpose x to a row vektor, if its a column vektor
[row_x,col_x] = size(x);
if col_x == 1
    x = transpose(x);
end

K = 1000;                   % Number of frequency points
w=pi*(-1:2/K:1-2/K);        % Frequency points in [-pi,pi) with distance pi/K

ftx = x * exp(-j*n'*w);     % Discrete-time Fourier transform
```

4. Weitere Fragen und Untersuchungen

   - Man verifiziere das Beispiel aus Abbildung 4.9 mit Hilfe der MATLAB-Funktion `dtft`.
   - Man schreibe eine Funktion `idtft` zur Berechnung der inversen zeitdiskreten Fourier-Transformation nach Gleichung (4.50). Hierbei kann der MATLAB-Befehl `trapz` zur numerischen Integration eingesetzt werden.

4.5.2 Eigenschaften der zeitdiskreten Fourier-Transformation

In diesem Abschnitt werden die wichtigsten Eigenschaften und Rechenregeln der Fourier-Transformation für zeitdiskrete Signale behandelt. Bis auf die Periodizität der zeitdiskreten Fourier-Transformierten entsprechen sie dem Wesen nach den Eigenschaften und Rechenregeln für die Fourier-Transformation zeitkontinuierlicher Signale.

Konvergenz

Die Fourier-Transformierte $X(\mathrm{e}^{\mathrm{j}\,\Omega})$ nach Gleichung (4.49) konvergiert, wenn das Signal $x[n]$ absolut summierbar ist, d. h.:

$$|X(\mathrm{e}^{\mathrm{j}\,\Omega})| < \infty \quad \forall\,\Omega \qquad \text{falls} \qquad \sum_{n=-\infty}^{\infty} |x[n]| < \infty\,.$$

Sie konvergiert dann sogar *gleichmäßig* [OS99].

Periodizität

Da $\mathrm{e}^{\mathrm{j}\,\Omega} = \cos(\Omega) + \mathrm{j}\,\sin(\Omega)$ periodisch in Ω mit der Periodenlänge $\Omega_0 = 2\pi$ ist, ist offensichtlich auch $X(\mathrm{e}^{\mathrm{j}\,\Omega})$ periodisch in Ω mit der Periodenlänge $\Omega_0 = 2\pi$. Diese Überlegung kann auf folgende Weise bestätigt werden: Man betrachtet wie in Gleichung (4.46) die Multiplikation eines kontinuierlichen Signals $x_{\mathrm{a}}(t)$ mit der Dirac-Impulsreihe und wendet darauf das Faltungstheorem nach Gleichung (1.54) an, wobei $X_\mathrm{a}(\omega)$ und $D_{\omega_\mathrm{A}}(\omega) = \omega_\mathrm{A} \sum_{n=-\infty}^{\infty} \delta(\omega - n\omega_\mathrm{A})$ die Fourier-Transformierten von $x_\mathrm{a}(t)$ und $d_{T_\mathrm{A}}(t)$ sind.

$$x_\mathrm{A}(t) = x_\mathrm{a}(t) \cdot d_{T_\mathrm{A}}(t)$$

$$\circ\!\!-\!\!\bullet$$

$$\begin{aligned} X_\mathrm{A}(\omega) &= \frac{1}{2\pi} X_\mathrm{a}(\omega) * D_{\omega_\mathrm{A}}(\omega) \\ &= \frac{1}{2\pi} X_\mathrm{a}(\omega) * \Big(\omega_\mathrm{A} \sum_{n=-\infty}^{\infty} \delta(\omega - n\omega_\mathrm{A})\Big) \\ &= \frac{1}{T_\mathrm{A}} \sum_{n=-\infty}^{\infty} X_\mathrm{a}(\omega - n\omega_\mathrm{A}) \end{aligned}$$

Durch einen Vergleich dieses Rechenwegs mit demjenigen, welcher zu $X(\mathrm{e}^{\,\mathrm{j}\,\omega n T_\mathrm{A}})$ in Gleichung (4.48) führt, ergibt sich

$$X(\mathrm{e}^{\,\mathrm{j}\,\omega T_\mathrm{A}}) = X_\mathrm{A}(\omega) = \frac{1}{T_\mathrm{A}} \sum_{n=-\infty}^{\infty} X_\mathrm{a}(\omega - n\omega_\mathrm{A}), \tag{4.51}$$

d. h., $X(\mathrm{e}^{\,\mathrm{j}\,\omega T_\mathrm{A}})$ ist periodisch in ω mit der Periodenlänge ω_A. Nach der Frequenznormierung erhält man die Periodenlänge $\Omega_0 = \omega_\mathrm{A} \cdot T_\mathrm{A} = 2\pi$ (vgl. Bild 4.9). Es sei nochmal auf den oben erwähnten Unterschied um den Faktor „Sekunde“ in den Einheiten von kontinuierlicher und diskreter Fourier-Transformierter hingewiesen, der in Gleichung (4.51) durch die Einheit von T_A ausgeglichen wird.

Linearität

Die Fourier-Transformation für diskrete Signale ist linear, da mit

$$x_1[n] \circ\!\!-\!\!\bullet X_1(\mathrm{e}^{\,\mathrm{j}\,\Omega}) \quad \text{und} \quad x_2[n] \circ\!\!-\!\!\bullet X_2(\mathrm{e}^{\,\mathrm{j}\,\Omega})$$

gilt:

$$a\,x_1[n] + b\,x_2[n] \circ\!\!-\!\!\bullet a\,X_1(\mathrm{e}^{\,\mathrm{j}\,\Omega}) + b\,X_2(\mathrm{e}^{\,\mathrm{j}\,\Omega}). \tag{4.52}$$

Zeit- und Frequenzverschiebung

Mit

$$x[n] \circ\!\!-\!\!\bullet X(\mathrm{e}^{\,\mathrm{j}\,\Omega})$$

gilt für das zeitverschobene Signal

$$x[n - n_0] \circ\!\!-\!\!\bullet X(\mathrm{e}^{\,\mathrm{j}\,\Omega})\,\mathrm{e}^{\,-\mathrm{j}\,n_0\Omega} \tag{4.53}$$

und für die frequenzverschobene Fourier-Transformierte

$$\mathrm{e}^{\,\mathrm{j}\,n\Omega_0}\, x[n] \circ\!\!-\!\!\bullet X(\mathrm{e}^{\,\mathrm{j}\,(\Omega-\Omega_0)}). \tag{4.54}$$

Zeitumkehr

Gilt

$$x[n] \circ\!\!-\!\!\bullet X(\mathrm{e}^{\,\mathrm{j}\,\Omega})$$

dann gilt auch

$$x[-n] \circ\!\!-\!\!\bullet X(\mathrm{e}^{\,-\mathrm{j}\,\Omega})\,. \tag{4.55}$$

Konjugiert komplexe Folge

Gilt für eine Folge $x[n]$ die Fourier-Korrespondenz

$$x[n] \circ\!\!-\!\!\bullet X(\mathrm{e}^{\,\mathrm{j}\,\Omega})\,,$$

dann lautet die Korrespondenz für die zu $x[n]$ konjugiert komplexe Folge:

$$x^*[n] \circ\!\!-\!\!\bullet X^*(\mathrm{e}^{\,-\mathrm{j}\,\Omega})\,. \tag{4.56}$$

Symmetrieeigenschaften

Hier sollen die Symmetrieeigenschaften der zeitdiskreten Fourier-Transformierten

$$X(\mathrm{e}^{\,\mathrm{j}\,\Omega}) = \mathrm{Re}\{X(\mathrm{e}^{\,\mathrm{j}\,\Omega})\} + \mathrm{j}\ \mathrm{Im}\{X(\mathrm{e}^{\,\mathrm{j}\,\Omega})\} = |X(\mathrm{e}^{\,\mathrm{j}\,\Omega})|\,\mathrm{e}^{\,\mathrm{j}\,\mathrm{arc}\{X(\mathrm{e}^{\,\mathrm{j}\,\Omega})\}} \tag{4.57}$$

eines *reellwertigen* Signals $x[n]$ sowie die ihres Real- und Imaginärteils einerseits und ihres Betrags und ihrer Phase andererseits erörtert werden.

Ein *reellwertiges* Signal $x[n] = x_{\mathrm{g}}[n] + x_{\mathrm{u}}[n]$, aufgespalten in seinen geraden und seinen ungeraden Anteil besitzt die i. a. komplexe Fourier-Transformierte

$$X(\mathrm{e}^{\,\mathrm{j}\,\Omega}) = \sum_{n=-\infty}^{\infty} (x_{\mathrm{g}}[n] + x_{\mathrm{u}}[n]) \cdot (\cos(n\Omega) - \mathrm{j}\ \sin(n\Omega)) \tag{4.58}$$

Da die symmetrische Summe über eine in n ungerade Folge verschwindet, bleibt für den Real- und Imaginärteil von $X(\mathrm{e}^{\,\mathrm{j}\,\Omega})$ nur je ein Term übrig:

$$\mathrm{Re}\{X(\mathrm{e}^{\,\mathrm{j}\,\Omega})\} = \sum_{n=-\infty}^{\infty} x_{\mathrm{g}}[n] \cdot \cos(n\Omega) \tag{4.59}$$

$$\mathrm{Im}\{X(\mathrm{e}^{\,\mathrm{j}\,\Omega})\} = -\sum_{n=-\infty}^{\infty} x_{\mathrm{u}}[n] \cdot \sin(n\Omega)\,. \tag{4.60}$$

Ganz offensichtlich ist der Realteil von $X(\mathrm{e}^{\,\mathrm{j}\,\Omega})$ eine gerade und der Imaginärteil eine ungerade Funktion von Ω. Hieraus folgt sofort, dass $X(\mathrm{e}^{\,\mathrm{j}\,\Omega})$ konjugiert symmetrisch in Ω ist, d. h. dass gilt:

$$X(\mathrm{e}^{\,\mathrm{j}\,\Omega}) = X^*(\mathrm{e}^{\,-\mathrm{j}\,\Omega})\,. \tag{4.61}$$

Diese Eigenschaft von Fourier-Transformierten von reellwertigen Signalen kann auch aus der Fourier-Korrespondenz für konjugiert komplexe Folgen, Gleichung (4.56), gewonnen werden, indem man die für reelle Signale gültige Beziehung $x^*[n] = x[n]$ einsetzt.

Mit Gleichung (4.61) kann nun wie folgt gezeigt werden, dass der Betrag von $X(\mathrm{e}^{\,\mathrm{j}\,\Omega})$ eine gerade Funktion von Ω ist:

$$|X(\mathrm{e}^{\,\mathrm{j}\,\Omega})| = \sqrt{X(\mathrm{e}^{\,\mathrm{j}\,\Omega}) \cdot X^*(\mathrm{e}^{\,\mathrm{j}\,\Omega})} = \sqrt{X^*(\mathrm{e}^{\,-\mathrm{j}\,\Omega}) \cdot X(\mathrm{e}^{\,-\mathrm{j}\,\Omega})} = |X(\mathrm{e}^{\,-\mathrm{j}\,\Omega})|\,. \quad (4.62)$$

Die Phase $\varphi(\Omega) = \mathrm{arc}\{X(\mathrm{e}^{\,\mathrm{j}\,\Omega})\}$ von $X(\mathrm{e}^{\,\mathrm{j}\,\Omega})$ ist ungerade. Dies kann mit der folgenden Überlegung bestätigt werden: Der Imaginärteil von $X(\mathrm{e}^{\,\mathrm{j}\,\Omega})$ in Gleichung (4.57) lautet $\mathrm{Im}\{X(\mathrm{e}^{\,\mathrm{j}\,\Omega})\} = |X(\mathrm{e}^{\,\mathrm{j}\,\Omega})| \sin(\varphi(\Omega))$. Da er ungerade in Ω ist, der Betrag $|X(\mathrm{e}^{\,\mathrm{j}\,\Omega})|$ jedoch gerade, muss die Phase $\varphi(\Omega)$ ungerade sein.

MATLAB-Projekt 4.F Zeitverschiebung eines reellen Signals

1. Aufgabenstellung

   Ein beliebiges reelles Signal soll erzeugt werden. Aus diesem soll ein zweites Signal durch Verschiebung um `n0` Abtastwerte nach rechts erzeugt werden. Beide Signale sind dann in den Frequenzbereich zu transformieren und die Frequenzgänge sind nach Betrag und Phase darzustellen. Außerdem soll die Differenz der beiden Phasenfrequenzgänge und deren Steigung ermittelt werden.

2. Lösungshinweise

   Die zeitdiskreten Fourier-Transformierten der beiden Signale können mit Hilfe der im MATLAB-Projekt 4.E entwickelten Funktion `dtft` berechnet werden. Betrag und Phase können dann mit `abs` bzw. `phase` ermittelt werden.

   Beim Befehl `phase` ist zu beachten, dass er so programmiert ist, dass er, durch Addition von ganzzahligen Vielfachen von 2π, betragsmäßig kleine Phasenwerte möglichst weit vorne im Vektor anordnet. Die Phase der zeitdiskreten Fourier-Transformierten wird jedoch üblicherweise so dargestellt, dass die betragsmäßig kleinen Phasenwerte bei $\Omega = 0$ liegen. Daher wird im folgenden MATLAB-Programm ggf. ein ganzzahliges Vielfaches von 2π subtrahiert.

3. MATLAB-Programm

```
% Zeitverschiebung eines reellen Signals
clear; close all;

% Festlegung von Parametern
n0 = 3;                          % Zeitliche Verschiebung
N = 5;                           % Länge des reellen Signals
```

```
% Signale
x1 = rand(1,N);                    % Reelles Signal, zufällig gewonnen
x2 = [zeros(1,n0), x1];            % Signal x1 nach der Verschiebung

% Berechnungen
[X1,Omega] = dtft(x1);             % Zeitdisk. Fourier-Transformierte von x1
[X2,Omega] = dtft(x2);             % Zeitdisk. Fourier-Transformierte von x2
absX1 = abs(X1);                   % Betragsfrequenzgang von x1
absX2 = abs(X2);                   % Betragsfrequenzgang von x2
arcX1 = phase(X1);                 % Phasenfrequenzgang von x1
arcX2 = phase(X2);                 % Phasenfrequenzgang von x2
K = length(Omega);                 % Länge von Omega, X1 und X2
arcX1 = arcX1 - round(arcX1(1+K/2)/(2*pi))*(2*pi); % Übliche Darstellung
arcX2 = arcX2 - round(arcX2(1+K/2)/(2*pi))*(2*pi); % der Phase.
delta_arc = arcX2 - arcX1;         % Differenz der Phasenfrequenzgänge
d_delta_arc = (K/(2*pi))*diff(delta_arc);  % Steigung von delta_arc
```

4. Darstellung der Lösung

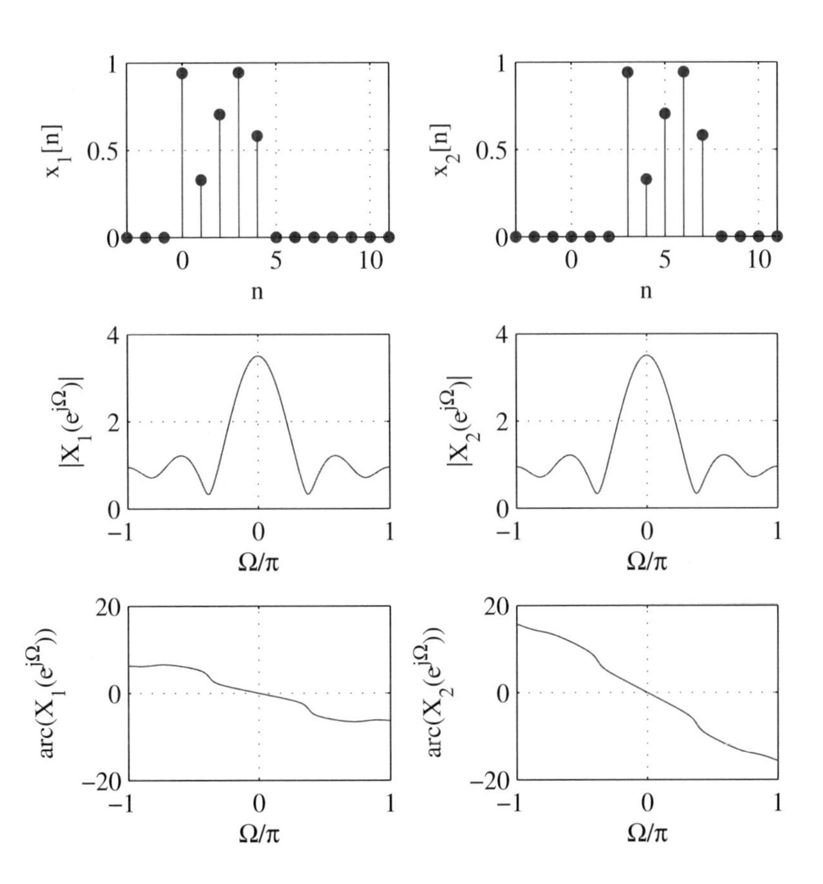

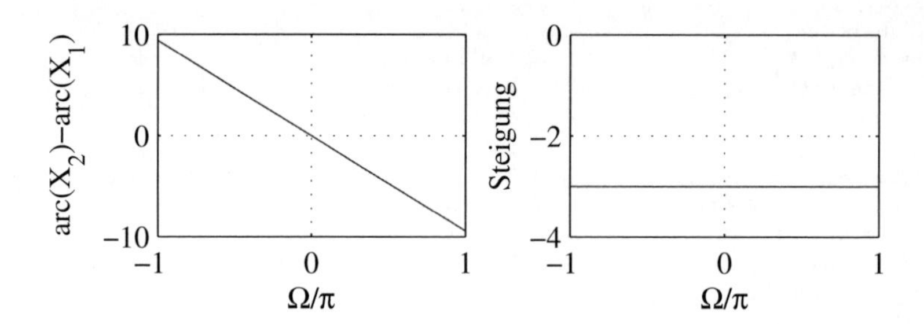

5. Weitere Fragen und Untersuchungen

   - Ändern Sie die Zeitverschiebung `n0` und beobachten Sie die Ergebnisse.
   - Was stellt die Steigung der Phasendifferenz dar? Beweisen Sie dies mathematisch.

MATLAB-Projekt 4.G Frequenzverschiebung

1. Aufgabenstellung

   Ein beliebiges reelles Signal soll erzeugt und in den Frequenzbereich transformiert werden. Die Auswirkung einer Verschiebung des Spektrums um $\Omega_0 = \pi$ auf das Zeitsignal soll untersucht werden.

$$x_1[n] \circ\!\!\overset{\mathcal{F}}{-}\!\!\bullet\; X_1(\mathrm{e}^{\,\mathrm{j}\,\Omega}) \longrightarrow X_2(\mathrm{e}^{\,\mathrm{j}\,\Omega}) = X_1(\mathrm{e}^{\,\mathrm{j}\,(\Omega-\Omega_0)}) \;\bullet\!\!\overset{\mathcal{F}}{-}\!\!\circ\; x_2[n]$$

2. Lösungshinweise

   - Bezüglich der zeitdiskreten Fourier-Hin- und Rücktransformation sei auf das MATLAB-Projekt 4.E verwiesen.
   - Eine Verschiebung des Spektrums eines zeitdiskreten Signals um Ω_0 bedeutet für den Bereich einer Periode des Spektrums, also z. B. für $-\pi \leq \Omega < \pi$, eine zyklische Verschiebung. Daher kann hier der MATLAB-Befehl `circshift` verwendet werden.

3. MATLAB-Programm

```
% Frequenzverschiebung um pi
clear; close all;

% Festlegung von Parametern
Omega_0 = pi;                          % Frequenzverschiebung um Omega_0
N = 15;                                % Länge des reellen Signals
```

```
% Signal
x1 = rand(1,N);                   % Reelles Signal, zufällig gewonnen

% Berechnungen
[X1,Omega] = dtft(x1);            % Zeitdiskrete Fourier-Transformation

K = length(Omega);                % Anzahl der Frequenzstützpunkte
k_0 = round(K*Omega_0/(2*pi));    % Ganzzahliger Frequenzverschiebungsindex
X2 = circshift(X1,[0,k_0]);       % Zyklische Verschiebung um k_0

n = -3:(N+3);                     % Signalindex für die IDTFT und zur Darstellung
x2 = idtft(X2,Omega,n);           % Rücktransformation in den Zeitbereich
x2 = round(x2*1e4)*1e-4;          % Entfernung von numerisch bedingt kleinen
                                  % Real- oder Imaginärteilen
```

4. Darstellung der Lösung

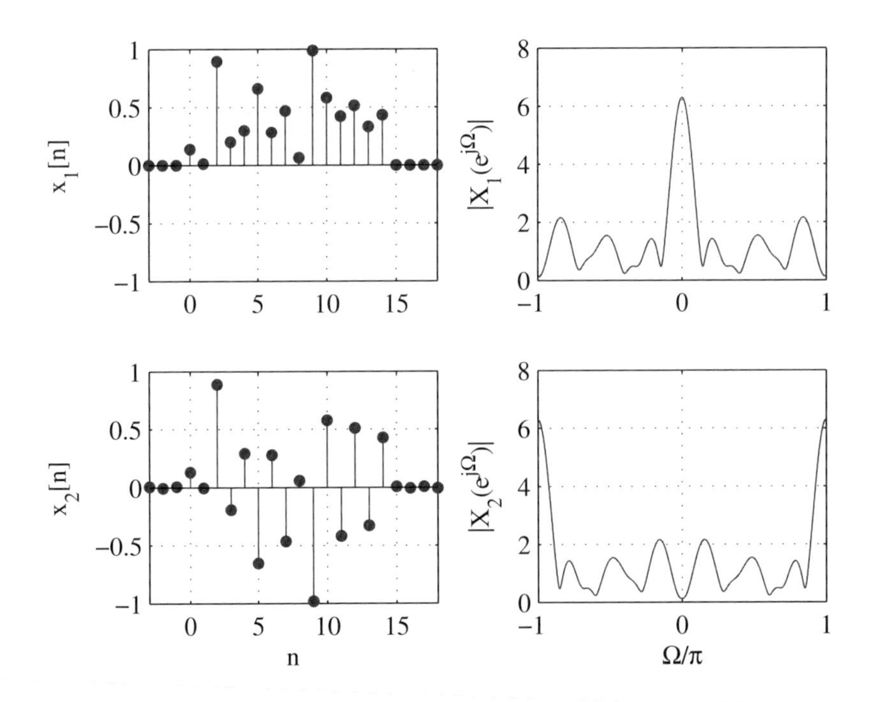

5. Weitere Fragen und Untersuchungen

- Wiederholen Sie die Untersuchungen mit verschiedenen Zeitsignalen.
- Erklären Sie die Eigenschaften des Zeitsignals nach der Frequenzverschiebung.
- Welcher einfachen Operation im Zeitbereich entspricht also die Frequenzverschiebung um $\Omega_0 = \pi$?

- Was geschieht im Zeitbereich, wenn die Verschiebung im Frequenzbereich $\Omega_0 \neq \pi$ beträgt? Was geschieht für $\Omega_0 = \pi/2$?

MATLAB-Projekt 4.H Symmetrie der Fourier-Transformierten

1. Aufgabenstellung

   Die Symmetrieeigenschaften der zeitdiskreten Fourier-Transformierten von reellwertigen Signalen sollen mit Hilfe von MATLAB untersucht werden.

   Als Beispielsignal soll

$$x[n] = n + \cos(n \cdot \frac{\pi}{4})\,; \qquad -10 \leq n \leq 10$$

   verwendet werden.

   Zunächst soll das Signal $x[n]$ in seinen geraden Anteil $x_g[n]$ und ungeraden Anteil $x_u[n]$ zerlegt werden, z. B., unter Verwendung der Beziehungen

$$x_g[n] = \frac{1}{2}(x[n] + x[-n]) \quad \text{und} \quad x_g[n] = \frac{1}{2}(x[n] - x[-n])\,.$$

   Dann sollen die zeitdiskreten Fourier-Transformierten $X(\mathrm{j}\,\Omega)$, $X_g(\mathrm{j}\,\Omega)$ und $X_u(\mathrm{j}\,\Omega)$ ermittelt werden.

   Abschließend soll jeweils durch Berechnung der mittleren quadratischen Abweichungen gezeigt werden, dass $\mathrm{Re}\{X(\mathrm{j}\,\Omega)\}$ und $X_g(\mathrm{j}\,\Omega)$ sowie $\mathrm{Im}\{X(\mathrm{j}\,\Omega)\}$ und $X_u(\mathrm{j}\,\Omega)$ gleich sind.

2. Lösungshinweise

   - Bezüglich der zeitdiskreten Fourier-Transformation mit dem Befehl `dtft` wird auf das MATLAB-Projekt 4.E verwiesen.
   - Bei der Berechnung des geraden und ungeraden Anteils eines Signals wird das Signal $x[n]$ in zeitlich umgekehrter Reihenfolge benötigt. Hierbei können die Befehle `fliplr` und `flipud` bei Zeilen- bzw. Spaltenvektoren dienlich sein.

3. MATLAB-Programm

```
% Symmetrie der Fourier-Transformierten
clear; close all;

% Festlegung von Parametern
L = 10;                          % Signalausdehnung nach links und rechts
N = 2*L+1;                       % Gesamte Signallänge
```

```
% Signal
n = [-L:L];                     % Folgenindizes des Signals x[n]
x = n + 5*cos(n*pi/4);          % Berechnung von x[n]

% Berechnungen
% ... des geraden sowie des ungeraden Anteils von x[n]
x_g = 0.5*(x+fliplr(x));
x_u = 0.5*(x-fliplr(x));

% ... der zeitdiskreten Fourier-Transformierten
[X,Omega] = dtft(x,-L);         % Zeitdiskrete Fourier-Transformierte von x
[X_g,Omega] = dtft(x_g,-L);     % Zeitdiskrete Fourier-Transformierte von x_g
[X_u,Omega] = dtft(x_u,-L);     % Zeitdiskrete Fourier-Transformierte von x_u
X_r = real(X);                  % Re{X}
X_i = imag(X);                  % Im{X}

% ... der mittleren quadratischen Abweichungen
K = length(Omega);                      % Anzahl der Frequenzstützpunkte
mse1=sum(abs(X_g-X_r).^2)/K;            % MSE(X_g,X_r)
mse2=sum(abs(X_u/j-X_i).^2)/K;          % MSE(X_u/j,X_i)
```

4. Darstellung der Lösung

```
MSE(X_g,X_r)      = 0.00000
MSE(X_u/j,X_i)    = 0.00000
```

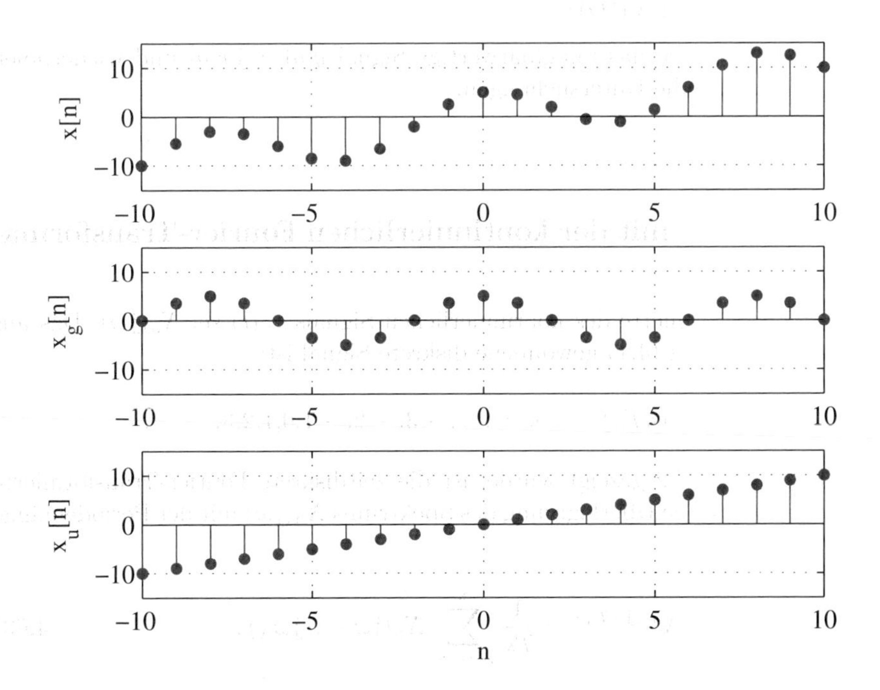

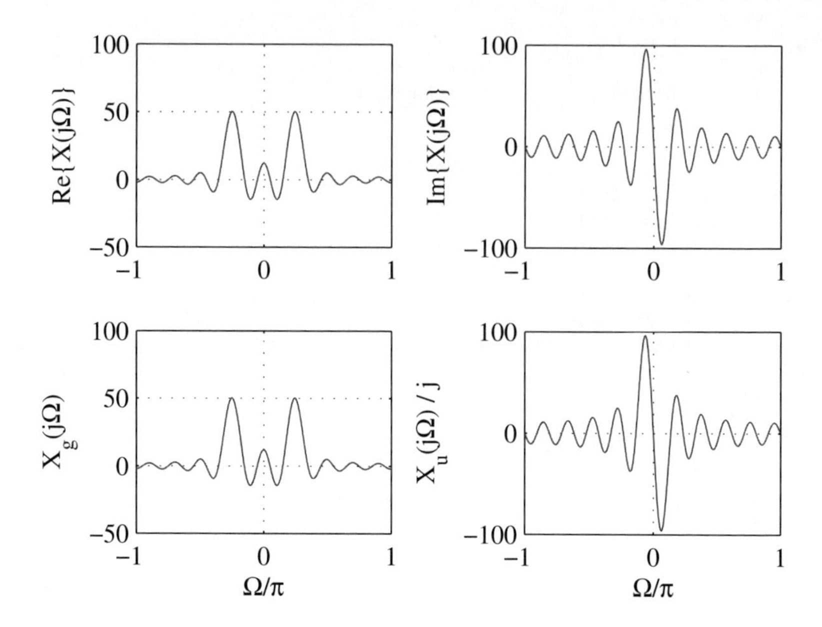

5. Weitere Fragen und Untersuchungen

- Welche Symmetrieeigenschaften besitzen der Realteil und der Imaginärteil von $X(\mathrm{j}\,\Omega)$?
- Erzeugen Sie das imaginärwertige Signal $y[n] = \mathrm{j}\,x[n]$ und wiederholen Sie damit die Untersuchungen.

4.5.3 Vergleich mit der kontinuierlichen Fourier-Transformation

Die Fourier-Transformierte des kontinuierlichen Signals $x_\mathrm{a}(t)$ sei $X_\mathrm{a}(\mathrm{j}\,\omega)$. Das aus $x_\mathrm{a}(t)$ gemäß Gleichung (4.1) gewonnene diskrete Signal ist:

$$x[n] = x_\mathrm{a}(nT_\mathrm{A}), \qquad n = \ldots, -3, -2, -1, 0, 1, 2, 3, \ldots \quad .$$

Wie im Abschnitt 4.5.2 gezeigt wurde, ist die zeitdiskrete Fourier-Transformierte von $x[n]$ die periodische Überlagerung des Spektrums $X_\mathrm{a}(\mathrm{j}\,\omega)$ mit der Periodenlänge ω_A, also:

$$X(\mathrm{e}^{\mathrm{j}\,\omega T_\mathrm{A}}) = \frac{1}{T_\mathrm{A}} \sum_{n=-\infty}^{\infty} X_\mathrm{a}(\mathrm{j}\,\omega - n\,\mathrm{j}\,\omega_\mathrm{A})\,. \tag{4.63}$$

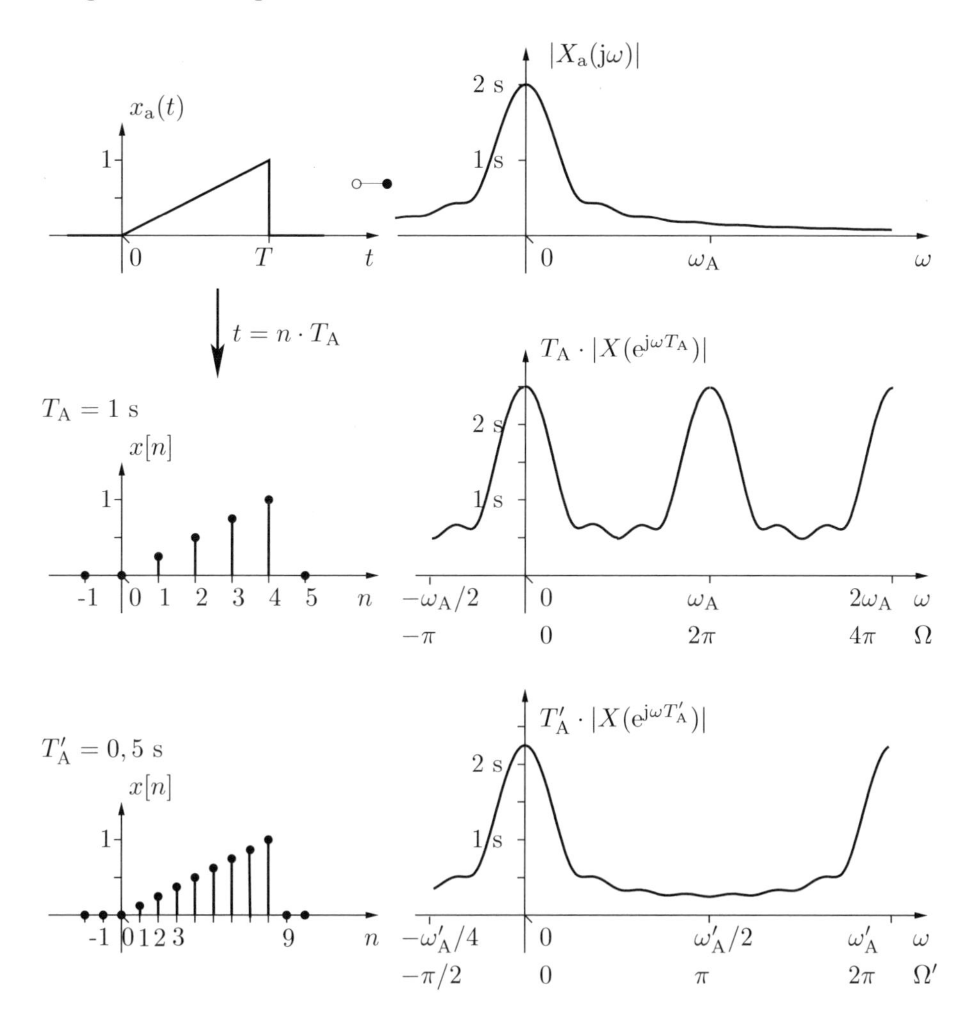

Bild 4.10: Zusammenhang: Zeitdiskrete und kontinuierliche Fourier-Transformation

In Bild 4.10 ist dieser Zusammenhang für zwei verschiedene Abtastraten T_A dargestellt. Die mit T_A multiplizierte zeitdiskrete Fourier-Transformierte $X(e^{j\omega T_A})$ ist also im Frequenzbereich $\omega \in [-\omega_A/2, \omega_A/2]$ eine Näherung für $X_a(j\omega)$. Der Fehler der Näherung kommt durch die *Überlappung* der periodisch verschobenen und addierten Spektren $X_a(j\omega)$ in Gleichung (4.63) zustande. Diese Überlappungsverzerrung wird üblicherweise mit dem englischen Begriff *Aliasing* bezeichnet. Je kleiner T_A gewählt wird, d. h. je größer die Abtastkreisfrequenz $\omega_A = 2\pi/T_A$ ist, desto geringer wird der Fehler durch Aliasing und desto breiter wird der o. g. Frequenzbereich, in dem die Näherung gilt.

Für auf ω_{g} *bandbegrenzte* Signale $x_{\mathrm{a}}(t)$, also für Signale deren Fourier-Transformierte außerhalb des Frequenzbereiches $\omega \in [-\omega_{\mathrm{g}}, \omega_{\mathrm{g}}]$ verschwindet, überlappen sich die periodisch verschobenen und addierten Spektren $X_{\mathrm{a}}(\mathrm{j}\,\omega)$ in Gleichung (4.63) bei einer Abtastfrequenz von

$$\omega_{\mathrm{A}} \geq 2 \cdot \omega_{\mathrm{g}} \tag{4.64}$$

nicht mehr und es gilt:

$$X_{\mathrm{a}}(\mathrm{j}\,\omega) = T_{\mathrm{A}} \cdot X(\mathrm{e}^{\,\mathrm{j}\,\omega T_{\mathrm{A}}}) \qquad \text{für} \qquad \omega \in [-\omega_{\mathrm{A}}/2, \omega_{\mathrm{A}}/2]\,.$$

Dies ist bereits die Kernaussage des *Abtasttheorems*, welches im Abschnitt 6.2 behandelt wird.

4.5.4 Faltungs- und Fenstertheorem

Gegeben sind die beiden diskreten Signale $x_1[n]$ und $x_2[n]$ mit ihren Fourier-Transformierten $X_1(\mathrm{e}^{\,\mathrm{j}\,\Omega}) \bullet\!\!-\!\!\circ\, x_1[n]$ und $X_2(\mathrm{e}^{\,\mathrm{j}\,\Omega}) \bullet\!\!-\!\!\circ\, x_2[n]$. Die Frage nach der Fourier-Transformierten des *Faltungsproduktes*

$$y[n] = x_1[n] * x_2[n]$$

wird durch das Faltungstheorem beantwortet.

Es lässt sich wie folgt gewinnen:

$$\begin{aligned}
Y(\mathrm{e}^{\,\mathrm{j}\,\Omega}) &= \sum_{n=-\infty}^{\infty} y[n]\,\mathrm{e}^{\,-\mathrm{j}\,n\Omega} = \sum_{n=-\infty}^{\infty} \Big(\sum_{k=-\infty}^{\infty} x_1[k]\,x_2[n-k] \Big)\,\mathrm{e}^{\,-\mathrm{j}\,n\Omega} \\
&= \sum_{k=-\infty}^{\infty} x_1[k] \Big(\sum_{k=-\infty}^{\infty} x_2[n-k]\mathrm{e}^{\,-\mathrm{j}\,n\Omega} \Big) \\
&= \sum_{k=-\infty}^{\infty} x_1[k] \cdot X_2(\mathrm{e}^{\,\mathrm{j}\,\Omega}) \cdot \mathrm{e}^{\,\mathrm{j}\,k\Omega} \\
&= X_1(\mathrm{e}^{\,\mathrm{j}\,\Omega}) \cdot X_2(\mathrm{e}^{\,\mathrm{j}\,\Omega})\,.
\end{aligned}$$

Die Beziehung

$$x_1[n] * x_2[n] \circ\!\!-\!\!\bullet\, X_1(\mathrm{e}^{\,\mathrm{j}\,\Omega}) \cdot X_2(\mathrm{e}^{\,\mathrm{j}\,\Omega}) \tag{4.65}$$

heißt *Faltungstheorem* für diskrete Signale.

Die Fourier-Transformierte des *Produktes* zweier Signale kann wie folgt ermittelt werden:

$$
\begin{aligned}
y[n] &= x_1[n] \cdot x_2[n] \\
&\circ\!\!-\!\!\bullet \\
Y(\mathrm{e}^{\,\mathrm{j}\,\Omega}) &= \sum_{n=-\infty}^{\infty} y[n]\,\mathrm{e}^{\,-\mathrm{j}\,n\Omega} = \sum_{n=-\infty}^{\infty} x_1[n] \cdot x_2[n] \cdot \mathrm{e}^{\,-\mathrm{j}\,n\Omega} \\
&= \sum_{n=-\infty}^{\infty} \frac{1}{2\pi} \int_{-\pi}^{\pi} X_1(\mathrm{e}^{\,\mathrm{j}\,\theta})\mathrm{e}^{\,\mathrm{j}\,n\theta}\mathrm{d}\theta \cdot \frac{1}{2\pi} \int_{-\pi}^{\pi} X_2(\mathrm{e}^{\,\mathrm{j}\,\vartheta})\mathrm{e}^{\,\mathrm{j}\,n\vartheta}\mathrm{d}\vartheta \cdot \mathrm{e}^{\,-\mathrm{j}\,n\Omega} \\
&= \frac{1}{2\pi} \int_{-\pi}^{\pi} X_1(\mathrm{e}^{\,\mathrm{j}\,\theta}) \int_{-\pi}^{\pi} X_2(\mathrm{e}^{\,\mathrm{j}\,\vartheta})\, \frac{1}{2\pi} \sum_{n=-\infty}^{\infty} \mathrm{e}^{\,\mathrm{j}\,n\vartheta}\mathrm{e}^{\,\mathrm{j}\,n\theta}\mathrm{e}^{\,-\mathrm{j}\,n\Omega}\, \mathrm{d}\vartheta\,\mathrm{d}\theta \\
&= \frac{1}{2\pi} \int_{-\pi}^{\pi} X_1(\mathrm{e}^{\,\mathrm{j}\,\theta}) \int_{-\pi}^{\pi} X_2(\mathrm{e}^{\,\mathrm{j}\,(\xi+\Omega-\theta)}) \sum_{n=-\infty}^{\infty} \delta(\xi - n2\pi)\,\mathrm{d}\xi\;\mathrm{d}\theta \\
&= \frac{1}{2\pi} \int_{-\pi}^{\pi} X_1(\mathrm{e}^{\,\mathrm{j}\,\theta}) \cdot X_2(\mathrm{e}^{\,\mathrm{j}\,(\Omega-\theta)})\,\mathrm{d}\theta \\
&= \frac{1}{2\pi}\, X_1(\mathrm{e}^{\,\mathrm{j}\,\Omega}) \overset{2\pi}{\circledast} X_2(\mathrm{e}^{\,\mathrm{j}\,\Omega})\,.
\end{aligned}
$$

Die Beziehung

$$
x_1[n] \cdot x_2[n] \circ\!\!-\!\!\bullet \frac{1}{2\pi}\, X_1(\mathrm{e}^{\,\mathrm{j}\,\Omega}) \overset{2\pi}{\circledast} X_2(\mathrm{e}^{\,\mathrm{j}\,\Omega}) \tag{4.66}
$$

heißt *Fenstertheorem* für diskrete Signale. Der Name rührt daher, dass in der Praxis die Folge $x_2[n]$ häufig eine Fensterfolge gemäß Gleichung (4.14) ist, welche einen Teilbereich aus dem Signal $x_1[n]$ herausschneidet. Im Frequenzbereich findet dabei eine *periodische Faltung* statt, welche im Wesentlichen eine lineare Faltung zweier periodischer Funktionen mit derselben Periodenlänge ist. Allerdings erstreckt sich die Integration lediglich über eine Periode der zu faltenden Funktionen und das Ergebnis ist wiederum eine periodische Funktion mit der gleichen Periodenlänge.

MATLAB-Projekt 4.I **Faltungstheorem**

1. Aufgabenstellung

   Zwei endlich lange diskrete Signale (finite Signale) sollen gefaltet werden. Eines der Signale besitze ein tieffrequentes Spektrum im Bereich $0 \leq \Omega \leq 0{,}75\pi$ und das andere ein hochfrequentes Spektrum im Bereich $0{,}25\pi \leq \Omega \leq \pi$. Die Betragsspektren der Einzelsignale sollen mit dem Betragsspektrum des Faltungsproduktes verglichen werden. Dabei soll das Faltungstheorem verifiziert werden.

2. Lösungshinweise

   - Die beiden Signale $x_1[n]$ und $x_2[n]$ können in MATLAB mit Hilfe der Filterentwurfsfunktion `fir1(N-1,Wn)` bzw. `fir1(N-1,Wn,'high')` (siehe auch Abschnitt 6.5) gewonnen werden. Diese Funktion liefert die Impulsantwort eines Tiefpasses bzw. eines Hochpasses mit der Länge `N` und mit dem `Wn`-fachen von $\omega_A/2$ (normiert: π) als Grenzfrequenz.
   - Die zeitdiskreten Fourier-Transformierten der Signale $x_1[n]$ und $x_2[n]$ können mit der im MATLAB-Projekt 4.E entwickelten Funktion `dtft` berechnet werden.
   - Für die Länge N der Signale sollte im folgenden MATLAB-Programm eine ungerade Zahl gewählt werden, da mit `fir1(N-1,Wn,'high')` nur Hochpassimpulsantworten mit ungerader Länge N entworfen werden können und MATLAB im Falle der Wahl von einem geradzahligen N die Länge automatisch auf die nächsthöhere ungerade Zahl vergrößert. Dies hätte zur Folge, dass beim Vektor `nn` mit den Zeitstützpunkten des Faltungsproduktes eine Fallunterscheidung eingeführt werden müsste.

3. MATLAB-Programm

```
% Faltungstheorem
clear; close all;

% Festlegung von Parametern
N = 21;                        % Länge der zu faltenden finiten Signale
                               % (N ungerade, sonst Fehler bei x2)

% Erzeugung der Zeitsignale
x1 = fir1(N-1,0.75);           % Tieffrequentes Signal
x2 = fir1(N-1,0.25,'high');    % Hochfrequentes Signal
y = conv(x1,x2);               % Lineare Faltung von x1 und x2

% Berechnung der zeitdiskreten Fourier-Transformierten
[X1,Omega] = dtft(x1);
[X2,Omega] = dtft(x2);
[Y,Omega] = dtft(y);
```

4. Darstellung und Diskussion der Lösung

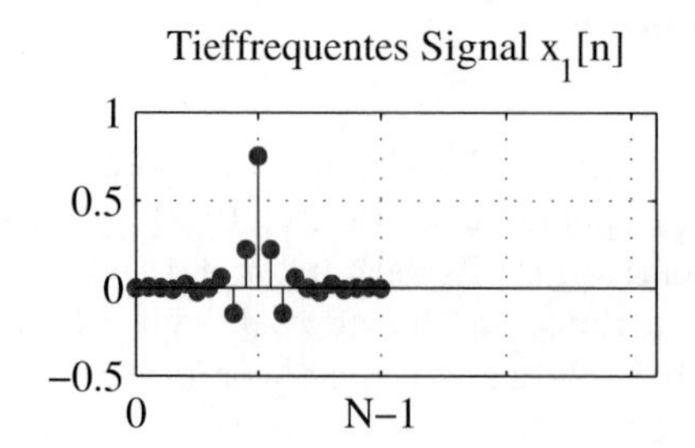

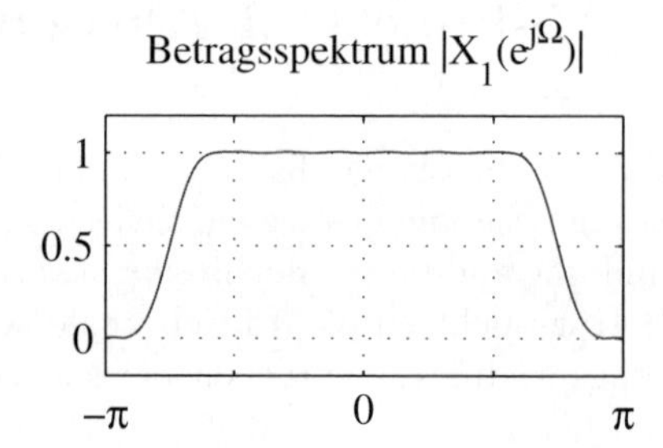

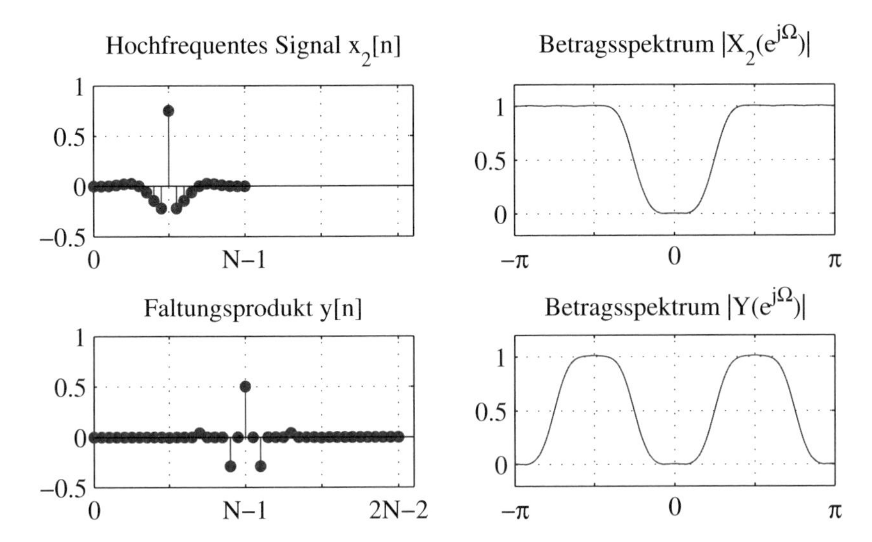

Das Signal $x_1[n]$ besitzt ein tieffrequentes Betragsspektrum $|X_1(\mathrm{e}^{\,\mathrm{j}\,\Omega})|$ im Frequenzbereich $0 \leq \Omega \leq 0{,}75\pi$ und einen geraden Frequenzverlauf. Das Betragsspektrum von $x_2[n]$ ist ebenfalls gerade, liegt aber im Bereich $0{,}25\pi \leq \Omega \leq \pi$. Die Faltung der beiden Signale mit der Länge N führt auf das Signal $y[n]$ der Länge $2N-1$ mit dem Spektrum $Y(\mathrm{e}^{\,\mathrm{j}\,\Omega})$. Dieses ergibt sich nach dem Faltungstheorem als Produkt der beiden ersten Spektren und liegt daher schwerpunktmäßig im Bereich $0{,}25\pi \leq \Omega \leq 0{,}75\pi$. Für $|Y(\mathrm{e}^{\,\mathrm{j}\,\Omega})|$ gilt:

$$|Y(\mathrm{e}^{\,\mathrm{j}\,\Omega})| = |X_1(\mathrm{e}^{\,\mathrm{j}\,\Omega}) \cdot X_2(\mathrm{e}^{\,\mathrm{j}\,\Omega})| = |X_1(\mathrm{e}^{\,\mathrm{j}\,\Omega})| \cdot |X_2(\mathrm{e}^{\,\mathrm{j}\,\Omega})|$$

5. Weitere Fragen und Untersuchungen

- Variieren Sie die Länge N der zu faltenden Signale. (N ungerade wählen.)
- Verändern Sie die beiden Grenzfrequenzen 0,75 und 0,25 bei der Berechnung von $x_1[n]$ und $x_2[n]$, z. B. auf 0,5 in beiden Signalen oder 0,25 bei $x_1[n]$ und 0,75 bei $x_2[n]$. Wie ändert sich dabei das Faltungsprodukt $y[n]$?
- Multiplizieren Sie die beiden Vektoren $|X_1(\mathrm{e}^{\,\mathrm{j}\,\Omega})|$ und $|X_2(\mathrm{e}^{\,\mathrm{j}\,\Omega})|$ (in MATLAB `abs(X1)` und `abs(X2)`) und vergleichen Sie das Ergebnis mit $|Y(\mathrm{e}^{\,\mathrm{j}\,\Omega})|$.

4.5.5 Wiener-Khintchine-Theorem und Parsevalsches Theorem

Wendet man das Faltungstheorem (Gleichung (4.65)) zusammen mit den Sätzen zur Zeitumkehr und zur konjugiert komplexen Folge (Gleichungen (4.55) und (4.56)) auf die Gleichung (4.43) zur Bestimmung der Energieautokorrelationsfolge an, dann ergibt sich:

$$\begin{aligned} \mathrm{r}_{xx}^{\mathrm{E}}[n] &= \sum_{k=-\infty}^{\infty} x^*[k]\, x[n+k] \\ &= x^*[-n] * x[n] \end{aligned}$$

$$\circ\!\!-\!\!\bullet$$

$$\mathrm{S}_{xx}^{\mathrm{E}}(\mathrm{e}^{\,\mathrm{j}\,\Omega}) = X^*(\mathrm{e}^{\,\mathrm{j}\,\Omega}) \cdot X(\mathrm{e}^{\,\mathrm{j}\,\Omega}) = |X(\mathrm{e}^{\,\mathrm{j}\,\Omega})|^2 . \tag{4.67}$$

$\mathrm{S}_{xx}^{\mathrm{E}}(\mathrm{e}^{\,\mathrm{j}\,\Omega})$ wird als *Energiedichtespektrum* (engl.: „energy density spectrum“) bezeichnet. Der Zusammenhang zwischen der Energieautokorrelationsfolge und dem Energiedichtespektrum wird über die Fourier-Transformation hergestellt; diese Aussage wird *Wiener-Khintchine-Theorem*, hier: für diskrete Energiesignale, genannt.

Betrachtet man nun die Energiekorrelationsfolge $\mathrm{r}_{xx}^{\mathrm{E}}[n]$ an der Stelle $n = 0$, dann erhält man zusammen mit der Definition der Signalenergie Gleichung (1.20)

$$\mathrm{r}_{xx}^{\mathrm{E}}(0) = \sum_{k=-\infty}^{\infty} x^*[k]\, x[k] = \sum_{k=-\infty}^{\infty} |x[k]|^2 = \mathcal{E}_x . \tag{4.68}$$

Gemäß der Aussage des Wiener-Khintchine-Theorems lässt sich die Energieautokorrelationsfolge aus dem Energiedichtespektrum durch Fourier-Rücktransformation gewinnen:

$$\begin{aligned} \mathrm{r}_{xx}^{\mathrm{E}}[n] &= \frac{1}{2\pi} \int_{-\pi}^{\pi} \mathrm{S}_{xx}^{\mathrm{E}}(\mathrm{e}^{\,\mathrm{j}\,\Omega})\, \mathrm{e}^{\,\mathrm{j}\,n\Omega}\, \mathrm{d}\Omega \\ &= \frac{1}{2\pi} \int_{-\pi}^{\pi} |X(\mathrm{e}^{\,\mathrm{j}\,\Omega})|^2\, \mathrm{e}^{\,\mathrm{j}\,n\Omega}\, \mathrm{d}\Omega . \end{aligned}$$

Aus dem Wiener-Khintchine-Theorem wird daher speziell für $n = 0$ das *Parsevalsche Theorem* für diskrete Energiesignale:

$$\mathcal{E}_x = \sum_{n=-\infty}^{\infty} |x[n]|^2 = \frac{1}{2\pi} \int_{-\pi}^{\pi} |X(\mathrm{e}^{\,\mathrm{j}\,\Omega})|^2\, \mathrm{d}\Omega . \tag{4.69}$$

Offensichtlich kann die Signalenergie von $x[n]$ auf dreierlei Weise berechnet werden: Direkt aus dem Signal $x[n]$ mit der Definitionsgleichung (4.36), aus der Energieautokorrelationsfolge bei $n = 0$ und als Integral über das Energiedichtespektrum wie in Gleichung (4.69).

MATLAB-Projekt 4.J Parsevalsches Theorem

1. Aufgabenstellung

   Das periodische Spektrum eines zeitdiskreten Signals $x[n]$ sei

$$X\left(e^{j\Omega}\right) = \text{rect}\left(\frac{\Omega}{2\Omega_{gr}}\right) = \begin{cases} 1 & |((\Omega-\pi) \bmod 2\pi) - \pi| < \Omega_{gr} \\ 0 & |((\Omega-\pi) \bmod 2\pi) - \pi| > \Omega_{gr}, \end{cases}$$

   mit $0 < \Omega_{gr} <= \pi$.

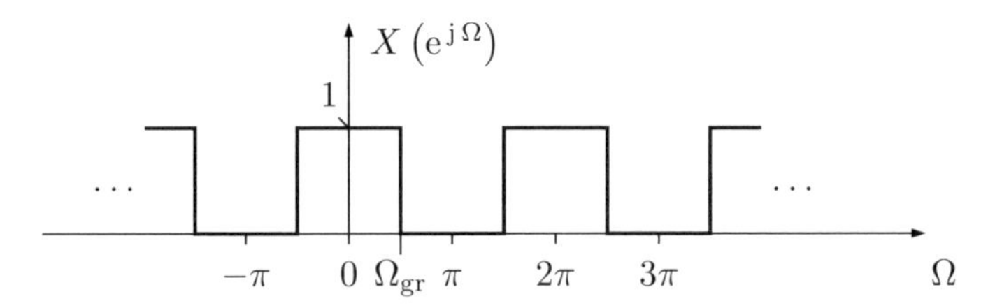

   Die Signalenergie von $x[n]$ soll im Frequenz- sowie im Zeitbereich bestimmt werden.

   Für die Bestimmung der Signalenergie im Zeitbereich gemäß Gleichung (4.69) ist eine unendliche Summe auszuwerten. Wieviele Werte muss ein Ausschnitt des Zeitsignals mindestens umfassen, damit die enthaltene Signalenergie mindestens 99,9% der gesamten Signalenergie beträgt?

2. Lösungsweg

   - Bestimmung der Signalenergie im Frequenzbereich
     Da MATLAB algebraische Auswertungen nicht direkt unterstützt, muss zunächst die Integration in Gleichung (4.69) durchgeführt werden:

$$\mathcal{E}_X = \frac{1}{2\pi} \cdot \int_{-\pi}^{\pi} \left|X\left(e^{j\Omega}\right)\right|^2 = \frac{1}{2\pi} \int_{-\Omega_{gr}}^{\Omega_{gr}} d\Omega = \frac{1}{2\pi} [\Omega]_{-\Omega_{gr}}^{\Omega_{gr}} = \frac{\Omega_{gr}}{\pi}.$$

     Dieser Wert stellt die Referenz für die Berechnung der Signalenergie im Zeitbereich dar.

   - Bestimmung der Signalenergie im Zeitbereich
     Das zeitdiskrete Signal $x[n]$ erhält man mit Hilfe der inversen zeitdiskreten Fourier-Transformation

$$\begin{aligned}\frac{1}{2\pi} \int_{-\pi}^{\pi} X\left(e^{j\Omega}\right) e^{jn\Omega}\, d\Omega &= \frac{1}{2\pi} \int_{-\Omega_{gr}}^{\Omega_{gr}} e^{jn\Omega}\, d\Omega \\ &= \frac{\Omega_{gr}}{\pi} \frac{\sin(n\Omega_{gr})}{n\Omega_{gr}} \\ &= \frac{\Omega_{gr}}{\pi} \cdot \text{si}\left(n\Omega_{gr}\right).\end{aligned}$$

Das Ergebnis ist eine si-Folge, die ihr Maximum für $n = 0$ annimmt und für $n \to \pm\infty$ gegen 0 strebt, jedoch niemals kongruent 0 wird.

MATLAB stellt den Befehl `sinc` zur Verfügung. Es ist zu beachten, dass es sich bei `sinc(x)` um `sin(pi*x)./(pi*x)` handelt und nicht etwa um `sin(x)./x`.

Aufgrund des Konvergenzverhaltens erhält man die größtmögliche Signalenergie, wenn man Ausschnitte aus dem Zeitsignal symmetrisch zu $n = 0$ betrachtet. Man kann nun in MATLAB in einer Schleife solange den Ausschnitt verbreitern, bis die Abbruchbedingung, dass mindestens 99,9% der Gesamtsignalenergie im Ausschnitt enthalten sind, erreicht ist. Aufgrund der Symmetrie der si-Folge kann für die Näherung vereinfachend der Wert für positives n verdoppelt und akkumuliert werden. Der Ausschnitt umfasst damit immer eine ungerade Anzahl von Werten.

3. MATLAB-Programm

```
% Parsevalsches Theorem
clear; close all;

% Festlegung von Parametern
Omega_gr=pi/2;              % Grenzfrequenz des Rechtecks
frac_e=0.999;               % Schwellwert für Energie-Anteil der Näherung

% Exakte Bestimmung der Signalenergie im Frequenzbereich
E_X=Omega_gr/pi;

% Näherungsweise Bestimmung der Signalenergie im Zeitbereich
E_x=(Omega_gr/pi)^2;        % Initialisierung für n=0
n_i=0;                      % Anzahl der Schleifendurchläufe
while E_x<frac_e*E_X
  n_i=n_i+1;
  E_x=E_x+2*abs(Omega_gr/pi*sinc(n_i*Omega_gr/pi))^2; % Faktor 2 wg. Symm.
end
n=2*n_i+1;                  % Breite des Fensters
```

4. Darstellung der Lösung

```
Signalenergie (Referenzwert):      0.5000000000
Mindest-Signalenergie Näherung: 0.4995000000
Signalenergie Näherung:            0.4995033315
Breite des Ausschnitts:            407
```

5. Weitere Fragen und Untersuchungen

- Erhöhen Sie den Schwellwert `frac_e` für den Abbruch der Schleifenausführung (Beachte: `frac_e<1`). Beobachten Sie dabei die stark zunehmende Breite des Signal-Ausschnitts. Erhöhen Sie unter Umständen die

Zahl der Nachkommastellen bei der formatierten Ausgabe (z.B. `'%1.12f'` statt `'%1.10f'`). Beachten Sie jedoch auch die begrenzte Genauigkeit der numerischen Auswertung durch MATLAB.

- Verändern Sie den Wert $0 <$ `Omega_gr` $\leq \pi$ bei konstantem Schwellwert `frac_e`. Beachten Sie, dass mit größeren Werten der Anteil der Signalenergie in der Hauptkeule zunimmt, also immer schmalere Ausschnitte zum Erreichen des Schwellwertes genügen. Entsprechend steigt mit kleineren Werten von `Omega_gr` die erforderliche Anzahl von Summanden.
- Definieren Sie den Vektor `n_vec=[1:1000]`. Stellen Sie die Näherung der Signalenergie `E_x` als Funktion der Ausschnittsbreite `1+2*n_vec` dar. Die Berechnung kann analog zu der while-Schleife erfolgen, indem dort `n_vec` ersetzt wird. Die akkumulierten Werte `E_x` können in einer Schleife bestimmt werden oder mit Hilfe der MATLAB-Funktion `cumsum`. Stellen Sie das Ergebnis graphisch dar. Verifizieren Sie das Konvergenzverhalten, indem Sie die Konstante `E_X` in dieselbe Abbildung einzeichnen.

4.5.6 Leistungsdichtespektrum

Im Abschnitt 4.5.5 wurde die Energiekorrelationsfolge und deren Fourier-Transformierte, das Energiedichtespektrum, untersucht. Dabei wurden diskrete Energiesignale zugrunde gelegt. Stationäre stochastische Prozesse können gemäß Abschnitt 4.2.3 u. a. mit Hilfe der Autokorrelationsfolge $\mathrm{r}_{XX}[n]$ beschrieben werden. Die Fourier-Transformierte der Autokorrelationsfolge eines stationären Zufallsprozesses heißt *Leistungsdichtespektrum* (engl.: „power density spectrum“ oder kurz „power spectrum“)

$$\mathrm{r}_{XX}[n] \circ\!\!-\!\!\bullet \mathrm{S}_{XX}(\mathrm{e}^{\mathrm{j}\,\Omega}) = \sum_{n=-\infty}^{\infty} \mathrm{r}_{XX}[n]\,\mathrm{e}^{-\mathrm{j}\,n\Omega}\,. \tag{4.70}$$

Umgekehrt lässt sich die Autokorrelationsfolge $r_{X,X}[n]$ durch inverse Fourier-Transformation des Leistungsdichtespektrums berechnen:

$$\mathrm{r}_{XX}[n] = \frac{1}{2\pi}\int_{-\pi}^{\pi} \mathrm{S}_{XX}(\mathrm{e}^{\mathrm{j}\,\Omega})\,\mathrm{e}^{\mathrm{j}\,n\Omega}\,\mathrm{d}\Omega\,. \tag{4.71}$$

Die mittlere Signalleistung eines stationären diskreten Zufallssignals ist also einerseits $\mathrm{r}_{XX}[0]$, wie ein Vergleich der Gleichungen (4.33) und (4.35) ergibt und andererseits das auf eine Periode normierte Integral über das Leistungsdichtespektrum, d. h.:

$$\mathrm{r}_{XX}[0] = \frac{1}{2\pi}\int_{-\pi}^{\pi} \mathrm{S}_{XX}(\mathrm{e}^{\mathrm{j}\,\Omega})\,\mathrm{d}\Omega\,. \tag{4.72}$$

Anmerkung:
Ein Leistungsdichtespektrum kann nur für Leistungssignale und ein Energiedichtespektrum (vgl. Abschnitt 4.5.5) nur für Energiesignale berechnet werden.

Spektrale Leistungsdichte

Manchmal ist es nützlich, die spektrale Leistung bezogen auf 1 Hz Bandbreite anzugeben. Man definiert also:

$$\mathrm{P}_{XX}(\mathrm{e}^{\,\mathrm{j}\,\Omega}) = \frac{1}{2\pi}\,\mathrm{S}_{XX}(\mathrm{e}^{\,\mathrm{j}\,\Omega}) \quad \text{bzw.} \quad \mathrm{P}_{XX}(\mathrm{e}^{\,\mathrm{j}\,\omega T_\mathrm{A}}) = \frac{1}{\omega_\mathrm{A}}\,\mathrm{S}_{XX}(\mathrm{e}^{\,\mathrm{j}\,\omega T_\mathrm{A}})\,. \tag{4.73}$$

$\mathrm{P}_{XX}(\mathrm{e}^{\,\mathrm{j}\,\Omega})$ wird meist *spektrale Leistungsdichte* (engl.: „power spectral density“, abgekürzt: „PSD“) genannt[2].

Beispiel 4.1: Weißes Rauschen

Ein stochastischer Prozess $V[k]$, welcher speziell die beiden Eigenschaften

1. Beliebige aufeinander folgende Werte von $V[k]$ sind nicht miteinander korreliert.
2. Das Leistungsdichtespektrum des Prozesses ist konstant über Ω.

besitzt, wird (aufgrund seiner spektralen Eigenschaften) *weißer* Rauschprozess (kurz: *weißes Rauschen*) genannt.
Mit der ersten Eigenschaft, der Unkorreliertheit aufeinanderfolgender Werte, und Gleichung (4.30) ergibt sich für die Autokorrelationsfolge des weißen Rauschprozesses:

$$\mathrm{r}_{VV}[n] = \mathrm{E}\{V^*[k]\cdot V[k+n]\} = \begin{cases} 0 & \text{für} \quad n \neq 0 \\ \mathrm{E}\{|V[k]|^2\} & \text{für} \quad n = 0\,. \end{cases}$$

Für *mittelwertfreie* weiße Rauschprozesse, d. h. $\mathrm{E}\{V[k]\} = 0$, gilt mit Gleichung (4.22):

$$\mathrm{r}_{VV}[n] = \sigma_V^2 \cdot \delta[n]$$

und daraus mit Gleichung (4.70):

$$\mathrm{S}_{VV}(\mathrm{e}^{\,\mathrm{j}\,\Omega}) = \mathrm{r}_{VV}[0] = \sigma_V^2\,.$$

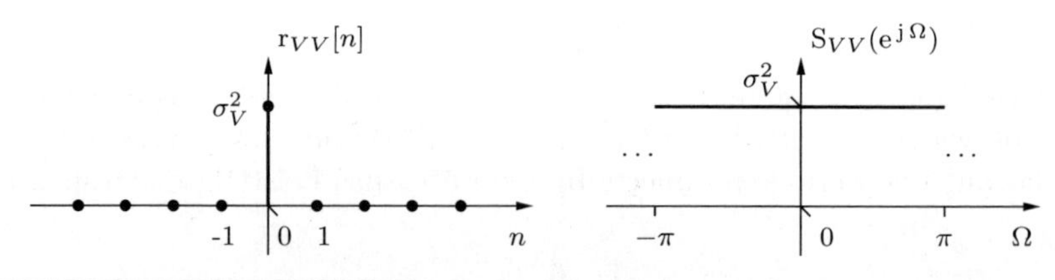

[2]Die Begriffe Leistungsdichtespektrum und spektrale Leistungsdichte werden in der Literatur nicht einheitlich verwendet; manche Autoren benutzen sie auch synonym.

4.6 Signalbeschreibung mit der Z-Transformation

Die *Z-Transformation* von diskreten Signalen kann als eine Erweiterung der zeitdiskreten Fourier-Transformation aufgefasst werden. Während die zeitdiskrete Fourier-Transformation ein diskretes Signal in Form einer Zahlenfolge als gewichtete Summe von komplexen Exponentialfunktionen der Form $\mathrm{e}^{\mathrm{j}\,\Omega}$ darstellt, verwendet die Z-Transformation komplexe Exponentialfunktionen $\mathrm{z} = r \cdot \mathrm{e}^{\mathrm{j}\,\Omega}$. Die Z-Transformierte einer Folge ist daher eine analytische Fortsetzung der zeitdiskreten Fourier-Transformierten vom Einheitskreis in die komplexe Zahlenebene.

Die Z-Transformation spielt bei zeitdiskreten Signalen die gleiche Rolle wie die Laplace-Transformation bei kontinuierlichen Signalen. Der Schritt von der zeitdiskreten Fourier-Transformation zur Z-Transformation dient ebenso wie bei der Laplace-Transformation zur Erschließung funktionentheoretischer Konzepte für die Beschreibung der Signale und Systeme. Dieses gilt insbesondere für die Rücktransformation mit einem Konturintegral, das mit Hilfe des Residuensatzes ausgewertet werden kann.

Da die Z-Transformation für die Beschreibung von diskreten Systemen von zentraler Bedeutung ist, werden die verschiedenen Aspekte der Z-Transformation im vorliegenden Abschnitt ausführlich behandelt. Schwerpunkte der Betrachtungen sind die Zusammenhänge der Z-Transformation zu den anderen bisher behandelten Transformationen, die Abgrenzung zwischen ein- und zweiseitiger Z-Transformation, Fragen der Konvergenz und eine breite Behandlung der Eigenschaften und Rechenregeln einschließlich der praktischen Rücktransformation.

4.6.1 Definition der Z-Transformation

Im Abschnitt 4.5 wurde die Fourier-Transformierte eines diskreten Signals definiert als

$$X(\mathrm{e}^{\mathrm{j}\,\Omega}) = \sum_{n=-\infty}^{\infty} x[n]\,\mathrm{e}^{-\mathrm{j}\,n\Omega}\,.$$

Diese Summe konvergiert, wenn $x[n]$ absolut summierbar ist. Um auch nicht absolut summierbare Folgen $x[n]$ transformieren zu können,[3] wird ein reeller Faktor r wie folgt in die Transformation eingeführt:

$$X(r \cdot \mathrm{e}^{\mathrm{j}\,\Omega}) = \sum_{n=-\infty}^{\infty} x[n]\; r^{-n} \cdot \mathrm{e}^{-\mathrm{j}\,n\Omega}\,. \tag{4.74}$$

[3] Dies kann, um nur ein Beispiel zu nennen, dann nützlich sein, wenn zwei Signale miteinander gefaltet werden sollen. Nach der Transformation besteht nämlich die Möglichkeit, die aufwendige Faltungsoperation über das Faltungstheorem in eine Multiplikation umzusetzen.

Wenn man r nun so wählt, dass $x[n] \cdot r^{-n}$ gerade absolut summierbar ist, d. h., dass gilt:

$$\sum_{n=-\infty}^{\infty} |x[n] \cdot r^{-n}| < \infty\,, \tag{4.75}$$

dann konvergiert die Summe in Gleichung (4.74) und $X(r \cdot \mathrm{e}^{\mathrm{j}\,\Omega})$ existiert. Mit der Abkürzung

$$\mathrm{z} = r \cdot \mathrm{e}^{\mathrm{j}\,\Omega} \tag{4.76}$$

wird aus der Gleichung (4.74) die Z-Transformation:

$$x[n] \circ\!\!\overset{\mathcal{Z}}{-\!\!\!-}\!\!\bullet\; X(\mathrm{z}) = \sum_{n=-\infty}^{\infty} x[n]\,\mathrm{z}^{-n}\,. \tag{4.77}$$

Sie wird auch als *zweiseitige Z-Transformation* bezeichnet, im Gegensatz zur *einseitigen Z-Transformation* (vgl. Abschnitt 4.6.7).

4.6.2 Konvergenz der Z-Transformation

Der oben eingeführte Faktor r spielt bei der Polarkoordinatendarstellung der komplexen Zahl z nach Gleichung (4.76) die Rolle des Radius. Die Z-Transformierte $X(\mathrm{z})$ existiert also für Werte von z, die in der Ebene der komplexen Zahlen auf solchen Radien um $\mathrm{z} = 0$ liegen, welche die Gleichung (4.75) erfüllen. Genauere Untersuchungen, z. B. in [OS99] zeigen, dass dieses sogenannte Konvergenzgebiet i. a. ein Ring in der z-Ebene ist. Selbstverständlich kann der Konvergenzbereich keine Unendlichkeitsstellen (Polstellen, kurz: Pole) von $X(\mathrm{z})$ enthalten.

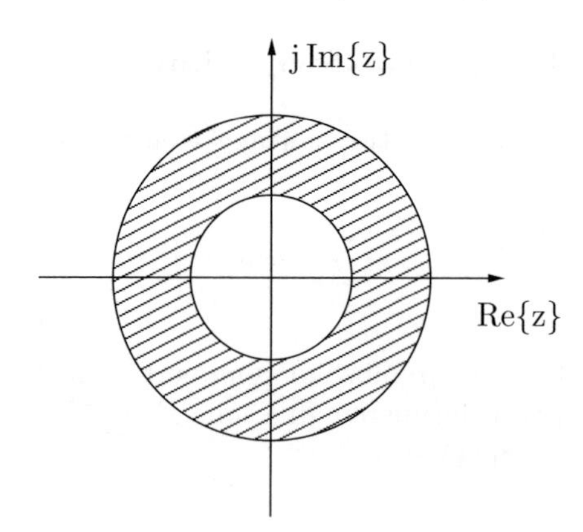

Bild 4.11: Konvergenzgebiet der Z-Transformation

Je nach dem zu transformierenden Signal $x[n]$ kann es dazu kommen, dass der kleinere Radius des Konvergenzgebietes null ist oder dass der größere Radius unendlich wird. Es kann auch sein, dass sich überhaupt kein r finden lässt, für welches die Summe in Gleichung (4.77) konvergiert; dann gibt es kein Konvergenzgebiet. Bei der zweiseitigen Z-Transformierten eines allgemeinen diskreten Signals ist die Angabe des Konvergenzgebietes unerlässlich, da sie ansonsten nicht eindeutig dem Signal zugeordnet werden kann. Falls der Einheitskreis $|z| = 1$ im Konvergenzgebiet von $X(z)$ liegt, so ist die Z-Transformierte von $x[n]$ für $z = e^{j\Omega}$ identisch mit der zeitdiskreten Fourier-Transformierten von $x[n]$.

Beispiel 4.2: Z-Transformation

Die Z-Transformierte der Folge

$$x[n] = a^{|n|} \quad \text{mit} \quad |a| < 1 \quad \text{und} \quad n = -\infty, \ldots, \infty$$

lässt sich unter Verwendung der Summenformel für die geometrische Reihe wie folgt berechnen:

$$\begin{aligned} X(z) = \sum_{n=-\infty}^{\infty} x[n]\, z^{-n} &= \sum_{n=-\infty}^{1} a^{-n}\, z^{-n} + \sum_{n=0}^{\infty} a^{n}\, z^{-n} \\ &= \frac{1}{1 - az} - 1 + \frac{1}{1 - a/z} \\ &= \frac{z\,(a - 1/a)}{(z - 1/a) \cdot (z - a)} \qquad \text{für} \quad |a| < |z| < \frac{1}{|a|} \,. \end{aligned}$$

$X(z)$ besitzt die beiden Pole $z_1 = a$ und $z_2 = 1/a$. Der Pol z_1 repräsentiert den Anteil von $x[n]$ für $n \geq 0$, der Pol z_2 denjenigen für $n < 0$. Das Konvergenzgebiet von $X(z)$ liegt in der z-Ebene außerhalb des Kreises $|z| = |z_1|$ und innerhalb des Kreises $|z| = |z_2|$. Die Kreise selbst gehören nicht zum Konvergenzgebiet.

Man beachte auch, dass die Folge $x[n] = a^{|n|}$ für $|a| \geq 1$ nirgends konvergiert.

Rationale Z-Transformierte

Die folgenden Konvergenzbetrachtungen beschränken sich auf die für die Technik wichtige Klasse von Signalen, deren Z-Transformierte innerhalb des Konvergenzgebietes eine rationale Funktion von z, d. h. ein Quotient zweier Polynome in z gemäß

$$X(z) = \frac{N(z)}{D(z)} \tag{4.78}$$

ist.

Für rationale Z-Transformierte sind neben der Form nach Gleichung (4.78) folgende weitere Darstellungsarten üblich:

- Die *Produktdarstellung*, gewonnen durch Zerlegung der Polynome $N(z)$ und $D(z)$ in ihre Nullstellen $z_{0,k}$ mit $k = 1, \ldots, M$ und $z_{\infty,k}$ mit $k = 1, \ldots, N$.

$$X(z) = C_0 \cdot \frac{(z - z_{0,1}) \cdot (z - z_{0,2}) \ldots (z - z_{0,M})}{(z - z_{\infty,1}) \cdot (z - z_{\infty,2}) \ldots (z - z_{\infty,N})} \tag{4.79}$$

- Die *Partialbruchdarstellung*, welche für den Fall von ausschließlich einfachen Polen $z_{\infty,k}$ und $M < N$ die Form

$$X(z) = \sum_{k=1}^{N} \frac{A_k}{z - z_{\infty,k}} \tag{4.80}$$

besitzt.

Im Falle von $M \geq N$ wird zunächst eine Polynomdivision $(N(z) \div D(z))$ durchgeführt, bis der Grad des Restzählers kleiner als der Grad von $D(z)$ geworden ist. Dadurch ergibt sich ein Vorlaufpolynom $K(z)$ vom Grad $M - N$. Dann kann der Quotient aus Restzähler und $D(z)$ wie im Fall $M < N$ zerlegt werden. Das Ergebnis hat dann die Form:

$$X(z) = K(z) + \sum_{k=1}^{N} \frac{A_k}{z - z_{\infty,k}} \tag{4.81}$$

Im Falle von mehrfachen Polen sind entsprechende Potenzen der Partialbrüche in Gleichung (4.80) anzusetzen. Ist beispielsweise $z_{\infty,j}$ ein m-facher Pol von $X(z)$, dann wird aus Gleichung (4.81)

$$X(z) = K(z) + \sum_{k=1, k \neq j}^{N-m} \frac{A_k}{z - z_{\infty,k}} + \sum_{i=1}^{m} \frac{B_i}{(z - z_{\infty,j})^i}. \tag{4.82}$$

Konvergenz der Z-Transformation rechtsseitiger Signale

Das Konvergenzgebiet der Z-Transformierten von den in der Praxis wichtigen *rechtsseitigen* Signalen, also von denjenigen Signalen, die für $n < n_0$ mit $n_0 < \infty$ verschwinden, liegt im Bereich $|z| > \max_k |z_{\infty,k}|$.

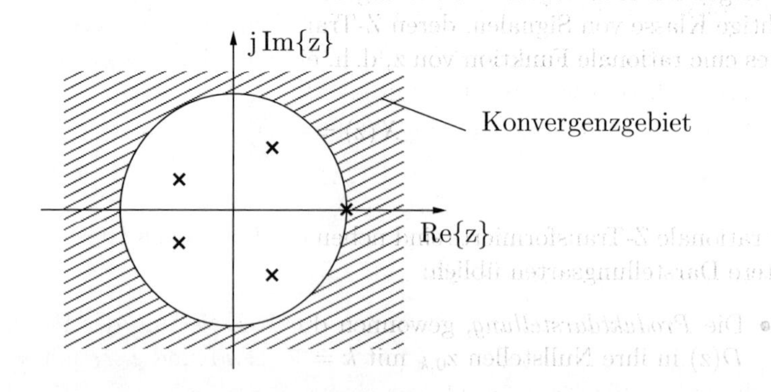

Bild 4.12: Konvergenzgebiet von rechtsseitigen Signalen

Wie Bild 4.12 zeigt, ist dies der Bereich außerhalb des Kreises durch den betragsgrößten Pol von $X(\mathrm{z})$. Man beachte, dass man das Konvergenzgebiet von Z-Transformierten von rechtsseitigen Signalen im Gegensatz zu den Z-Transformierten von allgemeinen Signalen nicht explizit angeben muss, da es aus $X(\mathrm{z})$ durch Berechnung der Pole gewonnen werden kann (vgl. Beispiel 4.3).
Ferner beachte man, dass die Z-Transformierte von rechtsseitigen Signalen dann identisch mit der zeitdiskreten Fourier-Transformierten von $x[n]$ ist, wenn alle Pole von $X(\mathrm{z})$ innerhalb des Einheitskreises der z-Ebene liegen. Damit ist nämlich gewährleistet, dass der Einheitskreis im Konvergenzgebiet liegt.

Beispiel 4.3: Z-Transformation eines rechtsseitigen Signals

Das rechtsseitige Signal $x[n] = a^n \cdot \epsilon[n]$ besitzt die rationale Z-Transformierte

$$X(\mathrm{z}) = \sum_{n=-\infty}^{\infty} a^n \, \epsilon[n] \, \mathrm{z}^{-n} = \sum_{n=0}^{+\infty} a^n \, \mathrm{z}^{-n} = \frac{1}{1 - a/\mathrm{z}} = \frac{\mathrm{z}}{\mathrm{z} - a}\,.$$

Das Konvergenzgebiet von $X(\mathrm{z})$ ergibt sich während der Berechnung von $X(\mathrm{z})$ und zwar aus der Bedingung $|a/\mathrm{z}| < 1$ für die Gültigkeit der Summenformel der geometrischen Reihe. Da es sich bei diesem Konvergenzgebiet aber um dasjenige einer Z-Transformierten eines *rechtsseitigen* Signals handelt, kann es auch durch Ermittlung des betragsgrößten Poles, hier $\mathrm{z} = a$, gewonnen werden. Also konvergiert $X(\mathrm{z})$ im Bereich

$$|\mathrm{z}| > |a|\,.$$

4.6.3 Eigenschaften und Rechenregeln

Linearität

Wenn $X_1(\mathrm{z})$ und $X_2(\mathrm{z})$ die Z-Transformierten von $x_1[n]$ und $x_2[n]$ sind, so gilt:

$$a\,x_1[n] + b\,x_2[n] \circ\!\!-\!\!\bullet\, a\,X_1(\mathrm{z}) + b\,X_2(\mathrm{z})\,. \tag{4.83}$$

Hierbei ist jedoch zu beachten, dass die Konvergenzgebiete von $X_1(\mathrm{z})$, von $X_2(\mathrm{z})$ und von der Linearkombination $aX_1(\mathrm{z}) + bX_2(\mathrm{z})$ i. a. verschieden sind. Das Konvergenzgebiet der Linearkombination besteht jedoch *mindestens* aus dem Schnittgebiet der beiden einzelnen Konvergenzgebiete [OS99].

Zeitverschiebung

Mit

$$x[n] \circ\!\!-\!\!\bullet\, X(\mathrm{z})$$

gilt für das zeitverschobene Signal

$$x[n - n_0] \circ\!\!-\!\!\bullet\, \mathrm{z}^{-n_0} X(\mathrm{z})\,. \tag{4.84}$$

Das Konvergenzgebiet von $X(\mathrm{z})$ bleibt bis auf die Stellen $\mathrm{z} = 0$ und $\mathrm{z} = \infty$ erhalten. Die erwähnten Stellen können unter Umständen, je nach Wert von n_0, zum Konvergenzgebiet hinzukommen oder wegfallen.

Zeitumkehr

Gilt

$$x[n] \circ\!\!-\!\!\bullet X(\mathrm{z})$$

dann gilt auch

$$x[-n] \circ\!\!-\!\!\bullet X(1/\mathrm{z}) . \tag{4.85}$$

Das Konvergenzgebiet wird hierbei invertiert, d. h. wenn $r_1 < |\mathrm{z}| < r_2$ das Konvergenzgebiet von $X(\mathrm{z})$ ist, dann ist $1/r_2 < |\mathrm{z}| < 1/r_1$ das Konvergenzgebiet von $X(1/\mathrm{z})$.

Multiplikation mit einer Exponentialfolge

Gilt

$$x[n] \circ\!\!-\!\!\bullet X(\mathrm{z})$$

dann gilt auch

$$a^n x[n] \circ\!\!-\!\!\bullet X(\mathrm{z}/a) , \tag{4.86}$$

wobei a komplexwertig sein kann. Die Multiplikation von $x[n]$ mit einer Exponentialfolge a^n entspricht also einer Skalierung mit dem Faktor $1/a$ der komplexen Variablen im z-Bereich. Das Konvergenzgebiet von $X(\mathrm{z}/a)$ erhält man durch Multiplikation der ursprünglichen Konvergenzradien r_1 und r_2 mit dem Faktor $|a|$.

Konjugiert komplexe Folge

Gilt

$$x[n] \circ\!\!-\!\!\bullet X(\mathrm{z})$$

dann gilt auch

$$x^*[n] \circ\!\!-\!\!\bullet X^*(\mathrm{z}^*) \tag{4.87}$$

mit dem gleichen Konvergenzbereich wie $X(\mathrm{z})$.

4.6.4 Faltungstheorem und Fenstertheorem

Die Z-Transformierte der Faltungssumme aus Gleichung (4.41) lautet:

$$y[n] = x_1[n] * x_2[n] \circ\!\!-\!\!\bullet Y(\mathrm{z}) = X_1(\mathrm{z}) \cdot X_2(\mathrm{z}) . \tag{4.88}$$

Dies ist das Faltungstheorem der Z-Transformation. Das Konvergenzgebiet von $Y(\mathrm{z})$ besteht *mindestens* aus dem Schnittgebiet der Konvergenzgebiete von $X_1(\mathrm{z})$ und $X_2(\mathrm{z})$ [OS99].

Das Fenstertheorem der Z-Transformation gibt an, wie die Z-Transformierte des Produktes zweier Folgen aus den Z-Transformierten der Einzelfolgen zu berechnen ist. Es lautet:

$$y[n] = x_1[n] \cdot x_2[n] \circ\!\!-\!\!\bullet\, Y(\mathrm{z}) = \frac{1}{2\pi \mathrm{j}} \oint_C X_1(\zeta) \cdot X_2(\mathrm{z}/\zeta)\, \zeta^{-1}\, \mathrm{d}\zeta\,, \tag{4.89}$$

wobei die Kontur C des Integrals im Schnittgebiet der Konvergenzgebiete von $X_1(\zeta)$ und $X_2(\mathrm{z}/\zeta)$ liegen muss. Diese Art der Verknüpfung im z-Bereich wird auch *komplexe Faltung* genannt. Das Konvergenzgebiet von $Y(\mathrm{z})$ umfasst mindestens das Gebiet $r_{11}r_{21} < |\mathrm{z}| < r_{12}r_{22}$, wenn $r_{11} < |\mathrm{z}| < r_{12}$ das Konvergenzgebiet von $X_1(\mathrm{z})$ und $r_{21} < |\mathrm{z}| < r_{22}$ dasjenige von $X_2(\mathrm{z})$ beschreibt [OS99]. Liegt der Einheitskreis der z-Ebene im Konvergenzgebiet von $Y(\mathrm{z})$, dann erhält man das Fenstertheorem der zeitdiskreten Fourier-Transformation durch Auswertung des Integrals in Gleichung (4.89) auf dem Einheitskreis, d. h. durch die Substitutionen $\zeta \to \mathrm{e}^{\mathrm{j}\,\theta}$ und $\mathrm{z} \to \mathrm{e}^{\mathrm{j}\,\Omega}$ und Integration entlang des Einheitskreises.
Die Herleitung des Faltungs- und Fenstertheorems kann ganz analog zu den entsprechenden Theoremen in Abschnitt 4.5.4 erfolgen.

4.6.5 Parsevalsches Theorem

Betrachtet wird die Z-Transformierte des Produktes $x[n] \cdot x^*[n] = |x[n]|^2$; sie lautet definitionsgemäß:

$$Y(\mathrm{z}) = \sum_{n=-\infty}^{\infty} x[n]\, x^*[n] \cdot \mathrm{z}^{-n} = \sum_{n=-\infty}^{\infty} |x[n]|^2 \cdot \mathrm{z}^{-n}\,.$$

Mit dem Fenstertheorem aus Gleichung (4.89) und mit Gleichung (4.87) kann diese Z-Transformierte aber auch wie folgt berechnet werden:

$$Y(\mathrm{z}) = \frac{1}{2\pi \mathrm{j}} \oint_C X(\zeta) \cdot X^*(\mathrm{z}^*/\zeta^*)\, \zeta^{-1}\, \mathrm{d}\zeta\,.$$

Setzt man diese beiden Ausdrücke für $Y(\mathrm{z})$ im Spezialfall $\mathrm{z} = 1$ gleich, dann erhält man das *Parsevalsche Theorem* der Z-Transformation:

$$\sum_{n=-\infty}^{\infty} |x[n]|^2 = \frac{1}{2\pi \mathrm{j}} \oint_C X(\zeta) \cdot X^*(1/\zeta^*)\, \zeta^{-1}\, \mathrm{d}\zeta\,. \tag{4.90}$$

Es ist zu beachten, dass die oben erfolgte Betrachtung des Spezialfalles $\mathrm{z} = 1$ nur erfolgen darf, wenn das Konvergenzgebiet von $Y(\mathrm{z})$ den Einheitskreis der z-Ebene beinhaltet. Die Voraussetzung hierfür ist i. a., dass das Konvergenzgebiet von $X(\mathrm{z})$ und damit auch das reziprok dazu liegende Konvergenzgebiet von $X^*(1/\zeta^*)$ den Einheitskreis enthalten. Somit kann die Auswertung des Integrals in Gleichung (4.90) zur Ermittlung der Signalenergie im z-Bereich einerseits auf dem Einheitskreis erfolgen, was direkt zum Parsevalschen Theorem nach Gleichung (4.69) führt. Andererseits erlaubt es die Gleichung (4.90) aber auch, die Signalenergie von $x[n]$ mit Hilfe des Residuensatzes zu ermitteln.

4.6.6 Inverse Z-Transformation

Zur Umkehrung der mit Gleichung (4.77) definierten Z-Transformation, d. h. zur Gewinnung von $x[n]$ aus $X(\mathrm{z})$, stehen eine Reihe von Methoden zur Verfügung, die je nach Aufbau der Funktion $X(\mathrm{z})$ unterschiedlich aufwendig sind. In diesem Abschnitt sollen die drei wichtigsten Verfahren vorgestellt werden.

Umkehrintegral

Das Umkehrintegral kann aus der Definitionsgleichung (4.77) der Z-Transformation hergeleitet werden, indem man beide Seiten dieser Gleichung mit z^{n-1} multipliziert und entlang eines geschlossenen, im Gegenuhrzeigersinn orientierten Weges integriert. Der Integrationsweg muss dabei den Ursprung der z-Ebene umschließen und vollständig im Konvergenzbereich von $X(\mathrm{z})$ liegen. Anschließend wendet man den *Integralsatz von Cauchy* [BS99] an und erhält:

$$x[n] = \frac{1}{2\pi \mathrm{j}} \oint_C X(\mathrm{z})\, \mathrm{z}^{n-1} \mathrm{d}\mathrm{z} \,. \tag{4.91}$$

Das Umlaufintegral, Gleichung (4.91), lässt sich mit Hilfe des *Residuensatzes* [BS99] berechnen:

$$x[n] = \sum_{k=1}^{N_1} \mathrm{Res}\{X(\mathrm{z})\, \mathrm{z}^{n-1}\}\big|_{\mathrm{z}=\mathrm{z}_{\infty,k}} \,. \tag{4.92}$$

Das bedeutet, dass die Residuen von $X(\mathrm{z})\,\mathrm{z}^{n-1}$ an allen *innerhalb von* C liegenden Unendlichkeitsstellen $\mathrm{z}_{\infty,k}$ von $X(\mathrm{z})\,\mathrm{z}^{n-1}$ zu addieren sind.
Die Gleichungen (4.91) und (4.92) können prinzipiell für alle $X(\mathrm{z})$ mit einem Konvergenzbereich zur Durchführung der inversen Z-Transformation verwendet werden. Für *nichtrationale* Funktionen in z ist die Bestimmung der Residuen jedoch oft sehr schwierig. Ist $X(\mathrm{z})\,\mathrm{z}^{n-1}$ allerdings eine *rationale Funktion* in z, dann können ihre Residuen an den Stellen $\mathrm{z}_{\infty,k}$ wie folgt gewonnen werden:

$$\mathrm{Res}\{X(\mathrm{z})\, \mathrm{z}^{n-1}\}\big|_{\mathrm{z}=\mathrm{z}_{\infty,k}} = \frac{1}{(m-1)!} \Big(\frac{\mathrm{d}^{(m-1)}\chi(\mathrm{z})}{\mathrm{d}\,\mathrm{z}^{m-1}}\Big)\Big|_{\mathrm{z}=\mathrm{z}_{\infty,k}} \,. \tag{4.93}$$

Hierbei ist

$$\chi(\mathrm{z}) = X(\mathrm{z})\, \mathrm{z}^{n-1} \cdot (\mathrm{z} - \mathrm{z}_{\infty,k})^m \tag{4.94}$$

und $\mathrm{z}_{\infty,k}$ eine m-fache Polstelle.

Beispiel 4.4: Z-Rücktransformation mit dem Umkehrintegral

In diesem Beispiel soll mit Hilfe des Umkehrintegrals aus der Z-Transformierten $X(\mathrm{z}) = \frac{\mathrm{z}}{\mathrm{z}-a}$ mit dem Konvergenzbereich $|\mathrm{z}| > a$ das zugehörige Signal $x[n]$ berechnet werden.
Das Umkehrintegal lautet gemäß Gleichung (4.91):

$$x[n] = \frac{1}{2\pi \mathrm{j}} \oint_C \frac{\mathrm{z}}{\mathrm{z}-a}\, \mathrm{z}^{n-1} \mathrm{d}\mathrm{z} = \frac{1}{2\pi \mathrm{j}} \oint_C \frac{\mathrm{z}^n}{\mathrm{z}-a}\, \mathrm{d}\mathrm{z} \,,$$

wobei der Weg C im Konvergenzbereich von $X(\mathrm{z})$, also in $|\mathrm{z}| > a$ liegen muss.
Dieses Integral soll mit Gleichung (4.92) ausgewertet werden. Für Werte $n \geq 0$ besitzt der Integrand nur einen einfachen Pol bei $\mathrm{z}_{\infty,1} = a$, also innerhalb von C. Das Residuum des Integranden an der Polstelle ergibt sich mit Gleichung (4.93) zu:

$$\mathrm{Res}\{\frac{\mathrm{z}^n}{\mathrm{z}-a}\}_{|\mathrm{z}=\mathrm{z}_{\infty,k}} = \frac{\mathrm{z}^n}{\mathrm{z}-a} \cdot (\mathrm{z}-\mathrm{z}_{\infty,1})_{|\mathrm{z}=\mathrm{z}_{\infty,1}} = a^n .$$

Für negative Werte von n besitzt der Integrand einen einfachen Pol bei $\mathrm{z}_{\infty,1} = a$ und einen n-fachen Pol bei $\mathrm{z}_{\infty,1} = 0$. Alle Pole liegen innerhalb von C, d. h. ihre Residuen müssten gemäß Gleichung (4.92) berechnet werden. In solchen Fällen ist es oft einfacher durch die Variablensubstitution $\mathrm{z} = \zeta^{-1}$ und eine Multiplikation mit -1 die Gleichung (4.91) so umzuformen, dass sich nach Anwendung des Residuensatzes folgender Ausdruck ergibt:

$$x[n] = \sum_{k=1}^{N_2} \mathrm{Res}\{X(1/\zeta) \cdot \zeta^{-n-1}\}_{|\zeta=\zeta_{\infty,k}} .$$

Das bedeutet, dass die Residuen von $X(1/\zeta) \cdot \zeta^{-n-1}$ an allen *innerhalb von* C' liegenden Unendlichkeitsstellen $\zeta_{\infty,k}$ von $X(1/\zeta) \cdot \zeta^{1n-1}$ zu addieren sind. Hierbei ist C' ein Kreis um $\zeta = 0$ in der ζ-Ebene mit dem Radius r^{-1}, wenn C ein Kreis in der z-Ebene mit dem Radius r war. Aus den Polen von $X(\mathrm{z})$, die außerhalb des Weges C lagen, werden durch die Substitution Pole, die innerhalb von C' liegen, und umgekehrt. Da im vorliegenden Beispiel außerhalb von C keine Pole von $X(\mathrm{z})$ vorhanden waren gibt es nach der Substitution keine Pole von $X(1/\zeta)$ innerhalb von C'. Der Faktor ζ^{-n-1} liefert für $n < 0$ auch keine Pole innerhalb von C' so dass offensichtlich die Summe der Residuen an den Polstellen und damit $x[n]$ null ist.
Insgesamt lautet also das Ergebnis der Rücktransformation mit dem Umkehrintegral:

$$x[n] = a^n \cdot \epsilon[n] .$$

Man vergleiche hierzu das Beispiel 4.3.

Rücktransformation über Partialbruchentwicklung

Ebenso wie bei der Laplace-Transformation kann die inverse Z-Transformation über die Partialbruchentwicklung der rationalen Z-Transformierten erfolgen. Dazu soll zunächst angenommen werden, dass der Zählergrad der Z-Transformierten $X(\mathrm{z})$ kleiner ist als der Nennergrad und dass $X(\mathrm{z})$ nur einfache Pole besitzt. Damit gilt die Partialbruchentwicklung nach Gleichung (4.80) mit den Koeffizienten

$$A_k = \left((\mathrm{z}-\mathrm{z}_{\infty,k}) \cdot X(\mathrm{z})\right)_{|\mathrm{z}=\mathrm{z}_{\infty,k}} . \qquad (4.95)$$

Mit dem Ergebnis aus Beispiel 4.3 und dem Zeitverschiebungssatz Gleichung (4.84) kann zu jedem Partialbruch in Gleichung (4.80) eine Teilfolge angegeben werden:

$$\frac{A_k}{\mathrm{z}-\mathrm{z}_{\infty,k}} = A_k \cdot \mathrm{z}^{-1} \frac{\mathrm{z}}{\mathrm{z}-\mathrm{z}_{\infty,k}} \bullet\!\!-\!\!\circ A_k\, \mathrm{z}_{\infty,k}^{n-1}\, \epsilon[n-1] . \qquad (4.96)$$

Der bei der Erweiterung mit z entstandene Faktor z^{-1} wirkt sich im Zeitbereich als eine Verzögerung der Exponentialfolge um ein Taktintervall aus. Wegen der Linearität der Z-Transformation können alle Teilfolgen summiert werden, so dass der Z-Transformierten nach Gleichung (4.80) das folgende rücktransformierte Signal zugeordnet werden kann:

$$X(\mathrm{z}) \bullet\!\!-\!\!\circ\, x[n] = \sum_{k=1}^{N} A_k \, \mathrm{z}_{\infty,k}^{n-1} \, \epsilon[n-1] \,. \tag{4.97}$$

Beispiel 4.5: Z-Rücktransformation mit Partialbruchentwicklung

Die rationale Funktion

$$X(\mathrm{z}) = \frac{3\mathrm{z} - 2}{\mathrm{z}^2 - 1{,}4\mathrm{z} + 0{,}48}$$

hat je einen Pol bei $z_{\infty,1} = 0{,}6$ und $z_{\infty,2} = 0{,}8$. Die Partialbruchzerlegung dieser Z-Transformierten lautet:

$$X(\mathrm{z}) = \frac{1}{\mathrm{z} - 0{,}6} + \frac{2}{\mathrm{z} - 0{,}8} \,.$$

Mit MATLAB kann die Partialbruchzerlegung durch den Befehl `residue()` gewonnen werden. Im vorliegenden Beispiel liefert

```
[A,z_infty,K]=residue([3, -2],[1, -1.4, 0.48]);
```

im Vektor `A` die Partialbruchkoeffizienten A_k, im Vektor `z_infty` die Pole $\mathrm{z}_{\infty,k}$ und im Vektor `K` nichts. Im Falle $M \geq N$ würden im Vektor `K` die Koeffizienten des Vorlaufpolynoms $K(\mathrm{z})$ stehen.
$X(\mathrm{z})$ führt mit Gleichung (4.96) auf die rücktransformierte Folge

$$x[n] = (0{,}6^{n-1} + 2 \cdot 0{,}8^{n-1}) \cdot \epsilon[n-1] \,.$$

Im Falle von Z-Transformierten mit $M \geq N$ ergibt sich nach Gleichung (4.81) ein Vorlaufpolynom $K(\mathrm{z})$, welches sich gemäß der Korrespondenz

$$\begin{aligned} K(\mathrm{z}) = & k_{M-N}\, \mathrm{z}^{M-N} + \ldots + k_1\, \mathrm{z} + k_0 \\ & \bullet\!\!-\!\!\circ \\ & k_{M-N}\, \delta[n+M-N] + \ldots + k_1\, \delta[n+1] + k_0\, \delta[n] \end{aligned} \tag{4.98}$$

zurücktransformieren lässt. Die genannte Korrespondenz erhält man durch einen Koeffizientenvergleich von $K(\mathrm{z})$ mit der Definitionsgleichung der Z-Transformation, Gleichung (4.77).

Im Falle von Z-Transformierten mit mehrfachen Polen ist die Partialbruchentwicklung nach Gleichung (4.82) zu verwenden. Darin tauchen auch Partialbrüche mit mehrfachen Polen auf. Ohne Herleitung wird hier die Korrespondenz

$$\frac{\mathrm{z}^m}{(\mathrm{z} - \mathrm{z}_{\infty,k})^m} \bullet\!\!-\!\!\circ \frac{(n+m-1)!}{n!(m-1)!} \, \mathrm{z}_{\infty,k}^{n} \cdot \epsilon[n] \tag{4.99}$$

angegeben [Cad87], mit der solche Partialbrüche in den Zeitbereich transformiert werden können.

Diese Methode der Rücktransformation ist im Gegensatz zum Umkehrintegral mathematisch nicht besonders anspruchsvoll, sie lässt sich jedoch nur für rationale $X(\mathrm{z})$ anwenden.

Rücktransformation durch Potenzreihenentwicklung

Entwickelt man eine Z-Transformierte $X(\mathrm{z})$ in Potenzen von z,

$$X(\mathrm{z}) = \sum_{i=-\infty}^{\infty} \alpha_i \, \mathrm{z}^i \,, \tag{4.100}$$

so zeigt ein Vergleich mit Gleichung (4.77), dass die Entwicklungskoeffizienten α_i gleich den Signalwerten $x[n]$ sind:

$$x[n] = \alpha_i \big|_{i=-n} \,. \tag{4.101}$$

Der Vorteil des Verfahrens besteht darin, dass es nicht nur für rationale $X(\mathrm{z})$ anwendbar ist, sein Nachteil ist, dass es meist keine geschlossene Lösung für $x[n]$ liefert.
Bei rationalen Z-Transformierten kann die Potenzreihenentwicklung durch fortgesetzte Polynomdivision gewonnen werden.

Beispiel 4.6: Z-Rücktransformation mit Potenzreihenentwicklung

Gesucht ist die Folge $x[n]$, die durch inverse Z-Transformation aus der Z-Transformierten

$$X(\mathrm{z}) = \frac{\mathrm{z}^4 - 0{,}4\,\mathrm{z}^3 + 0{,}08\,\mathrm{z}^2 + 2{,}08\,\mathrm{z} - 1{,}52}{\mathrm{z}^2 - 1{,}4\,\mathrm{z} + 0{,}48}$$

hervorgeht.
Die fortgesetzte Polynomdivision liefert

$$X(\mathrm{z}) = \mathrm{z}^2 + \mathrm{z} + 1 + 3\,\mathrm{z}^{-1} + 2{,}2\,\mathrm{z}^{-2} + 1{,}64\,\mathrm{z}^{-3} + 1{,}24\,\mathrm{z}^{-4} + \frac{\dots}{\mathrm{z}^2 - 1{,}4\,\mathrm{z} + 0{,}48}$$

und nach einem Koeffizientenvergleich mit Gleichung (4.77)

$$x[n] = \delta[n+2] + \delta[n+1] + \delta[n] + 3\,\delta[n-1] + 2{,}2\,\delta[n-2] + 1{,}64\,\delta[n-3] + 1{,}24\,\delta[n-4] + \dots$$

Man wird die Polynomdivision irgendwann abbrechen, z. B. wenn der gesuchte Folgenwert $x[n_1]$ ermittelt worden ist oder wenn die Folgenwerte $x[n]$ sehr klein geworden sind. Stattdessen kann man die Polynomdivision aber auch an der Stelle abbrechen, an der der Zählergrad erstmals kleiner als der Nennergrad geworden ist. Dies liefert

$$X(\mathrm{z}) = \mathrm{z}^2 + \mathrm{z} + 1 + \frac{3\,\mathrm{z} - 2}{\mathrm{z}^2 - 1{,}4\,\mathrm{z} + 0{,}48}$$

und entspricht der Methode der Rücktransformation durch Partialbruchentwicklung für $M \geq N$.

4.6.7 Einseitige Z-Transformation

Die *einseitige Z-Transformation* ist definiert als:

$$X(\mathrm{z}) = \sum_{n=0}^{\infty} x[n]\,\mathrm{z}^{-n} \tag{4.102}$$

$$\bullet\!\!-\!\!\circ$$

$$x[n] = \frac{1}{2\pi \mathrm{j}} \int_{r_R \mathrm{e}^{-\mathrm{j}\pi}}^{r_R \mathrm{e}^{\mathrm{j}\pi}} X(\mathrm{z})\,\mathrm{z}^{n-1}\,\mathrm{dz} \qquad \text{für} \quad n \geq 0\,. \tag{4.103}$$

Sie bezieht im Gegensatz zur im Abschnitt 4.6.1 eingeführten zweiseitigen Z-Transformation nur die im Bereich $n \geq 0$ liegenden Werte von $x[n]$ in die Berechnung von $X(\mathrm{z})$ ein. Für Folgen mit

$$x[n] = 0 \qquad \text{für} \quad n < 0 \tag{4.104}$$

liefern die ein- und die zweiseitige Z-Transformation demnach das gleiche Ergebnis. Für die einseitige Z-Transformation gelten die Konvergenzeigenschaften der zweiseitigen Z-Transformation von rechtsseitigen Folgen sinngemäß. Hervorzuheben ist der in diesem Fall besonders einfache Zusammenhang zwischen dem Konvergenzbereich und den Polstellen der Z-Transformierten.
Da für Signale in der Praxis meist die Gleichung (4.104) gilt, findet dort fast immer die einseitige Z-Transformation Anwendung.

4.7 Diskrete Fourier-Transformation (DFT)

In den Abschnitten 4.5 und 4.6 wurden die Fourier-Transformation und die Z-Transformation eingeführt. Bei beiden Transformationen werden i. a. unendlich lange diskrete Signale in kontinuierliche Funktionen von Ω bzw. z transformiert. Auf einem Digitalrechner können jedoch weder unendlich lange diskrete Signale noch kontinuierliche Funktionen unmittelbar verarbeitet werden. Vielmehr werden dort sowohl im Zeit- als auch im Frequenzbereich endlich lange Folgen benötigt. Die *diskrete Fourier-Transformation* ist eine auf solche Belange hin abgewandelte Fourier-Transformation für *finite* diskrete Signale.
Wegen der großen praktischen Bedeutung der DFT wurden eine Vielzahl von Algorithmen zur effizienten Berechnung der DFT auf digitalen Signalverarbeitungsanlagen entwickelt. Einer dieser unter der englischen Bezeichnung Fast Fourier Transform (FFT) bekannt gewordenen Algorithmen soll im Abschnitt 4.7.7 vorgestellt werden.

4.7.1 Herleitung und Definition der DFT

Zur Herleitung der DFT wird ein finites Signal $x_N[n]$ entsprechend Gleichung (4.16)

$$x[n] = \breve{x}_N[n] = \begin{cases} x_N[n] & \text{für } n = 0{,}1,\ldots,N-1 \\ 0 & \text{sonst} \end{cases}$$

in ein Signal $x[n]$ umgewandelt welches seinerseits mit der Fourier-Transformation in den Frequenzbereich überführt wird:

$$\begin{aligned} X(\mathrm{e}^{\,\mathrm{j}\,\Omega}) &= \sum_{n=-\infty}^{\infty} x[n]\,\mathrm{e}^{\,-\mathrm{j}\,n\Omega} \\ &= \sum_{n=0}^{N-1} x_N[n]\,\mathrm{e}^{\,-\mathrm{j}\,n\Omega}\,. \end{aligned}$$

Die in Ω periodische kontinuierliche Funktion $X(\mathrm{e}^{\,\mathrm{j}\,\Omega})$ wird nun in der ersten Periode, also im Intervall $\Omega \in [0{,}2\pi)$ an den N äquidistanten Stellen $\Omega_k = k \cdot \frac{2\pi}{N}$, mit $k = 0{,}1,\ldots,(N-1)$ betrachtet, also:

$$X(\mathrm{e}^{\,\mathrm{j}\,k\frac{2\pi}{N}}) = \sum_{n=0}^{N-1} x_N[n]\,\mathrm{e}^{\,-\mathrm{j}\,nk\frac{2\pi}{N}} \qquad ; \quad k = 0{,}1,\ldots,N-1\,.$$

Mit diesem Ergebnis liegt eine endlich lange Folge vor, welche als ein finites diskretes Signal im Frequenzbereich aufgefasst werden kann und als $X_N[k] = X(\mathrm{e}^{\,\mathrm{j}\,k\frac{2\pi}{N}})$ bezeichnet werden soll. Die Abbildung 4.13 zeigt den Vorgang der DFT-Herleitung graphisch.

Mit der Abkürzung

$$\mathrm{W}_N = \mathrm{e}^{\,-\mathrm{j}\,\frac{2\pi}{N}} \tag{4.105}$$

ergibt sich die Definitionsgleichung der diskreten Fourier-Transformation:

$$X_N[k] = \sum_{n=0}^{N-1} x_N[n]\,\mathrm{W}_N^{nk} \qquad ; \quad k = 0{,}1,\ldots,N-1\,. \tag{4.106}$$

Der Zusammenhang zwischen $x_N[n]$ und $X_N[k]$ über die N-Punkte-DFT nach Gleichung (4.106) wird wie folgt symbolisch dargestellt:

$$x_N[n] \overset{N}{\circ\!\!-\!\!\bullet} X_N[k]\,. \tag{4.107}$$

Über die *inverse diskrete Fourier-Transformation* (IDFT)

$$x_N[n] = \frac{1}{N} \sum_{k=0}^{N-1} X_N[k]\,\mathrm{W}_N^{-nk} \qquad ; \quad n = 0{,}1,\ldots,N-1 \tag{4.108}$$

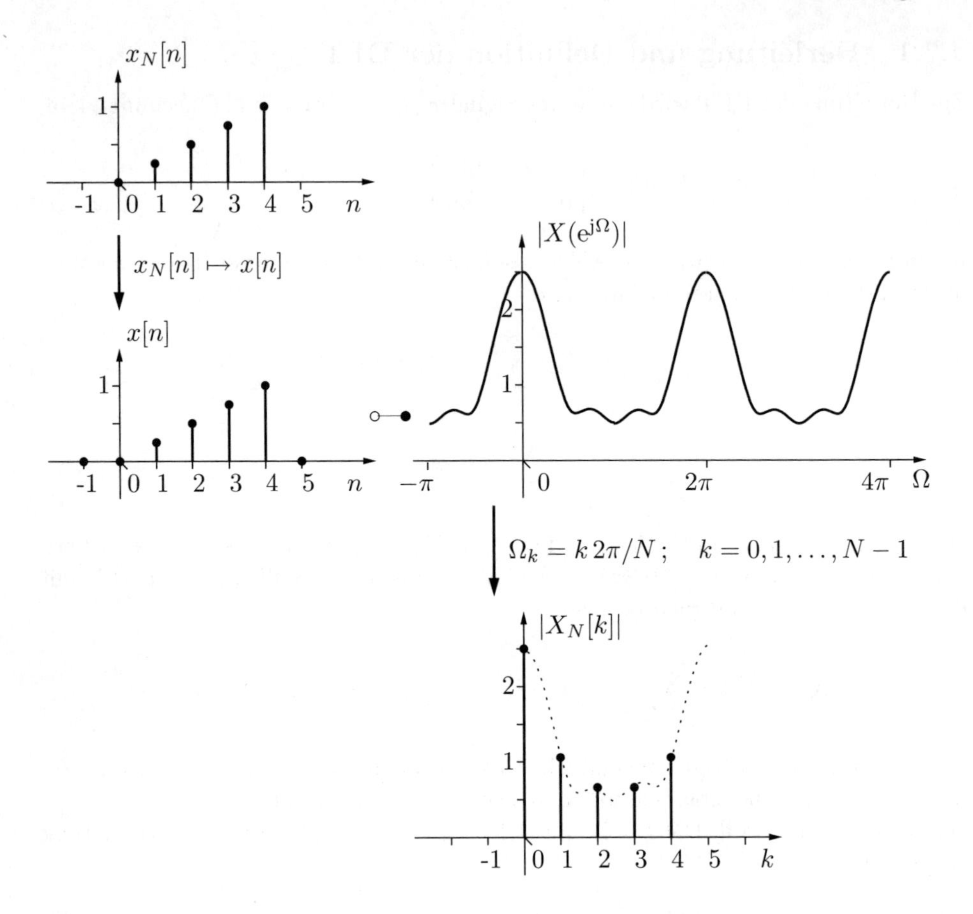

Bild 4.13: Zur Herleitung der DFT

lässt sich das finite Signal $x_N[n]$ aus den N Werten von $X_N[k]$ eindeutig zurückgewinnen. Die Richtigkeit dieser Rücktransformationsformel kann durch Einsetzen der Gleichung (4.108) in die Gleichung (4.106) bestätigt werden:

$$
\begin{aligned}
X_N[k] &= \sum_{n=0}^{N-1} \left(\frac{1}{N} \sum_{m=0}^{N-1} X_N[m]\, \mathrm{W}_N^{-nm} \right) \mathrm{W}_N^{nk} \\
&= \frac{1}{N} \sum_{m=0}^{N-1} X_N[m] \cdot \sum_{n=0}^{N-1} \mathrm{W}_N^{n(k-m)} \\
&= \frac{1}{N} \sum_{m=0}^{N-1} X_N[m] \cdot N\,\delta[k-m] = X_N[k] \qquad \checkmark\,.
\end{aligned}
$$

Hierbei wurde die Beziehung (A.2) aus Anhang B benutzt.

In MATLAB liefert der Befehl `X=fft(x)` die DFT des Vektors `x`, wobei die Länge von `x` als DFT-Länge gewählt wird. Soll genau eine N-Punkte-DFT berechnet werden, so lautet der Befehl `X=fft(x,N)`. Falls der Vektor `x` kürzer als N ist, dann führt MATLAB automatisch Zero-padding durch, falls `x` länger als N ist, dann verwendet MATLAB nur die ersten N Werte von `x` zur Berechnung der DFT.

4.7.2 Eigenschaften der DFT

Linearität

Gilt für zwei finite Signale der Länge N:

$$x_{N,1}[n] \overset{N}{\circ\!\!-\!\!\bullet} X_{N,1}[k] \quad \text{und} \quad x_{N,2}[n] \overset{N}{\circ\!\!-\!\!\bullet} X_{N,2}[k]$$

so gilt:

$$a\,x_{N,1}[n] + b\,x_{N,2}[n] \overset{N}{\circ\!\!-\!\!\bullet} a\,X_{N,1}[k] + b\,X_{N,2}[k]\,. \tag{4.109}$$

Sind die ursprünglichen finiten Signale zunächst nicht gleich lang, so muss das kürzere durch Anhängen von Nullen (Zero-padding) auf die Länge des anderen Signals gebracht werden.

Zirkulare Verschiebung

Im Abschnitt 4.5.2 wurde u. a. die Auswirkung der Verschiebung eines diskreten Signals auf seine Fourier-Transformierte betrachtet. Da die DFT auf finite Signale $x_N[n]$ angewandt wird, welche gemäß Gleichung (4.11) im Bereich $0 \le n \le (N-1)$ liegen, kommt hier die *zirkulare* oder *zyklische* Verschiebung in Betracht. Das um den Wert $m \in \mathbb{Z}$ zirkular verschobene finite Signal ist definiert als:

$$x_N[(n-m) \bmod N] \qquad \text{mit} \quad n = 0{,}1,\ldots,N-1\,. \tag{4.110}$$

In Bild 4.14 ist die zirkulare Verschiebung eines finiten Signals der Länge $N=5$ um den Wert $m=2$ graphisch dargestellt.

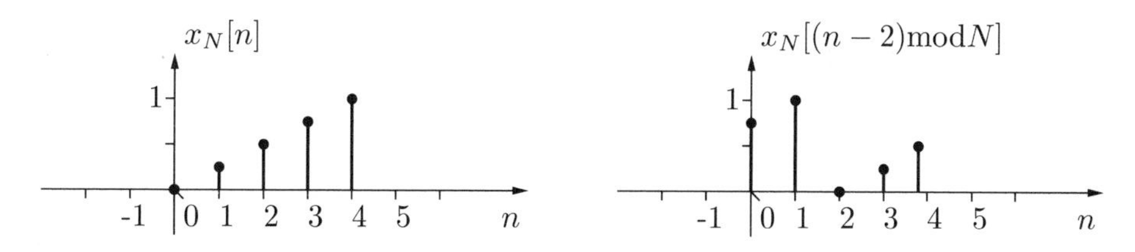

Bild 4.14: Beispiel für eine zirkulare Verschiebung

Erfolgt eine Verschiebung um einen Wert $m > (N-1)$ oder $m < 0$ so entspricht sie wegen der Modulo-Rechnung in Gleichung (4.110) genau einer Verschiebung aus dem Bereich $0 \leq m \leq (N-1)$.
Die DFT der Folge $x_N[n]$ lautet

$$X_N[k] = \sum_{n=0}^{N-1} x_N[n]\, \mathrm{W}_N^{nk} \qquad ; \quad k = 0,1,\ldots,N-1\,.$$

Die DFT der zirkular verschobenen Folge ergibt sich zu:

$$\begin{aligned} x_N[(n-m) \bmod N] \;&\overset{N}{\circ\!\!-\!\!\bullet}\; \sum_{n=0}^{N-1} x_N[(n-m) \bmod N]\, \mathrm{W}_N^{nk} \\ &\overset{N}{\circ\!\!-\!\!\bullet}\; \sum_{\ell=0}^{N-1} x_N[\ell]\, \mathrm{W}_N^{\ell k} \cdot \mathrm{W}_N^{mk}\,. \end{aligned}$$

Hierbei wurde die Substitution $\ell = (n-m) \bmod N$ benutzt, sowie die Periodizität von $\mathrm{W}_N^{n} = \mathrm{e}^{-\mathrm{j}\,2\pi \frac{n}{N}}$ mit der Periodenlänge N. Außerdem wurde nach der Substitution die Summationsreihenfolge so umgestellt, dass sie wie üblich bei $\ell = 0$ beginnt. Damit lautet die Verschiebungseigenschaft der DFT:

$$\begin{aligned} x_N[(n-m) \bmod N] \;&\overset{N}{\circ\!\!-\!\!\bullet}\; \mathrm{W}_N^{mk} \cdot X_N[k] \\ \text{wobei:} \qquad & n,k = 0,1,\ldots,N-1\,. \end{aligned} \tag{4.111}$$

Multipliziert man das finite Signal $x_N[n]$ für $n = 0,1,\ldots,(N-1)$ mit der Exponentialfolge

$$\mathrm{W}_N^{-mn} = \mathrm{e}^{\mathrm{j}\,2\pi \frac{mn}{N}} \qquad ; \quad m \in \mathbb{Z}$$

und bildet die DFT des Produktes, so ergibt sich mit den gleichen Überlegungen wie oben:

$$\begin{aligned} \mathrm{W}_N^{mn} \cdot x_N[n] \;&\overset{N}{\circ\!\!-\!\!\bullet}\; X_N[(k-m) \bmod N] \\ \text{wobei:} \qquad & n,k = 0,1,\ldots,N-1\,. \end{aligned} \tag{4.112}$$

Zirkulare Invertierung

Gilt

$$x_N[n] \;\overset{N}{\circ\!\!-\!\!\bullet}\; X_N[k]$$

so gilt

$$\begin{aligned} x_N[(-n) \bmod N] \;&\overset{N}{\circ\!\!-\!\!\bullet}\; X_N[(-k) \bmod N] \\ \text{wobei:} \qquad & n,k = 0,1,\ldots,N-1\,, \end{aligned} \tag{4.113}$$

d. h., wird ein finites Signal zirkular invertiert, so ist die zugehörige DFT ebenfalls zirkular invertiert. Dies kann durch Einsetzen in die Gleichung (4.106) gezeigt werden.

Dualität

Gilt

$$x_N[n] \overset{N}{\circ\!\!-\!\!\bullet} X_N[k]$$

so gilt

$$X_N[n] \overset{N}{\circ\!\!-\!\!\bullet} N\, x_N[(-k) \bmod N] \tag{4.114}$$

$$\text{wobei:} \qquad n,k = 0,1,\ldots,N-1\,.$$

Dies ist die *Dualitätseigenschaft* der DFT; sie kann ebenfalls durch Einsetzen in die Gleichung (4.106) gezeigt werden.

DFT der konjugiert komplexen Folge

Für die DFT der konjugiert komplexen Folge $x_N^*[n]$ gilt:

$$\sum_{n=0}^{N-1} x_N^*[n]\, \mathrm{W}_N^{nk} = \sum_{n=0}^{N-1} x_N^*[n]\, \left(\mathrm{W}_N^{n(-k)}\right)^* = X_N^*[(-k) \bmod N]\,,$$

wegen der Periodizität von W_N^n.

Daher: Gilt

$$x_N[n] \overset{N}{\circ\!\!-\!\!\bullet} X_N[k]$$

so gilt

$$x_N^*[n] \overset{N}{\circ\!\!-\!\!\bullet} X_N^*[(-k) \bmod N] \tag{4.115}$$

$$\text{wobei:} \qquad n,k = 0,1,\ldots,N-1\,.$$

Symmetrieeigenschaften

Wenn $x_N[n]$ *reellwertig* ist, dann gilt $x_N[n] = x_N^*[n]$. Die DFT von $x_N[n]$ lautet definitionsgemäß $X_N[k]$. Die DFT von $x_N^*[n]$ ergibt sich mit Gleichung (4.115) zu $X_N^*[(-k) \bmod N]$. Damit gilt: Ist $x_N[n]$ reellwertig, dann folgt

$$X_N[k] = X_N^*[(-k) \bmod N]\,, \tag{4.116}$$

d. h. die DFT eines reellwertigen Signals weist eine *zirkular-konjugierte* Symmetrie auf. Anders ausgedrückt bedeutet Gleichung (4.116):

$$\mathrm{Re}\{X_N[k]\} = \mathrm{Re}\{X_N[(-k) \bmod N]\} \tag{4.117}$$

$$\mathrm{Im}\{X_N[k]\} = -\mathrm{Im}\{X_N[(-k) \bmod N]\}\,. \tag{4.118}$$

Der *zirkular-gerade* Anteil von $x_N[n]$ ist definiert als:

$$x_{N,g}[n] = \frac{1}{2}\big(x_N[n] + x_N[(-n) \bmod N]\big)\,. \tag{4.119}$$

Die DFT von $x_{N,g}[n]$ lautet unter Berücksichtigung der Gleichungen (4.113) und (4.116):

$$\frac{1}{2}\big(x_N[n] + x_N[(-n) \bmod N]\big)$$

$$\circ\!\!-\!\!\bullet_N$$

$$\frac{1}{2}\big(X_N[k] + X_N[(-k) \bmod N]\big)$$

$$= \frac{1}{2}\big(X_N[k] + X_N^*[k]]\big) = \mathrm{Re}\{X[k]\}\,,$$

also:

$$x_{N,g}[n] \overset{N}{\circ\!\!-\!\!\bullet} \mathrm{Re}\{X[k]\}\,. \tag{4.120}$$

Der *zirkular-ungerade* Anteil von $x_N[n]$ ist definiert als:

$$x_{N,u}[n] = \frac{1}{2}\big(x_N[n] - x_N[(-n) \bmod N]\big)\,. \tag{4.121}$$

Für diesen gilt:

$$x_{N,u}[n] \overset{N}{\circ\!\!-\!\!\bullet} \mathrm{j}\cdot\mathrm{Im}\{X[k]\}\,. \tag{4.122}$$

Periodische Fortsetzbarkeit bei der DFT

Gemäß ihrer Herleitung in Abschnitt 4.7.1 ist die DFT der finiten Folge $x_N[n]$ eine finite Folge von N Werten. Diese liegen in äquidistanten Frequenzabständen auf der ersten Periode derjenigen zeitdiskreten Fourier-Transformierten $X(\mathrm{e}^{\mathrm{j}\,\Omega})$, welche zu der entsprechend Gleichung (4.16) aus $x_N[n]$ gewonnenen Fensterfolge $\breve{x}_N[n]$ gehört. Wird nun in der DFT-Definitionsgleichung (4.106) einfach der Index k auf den Bereich $(-\infty,\infty)$ ausgedehnt, so ergibt sich wegen der Periodizität von W_N^{nk} die Folge $\tilde{X}_N[k]$, welche ebenso wie W_N^{nk} periodisch in k mit der Periodenlänge N ist.

$$\tilde{X}_N[k] = \sum_{n=0}^{N-1} x_N[n]\,\mathrm{W}_N^{nk} \qquad ; \quad -\infty < k < \infty\,. \tag{4.123}$$

$\tilde{X}_N[k]$ ist die „Abtastung" der oben erwähnten zeitdiskreten Fourier-Transformierten $X(\mathrm{e}^{\,\mathrm{j}\,\Omega})$ der zu $x_N[n]$ gehörenden Fensterfolge $\breve{x}_N[n]$ an den Stellen $\Omega_k = k2\pi/N$ mit $-\infty < k < \infty$.

Da W_N^{-nk} in Gleichung (4.108) auch periodisch in n mit der Periodenlänge N ist, lässt sich die IDFT wie folgt erweitern:

$$\tilde{x}_N[n] = \frac{1}{N} \sum_{k=0}^{N-1} X_N[k]\, \mathrm{W}_N^{-nk} \qquad ; \quad -\infty < n < \infty\,. \tag{4.124}$$

Die Folge $\tilde{x}_N[n]$ ist die periodische Fortsetzung der finiten Folge $x_N[n]$.

MATLAB-Projekt 4.K DFT bei zirkular verschobenen Signalen

1. Aufgabenstellung

   Das finite Signal $x_N[n] = \mathrm{e}^{\,-0{,}4\cdot n}$ mit $n = 0{,}1,\ldots,N{-}1$ und $N = 11$ soll um $m = 7$ zirkular verschoben werden. Für das Originalsignal und für das verschobene Signal soll die DFT berechnet und ihr Betrag dargestellt werden.

   Außerdem soll das Originalsignal zirkular invertiert und der Betrag der zugehörigen DFT dargestellt werden.

2. MATLAB-Programm

```
% DFT bei zirkular verschobenen Signalen
clear; close all;

% Festlegung von Parametern
N = 11;                     % Signallänge, DFT-Länge
m = 7;                      % Verschiebung

% Finites Signal, Originalsignal
n = [0:N-1];                % Folgenindizes der Signale
x_N = exp(-0.4*n);          % Berechnung von x_N[n]

% Berechnungen
% ... der zirkularen Verschiebung von x_N[n]
x_Nm = circshift(x_N,[0,m]);
% ... der zirkularen Invertierung von x_N[n]
x_Ni = circshift(fliplr(x_N),[0,1]);

% ... der DFTs der Signale
X_N = fft(x_N,N);           % DFT von x_N
X_Nm = fft(x_Nm,N);         % DFT von x_Nm
X_Ni = fft(x_Ni,N);         % DFT von x_Ni
```

3. Darstellung der Lösung

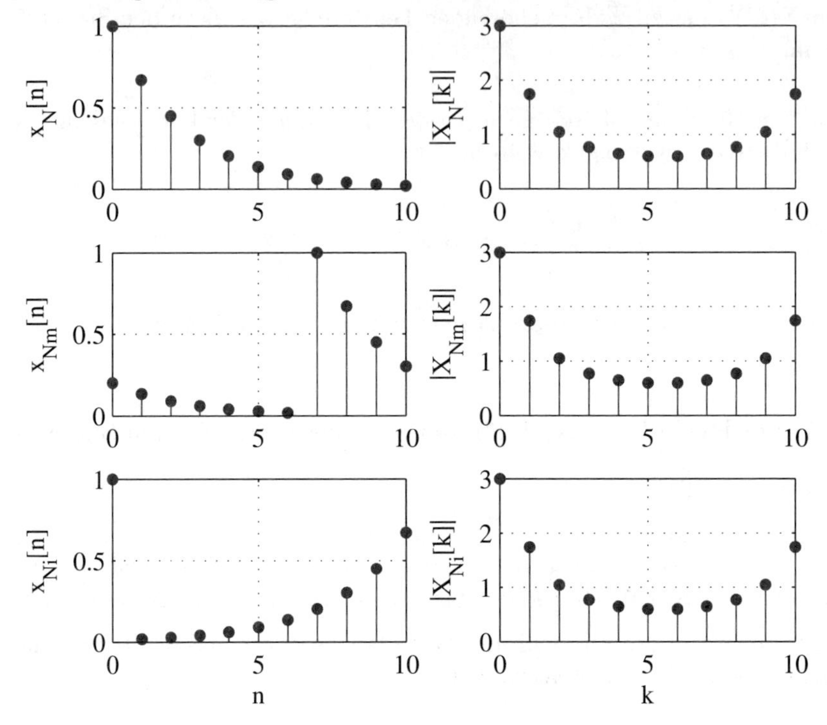

4. Weitere Fragen und Untersuchungen

- Ändern Sie die Zeitverschiebung `m` (auch deren Vorzeichen) und beobachten Sie die Ergebnisse.
- Machen Sie sich klar, was eine zirkulare Invertierung einer Folge, auch derjenigen im Frequenzbereich, bedeutet und weshalb die DFT der zirkular invertierten Zeitbereichsfolge den gleichen Betragsverlauf wie die beiden anderen hat.
- Welche Eigenschaft muss die Originalfolge besitzen, damit sich der Betragsverlauf der dritten DFT von den ersten beiden DFT-Betragsverläufen unterscheidet?

4.7.3 Faltungs- und Fenstertheorem der DFT

Das im Abschnitt 4.5.4 behandelte Faltungstheorem für allgemeine diskrete Signale besagt, dass die lineare Faltung zweier Signale im Zeitbereich einer Multiplikation der Fourier-Transformierten dieser Signale im Frequenzbereich entspricht (vgl. Gleichung (4.65). Für *finite* diskrete Signale wurde im Abschnitt 4.4.2 die zyklische

Faltung definiert. Es soll nun gezeigt werden, dass die zyklische Faltung zweier finiter diskreter Signale im Zeitbereich einer Multiplikation der beiden zugehörigen DFT-Folgen entspricht, also dass gilt:

$$y_N[n] = x_{N,1}[n] \overset{N}{\circledast} x_{N,2}[n] \overset{N}{\circ\!\!-\!\!\bullet} Y_N[k] = X_{N,1}[k] \cdot X_{N,2}[k]\,. \tag{4.125}$$

Ausgehend von der Definition der DFT von $y_N[n]$ erhält man mit Gleichung (4.45):

$$\begin{aligned} Y_N[k] &= \sum_{n=0}^{N-1} y_N[n]\,\mathrm{W}_N^{nk} \qquad ; \quad k = 0,1,\ldots,N-1 \\ &= \sum_{n=0}^{N-1}\sum_{m=0}^{N-1} x_{N,1}[m]\,x_{N,2}[(n-m) \bmod N]\,\mathrm{W}_N^{nk} \\ &= \sum_{m=0}^{N-1} x_{N,1}[m] \sum_{n=0}^{N-1} x_{N,2}[(n-m) \bmod N]\,\mathrm{W}_N^{nk}\,. \end{aligned}$$

Mit der Verschiebungseigenschaft der DFT (Gleichung (4.111)) ergibt sich weiter:

$$\begin{aligned} Y_N[k] &= \sum_{m=0}^{N-1} x_{N,1}[m]\,\mathrm{W}_N^{mk} \cdot X_{N,2}[k] \\ &= X_{N,1}[k] \cdot X_{N,2}[k]\,. \end{aligned}$$

Damit ist das Faltungstheorem der DFT bewiesen.
Ebenso, wie es für allgemeine diskrete Signale neben dem Faltungstheorem ein Fenstertheorem gibt, gibt es auch für finite diskrete Signale ein Fenstertheorem. Es lautet:

$$y_N[n] = x_{N,1}[n] \cdot x_{N,2}[n] \overset{N}{\circ\!\!-\!\!\bullet} Y_N[k] = \frac{1}{N} X_{N,1}[k] \overset{N}{\circledast} X_{N,2}[k]\,. \tag{4.126}$$

Der Beweis kann durch Einsetzen von $Y_N[k]$ in Gleichung (4.108) geführt werden.

4.7.4 Mittlere Signalleistung finiter Signale

In Anlehnung an die Definitionen im Abschnitt 4.3 wird die Signalenergie eines *finiten* Signals $x_N[n]$ definiert als

$$\mathcal{E}_{x,N} = \sum_{n=0}^{N-1} |x_N[n]|^2 \tag{4.127}$$

und seine mittlere Signalleistung als

$$\mathcal{P}_{x,N} = \frac{1}{N} \sum_{n=0}^{N-1} |x_N[n]|^2\,. \tag{4.128}$$

Um nun eine Art Parsevalsches Theorem für finite Signale herzuleiten, setzt man die IDFT-Definitionsgleichung (4.108) in Gleichung (4.127) ein, wobei zunächst $|x_N[n]|^2 = x_N[n] \cdot x_N^*[n]$ verwendet wird. Dies liefert

$$\mathcal{E}_{x,N} = \frac{1}{N^2} \sum_{n=0}^{N-1} \sum_{k=0}^{N-1} \sum_{m=0}^{N-1} X_N[k] X_N^*[m] \, \mathrm{W}^{n(k-m)} \, .$$

Mit Hilfe der Gleichung (A.2) aus Anhang B erhält man daraus schließlich

$$\sum_{n=-0}^{N-1} |x_N[n]|^2 = \frac{1}{N} \sum_{k=-0}^{N-1} |X_N[k]|^2 \, . \tag{4.129}$$

Analog zu den Parsevalschen Theoremen der zeitdiskreten Fourier-Transformation und der Z-Transformation erlaubt Gleichung (4.129) die Berechnung der Signalenergie von - hier - *finiten* Signalen im Zeit- und Frequenzbereich.
Für die mittlere Signalleistung ergibt sich natürlich:

$$\frac{1}{N} \sum_{n=-0}^{N-1} |x_N[n]|^2 = \frac{1}{N^2} \sum_{k=-0}^{N-1} |X_N[k]|^2 \, . \tag{4.130}$$

Anmerkung:
Wird statt des in der Literatur üblichen DFT-Paares, Gln. (4.106) und (4.108), die sogenannte *orthonormale DFT*, d.h.

$$X_{N,\mathrm{ortho}}[k] = \frac{1}{\sqrt{N}} \sum_{n=0}^{N-1} x_N[n] \, \mathrm{W}_N^{nk} \qquad ; \quad k = 0,1,\ldots,N-1$$

$$x_N[n] = \frac{1}{\sqrt{N}} \sum_{k=0}^{N-1} X_{N,\mathrm{ortho}}[k] \, \mathrm{W}_N^{-nk} \qquad ; \quad n = 0,1,\ldots,N-1$$

verwendet, so ergibt sich für die mittlere Signalleistung die symmetrische Beziehung

$$\frac{1}{N} \sum_{n=-0}^{N-1} |x_N[n]|^2 = \frac{1}{N} \sum_{k=-0}^{N-1} |X_{N,\mathrm{ortho}}[k]|^2 \, .$$

mit der sich $\mathcal{P}_{x,N}$ über die gleiche Formel im Zeit- und im Frequenzbereich berechnen lässt.

4.7.5 Leistungsdichtespektrum für finite Signale

Da finite Signale als Leistungs- und als Energiesignale aufgefasst werden können (vgl. Abschnitt 4.3), kann für sie sowohl ein Energiedichte- als auch ein Leistungsdichtespektrum angegeben werden. Der Zusammenhang lautet:

$$\mathrm{S}_{N,xx}^{\mathrm{E}}[k] = N \cdot \mathrm{S}_{N,xx}[k] \, . \tag{4.131}$$

Entsprechend Gleichung (4.67) und mit Gleichung (4.131) wird das Leistungsdichtespektrum des finiten Signals $x_N[n]$ definiert als

$$\mathrm{S}_{N,xx}[k] = \frac{1}{N} \cdot |X_N[k]|^2 \,, \tag{4.132}$$

wobei $X_N[k]$ die diskrete Fourier-Transformierte von $x_N[n]$ ist. Die im Abschnitt 4.5.6 definierte spektrale Leistungsdichte lautet für finite Signale:

$$\mathrm{P}_{N,xx}[k] = \frac{1}{2\pi} \cdot \mathrm{S}_{N,xx}[k] \,, \tag{4.133}$$

und kann in MATLAB mit dem Befehl `periodiogram(x_N,[],'twosided')` berechnet werden.

$\mathrm{S}_{N,xx}[k]$ und $\mathrm{P}_{N,xx}[k]$ stellen die einfachsten Möglichkeiten der *Spektralschätzung* dar. Bei der Spektralschätzung handelt es sich um die Aufgabe, eine Schätzung für das Leistungsdichtespektrum $\mathrm{S}_{XX}(\mathrm{e}^{\,\mathrm{j}\,\Omega})$ bzw. die spektrale Leistungsdichte $\mathrm{P}_{XX}(\mathrm{e}^{\,\mathrm{j}\,\Omega})$ (siehe Abschnitt 6.7) eines stochastischen Prozesses auf der Grundlage einer *endlich langen* Messung *einer* Musterfolge zu ermitteln.

Die IDFT des Leistungsdichtespektrums für finite Signale liefert die Autokorrelationsfolge für finite Signale, eine *zyklische Korrelation.*

$$\mathrm{S}_{N,xx}[k]$$

$$\bullet\!\!-\!\!\circ_N$$

$$\mathrm{r}_{N,xx}[n] = \frac{1}{N} \sum_{m=0}^{N-1} x_N^*[m]\, x_N[(n+m) \bmod N] \,; \quad n = 0,1,\ldots,N-1 \tag{4.134}$$

MATLAB-Projekt 4.L Zyklische Korrelation

1. Aufgabenstellung

   Im MATLAB-Projekt 4.D wurde die Funktion `cycconv` erstellt. Dementsprechend soll nun, als Ergänzung zur MATLAB-Funktion `xcorr` die Funktion `cycxcorr` geschrieben werden.

   Bezüglich der Besonderheiten bei der Erstellung einer Funktion wird auf die Anmerkungen zum o. g. MATLAB-Projekt „Zyklische Faltung“ hingewiesen.

2. MATLAB-Programm

```
function c = cycxcorr(a,b)
%CYCXCORR Cyclic or circular cross-correlation.
%   C = CYCXCORR(A, B) correlates vectors A and B, both having
%   the same length N. The resulting vector has also length N.
```

```
%
%   See also the MATLAB-function XCORR for linear cross-correlation.

na = length(a);
nb = length(b);

if na ~= prod(size(a)) | nb ~= prod(size(b))
  error('A and B must be vectors.');
end

if size(a) ~= size(b)
  error('Vector dimensions must agree.');
end

% Cyclic correlation
N=na;              % length of A and B
sa=size(a);
if sa(1)==1        % row vector
   c=zeros(1,N);
else               % column vector
   c=zeros(N,1);
end

for n = 0:(N-1)
   for k = 0:(N-1)
      c(n+1) = c(n+1) + (conj(a(k+1))*b(mod(n+k,N)+1));
   end
end
c=c/N;
```

3. Weitere Fragen und Untersuchungen

   - Siehe MATLAB-Projekt 4.M.

MATLAB-Projekt 4.M Leistungsdichtespektrum für finite Signale

1. Aufgabenstellung

   Ein finites, stochastisches Signal soll erzeugt werden. Anschließend sollen

   - seine zyklische Autokorrelationsfolge (AKF) nach Gleichung (4.134), z. B. mit der Funktion aus dem MATLAB-Projekt 4.L,

   und

   - sein Leistungsdichtespektrum (LDS) auf dreierlei verschiedene Arten, nämlich erstens als DFT der zyklischen AKF, zweitens gemäß Gleichung (4.132) und drittens mit Hilfe des Befehls `periodogram` unter Berücksichtigung von Gleichung (4.133) berechnet werden.

Das Maximum des Betrags der Unterschiede zwischen den drei Ergebnissen der Berechnung des LDS soll ermittelt werden.

Dann soll das erzeugte finite Signal als „Fensterinhalt“ eines unendlich langen zeitdiskreten Fenstersignals aufgefasst und, mittels des Befehls `xcorr`, der „Fensterinhalt“ der *linearen* AKF nach Gleichung (4.33) gewonnen werden. Außerdem soll dessen Leistungsdichtespektrum nach Gleichung (4.70) berechnet werden, wozu die Funktion `dtft` aus dem MATLAB-Projekt 4.E herangezogen werden kann. In dem Diagramm für dieses Leistungsdichtespektrum soll auch der Mittelwert über Ω dieses Leistungsdichtespektrums dargestellt werden.

2. MATLAB-Programm

```
% LDS für finite Signale
clear; close all;

% Festlegung von Parametern
N = 32;                     % Länge des finiten Signals
K = 1000;                   % Konstante zur Berechnung des Abstandes der
                            % Frequenzstützpunkte
n = 0:(N-1);                % Zeitstützpunkte für das Signal

% Berechnungen
x = randn(1,N);             % Finites Signal

% ... AKF und LDS des finiten Signals
r_N = cycxcorr(x,x);        % Zyklische Korrelation, s.a. entspr. ML-Projekt
S_N = fft(r_N, N);          % DFT der finiten AKF

% ... alternative Berechnungen des LDS des finiten Signals
S_N_alt1 = (1/N)*abs(fft(x,N)).^2;
S_N_alt2 = (2*pi)*periodogram(x,[],N,'twosided');
% Berechnung der maximalen Abweichungen
delta_max1 = max(abs(S_N-S_N_alt1));
delta_max2 = max(abs(S_N-transpose(S_N_alt2)));


% Verschiebung der rechten Hälfte der Folgen r_N und S_N nach links um ihre
% Darstellung vergleichbar mit derjenigen von r und S (s.u.) zu machen.
r_N = fftshift(r_N);
S_N = fftshift(S_N);

% ... Auffassung des finiten Signals als "Fensterinhalt" eines Fenstersig.
r = xcorr(x,'biased');          % Autokorrelationsfolge des Fenstersignals
[S,Omega] = dtft(r,-(N-1));     % LDS als zeitdiskrete Fouriertransformierte
                                % der AKF.
S = real(S);                    % Numerisch bedingten, verschwindend kleinen
                                % Imaginärteil entfernen (zur Vermeidung von
                                % Matlab-Warnmeldungen)
S_mean = mean(S)*ones(1,length(Omega)); % Berechnung des Mittelwertes von
                                        % S über Omega.
```

3. Darstellung der Lösung

```
MAX|S_N - S_N_alt1|      = 0.00000
MAX|S_N - S_N_alt2|      = 0.00000
```

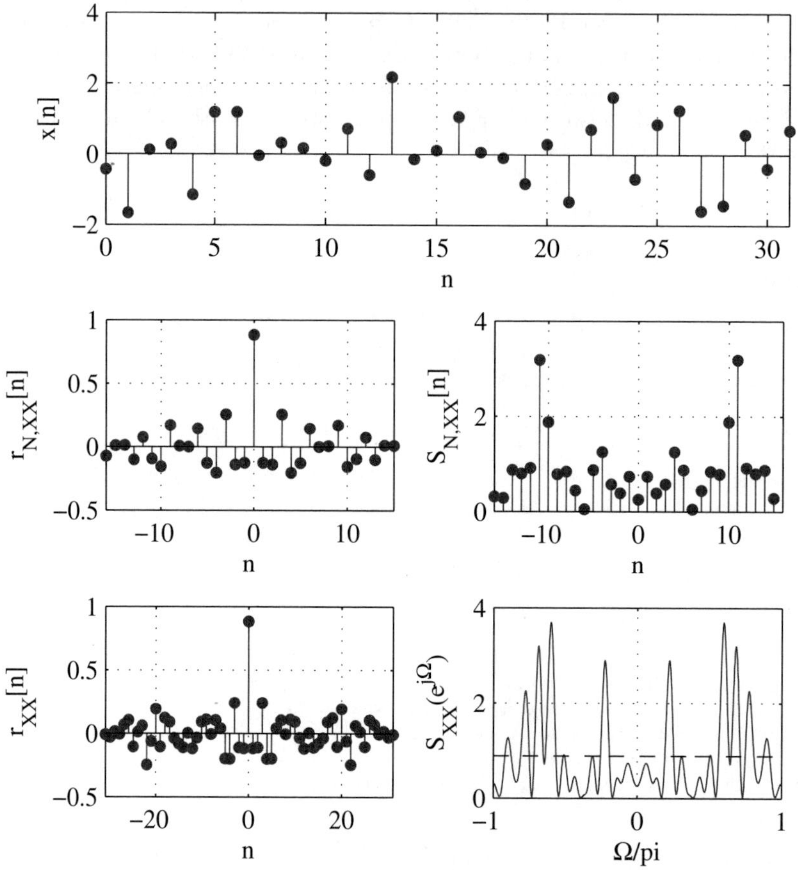

4. Weitere Fragen und Untersuchungen

- Welcher Zusammenhang besteht zwischen dem Leistungsdichtespektrum des finiten Signals und demjenigen des Fenstersignals?
Hinweis: Man trage evtl. die N Werte des LDS für finite Signale in dasselbe Diagramm wie das Leistungsdichtespektrum des Fenstersignals ein.
- Man variiere die Länge N des finiten Signals und beobachte das Leistungsdichtespektrum sowie seinen Mittelwert. Dabei vergleiche man insbesondere die mit `xcorr` und mit `cycxcorr` ermittelte AKF an der Stelle $n = 0$, d. h. am Maximum der AKF und beziehe auch den Mittelwert des

LDS für finite Signale sowie des kontinuierlichen Leistungsdichtespektrums in den Vergleich mit ein.

4.7.6 Zusammenhang der DFT mit der Fourier-Transformation

Zero-padding

In Abbildung 4.13 ist der Zusammenhang zwischen der DFT und der Fourier-Transformation für diskrete Signale an einem Beispiel dargestellt. Die DFT einer finiten Folge $x_N[n]$ der Länge N ist demnach die Folge von N äquidistanten Abtastwerten aus der ersten Periode derjenigen zeitdiskreten Fourier-Transformierten $X(\mathrm{e}^{\mathrm{j}\Omega})$, welche zur Fensterfolge $\breve{x}_N[n]$ (siehe Gleichung (4.16)) gehört.
Um mit Hilfe der DFT eine genauere Aussage über den Verlauf der ersten Periode von $X(\mathrm{e}^{\mathrm{j}\Omega})$ zu bekommen kann man das finite Signal $x_N[n]$ durch Anhängen von (N_1-N) Nullen, $N_1 \geq N$, gemäß Bild 4.15 zu einem finiten Signal $x_{N_1}[n]$ verlängern. Dieser Vorgang wird mit dem englischen Begriff *Zero-padding* bezeichnet.
Transformiert man $x_{N_1}[n]$ mit einer N_1-Punkte-DFT, so erhält man $X_{N_1}[k]$, welches eine feiner abgetastete Version der ersten Periode von $X(\mathrm{e}^{\mathrm{j}\Omega})$ darstellt.

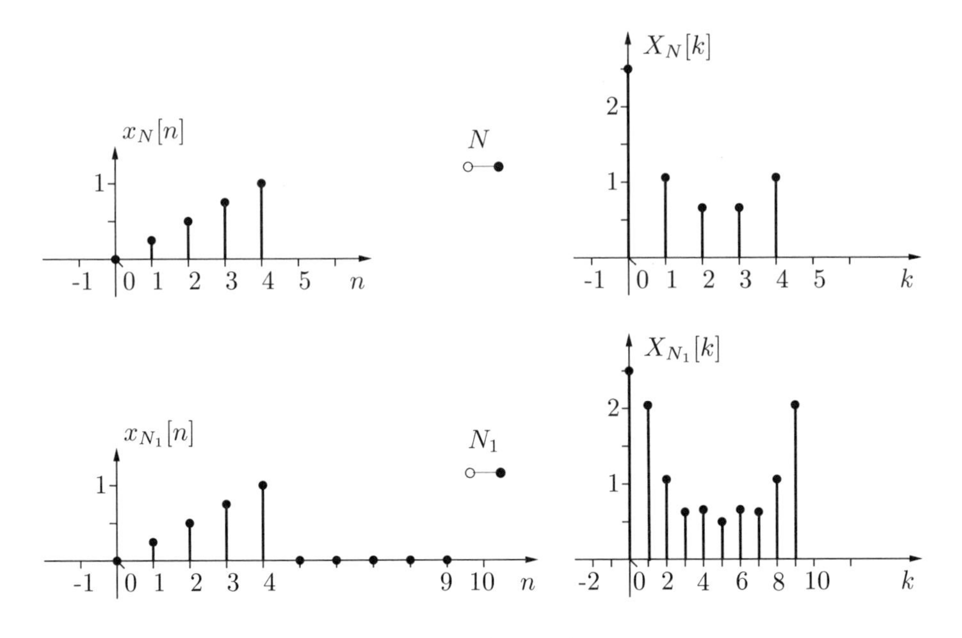

Bild 4.15: Zero-padding

Es ist zu beachten, dass zu den finiten Signalen $x_N[n]$ und $x_{N_1}[n]$ dieselbe Fensterfolge $\breve{x}_N[n]$ und damit auch dieselbe zeitdiskrete Fourier-Transformierte $X(\mathrm{e}^{\mathrm{j}\Omega})$

gehören. Zero-padding ändert also nichts an dem in Abschnitt 4.5.3 besprochenen Fehler durch Aliasing, wenn die Fourier-Transformierte eines kontinuierlichen Signals durch die zeitdiskrete Fourier-Transformierte angenähert werden soll.

Fensterung, Leckeffekt und Auflösung

Um die Fourier-Transformierte eines kontinuierlichen Signals $x_\mathrm{a}(t)$ mit Hilfe der DFT näherungsweise berechnen zu können, muss $x_\mathrm{a}(t)$ zunächst entsprechend Gleichung (4.1) in ein diskretes Signal $x[n]$ umgewandelt werden. Dabei muss die Abtastkreisfrequenz ω_A, wie in Abschnitt 4.5.3 erläutert, so groß gewählt werden, dass Fehler durch Aliasing vernachlässigbar werden oder, im Falle von bandbegrenzten Signalen $x_\mathrm{a}(t)$, ganz verschwinden. Die ersten beiden Zeilen in Abbildung 4.16 zeigen diesen Vorgang am Beispiel von $x_\mathrm{a}(t) = \mathrm{e}^{\,t/\tau} \cdot \epsilon(t)$. Das Spektrum $|X(\mathrm{e}^{\,\mathrm{j}\,\omega T_\mathrm{A}})|$ weist Aliasing-Verzerrungen auf, was besonders an den Stellen $\omega = 0$ und $\omega = \omega_\mathrm{A}/2$ deutlich sichtbar ist.
Anschließend muss ein repräsentativer Ausschnitt der Länge N aus $x[n]$ als finites Signal $x_N[n]$ aufgefasst werden. Dieser Ausschnitt kann formal dadurch gewonnen werden, dass $x[n]$ mit einer (ggf. auch verschobenen) Fensterfolge, z. B. der Rechteckfensterfolge $w_N^\mathrm{Re}[n]$ nach Gleichung (4.15), multipliziert und dann gemäß $(x[n] \cdot w_N^\mathrm{Re}[n]) \mapsto x_N[n]$ in das finite Signal umgewandelt wird.
Wird nun das finite Signal $x_N[n]$ mittels einer N-Punkte-DFT transformiert, dann kann $X_N[k]$ neben dem evtl. vorhandenen Fehler aufgrund von Aliasing auch einen Fehler durch eine zu kleine Fensterbreite N enthalten. (Man vergleiche die Spektren in der zweiten und der vorletzten Zeile von Abbildung 4.16.) Die Veränderung des Spektrums $|X(\mathrm{e}^{\,\mathrm{j}\,\omega T_\mathrm{A}})|$, *Leckeffekt* (engl.: „*leakage*") genannt, ergibt sich rechnerisch durch die Faltung mit dem Spektrum des Rechteckfensters. Man stellt sich vor, dass aufgrund der Seitenschwinger in $|W_N(\mathrm{e}^{\,\mathrm{j}\,\omega T_\mathrm{A}})|$ während der Faltung Spektralanteile bei einer Frequenz in Spektralanteile bei benachbarten Frequenzen „auslaufen". Der Leckeffekt ist um so stärker, je größer die relative Höhe der Seitenschwinger bezogen auf den Hauptschwinger von $|W_N(\mathrm{e}^{\,\mathrm{j}\,\omega T_\mathrm{A}})|$ ist. Die relative Höhe des Seitenschwingers wird hauptsächlich durch die Form des Fensters im Zeitbereich beeinflusst; das MATLAB-Projekt 4.N liefert hierfür Beispiele.
Eine weitere Auswirkung der Anwendung eines Fensters auf ein zeitdiskretes Signal ist die Verringerung der *Auflösung* im Frequenzbereich. Dieser Effekt soll im MATLAB-Projekt 4.O anhand des Spektrums der Summe zweier dicht benachbarter, sinusförmiger Schwingungen untersucht werden.

MATLAB-Projekt 4.N Standardfenster

1. Aufgabenstellung

   Verschiedene Standardfensterfunktionen und ihre Fourier-Transformierten sollen dargestellt und verglichen werden. Ferner sollen die relative Höhe des

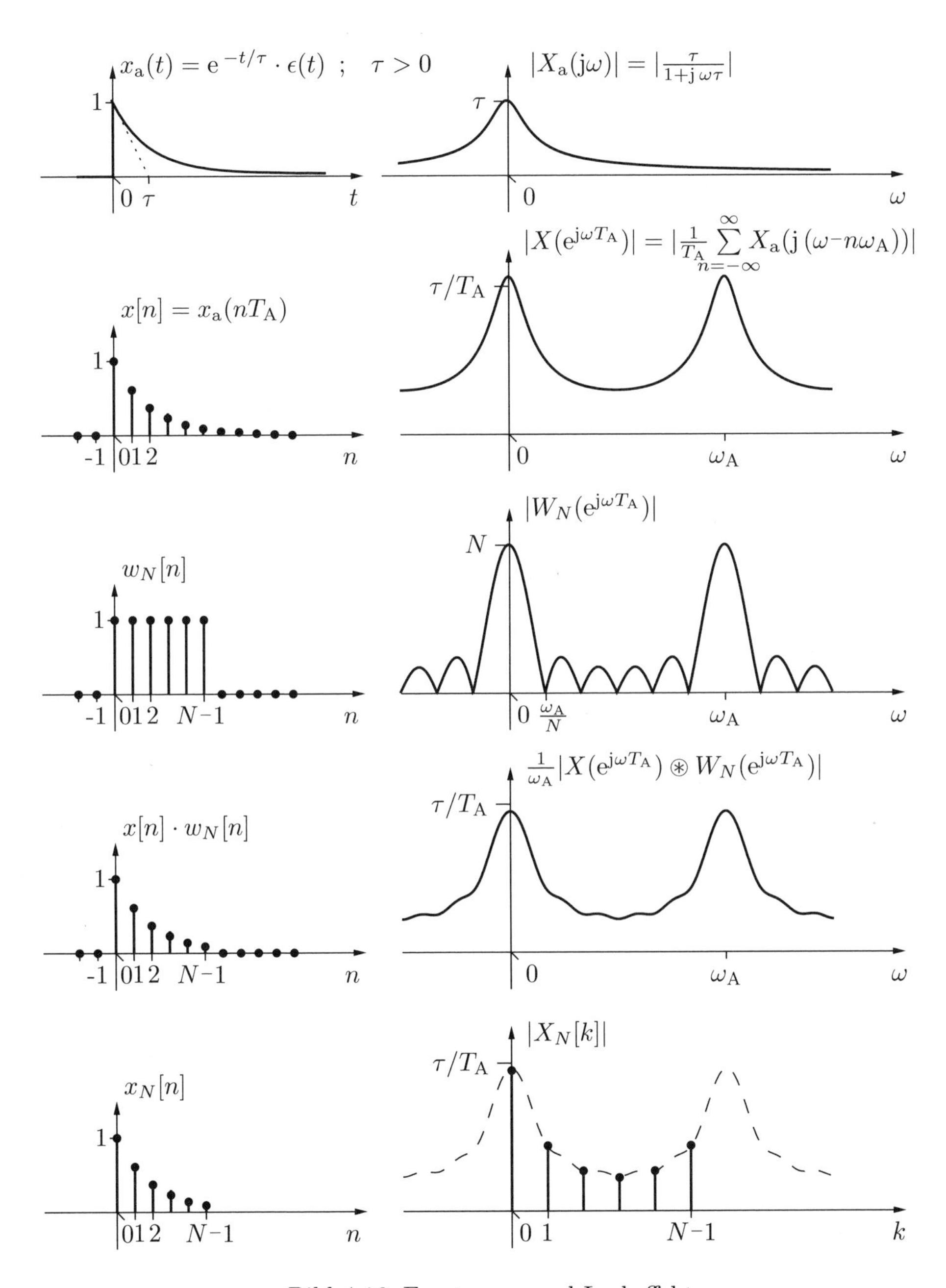

Bild 4.16: Fensterung und Leckeffekt

höchsten Nebenmaximums bezogen auf die Höhe des Hauptmaximums sowie die 3dB-Breite des Hauptmaximums der Fensterspektren ermittelt und mit den Werten der folgenden Tabelle [Har78] verglichen werden.

Fenster	Rel. Höhe des Nebenmaximums	3dB-Breite des Hauptmaximums
Rechteck	-13 dB	0,89 $2\pi/N$
Dreieck	-27 dB	0,28 $2\pi/N$
Hann	-32 dB	1,44 $2\pi/N$
Hamming	-43 dB	1,30 $2\pi/N$
Blackman	-58 dB	1,68 $2\pi/N$

2. Lösungshinweise

- Für die in der Tabelle genannten Fensterfunktionen gibt es in MATLAB eingebaute Funktionen, z. B. `rectwin`, bei denen als Argument die Fensterlänge angegeben werden muss.
- Die Spektren der Fenster können mit Hilfe der Funktion `dtft` aus dem MATLAB-Projekt 4.E berechnet werden.
- Bei der Berechnung der 3dB-Breite des Hauptmaximums wird die MATLAB-Funktion `find` benutzt, mit der man ein oder mehrere Stellen (Index-Werte) von von null verschiedenen Elementen des im Argument angegebenen Vektors ermitteln kann. Bei Verwendung von logischen Operationen liegt damit ein mächtiges Suchwerkzeug vor.
- Zur Suche nach den Stellen der Nebenmaxima der Fensterspektren wird die Funktion `local_max` angewandt.

3. MATLAB-Programm

```
% Standardfenster
clear; close all;

% Festlegung von Parametern
N = 31;                          % Fensterlänge

% Fenster
wRE_N = rectwin(N);              % Rechteckfenster
wTR_N = triang(N);               % Dreieckfenster
wHN_N = hann(N);                 % Hann-Fenster

% Spektren der Fenster
[WRE,Omega] = dtft(wRE_N);
[WTR,Omega] = dtft(wTR_N);
[WHN,Omega] = dtft(wHN_N);
```

```
% Berechnungen
W = WRE;                              % Auswahl des Rechteckfensters
idx_end = length(W);                  % Letzter Index des W-Vektors
W_dB = 20*log10(abs(W));              % W in dB
[W_max,idx_max] = max(W_dB);          % Maximum von W und zugehöriger Index

% ... der 3dB-Breite des Hauptmaximums
idx_3dB = find(W_dB(idx_max:idx_end)<=W_max-3,1)+idx_max-1; % 3dB-Index
dOmega = 2*((Omega(idx_3dB-1)+Omega(idx_3dB))/2);  % Breite

% ... der relativen Amplitude des ersten Nebenmaximums
idx_nebmax = local_max(W_dB(idx_max:idx_end));   % Indizes der lokalen Max
rel_hoehe = W_dB(idx_nebmax(2)+idx_max) - W_max; % Rel. Höhe des ersten Max
```

4. Darstellung der Lösung

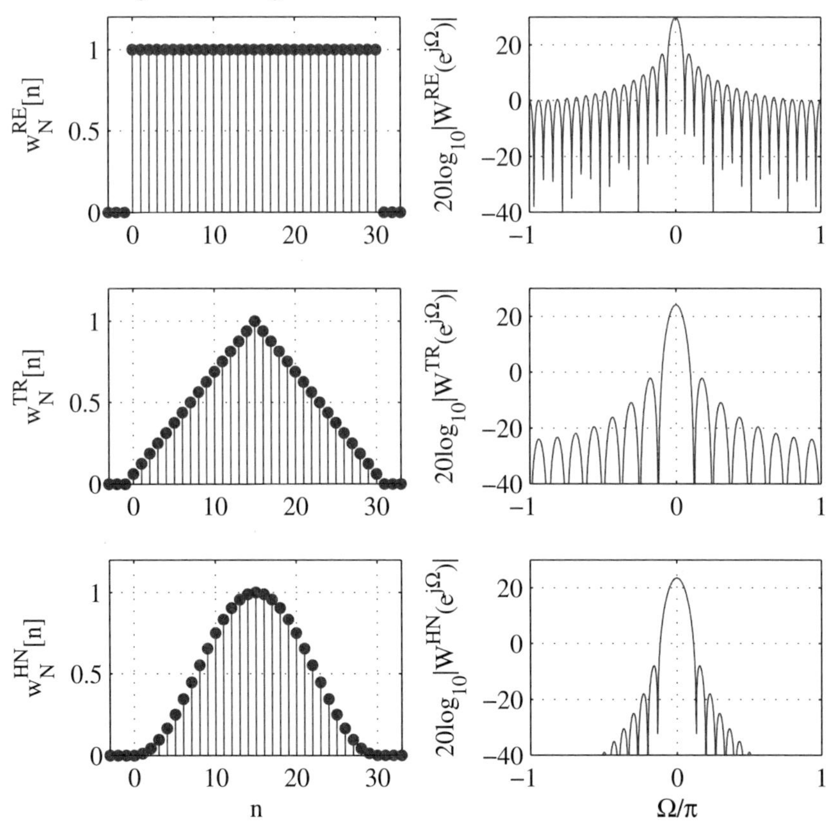

... für das Rechteckfenster liefert MATLAB:

```
3dB-Breite des Hauptmaximums    = 0.058 mal PI
Rel. Höhe des größten Nebenmax  = -13 dB
```

5. Weitere Fragen und Untersuchungen

   - Man mache sich klar, wie sich die relative Höhe des höchsten Nebenmaximums sowie die 3dB-Breite des Hauptmaximums der Fensterspektren einerseits mit steigender Fensterlänge N und andererseits mit „weicher" werdenden Verläufen der Fensterfolgen verändern.
   - Man berechne die gesamte Breite des Hauptmaximums eines Fensterspektrums, d. h. die Breite von der ersten Nullstelle links vom Hauptmaximum bis zur ersten Nullstelle rechts vom Hauptmaximum im *nicht* logarithmierten Spektrum.

MATLAB-Projekt 4.O **Fensterung und Auflösung**

1. Aufgabenstellung

   Der Einfluss der Fensterlänge N, d. h. letztendlich der Länge des finiten Signals und der Einfluss der Fensterform (vgl. MATLAB-projekt 4.N) auf das Summensignal von zwei Kosinus-Signalen mit nahe beieinander liegenden Frequenzen soll untersucht werden.

   $$x[n] = \cos(0{,}25\pi n) + 0{,}5 \cdot \cos(0{,}28\pi n) \; ; \qquad n \in (-\infty,\infty)$$

   Aus $x[n]$ sollen mit Hilfe von Rechteckfenstern unterschiedlicher Länge sog. Fenstersignale (siehe Abschnitt 4.2.2) mit unterschiedlich langen Fensterausschnitten gewonnen werden. Anschließend soll untersucht werden, ab welcher Fensterlänge die zu den beiden einzelnen Kosinus-Signalen gehörenden Maxima im Spektrum des Summensignals als getrennte Maxima beobachtet werden können. (Man spricht dann von ausreichender Auflösung.)

2. Lösungshinweis

   Die Spektren der Fensterausschnitte können mit Hilfe der Funktion `dtft` aus dem MATLAB-Projekt 4.E berechnet werden.

3. MATLAB-Programm

```
% Fensterung und Auflösung
clear; close all;

% Festlegung von Parametern
A1 = 1; A2 = 0.5;                      % Amplituden der Einzel-cos-Signale
Omega1 = 0.25*pi; Omega2 = 0.28*pi;    % Kreisfrequenzen dieser Signale
N1 = 40;                               % Fensterlänge, Länge des finiten Signals
N2 = 80;                               % Alternative Fensterlänge

% Signal
n = 0:max(N1,N2);                      % Folgenindizes des Signals x[n]
x = A1*cos(Omega1*n) + A2*cos(Omega2*n);
```

```
% Fenster
w_N1 = rectwin(N1).';                    % Fenster 1, als Zeilenvektor
w_N2 = rectwin(N2).';                    % Fenster 2, als Zeilenvektor

% Berechnungen
% ... Fensterung
x_N1 = w_N1.*x(1:N1);
x_N2 = w_N2.*x(1:N2);

% ... ZDFT
[X1,Omega] = dtft(x_N1);
[X2,Omega] = dtft(x_N2);
```

4. Darstellung der Lösung

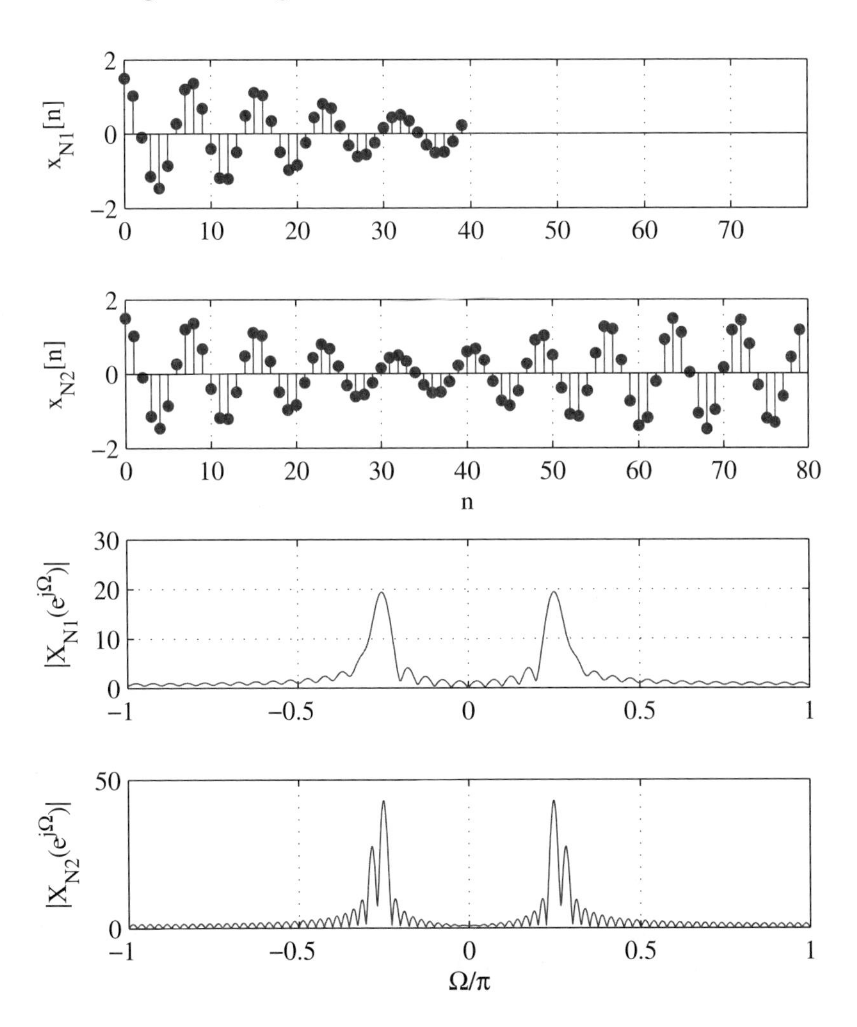

5. Weitere Fragen und Untersuchungen

- Wie wirkt sich die Fensterlänge N auf die Auflösung im Frequenzbereich aus?
- Man verwende statt des Rechteckfensters `rectwin` andere Fensterformen wie `triang`, `hann`, `hamming` usw. und beobachte die Auflösung im Vergleich zum Rechteckfenster. Mit welcher Fensterform kann bei konstanter Fensterlänge die beste Auflösung im Frequenzbereich erzielt werden?
- Man mache sich klar, dass die N-Punkte-DFT eines finiten Signals der Länge N, beispielsweise des Fensterausschnittes eines der oben verwendeten Fenstersignale, genau N Werte der ersten Periode ($\Omega \in [0{,}2\pi)$) der zeitdiskreten Fourier-Transformierten des Fenstersignals liefert.

4.7.7 Der FFT-Algorithmus

Zur Berechnung der N-Punkte-DFT nach Gleichung (4.106) werden N^2 komplexe Multiplikationen und $N \cdot (N-1)$ komplexe Additionen benötigt. Unter Ausnutzung der Symmetrie und Periodizität der komplexen Exponentialfolge $\mathrm{W}_N^{nk} = \mathrm{e}^{\mathrm{j}\,(2\pi/N)\,n\,k}$ wurde eine Vielzahl von aufwandsgünstigeren Algorithmen zur Berechnung der DFT entwickelt, so z. B. der *Winograd-Algorithmus* [Win78] und der *Good-Thomas-Algorithmus* [Bla85]. Allgemein werden solche Algorithmen „FFT-Algorithmen" (engl.: „Fast Fourier Transform") genannt. Am weitaus häufigsten angewandt wird der oft auch einfach nur als „FFT" bezeichnete *Radix-2-Algorithmus* von Cooley und Tuckey [CT65], der gegenüber den meisten anderen Algorithmen zur Berechnung der DFT den Vorteil hat, dass er besonders einfach zu programmieren ist. Unter der Voraussetzung, dass N eine Potenz von 2 ist, benötigt er $(N/2) \cdot \mathrm{ld} N$ komplexe Multiplikationen und doppelt so viele Additionen zur Berechnung der N-Punkte-DFT. Dieser FFT-Algorithmus soll im Folgenden erläutert werden.

Zerlegung im Zeitbereich

Bei der Herleitung des FFT-Algorithmus nach Cooley und Tuckey geht man von der DFT-Definitionsgleichung (4.106)

$$X_N[k] = \sum_{n=0}^{N-1} x_N[n]\,\mathrm{W}_N^{nk} \qquad ; \quad k = 0{,}1,\ldots,N-1\,.$$

aus, wobei N eine ganzzahlige Potenz von 2 ist, d. h. $N = 2^\gamma$, mit $\gamma \in \mathbb{N}$. Die Zeitbereichsfolge $x_N[n]$ wird nun schrittweise in immer kleinere Teilfolgen zerlegt (engl.: „decimation in time").

Zunächst spaltet man $x_N[n]$ in zwei Teilfolgen der Länge $N/2$ auf, deren erste die $x_N[n]$ mit den geradzahligen Indizes und deren zweite diejenigen mit den ungeradzahligen Indizes enthält. Dementsprechend wird die Summe zur Berechnung von $X_N[k]$ mit $k = 0,1,\ldots,N-1$ in zwei Teilsummen aufgeteilt:

$$\begin{aligned} X_N[k] &= \sum_{n=0}^{N/2-1} x_N[2n]\,\mathrm{W}_N^{2nk} + \sum_{n=0}^{N/2-1} x_N[2n+1]\,\mathrm{W}_N^{(2n+1)k} \\ &= \sum_{n=0}^{N/2-1} x_N[2n]\,(\mathrm{W}_N^2)^{nk} + \mathrm{W}_N^k \sum_{n=0}^{N/2-1} x_N[2n+1]\,(\mathrm{W}_N^2)^{nk}\,. \end{aligned}$$

Wegen

$$\mathrm{W}_N^2 = \mathrm{e}^{\mathrm{j}\,2\cdot(2\pi/N)} = \mathrm{e}^{\mathrm{j}\,(2\pi/(N/2))} = \mathrm{W}_{N/2}$$

ergibt sich weiter:

$$X_N[k] = \sum_{n=0}^{N/2-1} x_N[2n]\,\mathrm{W}_{N/2}^{nk} + \mathrm{W}_N^k \sum_{n=0}^{N/2-1} x_N[2n+1]\,\mathrm{W}_{N/2}^{nk}\,.$$

Diese Gleichung enthält zwei $N/2$-Punkte DFTs, angewandt auf die Folgen

$$\begin{aligned} g_{N/2}[n] &= x_N[2n] \\ u_{N/2}[n] &= x_N[2n+1] \qquad ; \quad n = 0,1,\ldots,(N/2-1)\,. \end{aligned}$$

Mit den DFT-Korrespondenzen

$$\begin{aligned} g_{N/2}[n] &\overset{N/2}{\circ\!\!-\!\!\bullet} G_{N/2}[k] \\ u_{N/2}[n] &\overset{N/2}{\circ\!\!-\!\!\bullet} U_{N/2}[k] \end{aligned}$$

ergibt sich schließlich:

$$X_N[k] = G_{N/2}[k] + \mathrm{W}_N^k\,U_{N/2}[k] \qquad ; \quad k = 0,1,\ldots,N-1\,, \tag{4.135}$$

wobei wegen $\mathrm{W}_N^{k+N/2} = \mathrm{W}_N^k$ gilt[4]:

$$\begin{aligned} G_{N/2}[k] &= G_{N/2}[k-N/2] \\ U_{N/2}[k] &= U_{N/2}[k-N/2] \qquad ; \quad k = \tfrac{N}{2},(\tfrac{N}{2}+1),\ldots,(N-1)\,. \end{aligned}$$

Das Bild 4.17 veranschaulicht den zu Gleichung (4.135) gehörenden Signalflussgraphen am Beispiel $N = 2^3 = 8$.

[4]Siehe auch „Periodische Fortsetzbarkeit der DFT“ in Abschnitt 4.7.2.

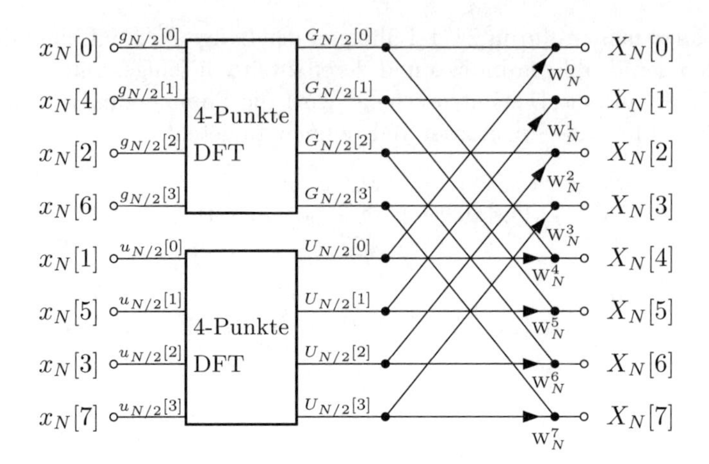

Bild 4.17: Zerlegung der 8-Punkte-DFT in zwei 4-Punkte-DFTs

Da $N = 2^\gamma$, mit $\gamma \in \mathbb{N}$ vorausgesetzt wurde, ist $N/2$ wie N gerade und daher kann mit den beiden durch den ersten Zerlegungsschritt entstandenen $N/2$-Punkte DFTs genauso verfahren werden, wie mit der ursprünglichen DFT, d. h. jede der beiden kann in zwei $N/4$-Punkte-DFTs zerlegt werden.

In Bild 4.18 ist die weitere Aufteilung einer der 4-Punkte-DFTs aus Bild 4.17 dargestellt.

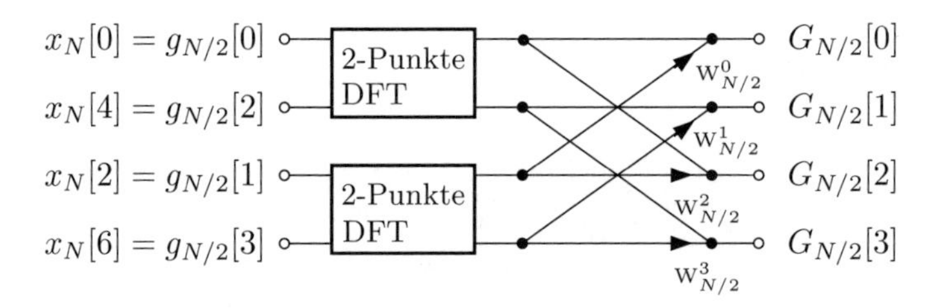

Bild 4.18: Zerlegung einer 4-Punkte-DFT aus Bild 4.17

Die fortgesetzte Aufteilung der bei jedem Schritt entstehenden DFTs führt schließlich soweit, bis nur noch 2-Punkte-DFTs vorliegen. Die beiden Werte einer 2-Punkte-DFT errechnen sich gemäß Gleichung (4.106) allgemein zu

$$\left.\begin{aligned} X_2[0] &= \sum_{n=0}^{1} x_2[n]\mathrm{W}_2^{0\cdot n} = x_2[0] + x_2[1] \\ X_2[1] &= \sum_{n=0}^{1} x_2[n]\mathrm{W}_2^{1\cdot n} = x_2[0] - x_2[1] \end{aligned}\right\}$$

$x_2[0]$, $x_2[1]$, $\mathrm{W}_2^0=1$, $\mathrm{W}_2^1=-1$, $X_2[0]$, $X_2[1]$

Damit sieht der vollständige Signalflussgraph für die 8-Punkte-FFT wie in Bild 4.19 dargestellt aus.

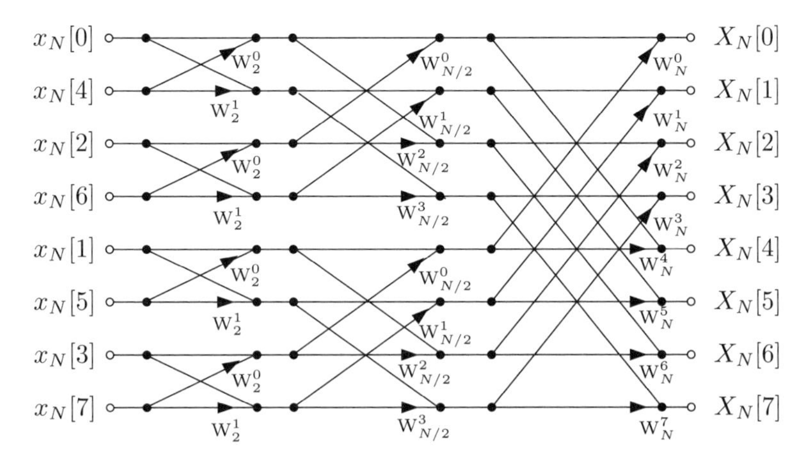

Bild 4.19: Vollständige Zerlegung der 8-Punkte-DFT

Auffällig ist, dass der Signalflussgraph in Bild 4.19 ausschließlich aus Teilgraphen der in Bild 4.20(a) dargestellten „Butterfly-Graph" genannten Form aufgebaut ist. Diese regelmäßige Struktur ist der Hauptgrund für die einfache Programmierbarkeit der Cooley-Tuckey-FFT.

(a) Mit 2 Multiplikationen (b) Mit 1 Multiplikation

Bild 4.20: Butterfly-Graph

Die beiden komplexen Multiplikationen eines Butterfly-Graphen können noch wie in Bild 4.20(b) durch eine einzige und eine Subtraktion statt einer Addition ersetzt werden, denn es gilt

$$W_N^{r+N/2} = W_N^r \, W_N^{N/2} = -W_N^r \, .$$

Werden sämtliche Butterfly-Operationen in Bild 4.19 durch die aufwandsreduzierte Form nach Bild 4.20(b) ersetzt und alle Multiplizierer mit $W_{N/2} = W_N^2$ als Potenzen von W_N ausgedrückt, dann erhält man schließlich die übliche Darstellung der 8-Punkte-FFT mit Zerlegung im Zeitbereich in Bild 4.21.

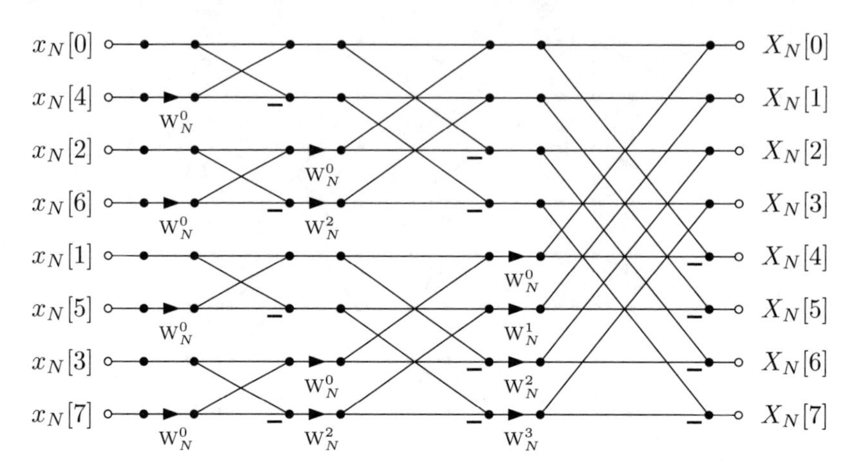

Bild 4.21: Signalflussgraph der 8-Punkte-FFT mit Zerlegung im Zeitbereich

Die FFT mit $N = 8$ besteht offensichtlich aus $\mathrm{ld}N = 3$ Berechnungsstufen, welche ihrerseits aus $N/2 = 4$ Butterfly-Graphen aufgebaut sind. Die Butterfly-Operation wiederum beinhaltet eine komplexe Multiplikation und zwei Additionen[5]. Mit diesen Überlegungen kann der numerische Aufwand der N-Punkte-FFT wie folgt ermittelt werden:

$$\mathrm{ld}N \text{ Stufen} \cdot \frac{N}{2} \frac{\text{Butterflies}}{\text{Stufe}} \cdot 1 \frac{\text{Multiplikation}}{\text{Butterfly}} = \frac{N}{2} \cdot \mathrm{ld}N \quad \text{Multiplikationen}$$

$$\mathrm{ld}N \text{ Stufen} \cdot \frac{N}{2} \frac{\text{Butterflies}}{\text{Stufe}} \cdot 2 \frac{\text{Additionen}}{\text{Butterfly}} = N \cdot \mathrm{ld}N \quad \text{Additionen}\,.$$

Bitumkehrreihenfolge der Eingangsfolge

Bevor der FFT-Algorithmus zur Berechnung der DFT eines finiten Signals $x_N[n]$ gestartet werden kann, muss die Reihenfolge der Signalwerte verändert werden. Wie in Bild 4.21 zu erkennen ist, werden nämlich die FFT-Eingangswerte nicht in ihrer bezüglich ihres Indexes natürlichen Reihenfolge, sondern in der sogenannten *Bitumkehrreihenfolge* (engl.: „bit-reversed order“) benötigt. Die Tabelle 4.1 zeigt eine einfache Möglichkeit zur Gewinnung der Bitumkehrreihenfolge der natürlichen Zahlen im Intervall $[0,(N-1)]$ mit $N = 2^\gamma$ am Beispiel $N = 8$. Dazu werden die natürlichen Zahlen als Dualzahlen mit γ Bits geschrieben. Die Bits (Ziffern) dieser Dualzahlen werden dann in umgekehrter Reihenfolge geschrieben und die so gewonnenen Dualzahlen werden schließlich wieder in Dezimalzahlen umgewandelt.

[5]Zur Bestimmung des numerischen Aufwands werden Subtraktionen wie Additionen gewertet.

Tabelle 4.1: Bitumkehrreihenfolge des laufenden Index

Index n in natürlicher Reihenfolge		Index n in Bitumkehrreihenfolge	
dezimal	dual	dual	dezimal
0	0 0 0	0 0 0	0
1	0 0 1	1 0 0	4
2	0 1 0	0 1 0	2
3	0 1 1	1 1 0	6
4	1 0 0	0 0 1	1
5	1 0 1	1 0 1	5
6	1 1 0	0 1 1	3
7	1 1 1	1 1 1	7

Weitere Formen der FFT

Der Radix-2-Algorithmus von Cooley und Tuckey wurde in seiner Variante mit Zerlegung im Zeitbereich vorgestellt. Eine alternative Form des Algorithmus kann durch schrittweise Zerlegung der Frequenzbereichsfolge $X_N[n]$ (engl.: „decimation in frequency") gewonnen werden [OS99]. Der zugehörige Signalflussgraph ergibt sich durch *Transponierung* des entsprechenden Graphen für die Zerlegung im Zeitbereich.
Daneben gibt es *Radix-4-* und *Radix-8-Algorithmen*, bei denen N eine Potenz von 4 bzw. 8 sein muss. Die Zahl an Multiplikationen ist bei diesen Algorithmen gegenüber den Radix-2-Algorithmen noch etwas verringert, aber dafür sind sie nicht mehr so einfach zu implementieren, da sie aus aufwendigeren Teilgraphen bestehen.

Inverse FFT (IFFT)

Die Berechnung der IDFT nach Gleichung (4.108) mit Hilfe des effizienten FFT-Algorithmus kann auf zwei Arten erfolgen. Die erste Methode ergibt sich nach der Beobachtung, dass der Unterschied zwischen der DFT, Gleichung (4.108), und der IDFT lediglich aus dem Faktor $1/N$ bei der IDFT und in den unterschiedlichen Vorzeichen der Exponenten der komplexen Faktoren W_N^{nk} bzw. W_N^{-nk} besteht. Der IFFT-Graph kann somit aus einem FFT-Graphen, z. B. aus demjenigen in Bild 4.21, dadurch gewonnen werden, dass man bei allen dort auftretenden Faktoren W_N^r das Vorzeichen des Exponenten vertauscht, also W_N^{-r} verwendet. Außerdem sind die Ausgänge des so gewonnenen Graphen noch mit $1/N$ zu multiplizieren.
Die zweite Methode zur Berechnung von $x_N[n]$ aus $X_N[k]$ kommt völlig ohne Veränderung des FFT-Algorithmus, d. h. ohne Veränderung des FFT-Graphen aus. Man wendet dazu die N-Punkte-FFT auf das finite Signal $\mathrm{j}\, X_N^*[k]$ an [DPE88], welches sich aus $X_N[k]$ durch Vertauschung von Real- und Imaginärteil bestimmen lässt. Bei dem so gewonnenen Ergebnis vertauscht man wieder Real- und Imaginärteil und multipliziert das Resultat mit $1/N$. Diese Methode ist besonders vor-

teilhaft, wenn in einem Signalverarbeitungssystem die DFT *und* die IDFT berechnet werden sollen, denn dann kann beidesmal der gleiche FFT-Algorithmus benutzt werden.

MATLAB-Projekt 4.P **Schnelle Faltung**

1. Aufgabenstellung

   Die aus dem Projekt 4.D bekannte Funktion `y=cycconv(x1,x2)` zur zyklischen Faltung zweier finiter Signale soll nun noch unter Verwendung der MATLAB-Funktionen `A=fft(a)` und `b=ifft(B)` geschrieben werden. Hierzu benutze man das Faltungstheorem der DFT nach Gleichung (4.125).

   Hinweis: Die lineare Faltung kann unter Einhaltung bestimmter Bedingungen mit Hilfe der zyklischen Faltung berechnet werden. Dies ist sinnvoll, wenn zur Berechnung der zyklischen Faltung - wie in diesem Projekt - die Kombination aus FFT, IFFT und Faltungstheorem verwendet wird, da die FFT ein sehr aufwandsgünstiger Algorithmus ist. Diese Vorgehensweise wird oft *Schnelle Faltung* genannt.

2. MATLAB-Programm

```
function c = cycconv(a,b)
%CYCCONV Cyclic or circular convolution.
%   C = CYCCONV(A, B) convolves vectors A and B, both having
%   the same length N. The resulting vector has also length N.
%
%   See also the MATLAB-function CONV for linear convolution.

na = length(a);
nb = length(b);

if na ~= prod(size(a)) | nb ~= prod(size(b))
  error('A and B must be vectors.');
end

if size(a) ~= size(b)
  error('Vector dimensions must agree.');
end

% Cyclic convolution via FFT (= Fast Convolution)
A = fft(a);
B = fft(b);
C = A.*B;
c = ifft(C);
```

3. Weitere Fragen und Untersuchungen

   - Man vergleiche die Anzahl der notwendigen Multiplikationen zur Durchführung der zyklischen Faltung über die Definitionsgleichung mit derjenigen über das Faltungstheorem der DFT, wenn zur Berechnung der DFT der FFT-Algorithmus herangezogen wird.

Kapitel 5

Diskrete LTI-Systeme

5.1 Einleitung

Systeme zur Umwandlung von diskreten[1] Signalen werden diskret arbeitende Systeme oder kurz zeitdiskrete Systeme genannt [Fli91, OS99].

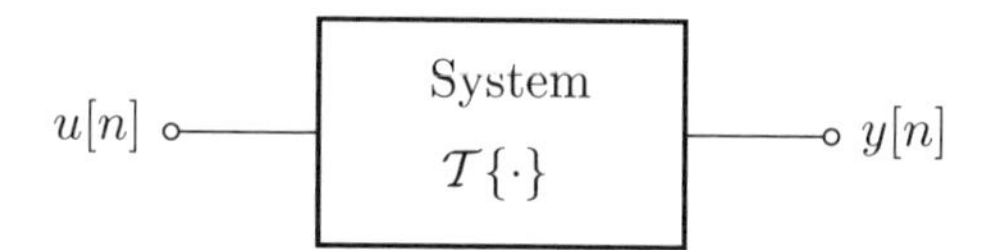

Bild 5.1: Skalares System mit eindimensionalen, diskreten Signalen

Die zwischen dem Eingangs- und dem Ausgangssignal bestehende Verknüpfung kann allgemein in Form einer Operatorbeziehung ausgedrückt werden.

$$y[n] = \mathcal{T}\{u[n]\} \tag{5.1}$$

5.2 Klassifizierung von diskreten Systemen

- Ein System heißt *linear*, wenn jede lineare Überlagerung (gewichtete Summe) von Eingangssignalen die lineare Überlagerung der entsprechenden Ausgangssignale bewirkt (lineares Superpositionsprinzip).

  $$\mathcal{T}\{c_1\, u_1[n] + c_2\, u_2[n]\} = c_1\, \mathcal{T}\{u_1[n]\} + c_2\, \mathcal{T}\{u_2[n]\} \tag{5.2}$$

  Gilt dies nicht, so ist das System nichtlinear.

[1] Meist: *zeitdiskreten*

- Ein System heißt *verschiebeinvariant* (z. B. zeitinvariant oder ortsinvariant), wenn für beliebiges (i.d.R.) ganzzahliges n_0 bezogen auf (5.1) stets

$$\mathcal{T}\{u[n-n_0]\} = y[n-n_0] \tag{5.3}$$

  gilt.

  Gilt dies nicht, so ist das System verschiebevariant.

- Ein System heißt *kausal*, wenn für jedes mögliche n_0 der Wert der Ausgangsfolge $y[n_0]$ nur von Werten der Eingangsfolge $u[n]$ mit $n \leq n_0$ abhängt. D. h. auf den Einheitsimpuls $\delta[n]$ antwortet ein kausales System mit einer Ausgangsfolge, die nur für $n \geq 0$ von null verschieden sein kann.

  Gilt dies nicht, so ist das System nichtkausal.

- Ein System heißt *stabil*, wenn jedes beschränkte Eingangssignal $u[n]$ ein ebenfalls beschränktes Ausgangssignal $y[n]$ bewirkt, d. h. wenn mit

$$|u[n]| \leq M < \infty$$

  für das Ausgangssignal

$$|y[n]| \leq N < \infty$$

  gilt[2].

  Gilt dies nicht, so ist das System instabil.

Im Folgenden werden diskrete, lineare, zeitinvariante Systeme, sog. LTI-Systeme[3] betrachtet, welche theoretisch auch nichtkausal und/oder instabil sein können.

5.3 Systembeschreibung

In diesem Abschnitt werden verschiedene Möglichkeiten zur Beschreibung von diskreten LTI-Systemen im Zeit- und im Frequenzbereich behandelt.

5.3.1 Beschreibung mit der Impulsantwort

Verbindet man die Beschreibung einer beliebigen Folge als Summe von verschobenen und gewichteten Impulsen gemäß Gleichung (4.6) mit dem Zusammenhang zwischen Ein- und Ausgangssignal eines allgemeinen Systems gemäß Gleichung (5.1), dann erhält man

$$y[n] = \mathcal{T}\{\sum_{k=-\infty}^{\infty} u[k]\,\delta[n-k]\}\,. \tag{5.4}$$

[2] Diese Stabilitätsdefinition wird auch BIBO-Stabilität genannt, vgl. Abschnitt 2.2.

[3] Von engl.: „linear time-invariant“

Wegen der Linearität des LTI-Systems lässt sich Gleichung (5.2) auf Gleichung (5.4) anwenden:

$$y[n] = \sum_{k=-\infty}^{\infty} u[k] \cdot \mathcal{T}\{\delta[n-k]\} = \sum_{k=-\infty}^{\infty} u[k] \cdot h_k[n-k]\,. \tag{5.5}$$

Hierin ist $h_k[n-k]$ die Antwort des Systems auf die um k Schritte verschobene Impulsfolge $\delta[n-k]$.

Wegen der Zeitinvarianz (allg. Verschiebeinvarianz) des LTI-Systems hängt die Impulsantwort - entsprechend Gleichung (5.3) - nicht von der Verschiebung k ab. Ein zeitinvariantes System mit der *Impulsantwort*

$$\mathcal{T}\{\delta[n]\} = h_0[n] = h[n] \tag{5.6}$$

reagiert auf eine beliebig verschobene Impulsfolge mit der gleich weit verschobenen Impulsantwort

$$\mathcal{T}\{\delta[n-k]\} = h[n-k]\,. \tag{5.7}$$

Setzt man Gleichung (5.7) in die Gleichung (5.5) ein, so erhält man

$$y[n] = \sum_{k=-\infty}^{\infty} u[k] \cdot h[n-k] \tag{5.8}$$

als Zusammenhang zwischen Ein- und Ausgangssignal eines LTI-Systems. Diese Gleichung ist aus Abschnitt 4.4.1 als *lineare Faltung* bekannt. Offensichtlich kann also die Antwort $y[n]$ eines LTI-Systems auf ein beliebiges Eingangssignal $u[n]$ zu

$$y[n] = u[n] * h[n] \tag{5.9}$$

berechnet werden, wenn die Impulsantwort des Systems bekannt ist. Die Impulsantwort beschreibt demzufolge das Ein-/Ausgangsverhalten eines LTI-System vollständig.

Beispiel 5.1: Systemantwort durch Faltung

Das vorliegende Beispiel soll dazu dienen, den Mechanismus der Faltung zu veranschaulichen, indem zwei verschiedene Interpretationsmöglichkeiten der Faltungssumme in Gleichung (5.8) einander gegenüber gestellt werden. Dazu werde ein LTI-System mit der Impulsantwort

$$h[n] = \frac{1}{2}\left(\epsilon[n] - \epsilon[n-3]\right) = \frac{1}{2}\left(\delta[n] + \delta[n-1] + \delta[n-2]\right)$$

betrachtet, die in Bild 5.2 skizziert ist.
Das System werde mit dem in Bild 5.3 gezeigten Signal erregt.
Bild 5.4 zeigt eine Interpretation der Faltung, bei der der Überlagerungssatz im Vordergrund steht. Hierzu denkt man sich die Erregung $u[n]$ wie in Gleichung (5.4) in drei

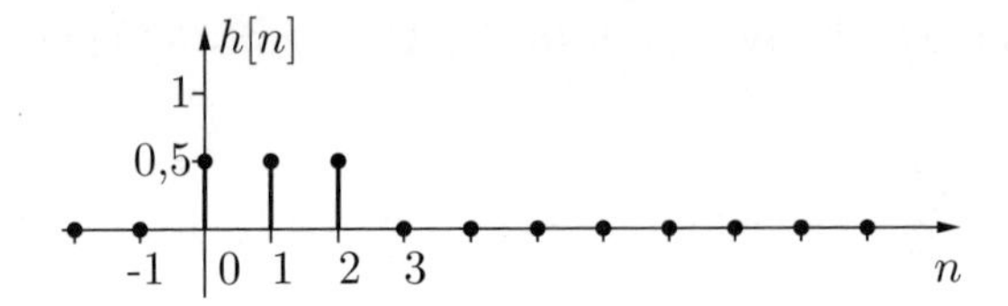

Bild 5.2: Impulsantwort des betrachteten LTI-Systems

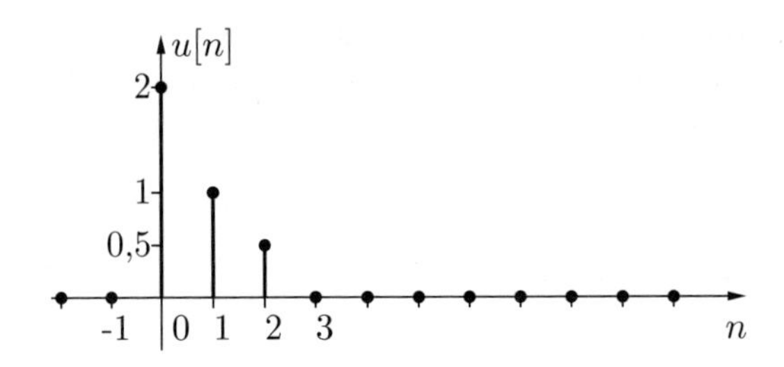

Bild 5.3: Eingangssignal des betrachteten LTI-Systems

einzelne, verschobene δ-Impulse zerlegt, die unabhängig voneinander entsprechend gewichtete und verschobene Impulsantworten am Ausgang des Systems hervorrufen (siehe Bild 5.4a-c). Da für lineare Systeme der Überlagerungssatz gilt, werden alle diese Beiträge am Ausgang zur Gesamtantwort summiert (Bild 5.4d).
Bild 5.5 veranschaulicht eine direkte Auswertung der Faltungssumme in Gleichung (5.8) für $n = 0$ bis $n = 4$. Die Summation über alle Werte von k in dieser Gleichung führt auf die Ausgangswerte

$$\begin{aligned}
y[0] &= u[0] \cdot h[0] = 1 \\
y[1] &= u[0] \cdot h[1] + u[1] \cdot h[0] = 1{,}5 \\
y[2] &= u[0] \cdot h[2] + u[1] \cdot h[1] + u[2] \cdot h[0] = 1{,}75 \\
y[3] &= \qquad\qquad u[1] \cdot h[2] + u[2] \cdot h[1] = 0{,}75 \\
y[4] &= \qquad\qquad\qquad\qquad u[2] \cdot h[2] = 0{,}25 \,.
\end{aligned} \tag{5.10}$$

In Bild 5.5 ist für jeden Index n die umgefaltete und um n Schritte verzögerte Impulsantwort $h[n-k]$ über k aufgetragen. Der jeweilige Ausgangswert $y[n]$ folgt aus einer horizontalen Auswertung der Teilbilder: Für einen bestimmten Wert $y[n]$ sind alle Produkte $u[k] \cdot h[n-k]$ zu bilden und zu summieren (siehe Gleichungen (5.10)).
Im Vergleich dazu sind die Ausgangswerte $y[n]$ in Bild 5.4d durch die vertikale Auswertung der Teilbilder a-c entstanden: Für einen bestimmten Wert $y[n]$ sind alle Teilantworten für diesen Index n zu summieren. Die dabei durchzuführenden Summationen für y[0] bis y[4] sind ebenfalls mit Gleichung (5.10) beschrieben.

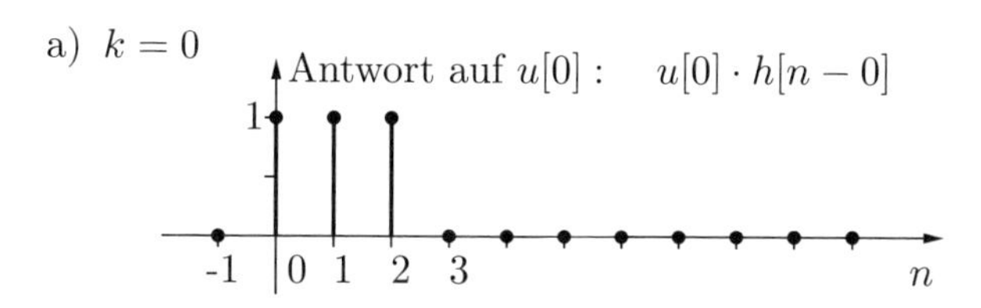

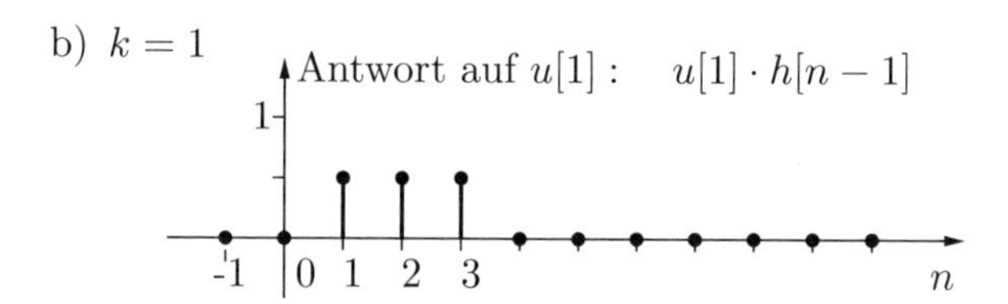

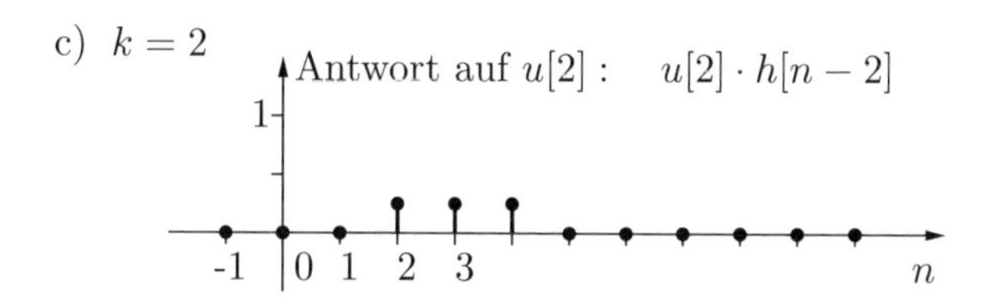

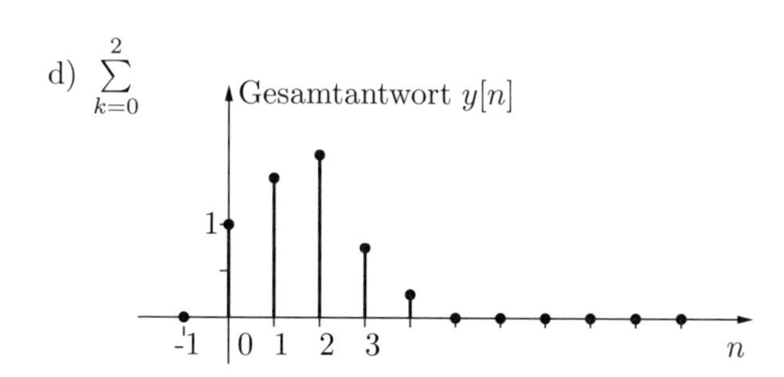

Bild 5.4: Veranschaulichung der Faltung durch Überlagerung

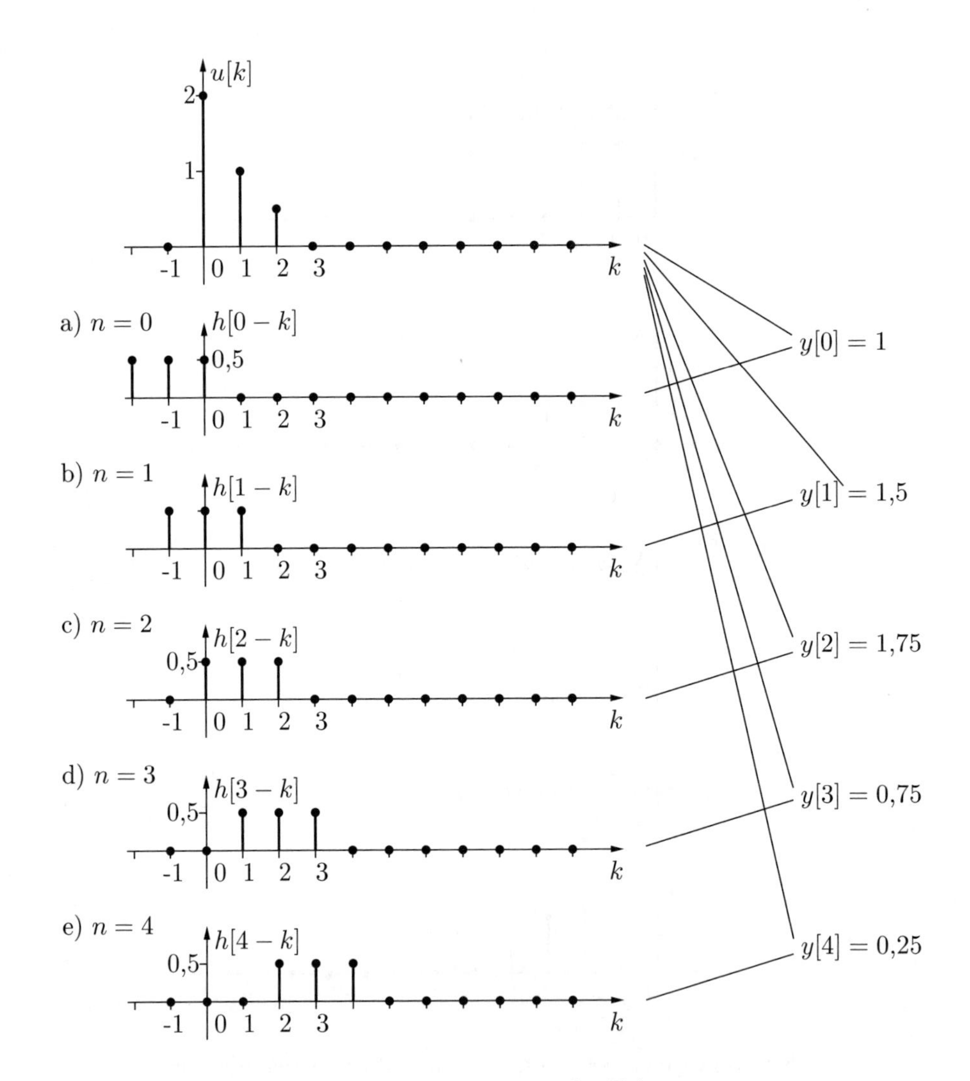

Bild 5.5: Direkte Interpretation der Faltungssumme

Kausalität und Stabilität

Die im vorliegenden Abschnitt 5.3 behandelten Systeme sind linear und zeitinvariant (LTI-Systeme) entsprechend den Definitionen im Abschnitt 5.2. Diese beiden Eigenschaften wurden bei der Herleitung des Zusammenhangs zwischen dem Ein- und dem Ausgangssignal des LTI-Systems gemäß Gleichung (5.8) benutzt.
Außerdem kann ein System aber auch *kausal* und/oder *stabil* entsprechend Abschnitt 5.2 sein. Die Kausalität und die Stabilität eines diskreten LTI-Systems lassen sich unabhängig voneinander unmittelbar aus seiner Impulsantwort $h[n]$ ablesen. Dazu dienen die folgenden Sätze.

Satz 5.1 *Ein diskretes LTI-System ist dann und nur dann kausal, wenn seine Impulsantwort $h[n]$ für alle negativen Indizes n verschwindet, d. h.*

$$h[n] = 0, \qquad n < 0 . \tag{5.11}$$

Satz 5.2 *Ein diskretes LTI-System ist dann und nur dann stabil, wenn seine Impulsantwort $h[n]$ absolut summierbar ist, d. h.*

$$\sum_{n=-\infty}^{\infty} |h[n]| < \infty . \tag{5.12}$$

Man beachte, dass diesen Sätzen zufolge das LTI-System in Beispiel 5.1 mit der Impulsantwort nach Bild 5.2 kausal und stabil ist.

Eigenfolgen von diskreten LTI-Systemen

Analog zur Eigenfunktion eines kontinuierlichen Systems versteht man unter einer *Eigenfolge* eines diskreten Systems eine Folge $u_{\mathrm{Eig}}[n]$, die das System bis auf einen (i. a. komplexen) Faktor, den *Eigenwert* λ, unverändert durchläuft. Mit Gleichung (5.1) gilt also:

$$y[n] = \mathcal{T}\{u_{\mathrm{Eig}}[n]\} \; = \; \lambda \cdot u_{\mathrm{Eig}}[n] . \tag{5.13}$$

Für diskrete LTI-Systeme ist die Eigenfolge die allgemeine Exponentialfolge aus Gleichung (4.10)

$$u_{\mathrm{Eig}}[n] = U \cdot \mathrm{e}^{\,s_0\, n T_{\mathrm{A}}} = U \cdot \mathrm{z}_0^n , \qquad \text{mit } U \in \mathbb{C} . \tag{5.14}$$

Dies lässt sich durch Faltung der Eigenfolge mit der Impulsantwort zeigen, da für *LTI-Systeme* die in Gleichung (5.13) mit dem Operator $\mathcal{T}$ beschriebene Ein-Ausgangsbeziehung durch die Faltung hergestellt wird:

$$y[n] = h[n] * u_{\mathrm{Eig}}[n]$$

$$y[n] = \sum_{k=-\infty}^{\infty} h[k] \cdot u_{\text{Eig}}[n-k] = \sum_{k=-\infty}^{\infty} h[k] \cdot U\, \mathrm{z}_0^{n-k}$$

$$= \underbrace{\sum_{k=-\infty}^{\infty} h[k]\, \mathrm{z}_0^{-k}}_{\lambda = H(\mathrm{z}_0)} \cdot \underbrace{U\, \mathrm{z}_0^{n}}_{u_{\text{Eig}}[n]} = \lambda \cdot u_{\text{Eig}}[n]\,.$$

Der Faktor λ stellt sich also als die Z-Transformierte (siehe Abschnitt 4.6.1) der Impulsantwort $h[n]$ an der Stelle z_0 heraus, wobei entsprechend den Betrachtungen in Abschnitt 4.6.2 z_0 im Konvergenzbereich der Z-Transformierten von $h[n]$ liegen muss. Im Abschnitt 5.3.2 wird diese Z-Transformierte „Systemfunktion $H(\mathrm{z})$" genannt; sie ist ebenso wie die Impulsantwort $h[n]$ zur Beschreibung des Ein-Ausgangsverhaltens des LTI-Systems geeignet.

Ein Spezialfall der Eigenfolge liegt vor, wenn man in Gleichung (5.14) $\mathrm{z}_0 = \mathrm{e}^{\mathrm{j}\,\Omega_0}$ setzt, wodurch der Eigenwert zu $\lambda = H(\mathrm{e}^{\mathrm{j}\,\Omega_0})$ wird. Dies bedeutet nun, dass das LTI-System auf eine ungedämpfte Exponentialfolge $u[n] = U \cdot \mathrm{e}^{\mathrm{j}\,\omega_0 n T_\mathrm{A}}$ mit der Amplitude U und der normierten Kreisfrequenz Ω_0 mit einer ebenfalls ungedämpften Exponentialfolge $y[n] = Y \cdot \mathrm{e}^{\mathrm{j}\,\omega_0 n T_\mathrm{A}}$ mit der gleichen Frequenz und der Amplitude

$$Y = H(\mathrm{e}^{\mathrm{j}\,\Omega_0}) \cdot U \tag{5.15}$$

antwortet. Der (komplexe) Faktor $H(\mathrm{e}^{\mathrm{j}\,\Omega_0})$ besitzt i. a. für unterschiedliche Kreisfrequenzen Ω_0 unterschiedliche Werte. Sein Verlauf $H(\mathrm{e}^{\mathrm{j}\,\Omega})$ über Ω wird *komplexer Frequenzgang* oder allgemein *Übertragungsfunktion* (siehe dazu Abschnitt 5.3.3) genannt.

5.3.2 Beschreibung mit der Systemfunktion

Die Z-Transformierte der Impulsantwort $h[n]$ wird *Systemfunktion* $H(\mathrm{z})$ des Systems genannt.

$$H(\mathrm{z}) = \sum_{n=-\infty}^{\infty} h[n]\, \mathrm{z}^{-n} \tag{5.16}$$

Da durch die Z-Transformation weder Informationen hinzufügt noch entfernt werden, beschreibt auch die Systemfunktion $H(\mathrm{z})$ - wie die Impulsantwort - das LTI-System vollständig. Die Voraussetzung dafür ist selbstverständlich, dass das Konvergenzgebiet von $H(\mathrm{z})$ bekannt ist. Dieses ergibt sich, wie in Abschnitt 4.6 beschrieben, bei der Ermittlung der Summenformel zu Gleichung (5.16).

Die Faltungsbeziehung aus Gleichung (5.8) kann alternativ auch mit dem Faltungstheorem (Gleichung (4.88)) der Z-Transformation ausgedrückt werden als:

$$Y(\mathrm{z}) = U(\mathrm{z}) \cdot H(\mathrm{z})\,. \tag{5.17}$$

Darin sind $U(\mathrm{z})$ die Z-Transformierte der Eingangsfolge und $Y(\mathrm{z})$ die Z-Transformierte der Ausgangsfolge. Wie bei allen Operationen im z-Bereich sind dabei die Konvergenzgebiete der beteiligten Funktionen zu beachten und ggf. genau zu untersuchen.

Beispiel 5.2: Systemfunktion $H(\mathrm{z})$

Die Impulsantwort des LTI-Systems aus Beispiel 5.1 lautet

$$h[n] = \frac{1}{2}\left(\delta[n] + \delta[n-1] + \delta[n-2]\right).$$

Durch Z-Transformation, also durch Anwendung von Gleichung (5.16)), erhält man

$$H(\mathrm{z}) = \frac{1}{2}\,(1 + \mathrm{z}^{-1} + \mathrm{z}^{-2})\,; \qquad |\mathrm{z}| > 0\,.$$

Das Eingangssignal ist in demselben Beispiel mit Bild 5.3 gegeben als

$$u[n] = 2\delta[n] + \delta[n-1] + \frac{1}{2}\delta[n-2]\,,$$

woraus seine Z-Transformierte $U(\mathrm{z})$ zu

$$U(\mathrm{z}) = 2 + \mathrm{z}^{-1} + \frac{1}{2}\mathrm{z}^{-2}\,; \qquad |\mathrm{z}| > 0$$

berechnet werden kann.

Mit Gleichung (5.17) ergibt sich nun die Z-Transformierte $Y(\mathrm{z})$ des Ausgangssignals durch eine Multiplikation, nämlich:

$$\begin{aligned} Y(\mathrm{z}) = U(\mathrm{z}) \cdot H(\mathrm{z}) &= (2 + \mathrm{z}^{-1} + \frac{1}{2}\mathrm{z}^{-2}) \cdot \frac{1}{2}\,(1 + \mathrm{z}^{-1} + \mathrm{z}^{-2}) \\ &= \frac{1}{2}\left(2 + 3\mathrm{z}^{-1} + 3{,}5\mathrm{z}^{-2} + 1{,}5\mathrm{z}^{-3} + 0{,}5\mathrm{z}^{-4}\right); \qquad |\mathrm{z}| > 0. \end{aligned}$$

Hieraus lässt sich das Ausgangssignal $y[n]$ mit der inversen Z-Transformation ermitteln und man erhält mit

$$y[n] = \delta[n] + 1{,}5\,\delta[n-1] + 1{,}75\,\delta[n-2] + 0{,}75\,\delta[n-3] + 0{,}25\,\delta[n-4]$$

genau das Ergebnis aus den Gleichungen (5.10). Auf diese Weise wird die Durchführung der Faltungsoperation zur Ermittlung des Ausgangssignals umgangen.

Pol-Nullstellenplan

Mit dem Pol-Nullstellenplan wird die Lage der Polstellen (Unendlichkeitsstellen) und der Nullstellen von $H(\mathrm{z})$ sowie zur besseren Orientierung meist auch die Lage des Einheitskreises in der z-Ebene dargestellt. Die Pole und Nullstellen von $H(\mathrm{z})$ haben entscheidenden Einfluss auf die Übertragungsfunktion (vgl. Abschnitt 5.3.3). Außerdem ist die Lage der Pole nützlich bei der Beurteilung der Stabilität des Systems (s.u.).

Beispiel 5.3: Pol-Nullstellenplan

Die Systemfunktion aus Beispiel 5.2 lautet

$$H(\mathrm{z}) = \frac{1}{2}\left(1 + \mathrm{z}^{-1} + \mathrm{z}^{-2}\right) = \frac{1}{2}\,\frac{\mathrm{z}^2 + \mathrm{z} + 1}{\mathrm{z}^2}\,.$$

Die Nullstellen von $H(\mathrm{z})$ sind also: $\mathrm{z}_{0,\,1,2} = 0{,}5 \cdot (-1 \pm \mathrm{j}\sqrt{3})$ und die Polstellen sind $\mathrm{z}_{\infty,\,1,2} = 0$ (doppelter Pol).

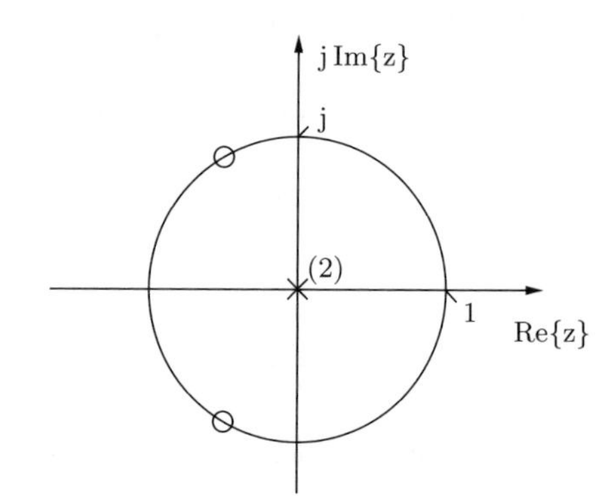

Bedeutung von Kausalität und Stabilität für $H(\mathrm{z})$

Da *kausale* LTI-Systeme nach Satz 5.1 eine für $n < 0$ verschwindende Impulsantwort besitzen, kann zur Berechnung der zugehörigen Systemfunktion $H(\mathrm{z})$ die *einseitige* Z-Transformation nach Abschnitt 4.6.7 verwendet werden. Demzufolge kann der Konvergenzbereich der Systemfunktion von kausalen LTI-Systemen stets direkt aus $H(\mathrm{z})$ gewonnen werden. Er liegt nämlich gemäß Abschnitt 4.6.2 in der z-Ebene außerhalb des Kreises durch die betragsmäßig größte Polstelle von $H(\mathrm{z})$, da es sich bei $H(\mathrm{z})$ um die Z-Transformierte einer *rechtsseitigen* Folge handelt.

Stabile LTI-Systeme zeichnen sich gemäß Satz 5.2 durch eine absolut summierbare Impulsantwort aus, d. h. es gilt:

$$\sum_{n=-\infty}^{\infty} |h[n]| < \infty\,.$$

Der Konvergenzbereich von $H(\mathrm{z})$ ist entsprechend den Überlegungen in Abschnitt 4.6.1 dadurch gekennzeichnet, dass für alle z im Konvergenzbereich gilt:

$$\sum_{n=-\infty}^{\infty} \left|h[n] \cdot |\mathrm{z}|^{-n}\right| < \infty \qquad \text{(vgl. Gleichung (4.75))}\,.$$

Für $|z| = 1$ stimmen diese beiden Bedingungen überein und das bedeutet, dass LTI-Systeme dann und nur dann stabil sind, wenn der Konvergenzbereich von $H(z)$ den Einheitskreis der z-Ebene enthält.

Fasst man die vorangegangenen Betrachtungen zusammen, so ergibt sich für *kausale* Systeme folgende Stabilitätsbedingung:

Satz 5.3 *Ein kausales diskretes LTI-System ist dann und nur dann stabil, wenn alle Pole* $z_{\infty,k}$ *seiner Systemfunktion innerhalb des Einheitskreises der* z*-Ebene liegen, d. h.:*

$$\max_k |z_{\infty,k}| < 1\,. \tag{5.18}$$

Diese Bedingung ist oft einfacher überprüfbar als die Bedingung nach Satz 5.2.

5.3.3 Beschreibung mit der Übertragungsfunktion

Die *Übertragungsfunktion*[4] $H(e^{j\Omega})$ ist die diskrete Fourier-Transformierte der Impulsantwort $h[n]$ des Systems.

$$H(e^{j\Omega}) = \sum_{n=-\infty}^{\infty} h[n]\, e^{j n\Omega} \tag{5.19}$$

Sie ist als Fourier-Transformierte eines diskreten Signals stets eine kontinuierliche periodische Funktion der normierten Frequenz Ω mit der Periode 2π, bzw. nach der Entnormierung $\omega = \Omega/T_A$ eine periodische Funktion in ω mit Periode ω_A.

Gemäß Abschnitt 4.5.2 konvergiert die diskrete Fourier-Transformierte einer Folge nur, wenn diese absolut summierbar ist. Auf ein LTI-System angewandt bedeutet dies, dass die Übertragungsfunktion nur dann existiert, wenn seine Impulsantwort absolut summierbar ist, mit anderen Worten, wenn das LTI-System stabil ist. Die Übertragungsfunktion $H(e^{j\Omega})$ beschreibt in dem Fall das Ein-/Ausgangsverhalten des Systems vollständig. Insbesondere kann dann die Übertragungsfunktion $H(e^{j\Omega})$ auch aus $H(z)$ dadurch gewonnen werden, dass man $H(z)$ auf dem Einheitskreis der z-Ebene auswertet, also $z = e^{j\Omega}$ einsetzt. Der Einheitskreis der z-Ebene liegt ja bei stabilen Systemen im Konvergenzbereich von $H(z)$ und deshalb darf $H(z)$ dort auch ausgewertet werden.

Beispiel 5.4: Übertragungsfunktion

Die Impulsantwort des LTI-Systems aus Beispiel 5.1 lautet

$$h[n] = \frac{1}{2}\left(\delta[n] + \delta[n-1] + \delta[n-2]\right).$$

[4] Auch: Frequenzgang, besonders bei Sinus-Folgen am Ein- und Ausgang, siehe S. 222.

Die Fourier-Transformation von $h[n]$, also das Einsetzen von $h[n]$ in Gleichung (5.19), liefert die Übertragungsfunktion des gegebenen LTI-Systems:

$$\begin{aligned} H(\mathrm{e}^{\mathrm{j}\,\Omega}) &= \frac{1}{2}\,(1+\mathrm{e}^{-\mathrm{j}\,\Omega}+\mathrm{e}^{-\mathrm{j}\,2\Omega}) \\ &= \frac{1}{2}\,(\mathrm{e}^{-\mathrm{j}\,\Omega}+1+\mathrm{e}^{-\mathrm{j}\,\Omega})\cdot\mathrm{e}^{-\mathrm{j}\,\Omega} \\ &= \Big(\frac{1}{2}+\cos(\Omega)\Big)\cdot\mathrm{e}^{-\mathrm{j}\,\Omega}\,. \end{aligned}$$

Durch Anwendung des Faltungstheorems der Fourier-Transformation, Gleichung (4.65), oder durch Einsetzen von $z = \mathrm{e}^{\mathrm{j}\,\Omega}$ in Gleichung (5.17) lässt sich sofort die Fourier-Transformierte des Ausgangssignals zu

$$Y(\mathrm{e}^{\mathrm{j}\,\Omega}) = U(\mathrm{e}^{\mathrm{j}\,\Omega})\cdot H(\mathrm{e}^{\mathrm{j}\,\Omega}) \tag{5.20}$$

berechnen.

Darstellung der Übertragungsfunktion nach Betrag und Phase

Da die Übertragungsfunktion $H(\mathrm{e}^{\mathrm{j}\,\Omega})$ i. a. komplexwertig ist, kann sie nicht direkt über Ω aufgetragen werden. Meistens wird man sie in ihren Betrag und in ihre Phase aufspalten, seltener in ihren Real- und Imaginärteil.

$$H(\mathrm{e}^{\mathrm{j}\,\Omega}) = |H(\mathrm{e}^{\mathrm{j}\,\Omega})|\cdot\mathrm{e}^{\mathrm{j}\,\varphi(\Omega)} \tag{5.21}$$

Denkt man sich das Eingangssignal $u[n]$ eines Systems durch viele cos-Signale mit unterschiedlicher Amplitude und Frequenz approximiert, dann gibt der Betragsverlauf von $H(\mathrm{e}^{\mathrm{j}\,\Omega})$ Auskunft darüber, mit welchem Faktor diese gedachten cos-Signale an den verschiedenen Frequenzen durch das System bewertet werden. In diesem Zusammenhang spricht man auch vom *Betragsfrequenzgang* des Systems. Der Phasenverlauf von $H(\mathrm{e}^{\mathrm{j}\,\Omega})$ gibt dementsprechend darüber Auskunft, welche Phasenverschiebung die einzelnen cos-Signale beim Durchlauf durch das System erfahren.

Beispiel 5.5: Betrag und Phase der Übertragungsfunktion

Die Übertragungsfunktion des LTI-Systems aus Beispiel 5.1 lautet

$$\begin{aligned} H(\mathrm{e}^{\mathrm{j}\,\Omega}) &= \Big(\frac{1}{2}+\cos(\Omega)\Big)\cdot\mathrm{e}^{-\mathrm{j}\,\Omega} \\ &= \Big|\frac{1}{2}+\cos(\Omega)\Big|\cdot\mathrm{e}^{\mathrm{j}\,\varphi(\Omega)} \\ \text{mit}\quad \varphi(\Omega) &= \mathrm{arc}(H(\mathrm{e}^{\mathrm{j}\,\Omega})) = -\Omega-\begin{cases} 0 & ;\quad \frac{1}{2}+\cos(\Omega)\geq 0 \\ \frac{\Omega}{|\Omega|}\cdot\pi & ;\quad \frac{1}{2}+\cos(\Omega)<0 \end{cases} \end{aligned}$$

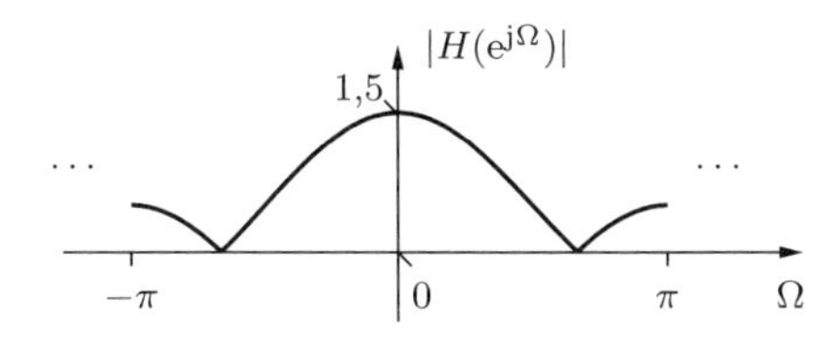

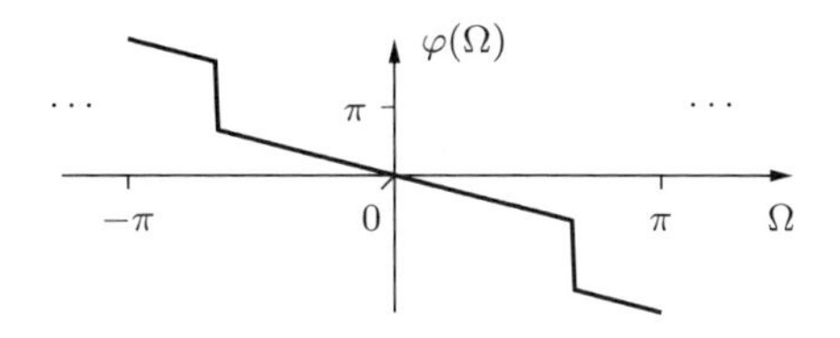

Dämpfung und Gruppenlaufzeit

Als *Dämpfung* bezeichnet man

$$a(\Omega) = -20 \log_{10} |H(e^{j\Omega})| \quad \text{in dB}. \tag{5.22}$$

Sie ist lediglich eine andere Darstellungsform des Betrags der Übertragungsfunktion, die besonders bei der Beurteilung der Filtereigenschaften eines LTI-Systems nützlich ist.

Die (auf T_A normierte) *Gruppenlaufzeit* ist definiert als

$$\tau(\Omega)/T_A = -\frac{d}{d\Omega}\varphi(\Omega) \tag{5.23}$$

und gibt Auskunft über die Laufzeit der einzelnen Frequenzgruppen des Eingangssignals durch das System.

MATLAB-Projekt 5.A Systemanalyse

1. Aufgabenstellung

   Das durch

$$H(z) = \frac{1}{144} \cdot \frac{1 + 5\,z^{-1} + 10\,z^{-2} + 10\,z^{-3} + 5\,z^{-4} + z^{-5}}{1 - 1{,}976\,z^{-1} + 2{,}013\,z^{-2} - 1{,}103\,z^{-3} + 0{,}328\,z^{-4} - 0{,}041\,z^{-5}}$$

   gegebene zeitdiskrete System soll mit Hilfe von MATLAB analysiert werden. Es sollen sein Pol-Nullstellenplan, seine Impulsantwort und der Betrag seiner Übertragungsfunktion berechnet und dargestellt werden. Ferner soll die Antwort $y[n]$ des Systems auf das Eingangssignal

$$u[n] = \begin{cases} 1 & \text{für} \quad 5 < n < 25 \\ 0 & \text{sonst} \end{cases}$$

   ermittelt werden.

2. Lösungshinweise

   - Zur Berechnung von Impulsantwort, Übertragungsfunktion und Systemantwort auf ein vorgegebenes Eingangssignal können die MATLAB-Befehle `impz`, `freqz` und `filter` verwendet werden.
   - Der Pol-Nullstellenplan kann mit `zplane` dargestellt werden; dabei ist zu beachten, dass hier eine 5-fache Nullstelle bei $z = -1$ vorliegt. Ferner ist zu beachten, dass MATLAB eventuell vorhandene Nullstellen bei $z = \infty$ nicht im Pol-/Nullstellenplan einträgt.

3. MATLAB-Programm

```
% Systemanalyse
clear; close all;

% Parameter
L = 50;                          % Gewünschte Länge der Impulsantwort
n = 0:L-1;                       % Vektor mit Zeitindizes
N = 5;                           % Grad

% Systemdefinition
B=[1,5,10,10,5,1]/144;
A=[1,-1.976,2.013,-1.103,0.328,-0.041];

% Eingangssignal
u = (n>5)&(n<25);

% Berechnungen
% ... des Pol-Nullstellenplans
zplane(B,A);
% ... der Impulsantwort
h = impz(B,A,L);
% ... der Übertragungsfunktion
[H,Omega] = freqz(B,A);
% ... der Antwort y[n] auf das Eingangssignal u[n]
y = filter(B,A,u);
```

4. Darstellung der Lösung

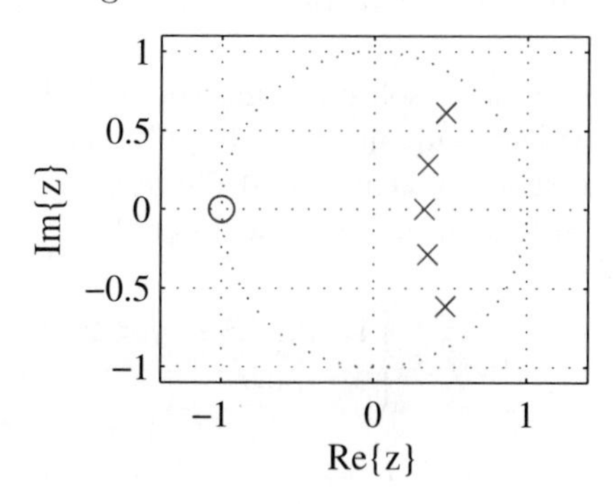

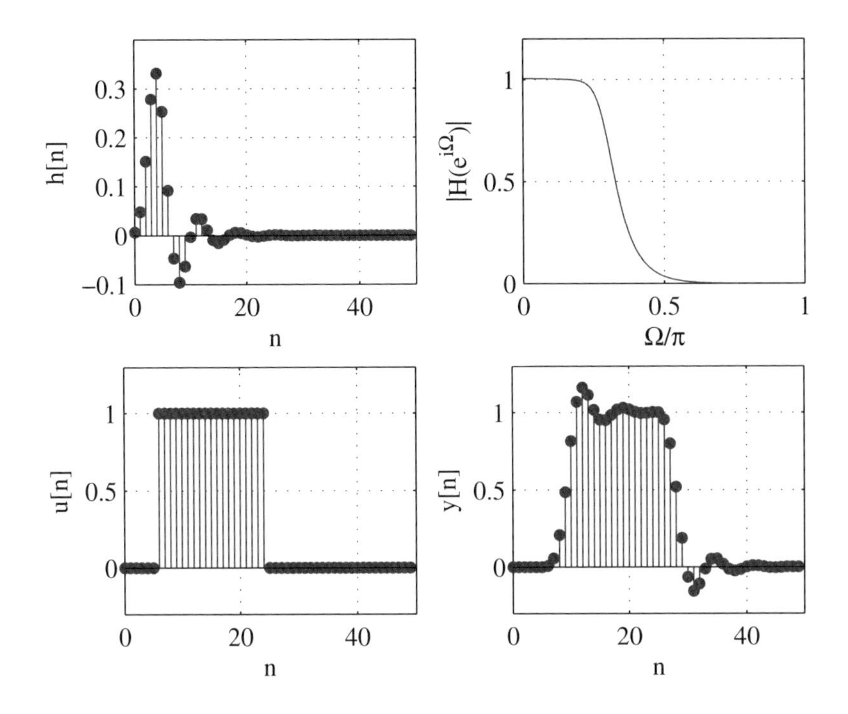

5. Weitere Fragen und Untersuchungen

   - Man mache sich klar, weshalb das mit obigem $H(\mathrm{z})$ definierte System eine 5-fache Nullstelle bei $\mathrm{z} = -1$ besitzt.
   - Man variiere das Eingangssignal $u[n]$.

Idealer Tiefpass

Der ideale zeitdiskrete Tiefpass ist ein lineares zeitinvariantes System, welches in der Systemtheorie häufig für konzeptionelle Überlegungen und als Ausgangspunkt von einigen Filterentwurfsverfahren Verwendung findet. Er ist über seine Übertragungsfunktion definiert als

$$H_{\mathrm{id}}(\mathrm{e}^{\mathrm{j}\,\Omega}) = \begin{cases} 1 & \text{für} \quad |\Omega| < \Omega_{\mathrm{gr}} \\ 0 & \text{für} \quad \Omega_{\mathrm{gr}} < |\Omega| < \pi \end{cases} \qquad \text{(periodisch fortgesetzt).} \tag{5.24}$$

Damit lautet seine Impulsantwort

$$h_{\mathrm{id}}[n] = \frac{1}{2\pi} \int_{-\Omega_{\mathrm{gr}}}^{\Omega_{\mathrm{gr}}} \mathrm{e}^{\mathrm{j}\,\Omega n}\,\mathrm{d}\Omega = \frac{\Omega_{\mathrm{gr}}}{\pi} \cdot \mathrm{si}(\Omega_{\mathrm{gr}} n)\,. \tag{5.25}$$

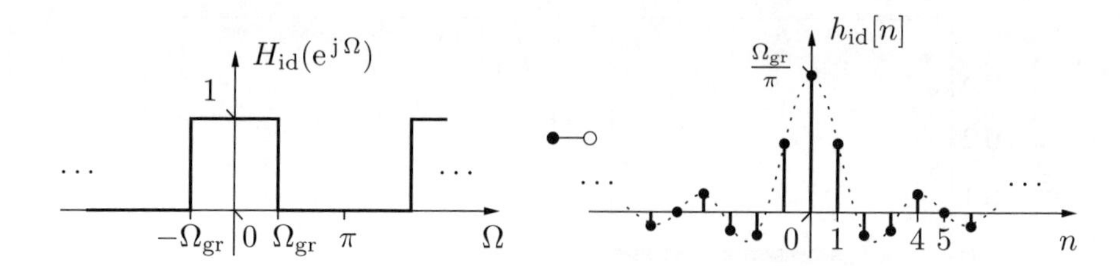

Bild 5.6: Idealer zeitdiskreter Tiefpass

Bild 5.6 zeigt die Verläufe von Übertragungsfunktion und Impulsantwort. Offensichtlich ist der ideale Tiefpass *kein* kausales System. Daher ist er prinzipiell nicht realisierbar (vgl. Abschnitt 5.5).

5.4 LTI-Systeme mit stochastischem Eingangssignal

Im Folgenden wird die Übertragung diskreter stochastischer Signale (vgl. Abschnitt 4.2.3) über diskrete LTI-Systeme behandelt.
Dazu wird ein LTI-System mit der *reellwertigen* Impulsantwort $h[n]$ und der Systemfunktion $H(z) \bullet\!\!-\!\!\circ h[n]$ betrachtet, das an seinem Eingang mit einer beliebigen Musterfolge $u[n] = u_i[n]$ aus einem diskreten stochastischen Prozess $U[n]$ erregt wird.

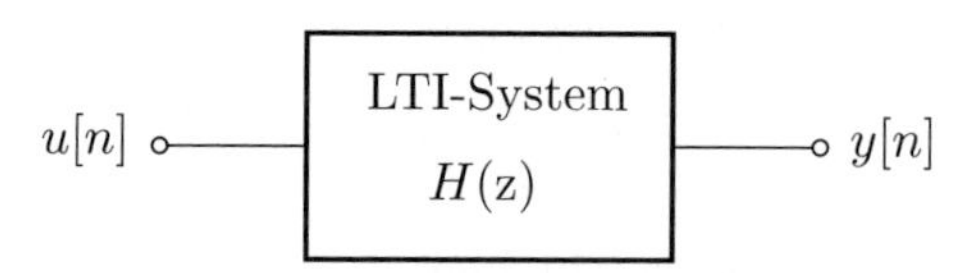

Bild 5.7: Übertragung einer Musterfolge durch ein LTI-System

Der Eingangsprozess werde als stationär, ergodisch und *reell* angenommen und nach den Gleichungen (4.30) und (4.33) durch seine Autokorrelationsfolge

$$\begin{aligned} r_{UU}[n] &= E\{U[k] \cdot U[k+n]\} \\ &= \lim_{N\to\infty} \frac{1}{2N+1} \sum_{k=-N}^{N} u[k]\, u[k+n] \end{aligned} \tag{5.26}$$

beschrieben.

Mittelwert des Ausgangsprozesses

Wird das LTI-System mit einem stationären ergodischen Prozess $U[n]$ erregt, welcher den Mittelwert μ_U besitzt, dann errechnet sich der Mittelwert μ_Y des stochastischen Prozesses $Y[n]$ an seinem Ausgang als

$$\mu_Y = \mathrm{E}\{Y[n]\} = \mathrm{E}\{U[n] * h[n]\}$$

und damit ergibt sich

$$\begin{aligned}\mu_Y &= \sum_{k=-N}^{N} h[k]\,\mathrm{E}\{U[n-k]\} = \sum_{k=-N}^{N} h[k]\,\mu_U = \mu_U \cdot \sum_{k=-N}^{N} h[k] \\ &= \mu_U \cdot H(\mathrm{e}^{\mathrm{j}\,\Omega})\Big|_{\Omega=0} \,. \end{aligned} \tag{5.27}$$

Man beachte, dass die Erwartungswertbildung aufgrund ihrer Linearität in die Faltungssumme hereingezogen wurde. Ferner ist sie nur über den Prozess $U[n-k]$ zu erstrecken, da die Impulsantwort eine determinierte Folge ist. Schließlich ergibt sich, dass der Mittelwert eines stochastischen Signals wie der Gleichanteil eines determinierten Signals übertragen wird.

Kreuzkorrelation zwischen Systemeingang und Systemausgang

Die Kreuzkorrelierte zwischen dem stationären ergodischen und reellen Prozess $U[n]$ am Systemeingang und dem Antwort-Prozess $Y[n]$ am Systemausgang ergibt sich entsprechend Gleichung (4.30) zu

$$\begin{aligned}\mathrm{r}_{UY}[n] &= \mathrm{E}\{U[k] \cdot Y[n+k]\} \\ &= \mathrm{E}\{U[k] \cdot \sum_{m=-\infty}^{\infty} U[m]\,h[n+k-m]\} \\ &= \sum_{m=-\infty}^{\infty} \mathrm{E}\{U[k]\,U[m]\} \cdot h[n+k-m] \\ &= \sum_{m=-\infty}^{\infty} \mathrm{r}_{UU}[m-k] \cdot h[n+k-m] \,. \end{aligned} \tag{5.28}$$

Dabei wurde die Tatsache ausgenutzt, dass die AKF eines stationären Prozesses nur von der Differenz $(m-k)$ der betrachteten Indizes abhängt. Mit der Substitution $m-k \to l$ lautet Gleichung (5.28):

$$\mathrm{r}_{UY}[n] = \sum_{l=-\infty}^{\infty} \mathrm{r}_{UU}[l] \cdot h[n-l] = \mathrm{r}_{UU}[n] * h[n] \,, \tag{5.29}$$

d. h. die Kreuzkorrelierte $\mathrm{r}_{UY}[n]$ zwischen dem Eingangs- und dem Ausgangsprozess ist durch eine Faltung der Eingangs-AKF $\mathrm{r}_{UU}[n]$ mit der Impulsantwort $h[n]$ des LTI-Systems gegeben.

Die Z-Transformation der Gleichung (5.29) führt auf die Kreuzleistungsdichte

$$S_{UY}(\mathrm{z}) = S_{UU}(\mathrm{z}) \cdot H(\mathrm{z}) \,. \tag{5.30}$$

Da die KKF eine zweiseitige Folge ist, ist die zweiseitige Z-Transformation zu verwenden. Die Kreuzleistungsdichte $S_{UY}(\mathrm{z})$ konvergiert in einem Konvergenzring um den Einheitskreis der z-Ebene und besitzt i. a. Pole sowohl innerhalb als auch außerhalb des Einheitskreises.

Autokorrelationsfolge der Systemantwort und Wiener-Lee-Beziehung

Wie im Fall der kontinuierlichen Systeme (siehe Abschnitt 2.4) ist es auch bei diskreten Systemen möglich, den Zusammenhang zwischen den Autokorrelationsfolgen am Ein- und Ausgang des Systems herzustellen. Drückt man den Ausgangsprozess jeweils als Faltung des Eingangsprozesses mit der Impulsantwort aus, so erhält man die Ausgangs-AKF

$$\begin{aligned}
\mathrm{r}_{YY}[n] &= \mathrm{E}\{Y[k] \cdot Y[n+k]\} \\
&= \mathrm{E}\Big\{ \sum_{l=-\infty}^{\infty} U[k-l]\, h[l] \sum_{m=-\infty}^{\infty} U[n+k-m]\, h[m] \Big\} \\
&= \sum_{l=-\infty}^{\infty} \sum_{m=-\infty}^{\infty} \underbrace{\mathrm{E}\{U[k-l]\, U[n+k-m]\}}_{\mathrm{r}_{UU}(n-m+l)} h[l]\, h[m] \,.
\end{aligned}$$

Mit der Substitution $m - l \rightarrow \nu$ lautet die Ausgangs-AKF

$$\begin{aligned}
\mathrm{r}_{YY}[n] &= \sum_{l=-\infty}^{\infty} \sum_{\nu=-\infty}^{\infty} \mathrm{r}_{UU}[n-\nu]\, h[l]\, h[\nu+l] \\
&= \sum_{\nu=-\infty}^{\infty} \mathrm{r}_{UU}[n-\nu] \sum_{l=-\infty}^{\infty} h[l]\, h[\nu+l] \\
&= \sum_{\nu=-\infty}^{\infty} \mathrm{r}_{UU}[n-\nu] \cdot \mathrm{r}_{hh}^{\mathrm{E}}[\nu] \,,
\end{aligned}$$

oder

$$\mathrm{r}_{YY}[n] = \mathrm{r}_{UU}[n] * \mathrm{r}_{hh}^{\mathrm{E}}[n] \,. \tag{5.31}$$

Diese Gleichung beschreibt die Übertragung von stochastischen Prozessen über LTI-Systeme in Form von Autokorrelationsfolgen. Ihre Fourier-Transformierte, welche sich mit der Transformation

$$\mathrm{r}_{hh}^{\mathrm{E}}[n] = h^*[-n] * h[n] \circ\!\!-\!\!\bullet \, |H(\mathrm{e}^{\mathrm{j}\,\Omega})|^2 \tag{5.32}$$

nach Gleichung (4.67) sowie mit Hilfe des Faltungstheorems aus Gleichung (4.65) ergibt, wird *Wiener-Lee-Beziehung* für diskrete stochastische Signale genannt. Sie lautet:

$$S_{YY}(\mathrm{e}^{\mathrm{j}\,\Omega}) = S_{UU}(\mathrm{e}^{\mathrm{j}\,\Omega}) \cdot |H(\mathrm{e}^{\mathrm{j}\,\Omega})|^2\,. \tag{5.33}$$

Die Leistungsdichtespektren der diskreten Signale am Eingang und Ausgang des Systems werden durch das Betragsquadrat der Übertragungsfunktion des LTI-Systems miteinander verknüpft.

Beispiel 5.6: Ermittlung der Impulsantwort

Ein einfaches Verfahren zur Ermittlung (Schätzung) der Impulsantwort eines Systems während des laufenden Systembetriebs, also ohne Unterbrechung von $u[n]$, basiert auf der Kreuzkorrelation.

Zu untersuchendes System:

Dem Eingangssignal $u[n]$ wird mittelwertfreies, weißes Rauschen $v[n]$ mit der Varianz σ_v^2 überlagert. Die Leistung des Rauschsignals wird dabei so gering gehalten, dass der Systembetrieb nicht gestört wird. Die gesuchte Impulsantwort lässt sich durch Kreuzkorrelation von Ausgangssignal $y[n]$ und Rauschsignal $v[n]$ gewinnen. Ausgehend von Gleichung (4.28) erhält man für stationäre stochastische Signale:

$$\begin{aligned}
\mathrm{r}_{vy}[n] &= \mathrm{E}\{v^*[k]\,y[k+n]\} = \mathrm{E}\{v^*[k]\,\big(h[k+n]*(u[k+n]+v[k+n])\big)\} \\
&= \mathrm{E}\{v^*[k]\cdot\sum_{l=-\infty}^{\infty} h[l]\cdot\big(u[k+n-l]+v[k+n-l]\big)\} \\
&= \sum_{l=-\infty}^{\infty} h[l]\cdot\big(\underbrace{\mathrm{E}\{v^*[k]\,u[k+n-l]\}}_{=0}+\underbrace{\mathrm{E}\{v^*[k]\,v[k+n-l]\}}_{=\mathrm{r}_{vv}[n-l]}\big) \\
&= h[n]*\mathrm{r}_{vv}[n]\,.
\end{aligned}$$

Hierbei wurde angenommen, dass $v[n]$ und $u[n]$ zueinander unkorreliert sind (vgl. Gleichung (4.27)). Da $v[n]$ mittelwertfrei ist, gilt: $\mathrm{E}\{v^*[k]\,u[k+n-l]\}=0$.

Mit $\mathrm{r}_{vv}=\sigma_v^2\cdot\delta[n]$ ergibt sich also:

$$\hat{h}[n] = \frac{1}{\sigma_v^2}\,\mathrm{r}_{vy}[n]\,.$$

Blockschaltbild des Messprinzips:

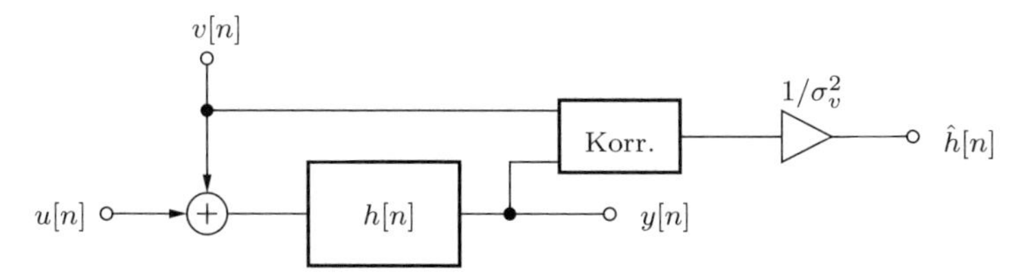

MATLAB-Projekt 5.B Ermittlung der Impulsantwort

1. Aufgabenstellung

   Die Impulsantwort des Systems mit der Systemfunktion

$$H(\mathrm{z}) = \frac{1}{7{,}5} \cdot \frac{1 + 2\mathrm{z}^{-1} + \mathrm{z}^{-2}}{1 - 0{,}8\mathrm{z}^{-1} + 0{,}4\mathrm{z}^{-2}}$$

   soll zum einen durch Z-Rücktransformation von $H(\mathrm{z})$ und zum anderen mit der Korrelationsmethode gemäß Beispiel 5.6 bestimmt werden.

2. Lösungshinweise

   - Im Abschnitt 5.5 werden realisierbare, zeitdiskrete LTI-Systeme behandelt. Ihre Systemfunktion ist eine rationale Funktion nach Gleichung (5.34). In MATLAB wird sie üblicherweise durch die Vektoren `A` und `B` definiert, welche die Zähler- und Nennerkoeffizienten von $H(\mathrm{z})$ in derselben Reihenfolge wie in Gleichung (5.34) enthalten.
   - Zur numerischen Z-Rücktransformation kann der Befehl `impz` und zur Filterung der Befehl `filter` verwendet werden.
   - Die Kreuzkorrelationsfolge finiter Signale lässt sich, den Überlegungen im MATLAB-Projekt 4.B zufolge, angeben als

$$\hat{\mathrm{r}}_{vy}[n] = \begin{cases} \frac{1}{N} \sum\limits_{k=0}^{N-1-n} v^*[k]\, y[n+k] & \text{für } n = 0{,}1,\ldots,N{-}1 \\ \hat{\mathrm{r}}_{vy}^*[-n] & \text{für } n = -(N{-}1),\ldots,-1\,. \end{cases}$$

     Bei der Berechnung von $\hat{\mathrm{r}}_{vy}[n]$ mit Hilfe von MATLAB ist zu beachten, dass `xcorr(v,y,'biased')` die Kreuzkorrelationsfolge $\hat{\mathrm{r}}_{yv}[n] = \hat{\mathrm{r}}_{vy}^*[-n]$ liefert (siehe `doc xcorr`). Daher wird im folgenden MATLAB-Programm zur Berechnung von $\hat{\mathrm{r}}_{vy}[n]$ der Aufruf `xcorr(y,v,'biased')` benutzt.

3. MATLAB-Programm

```
% Ermittlung der Impulsantwort
clear; close all;

% Parameter
N = 500000;                  % Korrelationslänge
B=[1 2 1]/7.5;               % Systemdefinition
A=[1 -0.8 0.4];
u_0 = 10;                    % "Amplitude" (Standardabw.) des Eingangssignals
v_0 = 1;                     % "Amplitude" des überlagerten Rauschens
```

```
% Signale
u = u_0*randn(1,N);             % Zufälliges Eingangssignal u[n]
v = v_0*randn(1,N);             % Rauschsignal v[n] zur Überlagerung

% Berechnungen
% ... Impulsantwort h[n] des Systems aus Z-Rücktransformation
h = impz(B,A,N);
% ... Schätzung von h[n] mit der Kreuzkorrelation
y = filter(B,A,(u+v));          % Filterung von u[n]+v[n]
r_vy = xcorr(y,v,'biased');     % Korrelation von v[n] und y[n]
h_dach = r_vy(N:2*N-1)/var(v); % Schätzung
```

4. Darstellung der Lösung

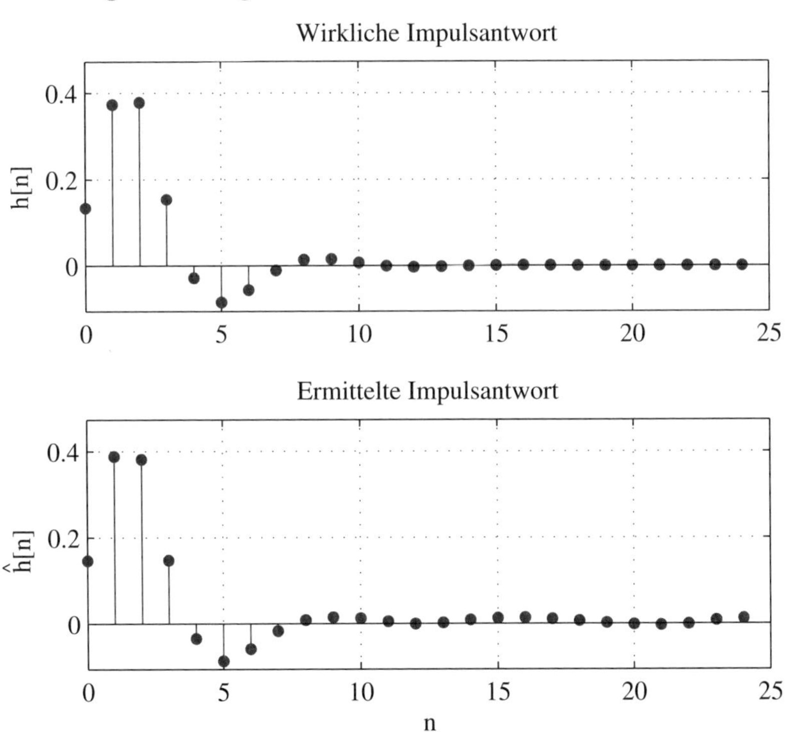

5. Weitere Fragen und Untersuchungen

- Variieren Sie die Korrelationslänge N.
- Verändern Sie die Amplituden von Eingangs- und Rauschsignal.
- Wählen Sie andere Eingangssignale u[n].

5.5 Realisierbare LTI-Systeme und Differenzengleichung

Realisierbare diskrete LTI-Systeme besitzen eine *rationale* Systemfunktion der Form

$$H(\mathrm{z}) \doteq \frac{Y(\mathrm{z})}{U(\mathrm{z})} = \frac{b_0 + b_1 \mathrm{z}^{-1} + \ldots + b_{N_b} \mathrm{z}^{-N_b}}{1 + a_1 \mathrm{z}^{-1} + \ldots + a_{N_a} \mathrm{z}^{-N_a}} \qquad N_a, N_b \in \mathbb{N}, \text{ endlich}. \tag{5.34}$$

Das Zählerpolynom in z^{-1} wird oft $B(\mathrm{z})$ und das Nennerpolynom $A(\mathrm{z})$ genannt. Damit lautet die abgekürzte Darstellung der rationalen Systemfunktion

$$H(\mathrm{z}) = \frac{B(\mathrm{z})}{A(\mathrm{z})}. \tag{5.35}$$

Das Absolutglied des Nennerpolynoms $A(\mathrm{z})$ ist dabei sinnvollerweise (siehe Abschnitt 5.5.1) stets 1.

Der *Grad* (die *Ordnung*) des LTI-Systems ist

$$N = \max(N_a, N_b). \tag{5.36}$$

Bei der Realisierung eines Systems (siehe Abschnitt 5.5.3, Kanonische Strukturen) kommt der Systemordnung eine wichtige Bedeutung zu, nämlich die der mindestens benötigten Anzahl an Speicherelementen. Daher ist es einleuchtend, dass N_a und N_b endlich groß sein müssen.

5.5.1 Gewinnung der Differenzengleichung

Durch Umformung von Gleichung (5.34) erhält man

$$Y(\mathrm{z}) \left(1 + \sum_{k=1}^{N_a} a_k \, \mathrm{z}^{-k}\right) = U(\mathrm{z}) \sum_{k=0}^{N_b} b_k \, \mathrm{z}^{-k}$$

$$\text{oder} \qquad Y(\mathrm{z}) = \sum_{k=0}^{N_b} b_k \, \mathrm{z}^{-k} \, U(\mathrm{z}) - \sum_{k=1}^{N_a} a_k \, \mathrm{z}^{-k} \, Y(\mathrm{z})$$

und durch Z-Rücktransformation unter Berücksichtigung des Verzögerungssatzes, Gleichung (4.84)

$$y[n] = \sum_{k=0}^{N_b} b_k \, u[n-k] - \sum_{k=1}^{N_a} a_k \, y[n-k]. \tag{5.37}$$

Realisierbare diskrete LTI-Systeme lassen sich außer durch eine rationale Systemfunktion, Gleichung (5.34), auch durch eine solche lineare *Differenzengleichung* mit konstanten Koeffizienten beschreiben. Ein derart beschriebenes System ist linear, weil die Terme $u[n-k]$ und $y[n-k]$ nur in linearer Form auftreten (lineare Differenzengleichung). Es ist zeitinvariant, da die Koeffizienten b_k und a_k unabhängig vom Zeitparameter n sind und es ist kausal - die Kausalität ist eine notwendige Voraussetzung für die Realisierbarkeit - weil $y[n]$ lediglich vom aktuellen und von vergangenen Werten des Eingangssignals $u[n]$ und von bereits berechneten Werten des Ausgangssignals $y[n]$ abhängt.

5.5.2 Rekursive und nichtrekursive Systeme

Für beliebige $N_a > 0$ und $N_b > 0$ hängt die Ausgangsgröße $y[n]$ in der Differenzengleichung (5.37) vom Eingangssignal *und* von vergangenen, bereits berechneten Werten $y[n-1], \ldots, y[n-N_a]$ der Ausgangsgröße ab. Man spricht daher von rückgekoppelten oder *rekursiven* Systemen. Wegen der Rückkopplung des Systemausgangs werden sich bei einem einmal durch ein beliebiges Eingangssignal $u[n]$ erregten System i. a. auch dann noch von null verschiedene Ausgangswerte $y[n]$ ergeben, wenn für das Eingangssignal gilt: $u[n] = 0$ für $n > n_0$. Die Antwort eines rekursiven Systems ist folglich im Allgemeinen unendlich lang, also zeitlich nicht begrenzt. Da dies gleichermaßen für die kürzestmögliche Erregung, den Einheitsimpuls $\delta[n]$ gilt, werden rekursive Systeme auch *IIR-Systeme* (engl.: „infinite impulse response“) genannt.

Bei einem *nichtrekursiven* System hängt die Ausgangsgröße $y[n]$ nicht von den bereits berechneten Werten $y[n-1], \ldots, y[n-N_a]$ ab, d. h. es gilt $N_a = 0$, und aus Gleichung (5.37) wird:

$$y[n] = \sum_{k=0}^{N_b} b_k\, u[n-k] \quad ; \qquad N_b \geq 0\,. \tag{5.38}$$

Erregt man ein nichtrekursives System mit dem Einheitsimpuls $\delta[n]$, setzt man also $u[n] = \delta[n]$ in Gleichung (5.38) ein, so erhält man am Systemausgang die Folge

$$h[n] = y[n]\big|_{u[n]=\delta[n]} = \{b_0, b_1, \ldots, b_{N_b}, 0, 0, \ldots\}\,. \tag{5.39}$$

Die Impulsantwort nichtrekursiver Systeme verschwindet offensichtlich für $n > N_b$, weshalb diese auch als *FIR-Systeme* (engl.: „finite impulse response“) bezeichnet werden. Die Systemfunktion von nichtrekursiven Systemen ergibt sich aus Gleichung (5.34) mit $N_a = 0$ zu

$$H(\mathrm{z}) \doteq \frac{Y(\mathrm{z})}{U(\mathrm{z})} = b_0 + b_1 \mathrm{z}^{-1} + \ldots + b_{N_b} \mathrm{z}^{-N_b} = B(\mathrm{z}) \qquad N_b \in \mathbb{N}, \text{endlich}\,; \tag{5.40}$$

sie ist also ein Polynom in z^{-1}.

5.5.3 Strukturen zur Realisierung diskreter LTI-Systeme

Entsprechend den in der Differenzengleichung (5.37) notwendigen Operationen zur Bestimmung des aktuellen Wertes von $y[n]$ werden die in Bild 5.8 dargestellten Grundelemente zum Aufbau von Strukturen der zeitdiskreten Signalverarbeitung benötigt.

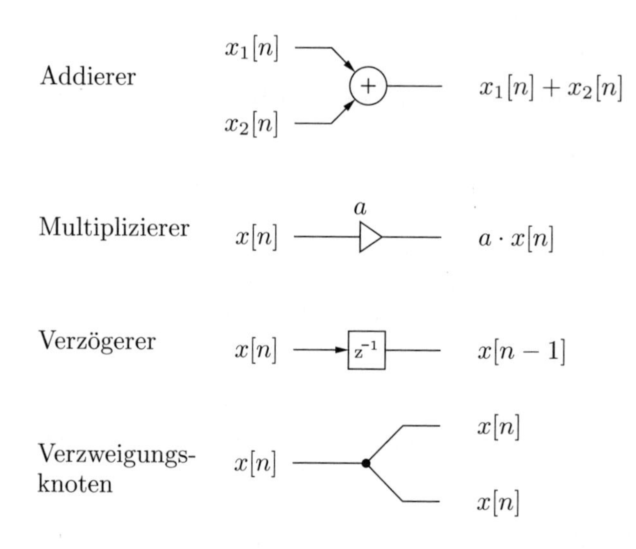

Bild 5.8: Grundelemente der zeitdiskreten Signalverarbeitung

Am *Addierer* werden zwei[5] zum Zeitpunkt n anfallende Signalwerte addiert. Der *Multiplizierer* wird zur Multiplikation eines Signalwertes mit einem konstanten Koeffizienten eingesetzt. Der *Verzögerer* dient zur Verzögerung eines Signalwertes um einen Abtasttakt und besteht daher in der Praxis aus einer Speicherstelle zur Aufnahme eines Signalwertes. Der *Verzweigungsknoten* schließlich dient zur Verteilung eines Signals an mehrere Signalpfade.

Kanonische Strukturen

Zur Realisierung eines LTI-Systems N-ter Ordnung, welches z. B. durch eine Systemfunktion nach Gleichung (5.34) beschrieben werden kann, werden mindestens

$N = \max(N_a, N_b)$	Verzögerer	und
$N_a + N_b + 1$	Multiplizierer	(falls kein Koeffizient null ist)

benötigt.

[5]Manchmal wird ein Additionsknoten der Einfachheit halber als Addierer mit mehr als zwei Eingängen dargestellt. In der Praxis können diese dennoch nur als eine Kette von „elementaren" Addierern realisiert werden.

Eine Struktur, die ein solches System mit genau N Verzögerern realisiert, heißt *kanonisch* [Sch94] oder genauer: kanonisch bezüglich der Anzahl der Verzögerer.

Dementsprechend wird eine Struktur, welche ein solches System mit der Minimalzahl an Multiplizierern realisiert, kanonisch bezüglich der Zahl an Multiplizierern genannt.

Direktform I

Teilt man die Differenzengleichung (5.37) in die beiden Gleichungen

$$v[n] = \sum_{k=0}^{N_b} b_k \, u[n-k] \tag{5.41}$$

$$y[n] = v[n] - \sum_{k=1}^{N_a} a_k \, y[n-k] \tag{5.42}$$

auf und stellt diese mit Hilfe der Grundelemente in Bild 5.8 dar, so erhält man die Anordnung nach Bild 5.9.

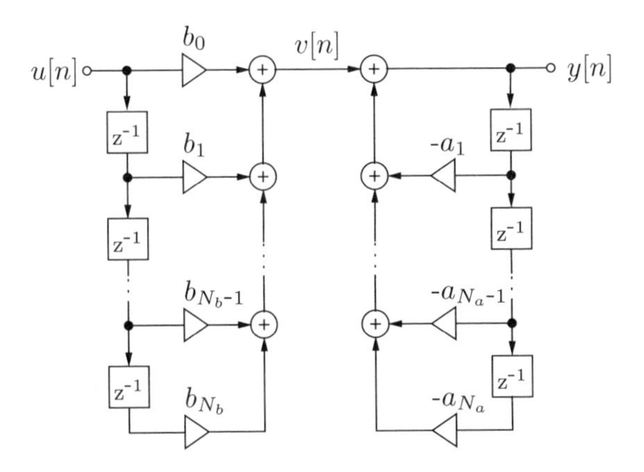

Bild 5.9: Zur Herleitung der Direktform I

Üblicherweise wird die Direktform I jedoch entsprechend Bild 5.10a dargestellt, wobei angenommen wird, dass $N = N_a = N_b$ ist. Im Falle von $N_a \neq N_b$ wären einige Multiplizierer null.

Den oben angegebenen Definitionen zufolge ist die Direktform I nicht kanonisch (bezüglich der Zahl an Verzögerern), jedoch kanonisch bezüglich der Multiplizierer.

Transponierte Direktform I

Aus der Direktform I kann durch *Transponierung* eine weitere Struktur, die sogenannte transponierte Direktform I, gewonnen werden, siehe Bild 5.10b. Unter

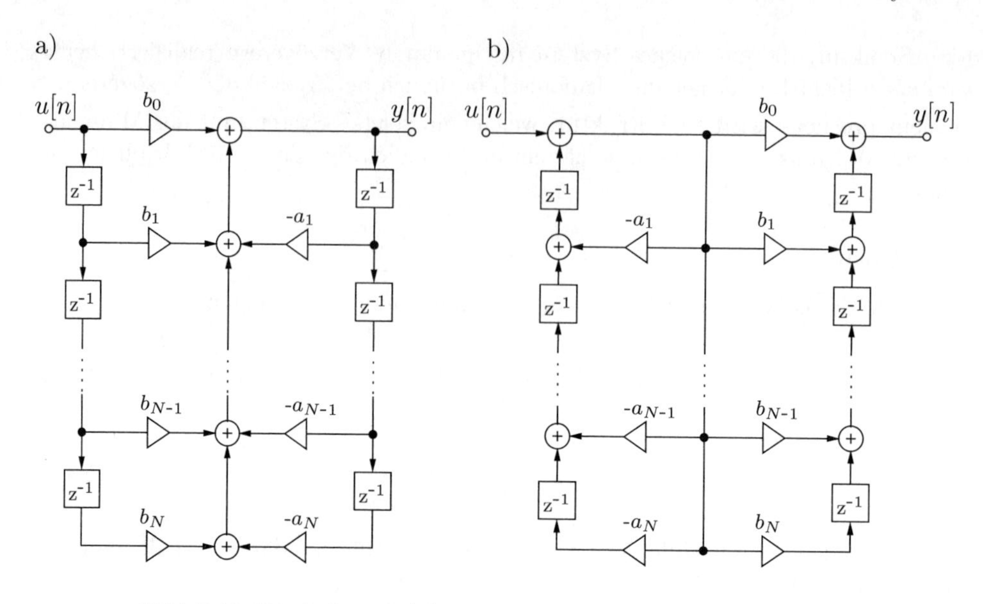

Bild 5.10: Direktform I (a) und transponierte Direktform I (b)

Transponierung versteht man in der Graphentheorie die Umkehrung der Signalflussrichtung im Graphen. Damit verbunden ist die Vertauschung von Ein- und Ausgangsknoten und die Vertauschung von Additions- und Verzweigungsknoten. Ein Theorem der Graphentheorie besagt, dass sich die Systemfunktion durch diese Maßnahme nicht ändert [CO75].

Signalflussgraph

Der Aufbau eines realisierbaren LTI-Systems wird oft auch mit Hilfe seines Signalflussgraphen dargestellt. Dabei unterscheiden sich die Additions- und Verzweigungs-

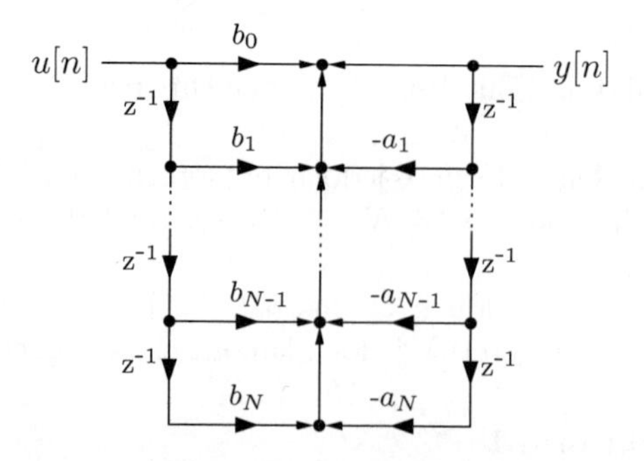

Bild 5.11: Signalflussgraph zur Direktform I

knoten nur noch durch die unterschiedliche Zahl an zu- und abgehenden Zweigen und die Multiplizierer und Verzögerer unterscheiden sich nur noch durch die Angabe neben ihrem Pfeilsymbol - siehe Bild 5.11. Der Vorteil des Signalflussgraphen liegt in der etwas kompakteren Darstellungsform, verglichen mit der oben verwendeten Struktur. Im Folgenden werden je nachdem, ob es mehr auf die kompakte Form oder auf die einfache Erkennbarkeit der eingesetzten Grundelemente ankommt, beide Darstellungsarten verwendet.

Direktform II

Die Direktform II kann aus der Anordnung in Bild 5.9 gewonnen werden, indem das abgebildete System als Kettenschaltung der beiden Teilsysteme $H_b(\mathrm{z}) = \frac{V(\mathrm{z})}{U(\mathrm{z})}$ und $H_a(\mathrm{z}) = \frac{Y(\mathrm{z})}{V(\mathrm{z})}$ aufgefasst und deren Reihenfolge vertauscht wird. Danach kann offensichtlich eine der Verzögererketten entfallen und es ergibt sich die in Bild 5.12a dargestellte, kanonische Struktur. Wie bei der Direktform I liefert auch bei der Direktform II die Transponierung eine weitere, oft verwendete Struktur, Bild 5.12b.

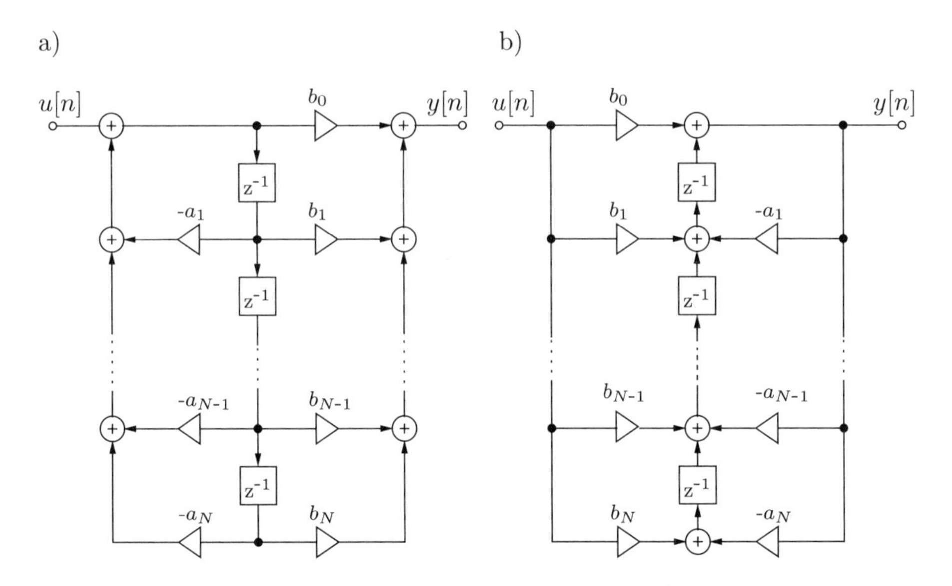

Bild 5.12: Direktform II (a) und transponierte Direktform II (b)

Direktform für FIR-Systeme

Für nichtrekursive Systeme (siehe Gleichung (5.38)) besteht die Struktur lediglich aus der ersten Teilstruktur, $H_b(\mathrm{z}) = \frac{V(\mathrm{z})}{U(\mathrm{z})}$, der Anordnung in Bild 5.9. Diese wird üblicherweise gemäß Bild 5.13 dargestellt. Man beachte, dass nach Gleichung (5.39) die ersten $N_b + 1 = N + 1$ Werte der Impulsantwort den Koeffizienten b_k, $k = 0, \ldots, N$ entsprechen. Daher ist es üblich, dass die Multipliziererwerte der Direktform für FIR-Systeme mit den ersten $N + 1$ Werten der Impulsantwort gekennzeichnet werden.

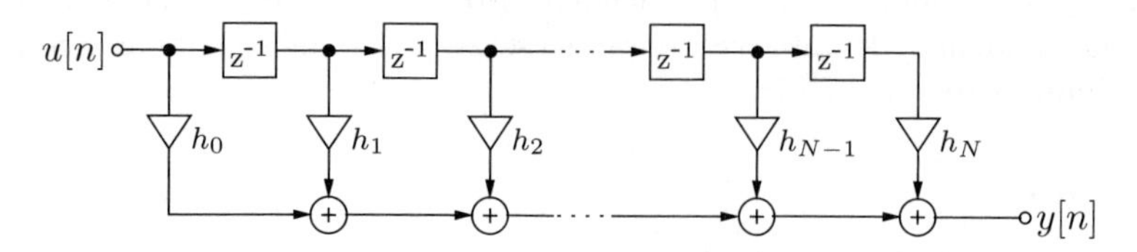

Bild 5.13: Direktform für FIR-Systeme

Durch Transponierung kann wieder eine Alternativ-Struktur gewonnen werden:

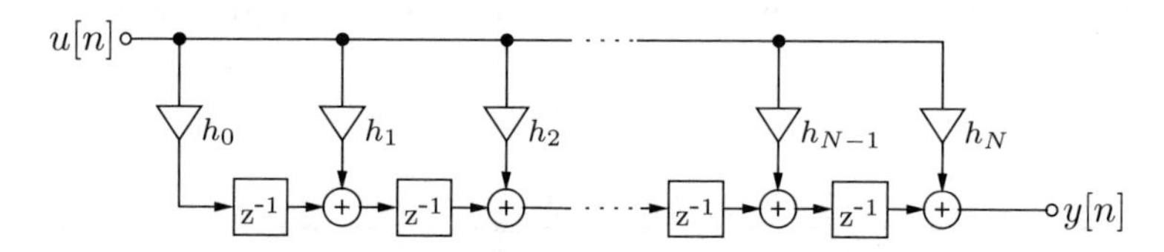

Bild 5.14: Transponierte Direktform für FIR-Systeme

Kapitel 6

Anwendungsgebiete diskreter Systeme

6.1 Einleitung

Ähnlich wie im Falle der zeitkontinuierlichen Systeme nimmt die Theorie der zeitdiskreten Signale und Systeme heute in vielen Wissensgebieten breiten Raum ein. Die zeitdiskreten Systeme spiegeln vor allem die neuere technologische Entwicklung wider, insbesondere die rechnergestützte Realisierung von Systemen und die rechnergestützte Lösung von Aufgabenstellungen in den verschiedenen Bereichen. Typische Beispiele sind die Digitale Signalverarbeitung mit digitalen Filtern und digitaler Spektralschätzung und die rechnergestützte Realisierung von Steuer- und Regelkreisen und von Modems für die Datenübertragung.
Im Zusammenhang mit digitalen Systemen ist häufig der Übergang von analogen zeitkontinuierlichen zu digitalen zeitdiskreten Signalen und umgekehrt zu realisieren. Im vorliegenden Kapitel werden diese Übergänge und alle damit verbundenen Phänomene mit den Mitteln der Signal- und Systemtheorie exakt beschrieben. Im folgenden Abschnitt werden die ideale Abtastung und die ideale Rekonstruktion behandelt und in diesem Zusammenhang das Abtasttheorem hergeleitet. Ergänzend dazu werden Effekte durch nichtideale Abtastung und Rekonstruktion mit mathematischen Mitteln abgeschätzt.
Ein weiterer Abschnitt beschäftigt sich mit der Analog-Digital- und der Digital-Analog-Umsetzung von Signalen. Dazu werden einfache Prinzipien und Schaltungen eingeführt. Die unvermeidbaren Quantisierungseffekte werden exakt beschrieben und Beziehungen zur Abschätzung der Signal-zu-Rauschverhältnisse zur Verfügung gestellt.
Im Falle bandbegrenzter Signale und Systeme ist es möglich, das Übertragungsverhalten eines kontinuierlichen LTI-Systems durch eine diskrete Verarbeitung der Eingangsabtastwerte und anschließende Rekonstruktion exakt nachzubilden. Diese

äquivalente Digitale Signalverarbeitung und ihre Voraussetzungen werden in einem gesonderten Abschnitt untersucht.
Breiten Raum nehmen die digitalen Filter ein. In je einem Abschnitt werden die rekursiven digitalen Filter, auch IIR-Filter genannt, und die nichtrekursiven digitalen Filter, auch FIR-Filter genannt, ausführlich behandelt. Dabei werden die Filterstrukturen, Realisierungsalgorithmen und der Filterentwurf mit MATLAB betrachtet. Die typische Vorgehensweise beim Filterentwurf wird in MATLAB-Projekten demonstriert.
Ebenfalls breiten Raum nimmt die Spektralschätzung im Abschnitt 6.7 ein. Nach der Einführung von Grundbegriffen werden Periodogramme und konsistente und andere Schätzmethoden für Leistungsdichtespektren behandelt. Eine große Anzahl von MATLAB-Projekten verdeutlicht die verschiedenen Schätzverfahren.

6.2 Abtastung und Rekonstruktion

In der Mehrzahl der Anwendungen zeitdiskreter Systeme werden kontinuierliche Signale diskret verarbeitet, beispielsweise auf einem Digitalprozessor [Dob04]. Dazu ist es nötig, zeitkontinuierliche Signale in zeitdiskrete umzusetzen und umgekehrt. Der vorliegende Abschnitt beschäftigt sich mit diesen Umsetzungen und stellt besonders die Änderungen der Signalspektren bei diesen Umsetzungen heraus.

6.2.1 Nichtideale Abtastung

Der Übergang von zeitkontinuierlichen zu zeitdiskreten Signalen wird *Abtastung* genannt. Im einfachsten Fall werden aus dem kontinuierlichen Signal in gleichen Zeitabständen kurze Proben entnommen. Eine solche Abtastung ist zwar realisierbar, aber nicht ideal, da die „diskreten“ Werte eine endliche Breite haben. Bild 6.1 zeigt eine solche Abtastanordnung, wobei die Probenentnahme durch Multiplikationen mit einer periodischen Folge $a_{\text{rect}}(t)$ von kurzen Rechteckimpulsen erfolgt.

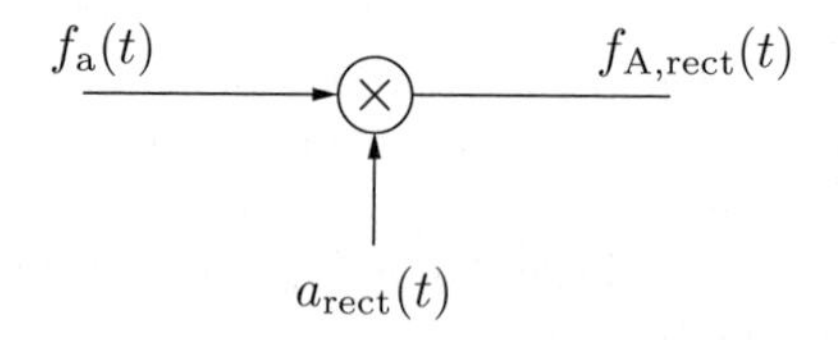

Bild 6.1: Anordnung zur nichtidealen Abtastung

Die periodische Folge wird Abtastfunktion genannt und lässt sich als Faltung einer Rechteckfunktion der Breite αT_{A} mit der Dirac-Impulsreihe $\delta_{T_{\text{A}}}(t)$ beschreiben:

$$a_{\text{rect}}(t) = r_{\alpha T_{\text{A}}}(t) * \delta_{T_{\text{A}}}(t) = r_{\alpha T_{\text{A}}}(t) * \sum_{n=-\infty}^{\infty} \delta(t - nT_{\text{A}}) \tag{6.1}$$

mit der Rechteckfunktion

$$r_{\alpha T_\mathrm{A}}(t) = \mathrm{rect}\frac{t}{\alpha T_\mathrm{A}} \,. \tag{6.2}$$

Dabei ist T_A der Abtastabstand und $\alpha T_\mathrm{A} \ll T_\mathrm{A}$ die Breite des Abtastimpulses. Aus der zeitkontinuierlichen Funktion $f_\mathrm{a}(t)$ entsteht die nichtideal abgetastete Funktion

$$f_{\mathrm{A,rect}}(t) = f_\mathrm{a}(t) \cdot a_{\mathrm{rect}}(t) \,. \tag{6.3}$$

Dieser Vorgang wird in Bild 6.2 verdeutlicht.

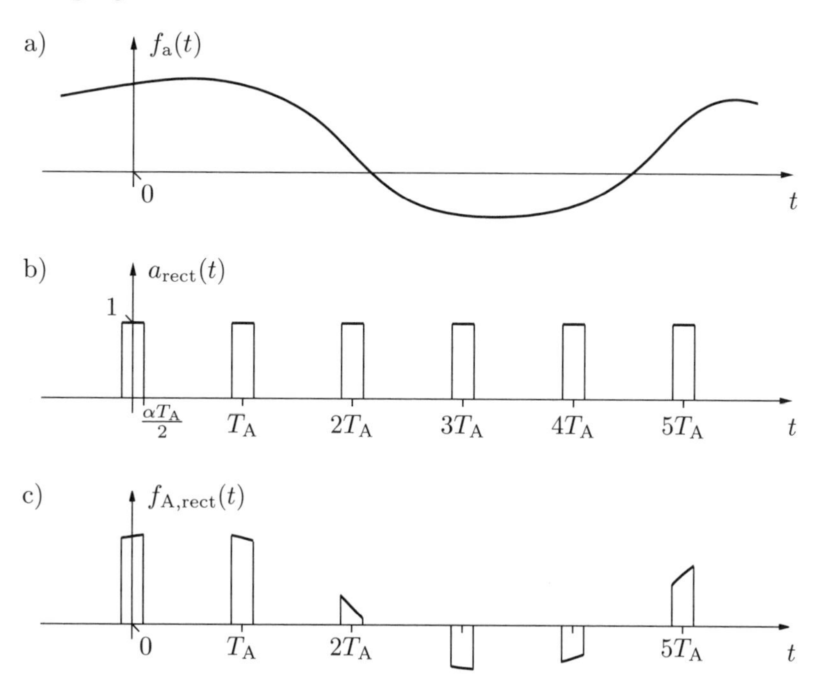

Bild 6.2: Signale bei der nichtidealen Abtastung

Für spätere Betrachtungen ist die Änderung des Signalspektrums infolge der Abtastung von großer Bedeutung. Ausgehend von Gleichung (6.1) und mit der Fourier-Transformierten der Rechteckfunktion

$$r_{\alpha T_\mathrm{A}}(t) \overset{\mathcal{F}}{\circ\!\!-\!\!\bullet} R_{\alpha T_\mathrm{A}}(\mathrm{j}\,\omega) = \alpha T_\mathrm{A}\,\mathrm{si}(\omega \alpha T_\mathrm{A}/2) \tag{6.4}$$

sowie der Fourier-Transformierten der Dirac-Impulsreihe (siehe Anhang B.1) ergibt sich mit dem Faltungstheorem (1.54):

$$A_{\mathrm{rect}}(\mathrm{j}\,\omega) = R_{\alpha T_\mathrm{A}}(\mathrm{j}\,\omega) \cdot \omega_\mathrm{A} \delta_{\omega_\mathrm{A}}(\omega) = 2\pi\alpha \sum_{n=-\infty}^{\infty} \mathrm{si}(n\pi\alpha) \cdot \delta(\omega - n\omega_\mathrm{A}) \,. \tag{6.5}$$

Darin ist $\omega_\mathrm{A} = 2\pi/T_\mathrm{A}$ die Abtastkreisfrequenz. Aus Gleichung (6.3) ist ersichtlich, dass sich das Spektrum der abgetasteten Funktion aus dem Spektrum $F_\mathrm{a}(\mathrm{j}\,\omega) \bullet\!\!-\!\!\circ f_\mathrm{a}(t)$ der ursprünglichen zeitkontinuierlichen Funktion, gefaltet mit der Fourier-Transformierten $A_\mathrm{rect}(\mathrm{j}\,\omega) \bullet\!\!-\!\!\circ a_\mathrm{rect}(t)$ der Abtastfunktion ergibt:

$$F_\mathrm{A,rect}(\mathrm{j}\,\omega) = \frac{1}{2\pi}\Big(F_\mathrm{a}(\mathrm{j}\,\omega) * A_\mathrm{rect}(\mathrm{j}\,\omega)\Big) = \alpha \sum_{n=-\infty}^{\infty} \mathrm{si}(n\pi\alpha) \cdot F_\mathrm{a}(\mathrm{j}\,\omega - \mathrm{j}\,n\omega_\mathrm{A})\,. \quad (6.6)$$

Das Spektrum des abgetasteten Signals ergibt sich aus dem ursprünglichen Spektrum $F_\mathrm{a}(\mathrm{j}\,\omega)$ durch eine periodische Fortsetzung mit $n\omega_\mathrm{A}$. Die periodischen Fortsetzungen sind mit den skalaren Faktoren $\mathrm{si}(n\pi\alpha)$ gewichtet, nehmen also mit größer werdendem Fortsetzungsindex n ab. Das gesamte Spektrum ist ferner mit dem Faktor α skaliert. Das Spektrum nimmt daher auch mit schmaler werdenen Abtastimpulsen ab.

6.2.2 Ideale Abtastung

Der Vorstellung von zeitdiskreten Signalen mit Werten bei äquidistanten Zeitpunkten käme man mit immer schmaler werdenen Abtastimpulsen entgegen. Mit $\alpha \to 0$ verschwindet aber das abgetastete Signal, siehe Vorfaktor α in Gleichung (6.6). Bei der *idealen Abtastung* wird daher anstelle des Rechteckimpulses $r(t)$ der Dirac-Impuls $\delta(t)$ verwendet.

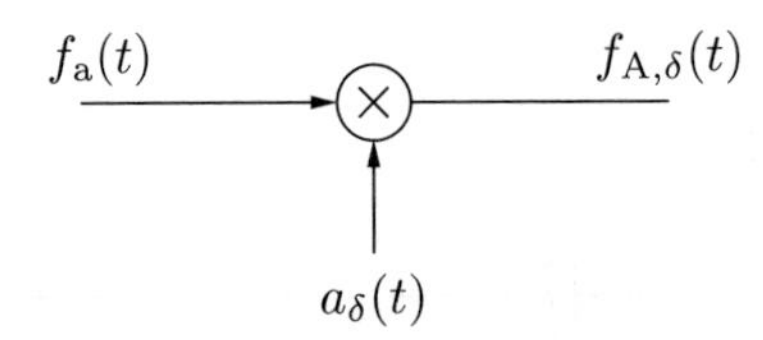

Bild 6.3: Signale zur idealen Abtastung

Aus der nichtidealen Abtastfunktion $a_\mathrm{rect}(t)$ in Gleichung (6.1) wird damit die ideale Abtastfunktion

$$a_\delta(t) = \delta(t) * \delta_{T_\mathrm{A}}(t) = \delta_{T_\mathrm{A}}(t)\,, \quad (6.7)$$

die sich als Dirac-Impulsreihe herausstellt.
Bild 6.3 zeigt die Anordnung mit einem Multiplizierer zur idealen Abtastung des zeitkontinuierlichen Signals $f_\mathrm{a}(t)$. Das ideal abgetastete Signal $f_{\mathrm{A},\delta}(t)$ berechnet sich daraus zu

$$f_{\mathrm{A},\delta}(t) = f_\mathrm{a}(t) \cdot a_\delta(t) = \sum_{n=-\infty}^{\infty} f_\mathrm{a}(nT_\mathrm{A}) \cdot \delta(t - nT_\mathrm{A}) = \sum_{n=-\infty}^{\infty} f[n] \cdot \delta(t - nT_\mathrm{A})\,. \quad (6.8)$$

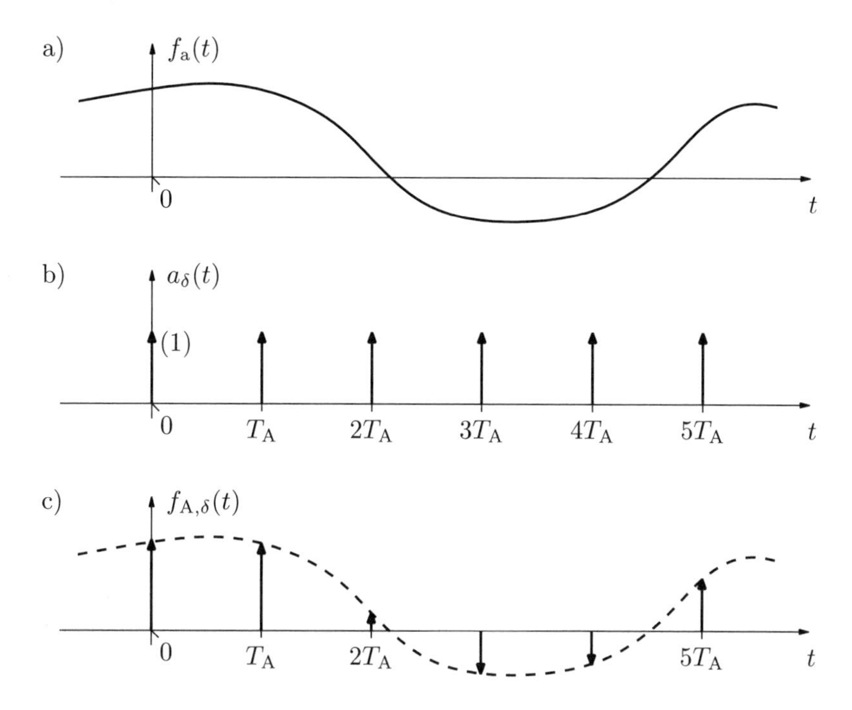

Bild 6.4: Zeitsignale bei der idealen Abtastung

Die ideale Abtastung wird in Bild 6.4 verdeutlicht. Das ideal abgetastete Signal $f_{A,\delta}(t)$ ist wieder eine Dirac-Impulsreihe, allerdings sind die verschiedenen Dirac-Impulse an den Stellen $t = nT_A$ mit den Abtastwerten $f_a(nT_A)$ an diesen Stellen gewichtet. Die Abtastwerte werden kurz mit $f[n]$ bezeichnet und stellen als Folge zusammengefasst das gesuchte zeitdiskrete Signal dar.

Das zugehörige Spektrum $F_{A,\delta}(\mathrm{j}\,\omega) \bullet\!\!-\!\!\circ f_{A,\delta}(t)$ kann aus Gleichung (6.6) abgeleitet werden, indem die Fourier-Transformierte $A_{\mathrm{rect}}(\mathrm{j}\,\omega)$ durch die Fourier-Transformierte der Dirac-Impulsreihe ersetzt wird:

$$F_{A,\delta}(\mathrm{j}\,\omega) = \frac{1}{2\pi}\Big(F_a(\mathrm{j}\,\omega) * \omega_A \delta_{\omega_A}(\omega)\Big) = \frac{1}{T_A}\sum_{n=-\infty}^{\infty} F_a(\mathrm{j}\,\omega - \mathrm{j}\,n\omega_A)\,. \tag{6.9}$$

Das Spektrum $F_{A,\delta}(\mathrm{j}\,\omega)$ des ideal abgetasteten Signals folgt aus dem ursprünglichen Spektrum $F_a(\mathrm{j}\,\omega)$ durch periodische Fortsetzung in Abständen $n\omega_A$ und Skalierung mit dem Vorfaktor $1/T_A$, siehe Bild 6.5.

Die ideale Abtastung ist technisch nicht realisierbar. Sie dient aber als Maßstab und Referenz für die Realisierung von Näherungslösungen.

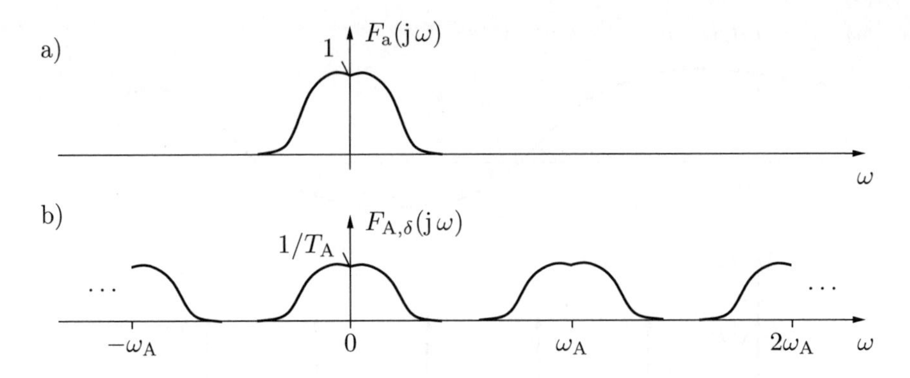

Bild 6.5: Signalspektren vor und nach der idealen Abtastung

6.2.3 Abtasttheorem

Der folgende Abschnitt beschäftigt sich mit der Frage, unter welchen Bedingungen sich aus den idealen Abtastwerten $f[n]$ das ursprüngliche zeitkontinuierliche Signal $f_a(t)$ wieder fehlerfrei rekonstruieren lässt und wie eine solche Rekonstruktion durchgeführt wird. Die Antwort gibt das *Abtasttheorem*. Dazu wird ein bandbegrenztes Signal $f_a(t)$ mit einer Fourier-Transformierten

$$\mathcal{F}\{f_a(t)\} = \begin{cases} F_a(j\,\omega) & \text{für} \quad |\omega| < \omega_{gr} \\ 0 & \text{für} \quad |\omega| \geq \omega_{gr} \,. \end{cases} \tag{6.10}$$

betrachtet. Das Spektrum ist auf Frequenzen ω beschränkt, die kleiner als eine Grenzfrequenz ω_{gr} sind. Das Signal soll nun unter der Bedingung

$$\omega_{gr} \leq \omega_A/2 \tag{6.11}$$

mit der Frequenz ω_A ideal abgetastet werden. Bild 6.6 zeigt die Signalspektren vor und nach der Abtastung. Die höchste Spektralkomponente von $F_a(j\,\omega)$ liegt unterhalb der halben Abtastfrequenz $\omega_A/2$.
Bild 6.6 zeigt ferner, dass man das ursprüngliche Signal $f_a(t) \circ\!\!-\!\!\bullet\, F_a(j\,\omega)$ durch Filtern des abgetasteten Signals $f_{A,\delta}(t) \circ\!\!-\!\!\bullet\, F_{A,\delta}(j\,\omega)$ mit einem idealen Tiefpass der Grenzfrequenz $\omega_A/2$ und der Durchlassverstärkung T_A wieder zurückgewinnen kann:

$$F_a(j\,\omega) = F_{A,\delta}(j\,\omega) \cdot H(j\,\omega) \,. \tag{6.12}$$

Diese Beziehung lautet im Zeitbereich

$$f_a(t) = f_{A,\delta}(t) * h(t) \,. \tag{6.13}$$

Darin ist $h(t)$ die Impulsantwort des o. g. Tiefpasses (vgl. Gleichung (2.38)):

$$h(t) = \mathrm{si}(\omega_A\, t/2) \circ\!\!-\!\!\bullet\, H(j\,\omega) = T_A \cdot \mathrm{rect}(\frac{\omega}{\omega_A}) \,. \tag{6.14}$$

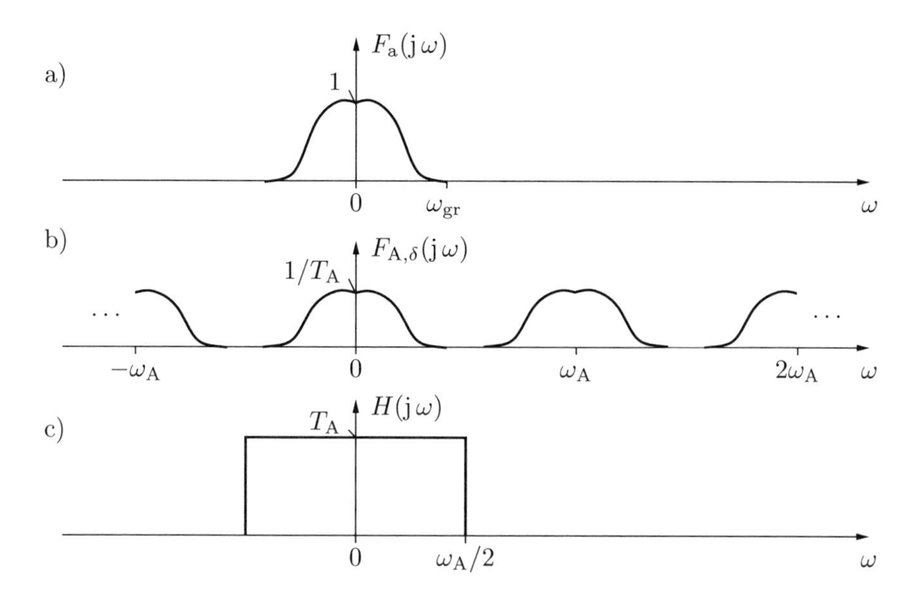

Bild 6.6: Zur idealen Abtastung eines bandbegrenzten Signals

Führt man die Faltung in Gleichung (6.13) mit $f_{A,\delta}(t)$ nach Gl. (6.8) und $h(t)$ nach Gl. (6.14) durch, so erhält man nach einer Zwischenrechnung das *Abtasttheorem*:

$$f_a(t) = \sum_{n=-\infty}^{\infty} f[n] \cdot \mathrm{si}\Big(\frac{\omega_A(t - nT_A)}{2}\Big) . \tag{6.15}$$

Jede auf $\omega_{gr} \leq \omega_A/2$ bandbegrenzte[1] Funktion $f_a(t)$ kann mit Hilfe ihrer unter der Bedingung (6.11) im Abstand $T_A = 2\pi/\omega_A$ gewonnenen Abtastwerte $f_a(nT_A) = f[n]$ gemäß (6.15) dargestellt werden.

Tastet man ein auf ω_{gr} bandbegrenztes Signal $f_a(t)$ mit einer Abtastfrequenz $\omega_A \geq 2\omega_{gr}$ ab, so liegt die gesamte Information über das Signal in den Abtastwerten $f[n]$. Das ursprüngliche Signal $f_a(t)$ kann aus den Abtastwerten mit Hilfe von Gleichung (6.15) fehlerfrei rekonstruiert werden.

6.2.4 Signalrekonstruktion

Die Rekonstruktionsbeziehung in Gleichung (6.15) hat nur einen theoretischen Wert. Auch ist die in Bild 6.6 gezeigte Rekonstruktion praktisch nicht anwendbar. Ein ideal abgetastetes Signal $f_{A,\delta}(t)$ ist ebenso wie ein idealer Tiefpass nicht realisierbar. Bei der tatsächlichen technischen Rekonstruktion wird in der Regel ein *Abtasthalteglied* verwendet und danach mit einem realisierbaren *Rekonstruktionstiefpass* eine Bandbegrenzung auf $\omega_A/2$ vorgenommen.

[1] Die halbe Abtastfrequenz wird auch als *Nyquist-Frequenz* bezeichnet.

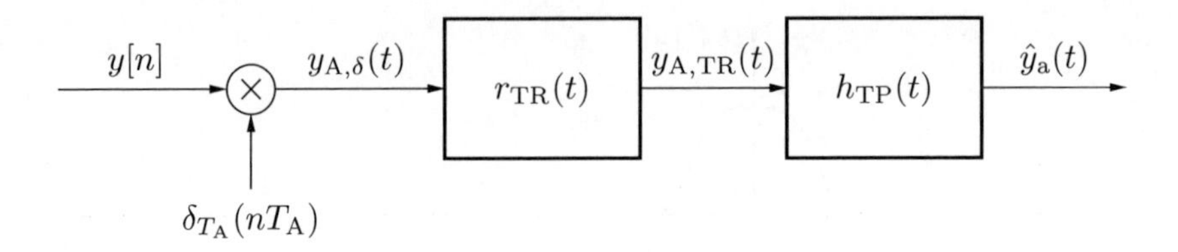

Bild 6.7: Mathematisches Modell für die reale Rekonstruktion eines bandbegrenzten Signals

Das Abtasthalteglied speichert die Werte $y[n]$ und stellt sie eine Taktperiode T_{A} lang am Ausgang zur weiteren Bearbeitung zur Verfügung. Aus den diskreten Werten $y[n]$ wird eine Treppenkurve $y_{\mathrm{A,TR}}(t)$. Mathematisch kann diese Treppenkurve als Faltung von

$$y_{\mathrm{A},\delta}(t) = \sum_{n=-\infty}^{\infty} y[n] \cdot \delta(t - nT_{\mathrm{A}})\,, \tag{6.16}$$

siehe Gleichung (6.8), mit einer zeitlich verzögerten Rechteckfunktion

$$r_{\mathrm{TR}}(t) = T_{\mathrm{A}} \cdot r_{T_{\mathrm{A}}/2}(t - T_{\mathrm{A}}/2) = T_{\mathrm{A}} \cdot \mathrm{rect}\Big(\frac{t - T_{\mathrm{A}}/2}{T_{\mathrm{A}}/2}\Big)\,, \tag{6.17}$$

vgl. Gleichung (6.2), dargestellt werden:

$$y_{\mathrm{A,TR}}(t) = y_{\mathrm{A},\delta}(t) * r_{\mathrm{TR}}(t) = \sum_{n=-\infty}^{\infty} y[n] \cdot r_{\mathrm{TR}}(t - nT_{\mathrm{A}})\,. \tag{6.18}$$

Die Fourier-Transformierte $Y_{\mathrm{A,TR}}(\mathrm{j}\,\omega) \bullet\!\!-\!\!\circ\, y_{\mathrm{A,TR}}(t)$ des Treppensignals folgt aus den Gleichungen (6.17) und (6.18) mit dem Faltungstheorem zu

$$Y_{\mathrm{A,TR}}(\mathrm{j}\,\omega) = Y_{\mathrm{A},\delta}(\mathrm{j}\,\omega) \cdot R_{\mathrm{TR}}(\mathrm{j}\,\omega) = Y_{\mathrm{A},\delta}(\mathrm{j}\,\omega) \cdot T_{\mathrm{A}}\,\mathrm{si}(\omega T_{\mathrm{A}}/2) \cdot \exp(-\mathrm{j}\,\omega T_{\mathrm{A}}/2)\,. \tag{6.19}$$

$Y_{\mathrm{A,TR}}((\mathrm{j}\,\omega)$ ist genauso wie $Y_{\mathrm{A},\delta}(\mathrm{j}\,\omega)$ periodisch fortgesetzt, allerdings mit der si-Funktion gewichtet. Der nachgeschaltete Rekonstruktionstiefpass eliminiert aus diesem Spektrum alle periodisch fortgesetzten Anteile, so dass nur der Basisanteil, also das rekonstruierte Signal mit dem Spektrum

$$\hat{Y}_{\mathrm{a}}(\mathrm{j}\,\omega) = Y_{\mathrm{a}}(\mathrm{j}\,\omega) \cdot \mathrm{si}(\omega T_{\mathrm{A}}/2) \cdot \exp(-\mathrm{j}\,\omega T_{\mathrm{A}}/2) \tag{6.20}$$

übrig bleibt. Darin sind $\hat{Y}_{\mathrm{a}}(\mathrm{j}\,\omega)$ das Spektrum des tatsächlich rekonstruierten Signals und $Y_{\mathrm{a}}(\mathrm{j}\,\omega)$ dasjenige des ideal rekonstruierten Signals.

Abgesehen von der Phasendrehung $\exp(-\mathrm{j}\,\omega T_{\mathrm{A}}/2)$, die durch die Verzögerung im Abtast-Halteglied verursacht wird, entsteht als Folge des Haltevorgangs eine si-förmige Verzerrung im Spektrum des rekonstruierten Signals $\hat{y}_{\mathrm{a}}(t) \circ\!\!-\!\!\bullet\, \hat{Y}_{\mathrm{a}}(\mathrm{j}\,\omega)$, siehe

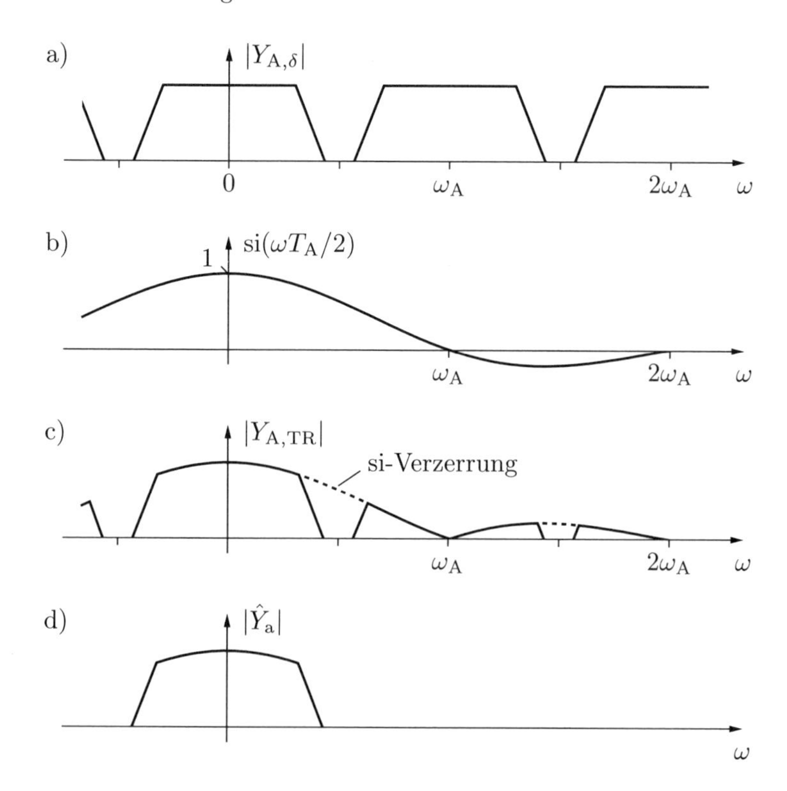

Bild 6.8: Die si-Verzerrung des mit Abtast-Halteglied rekonstruierten Signals

Bild 6.8c. Die si-Verzerrung wird üblicherweise durch eine entsprechende Charakteristik des Rekonstruktionsfilter oder gegebenenfalls durch einen digitalen Entzerrer in der vorhergehenden digitalen Signalverarbeitung kompensiert.

Der nachgeschaltete Rekonstruktionstiefpass soll aus dem Spektrum $Y_{A,TR}(j\,\omega)$ des Treppensignals den Basisanteil zur Verfügung stellen, siehe Bild 6.8d. Da reale Filter einen endlich breiten Übergang zwischen Durchlass- und Sperrbereich haben, siehe Abschnitt 6.6.4, ist die Bedingung in Gleichung (6.11) so auszulegen, dass $\omega_A/2$ entsprechend weit oberhalb von ω_{gr} liegt.

6.3 AD- und DA-Umsetzung

In der Mehrzahl der Anwendungen zeitdiskreter Systeme werden kontinuierliche Signale diskret verarbeitet, beispielsweise auf einem Digitalprozessor. Dazu müssen die zeitkontinuierlichen Signale abgetastet werden und dann die amplitudenkontinuierlichen (=analogen) Abtastwerte in digitale Zahlenwerte umgesetzt werden. Der vorliegende Abschnitt beschäftigt sich mit den Grundprinzipien der Analog-Digital- und Digital-Analog-Umsetzung und behandelt die Effekte der damit verbundenen Quantisierung.

6.3.1 Analog-Digital-Umsetzung

In praktischen Anwendungsfällen liegen die Abtastwerte als elektrische Spannungen in einem begrenzten Aussteuerungsbereich vor, häufig als bipolare Werte in einem zu 0 Volt symmetrischen Bereich. Es ist die Aufgabe des Analog-Digital-Umsetzers, die Abtastwerte aus diesem Bereich in binäre Zahlenwerte umzusetzen. Jedem Abtastwert wird im Rhythmus der Abtastung eine entsprechende Zahl zugeordnet. Dabei haben die Zahlenwerte, abhängig vom A/D-Umsetzertyp, immer eine feste Zahl n von Bits. Typisch sind 8-Bit-, 12-Bit- oder 16-Bit-Umsetzer.

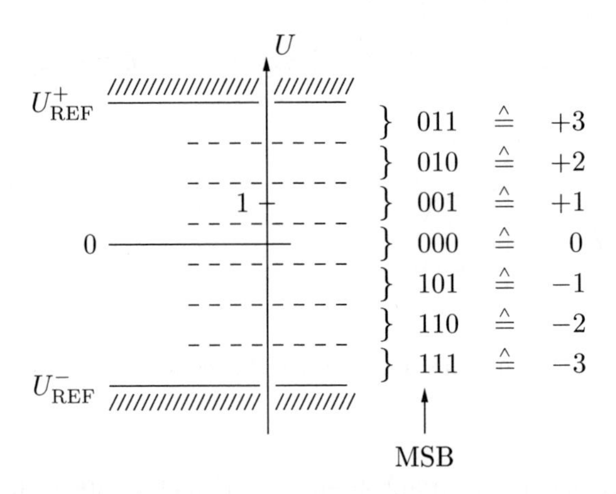

Bild 6.9: Abbildung von Abtastwerten auf Digitalwerte bei einem 3-Bit-Umsetzer

Bei einem A/D-Umsetzer mit n-Bit-Darstellung wird der gesamte Aussteuerungsbereich zum Beispiel in $2^n - 1$ gleich breite Teilbereiche aufgeteilt und jedem Teilbereich eine andere Zahl mit n Bits zugeordnet. Fällt ein Abtastwert in einen bestimmten Teilbereich, so wird die zugeordnete Zahl als digitaler Wert ausgegeben. Bild 6.9 zeigt zur Verdeutlichung die Abbildung der Abtastwerte auf die digitalen Ausgangswerte für einen 3-Bit-Umsetzer.

Der Aussteuerungsbereich liegt in diesem Beispiel zwischen $U_{REF}^{-} = -3{,}5$ V und $U_{REF}^{+} = +3{,}5$ V und ist in sieben Teilbereiche der Breite von 1 V unterteilt. Den Teilbereichen sind 3-Bit-Zahlen in Vorzeichen-Betrags-Darstellung zugeordnet, die den ganzen Zahlen von -3 bis $+3$ entsprechen. Das MSB (von engl.: „most significant bit") ist 1, wenn die Zahl negativ ist, sonst 0. Diese Zahlen wiederum entsprechen den elektrischen Spannungen in der Mitte der Teilbereiche. Hat der

Abtastwert am Eingang des Umsetzers beispielsweise einen Wert von 2,345 V, so wird am Ausgang die Zahl 010 ausgegeben.

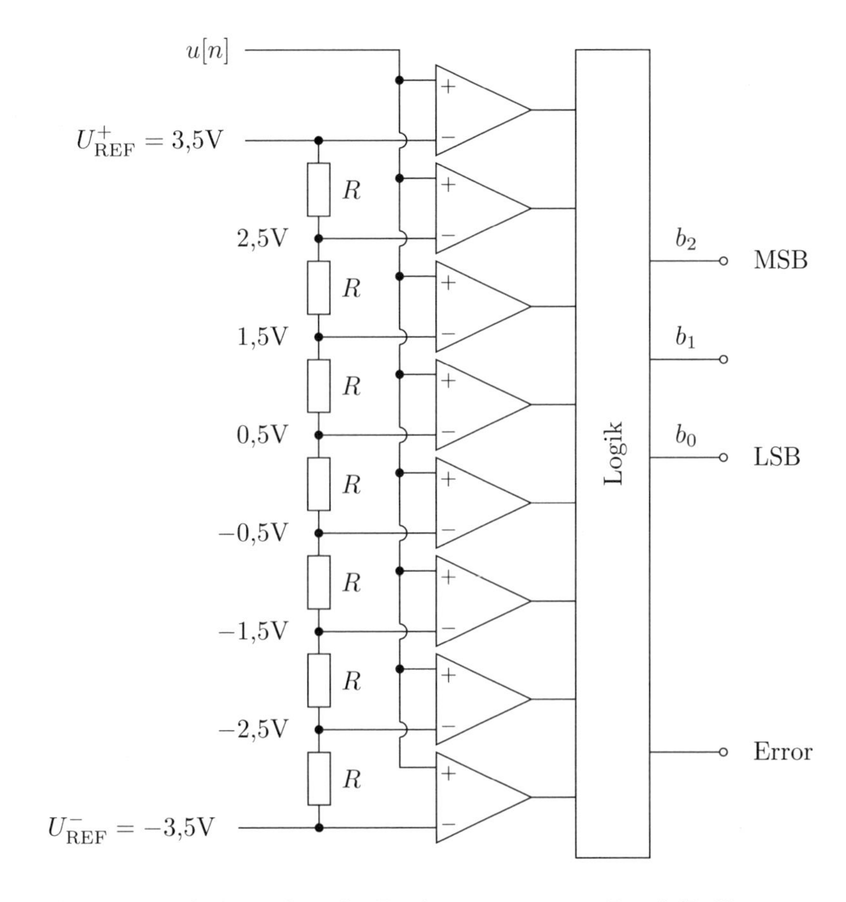

Bild 6.10: Einfache technische Realisierung eines 3-Bit-A/D-Umsetzers

Bild 6.10 zeigt eine technische Realisierung der betrachteten A/D-Umsetzung. Mit Hilfe von acht Komparatoren wird der Abtastwert $u[n]$ mit allen Schwellwerten zwischen den Teilbereichen und den Aussteuerungsgrenzen verglichen, wobei die Schwellwerte mit einem Spannungsteiler zwischen $U^+_{\mathrm{REF}} = +3{,}5$ V und $U^-_{\mathrm{REF}} = -3{,}5$ V erzeugt werden. Die acht binären Entscheidungswerte der Komparatoren werden logisch verknüpft und führen zu den drei Bits b_0 bis b_2 am Ausgang des Umsetzers sowie zu einem „Error“-Signal, das die Überschreitung des Aussteuerungsbereiches anzeigt.

Es existiert eine große Zahl von unterschiedlichen technischen A/D-Umsetzungsverfahren, auf die an dieser Stelle aber nicht weiter eingegangen wird. Ebenso sollen

die zeitlichen Abläufe bei der A/D-Umsetzung hier nicht betrachtet werden. Es sei nur darauf hingewiesen, dass in der Regel Abtast-Halteglieder verwendet werden, um genügend Zeit für den Umsetzungsprozess zur Verfügung zu stellen. Diese haben aber keine si-Verzerrung wie bei der Signalrekonstruktion zur Folge.
Bei der Abbildung von analogen Abtastwerten auf Zahlen mit endlich vielen Bits tritt stets ein Informationsverlust ein. In dem oben genannten Beispiel werden bei den Spannungswerten zwischen −3,5 V und +3,5 V alle Nachkommastellen gestrichen, so dass nur die Werte $-3, -2, \ldots +3$ herauskommen. Beispielsweise wird allen Spannungswerten zwischen 1,5 V und 2,5 V die Zahl 2 zugeordnet. Diesen Vorgang nennt man *Quantisierung*. Die Abweichung des Eingangswert vom quantisierten Ausgangswert nennt man *Quantisierungsfehler*. Im vorliegenden Beispiel kann der Quantisierungsfehler bis zu 0,5 V betragen. Die Quantisierung ist eines der wichtigsten Merkmale der A/D-Umsetzung.

6.3.2 Digital-Analog-Umsetzung

Nach einer A/D-Umsetzung liegen Folgen von Digitalwerten vor, die einem Digitalprozessor als Eingangsgrößen zugeführt werden können. Umgekehrt kann der Digitalprozessor solche Zahlenfolgen ausgeben, die dann in einem Digital-Analog-Umsetzer in analoge Abtastwerte gewandelt werden müssen, und diese wiederum mit Hilfe der Signalrekonstruktion in zeitkontinuierliche Ausgangssignale.

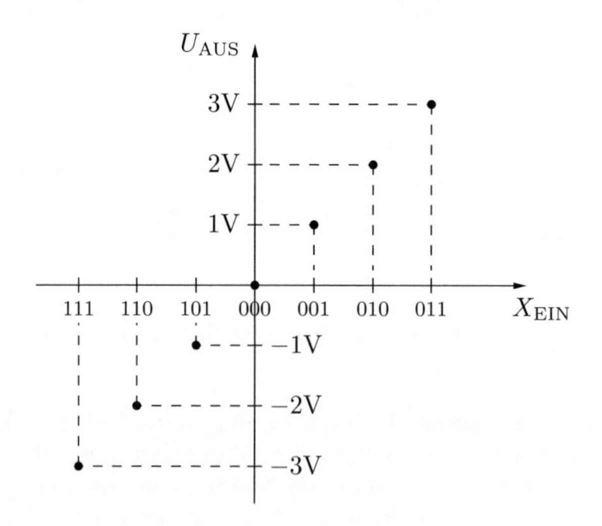

Bild 6.11: Abbildung von Digitalwerten auf Abtastwerte bei einem 3-Bit-D/A-Umsetzer

Der Digital-Analog-Umsetzer bildet die Digitalwerte aus einem endlichen Zahlenvorrat in Abtastwerte ab, die am Ausgang als elektrische Spannungen vorliegen. In

Bild 6.11 ist das Beispiel aus dem vorhergehenden Abschnitt wieder aufgegriffen. Die mit drei Bit dargestellten digitalen Eingangswerte stammen aus einem Zahlenvorrat von sieben[2] verschiedenen Werten. Deshalb gibt es nur sieben verschiedene Ausgangswerte: -3 V, -2 V, $\ldots + 3$ V. Die Punkte in Bild 6.11 zeigen die endlich vielen möglichen Abbildungen.
Aus der Abbildungsvorschrift der D/A-Umsetzung folgt prinzipiell die Tatsache, dass die im A/D-Umsetzer verursachte Quantisierung im D/A-Umsetzer nicht rückgängig gemacht werden kann. Die Quantisierung ist irreversibel.

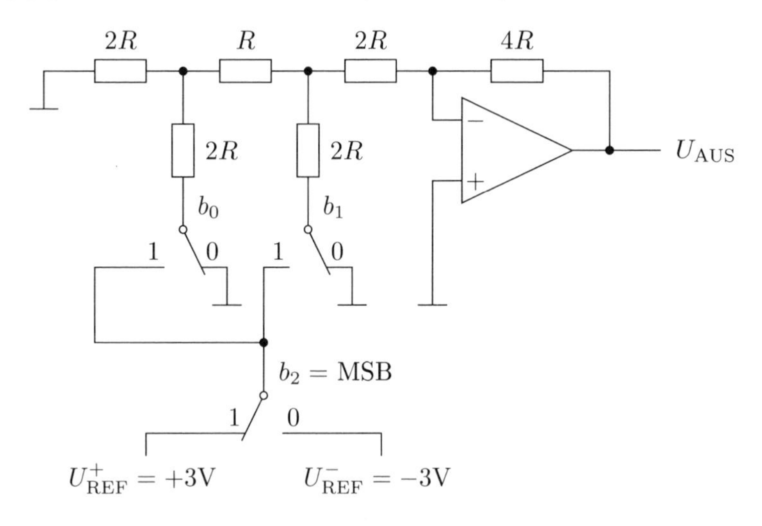

Bild 6.12: Bipolarer 3-Bit-D/A-Umsetzer

Bild 6.12 zeigt eine technische Realisierung der 3-Bit-D/A-Umsetzung. Diese Schaltung stellt das Gegenstück zu dem A/D-Umsetzer in Bild 6.10 dar. Das MSB schaltet das Vorzeichen der Referenzspannung um. Die Referenzspannungen sind als Spannungsquellen mit einem Innenwiderstand von null aufzufassen. Das Bit b_1 leistet einen Beitrag von $b_1 \cdot 2$ V, das Bit b_0 einen Beitrag von $b_0 \cdot 1$ V. Insgesamt lautet die Spannung U_{AUS} am Ausgang des D/A-Umsetzers in Bild 6.12

$$U_{\text{AUS}} = (1 - 2b_2) \cdot (2b_1 + b_0) \ \text{V} . \tag{6.21}$$

6.3.3 Quantisierungsrauschen

Die Quantisierungsfehler bei der A/D-Umsetzung führen zu einem Rauschsignal $e[n]$, das dem eigentlichen Nutzsignal $x[n]$ überlagert ist. Dadurch ergibt sich das

[2]Bei der Vorzeichen-Betragsdarstellung kommt die Null als ± 0 zweimal vor.

quantisierte Signal

$$x_Q[n] = x[n] - e[n]. \tag{6.22}$$

Zur Abschätzung des *Quantisierungsrauschens* $e[n]$ sei angenommen, dass die analogen Werte $x_\mathrm{a}(nT_\mathrm{A})$ in einem symmetrischen Aussteuerungsbereich zwischen $-U$ und $+U$ liegen und dass die digitalen Werte mit B Bits dargestellt werden. Der Aussteuerungsbereich soll gleichmäßig in $2^B - 1$ Teilbereiche aufgeteilt werden. Für große Werte von B kann die Breite der Teilbereiche in guter Näherung mit

$$\Delta = 2U/2^B \tag{6.23}$$

abgeschätzt werden. Die quantisierten Werte $x_Q[n]$ liegen in der Mitte der Teilbereiche, die maximale Abweichung ist daher gleich der halben Teilbereichsbreite. Für die Quantisierungsfehler gilt daher

$$-\Delta/2 \leq e[n] \leq +\Delta/2. \tag{6.24}$$

Für eine große Zahl B und bei einer hohen Signalaussteuerung mit einem stochastischen Nutzsignal kann davon ausgegangen werden, dass die Quantisierungsfehler in dem in Gleichung (6.24) angegebenen Bereich gleichmäßig verteilt sind. $e[n]$ besitzt somit die in Bild 6.13 gezeigte Wahrscheinlichkeitsdichtefunktion.

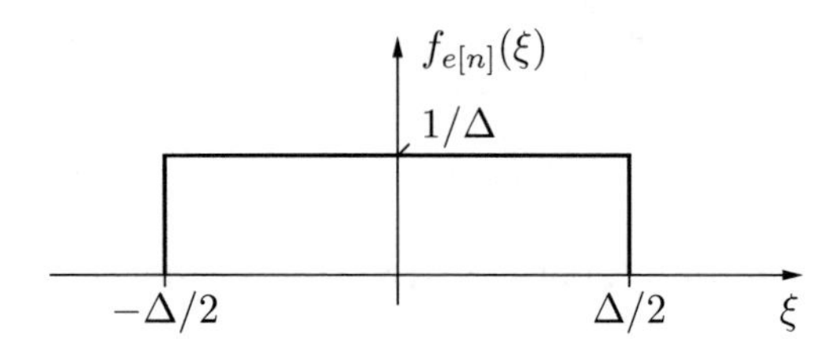

Bild 6.13: Dichtefunktion des Quantisierungsrauschens

Zur Kennzeichnung des Quantisierungsrauschens wird im Folgenden die mittlere Rauschleistung $\mathcal{P}_e = \mathrm{E}\{(e[n])^2\}$ (vgl. Gleichung (4.35)) berechnet, die sich wegen $\mu_e = 0$ mit Gleichung (4.22) aus der Dichtefunktion wie folgt berechnen lässt:

$$\mathcal{P}_e = \mathrm{Var}\{e[n]\} = \int_{-\infty}^{\infty} \xi^2 \, f_{e[n]}(\xi) \, \mathrm{d}\xi = \frac{1}{\Delta} \int_{-\Delta/2}^{\Delta/2} \xi^2 \, \mathrm{d}\xi = \frac{1}{3\Delta} \xi^3 \Big|_{-\Delta/2}^{\Delta/2} = \frac{\Delta^2}{12}. \tag{6.25}$$

Mit Gleichung (6.23) folgt daraus eine mittlere Quantisierungsrauschleistung von

$$\mathcal{P}_e = U^2 \cdot 2^{-2B}/3. \tag{6.26}$$

Als Prototyp für Nutzsignale wird ein Sinussignal $x[n] = U \sin(n\Omega)$ gewählt, das den Bereich von $-U$ bis $+U$ gerade voll aussteuert. Ohne die Allgemeingültigkeit des Ergebnisses einzuschränken soll angenommen werden, dass auf eine Periode des Sinussignals gerade N Abtastwerte kommen. Dann gilt für die mittlere Leistung des Nutzsignals

$$\mathcal{P}_x = \frac{1}{N}\sum_{n=0}^{N-1} x^2[n] = \underbrace{\frac{1}{N}\sum_{n=0}^{N-1}\frac{U^2}{2}}_{U^2/2} - \underbrace{\frac{1}{N}\sum_{n=0}^{N-1}\frac{U^2}{2}\cos(4\pi n/N)}_{0} = \frac{U^2}{2}\,. \tag{6.27}$$

Als Maß für den Einfluss des Quantisierungsrauschens wird schließlich das Signal-Rausch-Verhältnis SNR (siehe Abschnitt 2.4.4) betrachtet, das als Verhältnis von mittlerer Nutzleistung zu mittlerer Quantisierungsrauschleistung in dB definiert ist. Es lautet mit den Gleichungen (6.26) und (6.27)

$$\text{SNR} = 10\,\log_{10}\frac{\mathcal{P}_x}{\mathcal{P}_e} = 10\,\log_{10}\frac{U^2/2}{U^2\,2^{-2B}/3} = 10\,\log_{10}\frac{3}{2^{1-2B}}\,. \tag{6.28}$$

Für einen 16-Bit-A/D-Umsetzer ergibt sich beispielsweise mit $B = 16$ aus Gleichung (6.28) ein SNR von 98,0905 dB. Jedes weitere Bit verbessert das SNR um ca. 6 dB.

6.4 Äquivalente digitale Signalverarbeitung

Zeitkontinuierliche Signale wurden lange Zeit mit analogen elektronischen Bauelementen, also mit kontinuierlichen Systemen verarbeitet. Heute wird überwiegend eine digitale Signalverarbeitung mit hierzu geeigneten Prozessoren durchgeführt, was zu wirtschaftlichen und technischen Vorteilen führt. Bei dieser Vorgehensweise stellt sich u. a. die Frage, unter welchen Bedingungen und Regeln die digitale Signalverarbeitung zum gleichen Ergebnis kommt wie die analoge bzw. zeitkontinuierliche. Zur Beantwortung dieser Frage sei das analoge, zeitkontinuierliche System in Bild 6.14 betrachtet.

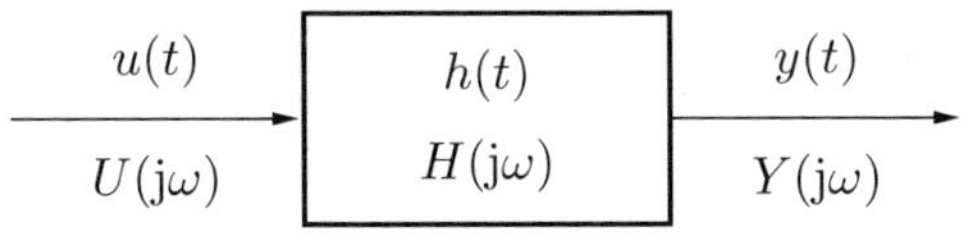

Bild 6.14: Kontinuierliche Signalverarbeitung mit LTI-System

Die Signalverarbeitung wird mit den beiden folgenden Gleichungen beschrieben:

$$y(t) = u(t) * h(t) \tag{6.29}$$

$$Y(\mathrm{j}\,\omega) = U(\mathrm{j}\,\omega)\cdot H(\mathrm{j}\,\omega)\,. \tag{6.30}$$

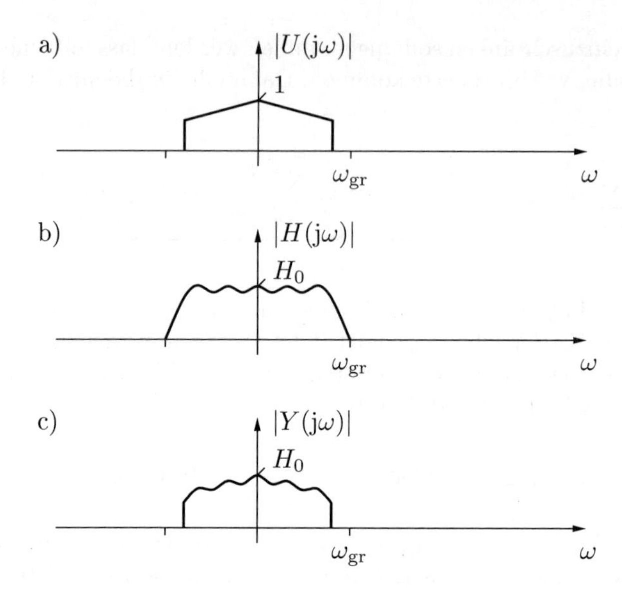

Bild 6.15: Eingangsspektrum (a), Übertragungsfunktion (b) und Ausgangsspektrum (c) der Anordnung nach Bild 6.14

Bild 6.15 zeigt das Eingangsbetragsspektrum $|U(\mathrm{j}\,\omega)|$, den Betrag $|H(\mathrm{j}\,\omega)|$ der Übertragungsfunktion und das Ausgangsbetragsspektrum $|Y(\mathrm{j}\,\omega)|$ nach Gleichung (6.30). Darin wird vorausgesetzt, dass sowohl das Eingangssignal als auch die Übertragungsfunktion auf eine Frequenz ω_{gr} bandbegrenzt sind. Als Folge davon ist auch das Ausgangsspektrum auf ω_{gr} bandbegrenzt.

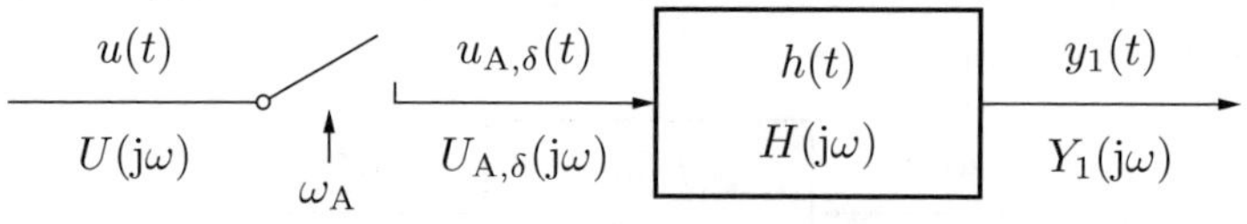

$u(t)$ $U(\mathrm{j}\omega)$ — ω_{A} — $u_{\mathrm{A},\delta}(t)$ $U_{\mathrm{A},\delta}(\mathrm{j}\omega)$ — $h(t)$ $H(\mathrm{j}\omega)$ — $y_1(t)$ $Y_1(\mathrm{j}\omega)$

Bild 6.16: Erregung des LTI-Systems mit einem ideal abgetasteten Eingangssignal

In der Anordnung nach Bild 6.16 wird das gleiche System mit dem ideal abgetasteten Eingangssignal

$$u_{\mathrm{A},\delta}(t) = \sum_{k=-\infty}^{\infty} u(kT_{\mathrm{A}}) \cdot \delta(t - kT_{\mathrm{A}}) \tag{6.31}$$

erregt. Jeder der Dirac-Impulse in Gleichung (6.31) bewirkt eine entsprechend gewichtete und zeitverschobene Impulsantwort am Ausgang des Systems. In der Sum-

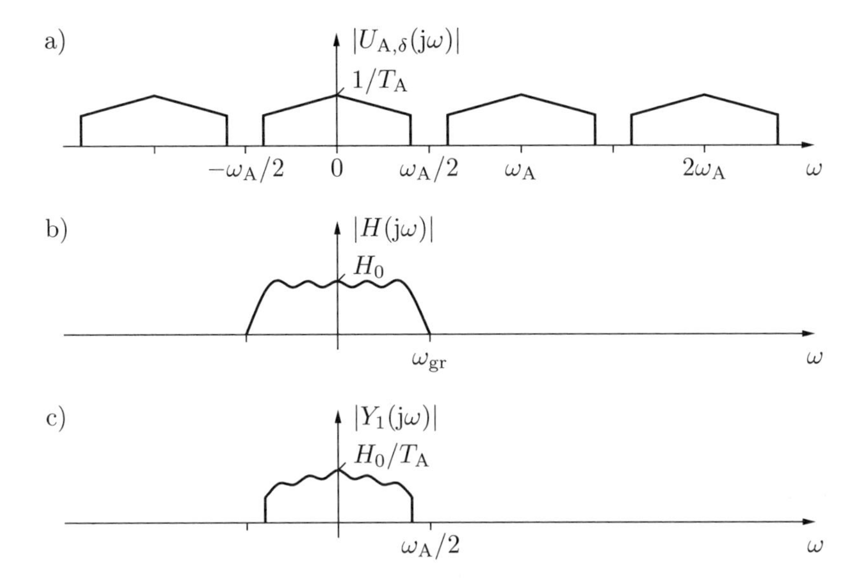

Bild 6.17: Eingangsspektrum (a), Übertragungsfunktion (b) und Ausgangsspektrum (c) der Anordnung nach Bild 6.16

me entsteht so das Ausgangssignal

$$y_1(t) = \sum_{k=-\infty}^{\infty} u(kT_A) \cdot h(t - kT_A)\,. \tag{6.32}$$

Eine Betrachtung der Spektren in Bild 6.17 zeigt, dass unter der Voraussetzung $\omega_{gr} \leq \omega_A/2$ das Ausgangsspektrum $Y_1(j\,\omega)$ bis auf einen Skalierungsfaktor $1/T_A$ identisch ist mit dem Ausgangsspektrum $Y(j\,\omega)$ in Bild 6.15:

$$Y_1(j\,\omega) = \frac{1}{T_A}\,Y(j\,\omega). \tag{6.33}$$

Eine Abtastung des Ausgangssignals $y_1(t)$ zu den Zeitpunkten $t = nT_A$ ergibt

$$y_1(nT_A) = \sum_{k=-\infty}^{\infty} u(kT_A) \cdot h(nT_A - kT_A)\,. \tag{6.34}$$

Das gleiche Ergebnis liefert die Anordnung in Bild 6.18. In dieser Anordnung werden die Abtastwerte $u(kT_A)$ direkt auf den Eingang der Signalverarbeitung gegeben, die im Wesentlichen aus einer diskreten Faltung der Abtastwerte $u(kT_A)$ mit den Abtastwerten $h(kT_A)$ der Impulsantwort $h(t)$ aus Gleichung (6.29) besteht. Mit Hilfe einer Signalrekonstruktion, die auch eine Skalierung mit T_A berücksichtigt,

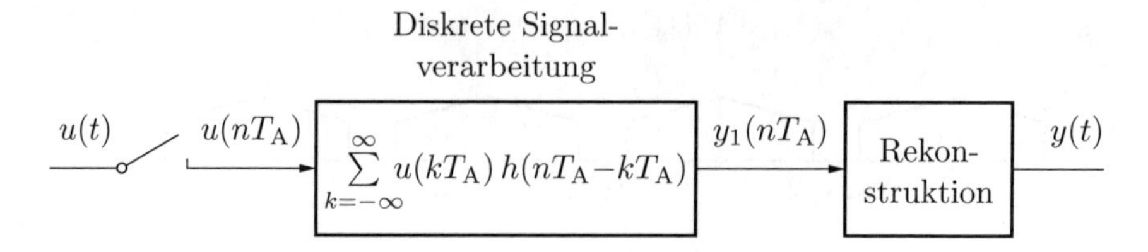

Bild 6.18: Äquivalente zeitdiskrete Signalverarbeitung

kann aus den Werten $y_1(nT_\mathrm{A})$ das gleiche Ausgangssignal $y(t)$ wie in Bild 6.14 bzw. in Gleichung (6.29) gewonnen werden. Damit ist die Anordnung zur diskreten Signalverarbeitung in Bild 6.18 unter der Voraussetzung der Bandbegrenzung von Eingangssignal und Übertragungsfunktion auf $\omega_\mathrm{gr} \leq \omega_\mathrm{A}/2$ äquivalent zu der zeitkontinuierlichen Signalverarbeitung in Bild 6.14.

Bild 6.19: Anordnung zur digitalen Signalverarbeitung

Bild 6.19 zeigt eine Anordnung, die von dem Prinzip der diskreten Signalverarbeitung in Bild 6.18 Gebrauch macht. Das zeitkontinuierliche analoge Eingangssignal wird zunächst mit einem Tiefpass auf die halbe Abtastfrequenz bandbegrenzt. Es folgt ein Abtasthalteglied, das die Abtastwerte dem nachfolgenden A/D-Umsetzer zur Verfügung stellt. Das Abtasthalteglied verursacht an dieser Stelle keine si-Verzerrung. Die digitalisierten Abtastwerte gelangen in einen Digitalen Signalprozessor, der die äquivalente diskrete Signalverarbeitung mit digitalen Mitteln durchführt. Die digitalen Ausgangswerte werden dann in einem D/A-Umsetzer zu analogen Abtastwerten verarbeitet und mit einem Abtasthalteglied und einem Rekonstruktionstiefpass wieder in ein analoges Ausgangssignal gewandelt.

6.5 Rekursive digitale Filter (IIR-Filter)

Eines der wichtigsten Gebiete der digitalen Signalverarbeitung sind die rekursiven und nichtrekursiven digitalen Filter. Im vorliegenden Abschnitt werden zunächst die rekursiven digitalen Filter behandelt, die auch als *IIR-Filter* (engl.: „infinite impulse response filter“) bezeichnet werden. In den ersten Unterabschnitten werden

Signalverarbeitungsschemata abgeleitet und daraus Algorithmen für die digitalen Signalprozessoren. Danach wird der Filterentwurf betrachtet.

6.5.1 Allgemeine Realisierungsstruktur

Im Folgenden wird ein Signalverarbeitungsschema zur Realisierung von Systemfunktionen höherer Ordnung $H(\mathrm{z})$ auf einem digitalen Prozessor näher untersucht. Dieses beruht auf den Betrachtungen über rekursive und nichtrekursive zeitdiskrete Systeme aus dem vorhergehenden Kapitel. Bild 6.20 zeigt die Direktform I (vgl. Bild 5.10a) zur Realisierung eines rekursiven Filters N-ter Ordnung.

$$H(\mathrm{z}) = \frac{Y(\mathrm{z})}{U(\mathrm{z})} = \frac{\sum\limits_{j=0}^{N} b_j\, \mathrm{z}^{-j}}{\sum\limits_{i=0}^{N} a_i\, \mathrm{z}^{-i}}, \qquad a_0 = 1 \tag{6.35}$$

Unterschiedliche Zähler- und Nennergrade können durch geeignete (einige a_i oder b_j gleich null) Wahl der Polynomkoeffizienten erzielt werden.

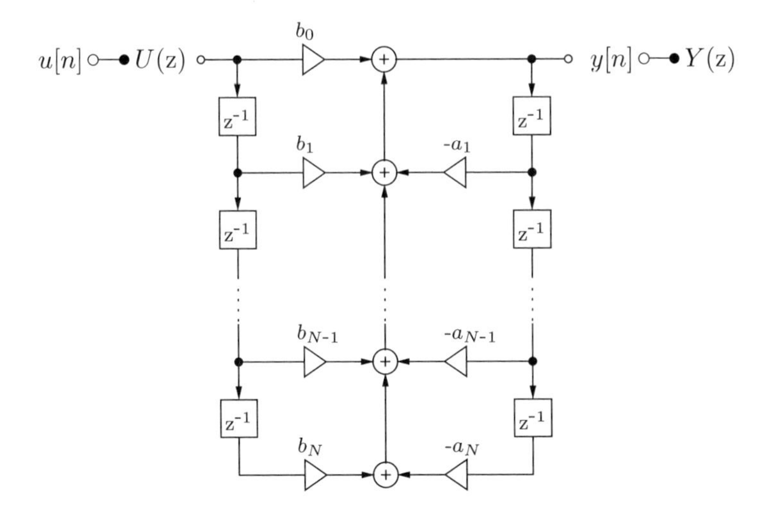

Bild 6.20: Signalverarbeitungsschema (Direktform I) zur Realisierung einer rationalen Systemfunktion $H(\mathrm{z})$

Da der Koeffizient $a_0 = 1$ ist, kann Gleichung (6.35) wie folgt geschrieben werden:

$$Y(\mathrm{z}) = \sum_{j=0}^{N} b_j\, \mathrm{z}^{-j}\, U(\mathrm{z}) - \sum_{i=1}^{N} a_i\, \mathrm{z}^{-i}\, Y(\mathrm{z}) \tag{6.36}$$

bzw. im Zeitbereich

$$y[n] = \sum_{j=0}^{N} b_j \cdot u[n-j] - \sum_{i=1}^{N} a_i \cdot y[n-i] \tag{6.37}$$

Aus dieser Darstellung lässt sich leicht das Realisierungsschema in Bild 6.20 verifizieren. Betrachtet man Gleichung (6.36), so ist die Operation z^{-1} als Multiplikation der Z-Transformierten mit z^{-1} aufzufassen. In der Zeitbereichsdarstellung, Gleichung (6.37), stellt z^{-1} die Verzögerung des Zeitsignals um einen Takt dar.

6.5.2 IIR-Filter erster Ordnung

Die Systemfunktion eines digitalen IIR-Filters erster Ordnung folgt mit $N = 1$ aus Gleichung (6.35) zu

$$H(z) = \frac{Y(z)}{U(z)} = \frac{b_0 + b_1 z^{-1}}{1 + a_1 z^{-1}} \tag{6.38}$$

Ebenso kann das Signalverarbeitungsschema für ein System erster Ordnung aus Bild 6.20 abgeleitet werden:

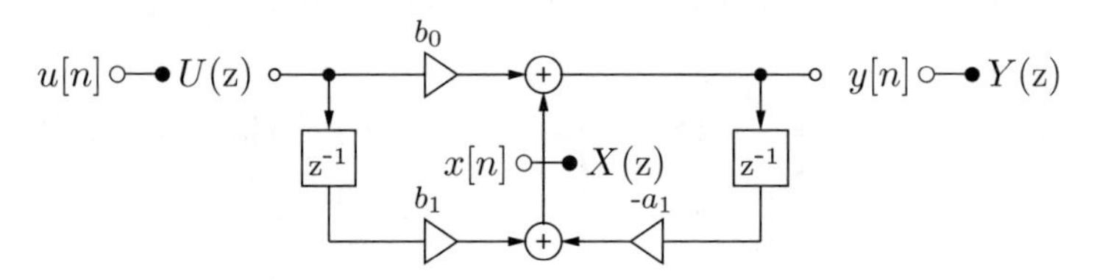

Bild 6.21: Signalverarbeitungsschema für ein IIR-Filter erster Ordnung

Aus diesem Schema und aus Gleichung (6.37) erhält man für $N = 1$ die rekursiven Differenzengleichungen des IIR-Filters erster Ordnung:

$$y[n] = b_0 \cdot u[n] + x[n] \tag{6.39}$$

$$x[n] = b_1 \cdot u[n-1] - a_1 \cdot y[n-1]\,. \tag{6.40}$$

Für das Rechenprogramm eines digitalen Signalprozessors kann daher der folgende einfache Algorithmus angegeben werden:

$$y = b_0 \cdot u + x \tag{6.41}$$

$$x = b_1 \cdot u - a_1 \cdot y\,. \tag{6.42}$$

Diese Gleichungen sind in jedem Abtasttakt in der angegeben Reihenfolge einmal auszuführen. Am Anfang der Taktperiode wird der neue Eingangswert u eingelesen und gespeichert. Dann wird Gl. (6.41) ausgeführt und dabei der aktuelle Werte u und der Wert x aus der vorhergehenden Taktperiode verwendet. Der Ausgangswert y wird gespeichert und ggf. ausgegeben. Zuletzt wird mit Gl. (6.42) der Zwischenwert x berechnet und für die Verwendung im nächsten Taktintervall gespeichert.

6.5.3 IIR-Filter zweiter Ordnung

Die Systemfunktion eines digitalen IIR-Filters zweiter Ordnung folgt mit $N = 2$ aus Gleichung (6.35) zu

$$H(\mathrm{z}) = \frac{Y(\mathrm{z})}{U(\mathrm{z})} = \frac{b_0 + b_1 \mathrm{z}^{-1} + b_2 \mathrm{z}^{-2}}{1 + a_1 \mathrm{z}^{-1} + a_2 \mathrm{z}^{-2}} \tag{6.43}$$

Ebenso kann das Signalverarbeitungsschema für ein System zweiter Ordnung aus Bild 6.20 abgeleitet werden:

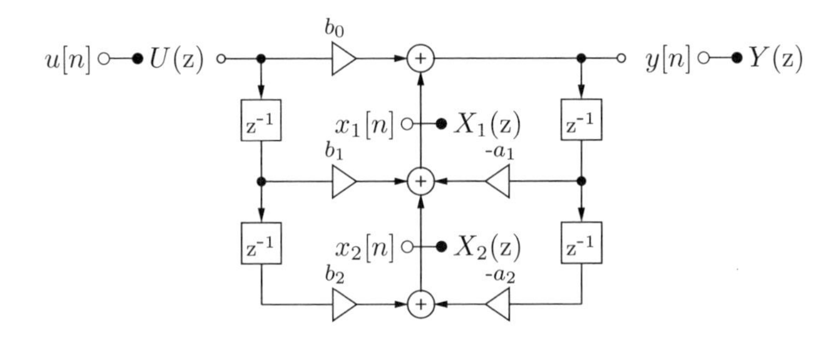

Bild 6.22: Signalverarbeitungsschema für ein IIR-Filter zweiter Ordnung

Aus diesem Schema und aus Gleichung (6.37) erhält man für $N = 2$ die rekursiven Differenzengleichungen des IIR-Filters zweiter Ordnung:

$$y[n] = b_0 \cdot u[n] + x_1[n] \tag{6.44}$$

$$x_1[n] = b_1 \cdot u[n-1] - a_1 \cdot y[n-1] + x_2[n] \tag{6.45}$$

$$x_2[n] = b_2 \cdot u[n-2] - a_2 \cdot y[n-2]\,. \tag{6.46}$$

Für das Rechenprogramm eines digitalen Signalprozessors ergibt sich daraus der folgende einfache Algorithmus:

$$y = b_0 \cdot u + x_1 \tag{6.47}$$

$$x_1 = b_1 \cdot u - a_1 \cdot y + x_2 \tag{6.48}$$

$$x_2 = b_2 \cdot u - a_2 \cdot y\,. \tag{6.49}$$

Diese Gleichungen sind in der angegeben Reihenfolge in jedem Abtasttakt einmal auszuführen.

6.5.4 Digitale Filter höherer Ordnung

Zur Realisierung von digitalen Filtern höherer Ordnung bietet sich, wie bei den analogen Filtern, die Kaskadentechnik an, bei der Filterstufen erster und zweiter Ordnung in Kette geschaltet werden. Die Struktur eines Kaskadenfilters ist in Bild 6.23 dargestellt.
Die Systemfunktionen $H_1(\mathrm{z})$ bis $H_N(\mathrm{z})$ haben die Ordnung 1 oder 2. Da das diskrete Ausgangssignal einer Filterstufe gleichzeitig das Eingangssignal der nachgeschalteten Filterstufe ist, ergibt sich die Gesamtsystemfunktion $H(\mathrm{z}) = Y(\mathrm{z})/U(\mathrm{z})$ als Produkt der Systemfunktionen der Filterstufen:

$$H(\mathrm{z}) = \frac{Y(\mathrm{z})}{U(\mathrm{z})} = \prod_{i=1}^{N} H_i(\mathrm{z})\,. \tag{6.50}$$

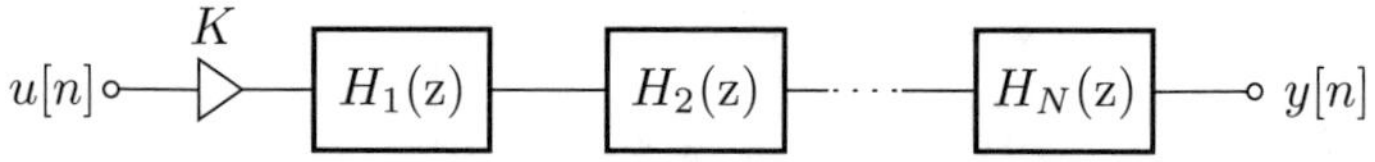

$u[n]$ — K — $H_1(\mathrm{z})$ — $H_2(\mathrm{z})$ — ... — $H_N(\mathrm{z})$ — $y[n]$

Bild 6.23: Digitales Filter höherer Ordnung in Kaskadenstruktur

Zur Realisierung einer Systemfunktion $H(\mathrm{z})$ höherer Ordnung ist eine Faktorisierung gemäß Gleichung (6.50) in Filtersystemfunktionen erster und zweiter Ordnung nötig. Dazu werden die Pole und Nullstellen von $H(\mathrm{z})$ betrachtet. Jedem konjugiert komplexen Polpaar wird eine Filterstufe zweiter Ordnung gemäß Bild 6.22 zugeordnet. Ebenso können zwei reelle Pole für eine Filterstufe zusammengefasst werden. Bleibt ein einzelner reeller Pol übrig, so wird diesem eine Filterstufe erster Ordnung zugeordnet. Den verschiedenen Filterstufen können, sofern vorhanden, null bis zwei Nullstellen der Systemfunktion $H(\mathrm{z})$ zugeordnet werden, eine einzelne Nullstelle der Filterstufe erster Ordnung.
Aus den Polen und Nullstellen werden die Zähler- und Nennerkoeffizienten der Filterstufen ermittelt und mit den Gleichungen (6.41) und (6.42) bzw. (6.47) bis (6.49) wird der Algorithmus für das digitale Filter formuliert. Beispiele dieser Vorgehensweise zeigt der folgende Abschnitt.

6.5.5 Filterentwurf mit MATLAB

MATLAB bietet ein leicht bedienbares Werkzeug für den Entwurf von Filtern höherer Ordnung. Nach der Wahl des Filtertyps und der Filterordnung können mit einem einzigen Befehl die Pole und Nullstellen der Systemfunktion ermittelt werden. Aus diesen kann dann, wie in den vorhergehenden Abschnitten beschrieben, das digitale Filter durch Kaskadierung von Filterstufen entworfen werden.

Ferner ermöglicht MATLAB die Analyse und Bewertung der zuvor entworfenen Systemfunktion. Mit wenigen Befehlen ist es möglich, beispielsweise den Frequenzgang, die Sprungantwort oder die Gruppenlaufzeit eines Filters zu berechnen und graphisch auszugeben. Im Folgenden wird der Entwurf der wichtigsten Filtertypen beschrieben.

Butterworth-Filter

Butterworth-Filter sind Tiefpassfilter zur Bandbegrenzung von Signalen. Sie können aber auch in Band- oder Hochpässe transformiert werden. Butterworth-Filter sind durch einen maximal flachen Dämpfungsverlauf im Durchlassbereich charakterisiert. Zu höheren Frequenzen hin nimmt die Dämpfung zu. Bei der Grenzfrequenz f_{gr} erreicht sie 3 dB. Die benötigte Ordnung N des Butterworth-Tiefpasses kann mit dem MATLAB-Befehl

```
[N,w_gr]=buttord(w_D,w_S,d_D,d_S)
```

ermittelt werden. Darin sind `w_D` die Durchlassgrenzfrequenz, `w_S` die Sperrgrenzfrequenz, beide bezogen auf die halbe Abtastfrequenz, `d_D` die maximal zulässige Dämpfung in dB im Durchlassbereich und `d_S` die Mindestdämpfung in dB im Sperrbereich. Als Ergebnis wird die benötigte Ordnung n und die 3dB-Grenzfrequenz `w_gr` bezogen auf die halbe Abtastfrequenz ausgegeben. Die Durchlassgrenzfrequenz kann also verschieden von der 3dB-Grenzfrequenz gewählt werden.
Der MATLAB-Befehl zum Entwurf eines Butterworth-Filters lautet

```
[B,A]=butter(n,w_gr)
```

Als Ergebnis kommen der Vektor `B` der Zählerkoeffizienten $b_0 ... b_N$ und der Vektor `A` der Nennerkoeffizienten $a_0 ... a_N$ der Systemfunktion mit $a_0 = 1$ heraus. Mit dem Befehl

```
z=roots(B)
```

kann der Vektor der Nullstellen `z` und mit

```
p=roots(A)
```

der Vektor der Pole `p` berechnet werden. Kombinationen von Polen und Nullstellen können dann Filterstufen erster und zweiter Ordnung zugeordnet werden. Das digitale Filter ist schließlich durch eine Kaskadierung aller Filterstufen gegeben.

Tschebyscheff-Filter

Tschebyscheff-Filter sind ebenfalls Tiefpassfilter zur Bandbegrenzung von Signalen und können auch in Band- oder Hochpässe transformiert werden. Im Gegensatz zu Butterworth-Filtern zeigt der Durchlassbereich eine gleichmäßige Welligkeit

(engl.: „equiripple") in einem Schlauch mit vorgebbarer Schwankungsbreite d_D. Mit größerer vorgegebener Schwankungsbreite wird die Filterflanke steiler.
Die benötigte Ordnung N des Tschebyscheff-Tiefpasses kann mit dem MATLAB-Befehl

```
N=cheb1ord(w_D,w_S,d_D,d_S)
```

ermittelt werden. Darin sind `w_D` die Durchlassgrenzfrequenz, `w_S` die Sperrgrenzfrequenz, beide bezogen auf die halbe Abtastfrequenz, `d_D` die maximal zulässige Dämpfung im Durchlassbereich und `d_S` die Mindestdämpfung im Sperrbereich, beide in Dezibel. Als Ergebnis wird die benötigte Ordnung N ausgegeben.
Der MATLAB-Befehl zum Entwurf eines Tschebyscheff-Filters lautet

```
[B,A]=cheby1(N,d_D,w_D)
```

Als Ergebnis kommen der Vektor `B` der Zählerkoeffizienten und der Vektor `A` der Nennerkoeffizienten der Systemfunktion heraus. Die weitere Vorgehensweise ist wie beim Butterworth-Filter.

MATLAB-Projekt 6.A Digitales Tschebyscheff-Filter

1. Aufgabenstellung

   Im vorliegenden Projekt soll ein digitales Tschebyscheff-Tiefpassfilter entworfen werden. Der Durchlassbereich soll sich von 0 bis 0,3 (bezogen auf die halbe Abtastfrequenz) erstrecken, der Sperrbereich von 0,5 bis 1. Die maximal zulässige Dämpfung im Durchlassbereich soll 0,5 dB, die Sperrdämpfung mindestens 40 dB sein. Zur Feststellung der benötigten Filterordnung soll der MATLAB-Befehl `cheb1ord` genutzt werden. Gesucht werden die Dämpfung im Durchlassbereich, der Gesamtdämpfungsverlauf, die Gruppenlaufzeit und die Impulsantwort.

2. MATLAB-Programm

```
% Digitales Tschebyscheff-Filter
clear, close all;

% Festlegung von Parametern
w_D = 0.3;               % Durchlassgrenzfrequenz bzg. auf halbe Abtastfrequenz
w_S = 0.5;               % Sperrgrenzfrequenz bzg. auf halbe Abtastfrequenz
d_D = 0.5;               % max. zulässige Dämpfung im Durchlassbereich in dB
d_S = 40;                % mind. Dämpfung im Sperrbereich in dB

% Berechnungen
N = cheb1ord(w_D,w_S,d_D,d_S);  % Berechnung der benötigten Ordnung N
[B,A] = cheby1(N,d_D,w_D);      % Entwurf Tschebyscheff-Tiefpass
[H,Omega] = freqz(B,A);         % Frequenzgang berechnen
a = -20*log10(abs(H));          % Dämpfung in dB berechnen
[Tau,Omega] = grpdelay(B,A);    % Gruppenlaufzeit berechnen
f = Omega/pi;                   % Frequenzachse skalieren, Omega=2*pi*f/f_A
[h,n] = impz(B,A);              % Impulsantwort berechnen
```

3. Darstellung und Diskussion der Lösung

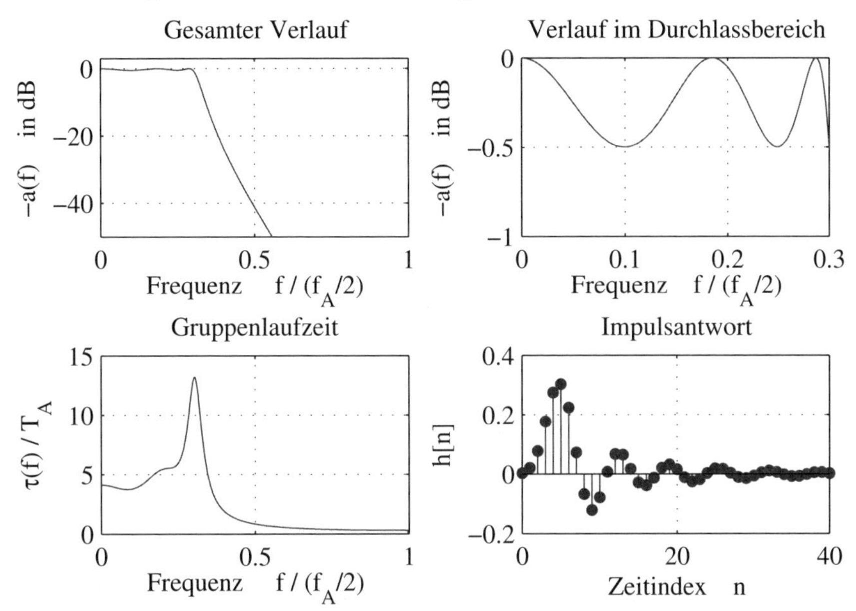

In dem MATLAB-Programm werden die gewünschten Parameter festgelegt und dann mit dem Befehl `cheb1ord` die benötigte Ordnung N berechnet. Dann folgt mit dem Befehl `cheby1` der eigentliche Filterentwurf. Anschließend werden die gesuchten Ergebnisse ermittelt.

Die obige Abbildung zeigt diese Ergebnisse. Die Dämpfung[3] über der normierten Frequenz zeigt im Durchlassbereich eine Welligkeit von 0,5 dB und im Sperrbereich eine Dämpfung von mehr als 40 dB. Die Impulsantwort ist unendlich lang, allerdings sind nur die anfänglichen Werte wesentlich von null verschieden. Die auf den Abtastabstand T_A normierte Gruppenlaufzeit zeigt bei der steilen Flanke oberhalb der Durchlassgrenzfrequenz eine deutliche Spitze.

4. Weitere Fragen und Untersuchungen

- Erhöhen Sie die Sperrdämpfung. Wie wirkt sich das auf die Filterordnung aus?
- Verringern Sie die Welligkeit im Durchlassbereich. Wie wirkt sich das auf die Filterordnung aus?
- Beobachten Sie die Zahl der Maxima und Minima der Dämpfung im Durchlassbereich. Welcher Zusammenhang besteht mit der Ordnung N des Filters?

[3] Üblicherweise wird nicht die Dämpfung $a(\omega)$ nach Gleichung (5.22) sondern $-a(\omega)$ dargestellt.

Cauer-Filter

Cauer-Filter haben im Vergleich zu Tschebyscheff-Filtern noch zusätzliche Nullstellen auf dem Einheitskreis und erzielen damit eine steilere Filterflanke. Außerdem besitzen sie sowohl im Durchlass- als auch im Sperrbereich eine gleichmäßige Welligkeit.
Die benötigte Ordnung N des Cauer-Tiefpasses kann mit dem MATLAB-Befehl

```
N=ellipord(w_D,w_S,d_D,d_S)
```

ermittelt werden. Der MATLAB-Befehl zum Entwurf eines Cauer-Filters lautet

```
[B,A]=ellip(N,d_D,d_S,w_D)
```

Als Ergebnis kommen der Vektor `B` der Zählerkoeffizienten und der Vektor `A` der Nennerkoeffizienten der Systemfunktion heraus. Die vorgegebene Sperrdämpfung `d_S` wird im Allgemeinen bereits bei einer tieferen Frequenz als `w_S` erreicht. Die weitere Vorgehensweise ist wie beim Butterworth-Filter.

6.6 Nichtrekursive digitale Filter (FIR-Filter)

Die zweite wichtige Art von digitalen Filtern sind die nichtrekursiven Filter, die eine endlich lange Impulsantwort aufweisen. Sie werden als *FIR-Filter* (engl.: „finite impulse response filter“) bezeichnet und sind allein schon dadurch bedeutend, dass sie eine streng lineare Phase und damit eine konstante, frequenzunabhängige Gruppenlaufzeit realisieren können. In den ersten Unterabschnitten werden Realisierungsstrukturen und die Linearphasigkeit abgeleitet. Danach wird der Filterentwurf betrachtet.

6.6.1 Transversalfilterstruktur

Ein FIR-Filter reagiert auf einen Eingangsimpuls $\delta[n]$ am Ausgang mit der Impulsantwort

$$h[n] = \sum_{i=0}^{N} h_i \cdot \delta[n-i]. \qquad (6.51)$$

Die Impulsantwort $h[n]$ besteht aus $N+1$ im Allgemeinen von null verschiedenen Werten. Der erste Wert liegt bei $n=0$, der letzte bei $n=N$.
Bild 6.24 zeigt eine Signalverarbeitungsstruktur zur Realisierung eines FIR-Filters. In dieser als Transversalfilter bezeichneten Struktur laufen die Eingangswerte in eine endlich lange Verzögerungskette, deren Werte in jedem Takt mit den Koeffizienten der Impulsantwort gewichtet und zum Ausgangswert aufsummiert werden. Gibt man einen Einheitsimpuls $\delta[n]$ auf den Eingang, so erscheint als Folge die

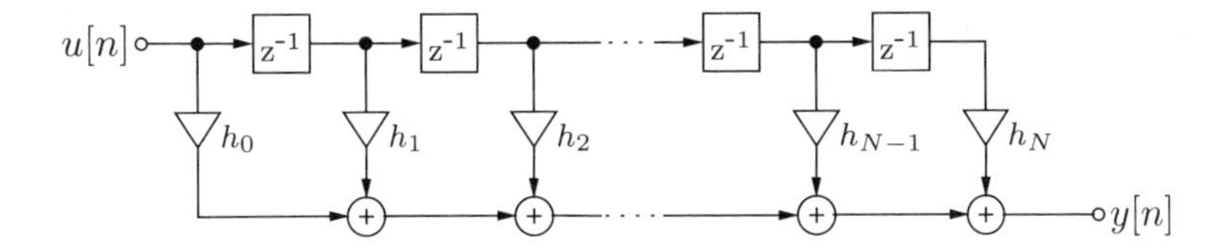

Bild 6.24: Transversalfilterstruktur

Impulsantwort am Ausgang. Auf ein allgemeines Eingangssignal $u[n]$ reagiert das Filter mit einem Ausgangssignal

$$y[n] = h[n] * u[n] = \sum_{i=0}^{N} h[i] \cdot u[n-i]\,. \tag{6.52}$$

Aus der Impulsantwort in Gleichung (6.51) kann unmittelbar die Systemfunktion

$$H(\mathrm{z}) = \sum_{i=0}^{N} h_i \cdot \mathrm{z}^{-i} \tag{6.53}$$

abgelesen werden.

6.6.2 Linearphasige FIR-Filter

Ausgangspunkt für die folgenden Betrachtungen ist ein nichtkausaler FIR-Prototyp mit einer geraden Ordnung N und einer geraden und reellwertigen Impulsantwort $a[n]$, d. h. mit Werten zwischen $n = -N/2$ und $n = N/2$ und der Bedingung $a[-n] = a[n]$. Wegen dieser Eigenschaften ist auch die Fourier-Transformierte, die Übertragungsfunktion des FIR-Prototypen, reell und gerade:

$$a[n] \circ\!\!-\!\!\bullet\, A(\mathrm{e}^{\mathrm{j}\,\Omega}), \quad A(\mathrm{e}^{\mathrm{j}\,\Omega}) \text{ reell und gerade.} \tag{6.54}$$

Ist $A(\mathrm{e}^{\mathrm{j}\,\Omega})$ außerdem positiv für alle Ω, so ist die Phase von $A(\mathrm{e}^{\mathrm{j}\,\Omega})$ konstant null, weshalb man dann auch von einem nullphasigen Prototypen spricht.

Durch eine Verzögerung um $N/2$ Takte kann aus $a[n]$ die Impulsantwort

$$h[n] = a\big[n - \frac{N}{2}\big] \tag{6.55}$$

eines kausalen Systems abgeleitet werden. Die Verzögerung im Zeitbereich hat im Frequenzbereich eine Multiplikation mit $\mathrm{e}^{-\mathrm{j}\,\Omega N/2}$ zur Folge:

$$h[n] \circ\!\!-\!\!\bullet\, H(\mathrm{e}^{\mathrm{j}\,\Omega}) = A(\mathrm{e}^{\mathrm{j}\,\Omega}) \cdot \mathrm{e}^{-\mathrm{j}\,\Omega \frac{N}{2}}\,. \tag{6.56}$$

Da $A(\mathrm{e}^{\mathrm{j}\,\Omega}) \geq 0$ vorausgesetzt wurde, ist $|H(\mathrm{e}^{\mathrm{j}\,\Omega})| = A(\mathrm{e}^{\mathrm{j}\,\Omega})$. Damit lautet die Phase der Übertragungsfunktion $H(\mathrm{e}^{\mathrm{j}\,\Omega})$ gemäß Gleichung (5.21):

$$\varphi(\Omega) = \operatorname{arc}(H(\mathrm{e}^{\mathrm{j}\,\Omega})) = -\Omega\,\frac{N}{2}\,. \tag{6.57}$$

Sie ändert sich offensichtlich *linear* mit der Frequenz. Daraus folgt entsprechend Gleichung (5.23) eine frequenzunabhängige konstante Gruppenlaufzeit von:

$$\tau = \frac{N}{2} \cdot T_{\mathrm{A}} . \qquad (6.58)$$

Das linearphasige FIR-Filter nach Gleichung (6.56) verzögert alle Frequenzkomponenten eines Eingangssignals um die gleiche Zeit τ, die gleich der halben Filterlänge $N/2$ mal dem Abtastabstand T_{A} ist. Ein solches Filter weist keine Laufzeitverzerrungen auf.

Besitzt der Prototyp entgegen der obigen Voraussetzung eine Übertragungsfunktion mit $A(\mathrm{e}^{\mathrm{j}\Omega}) < 0$ in bestimmten Ω-Bereichen, dann liegt $\mathrm{arc}(H(\mathrm{e}^{\mathrm{j}\Omega}))$ in diesen Ω-Bereichen um π höher oder niedriger als nach Gleichung (6.57) ermittelt. An der Gruppenlaufzeit (= Ableitung der Phase) ändert sich dadurch aber nichts, abgesehen von den Stellen des Vorzeichenwechsels in $A(\mathrm{e}^{\mathrm{j}\Omega})$. Genau dort ist jedoch $A(\mathrm{e}^{\mathrm{j}\Omega}) = 0$, d. h. dort findet gar keine Übertragung statt.

Es kann gezeigt werden, dass jede Kombination aus geradem oder ungeradem N und gerader oder ungerader Symmetrie des Prototypen $a[n]$ auf ein linearphasiges FIR-Filter führt [OS99].

6.6.3 Komplementärfilter

Die Komplementärbildung von FIR-Filtern führt auf neue FIR-Filter mit einem Frequenzgang, der betragskomplementär zum ursprünglichen liegt. Damit kann beispielsweise aus einem Tiefpass ein Hochpass abgeleitet werden. *Komplementärfilter* haben insbesondere als Multiratenfilter eine besondere Bedeutung, siehe Abschnitt 7.3.

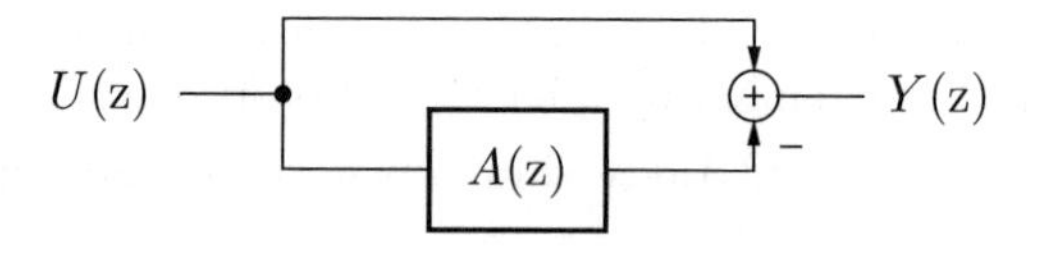

Bild 6.25: Nullphasiges Komplementärfilter

Bild 6.25 zeigt die Komplementärstruktur mit einem nullphasigen Filter $A(\mathrm{z})$. Eine Analyse dieser Struktur ergibt

$$\begin{aligned} Y(\mathrm{z}) &= U(\mathrm{z}) - A(\mathrm{z}) \cdot U(\mathrm{z}) \\ &= \big(1 - A(\mathrm{z})\big) \cdot U(\mathrm{z}) \\ &= A_c(\mathrm{z}) \cdot U(\mathrm{z}) . \end{aligned} \qquad (6.59)$$

Die komplementäre Systemfunktion

$$A_c(z) = 1 - A(z) \tag{6.60}$$

stellt das *Einer-Komplement* zur Systemfunktion $A(z)$ dar. Gleichung (6.60) lautet im Zeitbereich

$$a_c[n] = \delta[n] - a[n]. \tag{6.61}$$

Bei der Komplementärbildung werden alle Koeffizienten der Impulsantwort negiert und zum mittleren Koeffizienten bei $n = 0$ eine 1 addiert. Besitzt $a_c[n]$ $N + 1$ Koeffizienten, N gerade, so kann durch eine Verzögerung um $N/2$ eine kausale komplementäre Impulsantwort abgeleitet werden:

$$h_c[n] = a_c\left[n - \frac{N}{2}\right] = \delta\left[n - \frac{N}{2}\right] - h[n], \tag{6.62}$$

wobei

$$h[n] = a\left[n - \frac{N}{2}\right] \tag{6.63}$$

die kausale Version des ursprünglichen Prototypen $a[n]$ ist. Aus Gleichung (6.62) folgt die Struktur des kausalen Komplementärfilters in Bild 6.26.

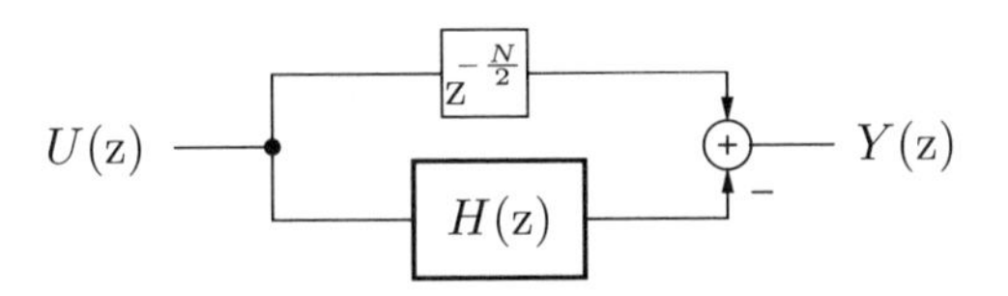

Bild 6.26: Kausales Komplementärfilter

Darin ist $H(z)$ ein kausaler linearphasiger Prototyp. Die Systemfunktion des Komplementärfilters folgt aus Gleichung (6.62) zu

$$H_c(z) = z^{-N/2} - H(z). \tag{6.64}$$

Das Verzögerungsglied $z^{-N/2}$ entspricht der Gruppenlaufzeit von $H(z)$. Das Komplementärfilter bleibt linearphasig und hat die gleiche Gruppenlaufzeit wie das ursprüngliche Filter $H(z)$.
Eine häufige Anwendung ist die Tiefpass-Hochpass-Transformation. Durch Komplementärbildung entsteht aus dem Tiefpass ein Hochpass mit einem Sperrbereich, der dem Durchlassbereich des Tiefpasses entspricht, und umgekehrt. Ein Beispiel dazu wird im MATLAB-Projekt 6.B gezeigt.

6.6.4 Filterentwurf mit MATLAB

MATLAB bietet verschiedene Methoden zum Entwurf von FIR-Filtern. Ein bekanntes und oft angewandtes Entwurfsverfahren ist das nach Parks-McClellan. Dieses Verfahren realisiert in vorgebbaren Frequenzbändern einen konstanten Betragssollwert und minimiert die Abweichung davon im Sinne einer gleichmäßigen Welligkeit. Mit zunehmender Ordnung N wird die Welligkeit geringer.

Im einfachsten Fall wird ein Tiefpass mit einem Durchlassbereich von 0 bis f_D und dem Sollwert 1 sowie einem Sperrbereich von $f_\mathrm{S} > f_\mathrm{D}$ bis $f_\mathrm{A}/2$ und dem Sollwert 0 entworfen, mit f_A als Abtastfrequenz (siehe Toleranzschema in Bild 6.27).

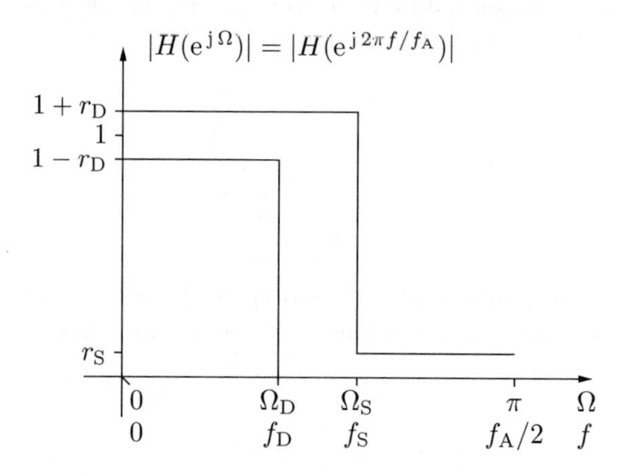

Bild 6.27: Toleranzschema für einen Tiefpass

Der MATLAB-Befehl zum Entwurf eines Parks-McClellan-Tiefpasses lautet

```
h=firpm(N,f0,m0,g);
```

und liefert die Impulsantwort $h[n]$. Die Eingabeparameter sind die Ordnung `N`, der Vektor `f0=[0 f_D f_S 1]` der Eckfrequenzen, bezogen auf die halbe Abtastfrequenz, der Vektor `m0=[1 1 0 0]` der Betragssollwerte bei den Eckfrequenzen und der Gewichtsvektor `g=[1 G]`, der die Minimierung der Abweichungen von Durchlass- und Sperrbereich, r_D und r_S, gewichtet. Ein wesentlicher Freiheitgrad ist die Ordnung N des Filters. Diese kann indirekt über die Forderungen an die maximalen Abweichungen im Durchlass- und Sperrbereich bestimmt werden. Dazu dient der MATLAB-Befehl für den einfachen Tiefpass

```
[N,f0,m0,g]=firpmord([f_D f_S],[1 0],[r_D r_S],f_A)};
```

der die Eingabeparameter für den Befehl `h=firpm(N,f0,m0,g)` generiert. Der Parameter `r_D` gibt die maximale Abweichung vom Betragssollwert 1 im Durchlassbereich an, `r_S` die maximale Abweichung vom Wert 0 im Sperrbereich. Der Befehl `firpmord()` wendet zur Abschätzung der zur Erfüllung des vorgegebenen Toleranzschemas benötigten Filterordnung N eine empirische Formel an, die zur Unterschätzung von N tendiert. In der Regel werden daher mehrere Entwurfsläufe (Aufrufe von `firpm()`) mit sukzessive erhöhtem N nötig, bis alle Zielparameter gut erreicht werden.

MATLAB-Projekt 6.B **Parks-McClellan-Entwurf**

1. Aufgabenstellung

   Im ersten Teil des Projekts soll ein Parks-McClellan-Tiefpass mit folgenden Eigenschaften entworfen werden: Abtastfrequenz $f_{\mathrm{A}} = 10$ kHz, Durchlassgrenzfrequenz $f_{\mathrm{D}} = 1{,}5$ kHz, Sperrgrenzfrequenz $f_{\mathrm{S}} = 2{,}5$ kHz, maximal zulässige Dämpfung im Durchlassbereich $d_{\mathrm{D}} = 0{,}25$ dB und Mindestdämpfung im Sperrbereich $d_{\mathrm{S}} = 40$ dB. Als Ergebnis sollen der Dämpfungverlauf im Durchlassbereich, der gesamte Dämpfungsverlauf, die Gruppenlaufzeit und die Impulsantwort des Tiefpasses dargestellt werden.

   Im zweiten Teil soll durch Komplementärbildung der zugehörige Hochpass abgeleitet und als Ergebnis die entsprechenden Diagramme gezeigt werden.

2. Lösungshinweise

   - Der Befehl `firpmord` benötigt die Angaben zur maximal zulässigen Dämpfung im Durchlassbereich und zur Mindestdämpfung im Sperrbereich als lineare Werte und nicht in dB. Aus dem Dämpfungsverlauf, Gleichung (5.22),

     $$a(\Omega) = -20\,\log_{10}|H(\mathrm{e}^{\mathrm{j}\,\Omega})| \quad \text{in dB}$$

     ergeben sich

     $$r_D = 1 - 10^{-d_{\mathrm{D}}/20} \qquad \text{und} \qquad r_S = 10^{-d_{\mathrm{S}}/20}$$

     (vergleiche hierzu Bild 6.27).

3. MATLAB-Programm

```
% Parks-McClellan-Entwurf
clear; close all;

% Festlegung von Parametern
f_A = 10000;                    % Abtastfrequenz in Hz
f_D = 1500;                     % Durchlassgrenzfrequenz in Hz
a_D = 1;                        % Gewünschte Verstärkung im Durchlassbereich
r_D = 0.029;                    % Max. Abweichung von der Durchlassverstärkung
f_S = 2500;                     % Sperrgrenzfrequenz in Hz
a_S = 0;                        % Gewünschte Verstärkung im Sperrbereich
r_S = 0.01;                     % Max. Abweichung von der Sperrverstärkung
```

```
% Berechnungen
% %%% Tiefpass-Entwurf
%                                  % Abschätzung der benötigten Ordnung
%                                  % und des Gewichtsvektors
[N_estim,f0,m0,g] = firpmord([f_D f_S],[a_D a_S],[r_D r_S],f_A);
N = N_estim+2;                     % Grad N = N_estim nicht ausreichend
h = firpm(N,f0,m0,g);              % Parks-McClellan-Entwurf
[H,Omega] = freqz(h,1);            % Frequenzgang berechnen
a = -20*log10(abs(H));             % Dämpfung in dB berechnen
[tau,Omega]=grpdelay(h,1);         % Gruppenlaufzeit berechnen
f = Omega/pi;                      % Frequenzachse skalieren

% %%% Komplementärfilter (Hochpass)
hc = -h;                           % Komplementärfilter berechnen
hc(N/2+1) = hc(N/2+1)+1;
[Hc,Omega] = freqz(hc,1);          % Frequenzgang Komplementärfilter
ac = -20*log10(abs(Hc));           % Dämpfung Komplementärfilter in dB
[tauc,Omega] = grpdelay(hc,1);     % Gruppenlaufzeit Komplementärfilter
f = Omega/pi;                      % Frequenzachse skalieren
```

4. Darstellung und Diskussion der Lösung

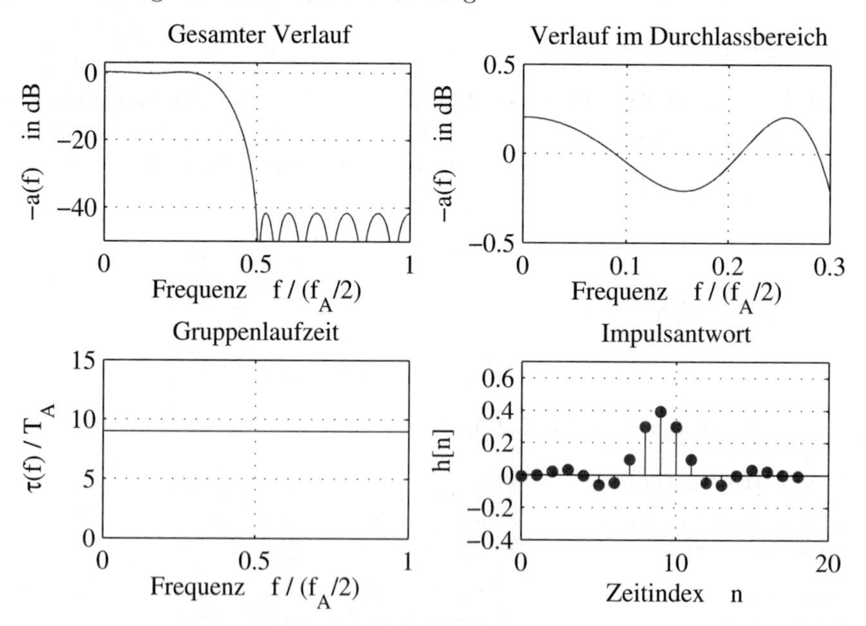

In dem MATLAB-Programm werden die gewünschten Parameter festgelegt und dann mit dem Befehl `firpmord` die benötigte Ordnung N und die übrigen Eingabeparameter berechnet. Danach folgt mit dem Befehl `firpm` der eigentliche Filterentwurf. Anschließend werden die gesuchten Ergebnisse ermittelt.

Die erste Abbildung zeigt diese Ergebnisse für den Tiefpass. Die Dämpfung[4] über der normierten Frequenz zeigt im Durchlassbereich eine Schwankung von etwa ±0,25 dB und im Sperrbereich eine Dämpfung von mehr als 40 dB. Die Impulsantwort besitzt 19 Koeffizienten, die Filter-Ordnung ist also $N = 18$. Die auf den Abtastabstand T_A normierte Gruppenlaufzeit hat den Wert 9, was der halben Ordnung $N/2$ des Filters entspricht.

Die Ableitung des Komplementärfilters erfolgt nach Gleichung (6.61) und erfordert zwei Zeilen im MATLAB-Programm. Die zweite Abbildung zeigt die Ergebnisse. Aus den Dämpfungsverläufen erkennt man die Vertauschung von Durchlass- und Sperrbereich. Ein Vergleich der Impulsantwort mit derjenigen des Tiefpasses macht die Operationen der Komplementärbildung deutlich. Die Gruppenlaufzeit bleibt, wie zu erwarten, beim Wert 9.

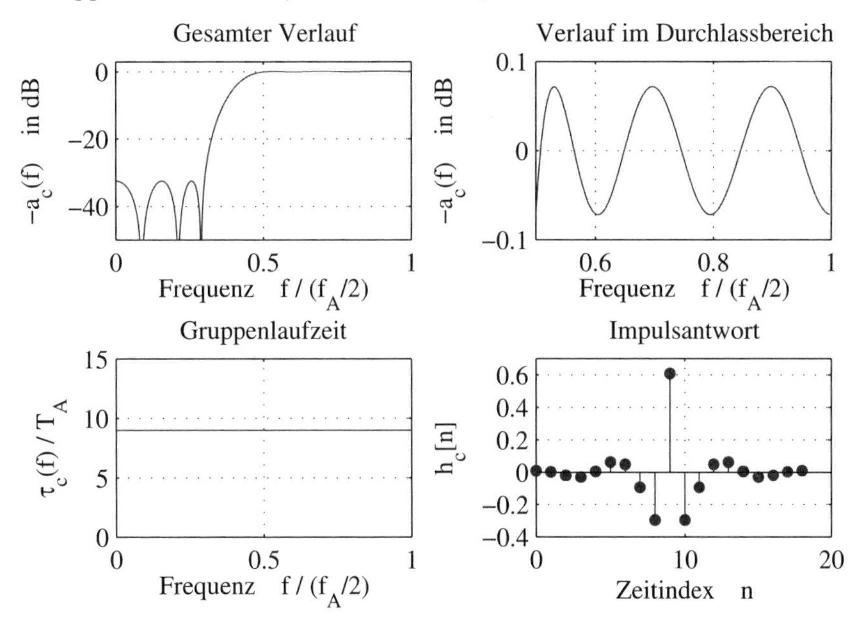

5. Weitere Fragen und Untersuchungen

- Verringern Sie den Transitionsbereich zwischen f_D und f_S und beobachten Sie dabei die benötigte Filterordnung N.
- Verändern Sie den Gewichtsfaktor G vor dem Aufruf des Befehls `firpm`. Wie verändern sich dabei die Verhältnisse im Durchlass- und Sperrbereich?
- Welche Werte nimmt die Dämpfung bei den Bereichsgrenzen f_D und f_S an?

[4] Üblicherweise wird nicht die Dämpfung $a(\omega)$ nach Gleichung (5.22), sondern $-a(\omega)$ dargestellt.

6.7 Spektralschätzung

Mit dem Begriff *Spektralschätzung* wird meistens die Schätzung des Leistungsdichtespektrums eines stochastischen Prozesses unter Verwendung eines *endlich langen*, gemessenen Ausschnitts aus einer Musterfolge bezeichnet.

Die Ermittlung des Leistungsdichtespektrums ist fast immer dann von großer praktischer Bedeutung, wenn Sensorsignale, beispielsweise in Radar-, Sonar- oder Ultraschallsystemen, ausgewertet und klassifiziert werden sollen. Das Sensor- oder Messsignal wird dabei als endlich langer Ausschnitt ($n = 0,\ldots,N-1$) einer Musterfolge $x[n]$ eines Zufallsprozesses $X[n]$ aufgefasst.

Damit überhaupt aus *einer* Musterfolge $x[n]$ die statistischen Eigenschaften des zugrundeliegenden Zufallsprozesses ermittelt werden können, muss dieser stationär und ergodisch sein (vgl. Abschnitt 4.2.3).

Für die Spektralschätzung von in der Technik vorkommenden Zufallssignalen tritt hier ein prinzipielles Problem zutage. Einerseits wird nämlich eine Schätzung um so zuverlässiger sein, je größer die Datenmenge (Länge des Messsignals) ist, auf der sie beruht. Andererseits können technische Zufallsprozesse meist nur innerhalb von recht kurzen Zeitspannen als *stationär* angesehen werden und daher sollte das Messintervall in einer solchen Zeitspanne liegen.

Im vorliegenden Abschnitt werden zunächst einige Grundbegriffe zur Schätzung von statistischen Eigenschaften vorgestellt. Anschließend werden einige gebräuchliche Methoden zur (konsistenten) Spektralschätzung behandelt. Am Ende des Abschnitts soll ein ausführliches Beispiel sowie ein dazu gehörendes MATLAB-Projekt anhand eines aktuellen Verfahrens aus der Radarmesstechnik die Wichtigkeit der Signalauswertung im Frequenzbereich darstellen.

6.7.1 Grundbegriffe

Schätzfunktionen

Von einer Musterfolge $x[n]$ eines Zufallsprozesses sind N Werte, $n = 0,1,\ldots,N-1$ aufgrund einer Messung bekannt. Die Messfolge ist damit ein finites Signal im Sinne der Gleichung (4.11):

$$x_N[n] = \begin{cases} x[n] & \text{für } n = 0,1,\ldots,N-1 \\ \text{nicht definiert} & \text{sonst}\,. \end{cases}$$

- Schätzung des Mittelwertes und der Varianz eines stationären, ergodischen Zufallsprozesses

Definitionen gemäß den Gleichungen (4.31) und (4.32):	Schätzung aus der Messfolge $x_N[n]$:

$$\mu_X = \lim_{N\to\infty} \frac{1}{2N{+}1} \sum_{n=-N}^{N} x[n] \qquad \hat{\mu}_X = \frac{1}{N}\sum_{n=0}^{N-1} x_N[n] \qquad (6.65)$$

$$\sigma_X^2 = \lim_{N\to\infty} \frac{1}{2N{+}1} \sum_{n=-N}^{N} |x[n]-\mu_X|^2 \qquad \hat{\sigma}_X^2 = \frac{1}{N}\sum_{n=0}^{N-1} |x_N[n]-\hat{\mu}_X|^2\,. \qquad (6.66)$$

Mit MATLAB lässt sich ein Schätzwert für den Mittelwert und die Varianz des Zufallsprozesses, der hinter dem MATLAB-Befehl `randn()` steckt, wie folgt aus den N Werten im Vektor `x` ermitteln (vgl. auch MATLAB-Projekt 4.B):

```
% Schätzung von Mittelwert und Varianz
N = 64;
x = randn(1,N);
mu = mean(x);
sigma_quad = var(x);
```

- Schätzung der Autokorrelationsfolge eines stationären, ergodischen Zufallsprozesses

Die Definitionsgleichung (4.33) der Autokorrelationsfolge lautet:

$$\mathrm{r}_{XX}[n] = \lim_{N\to\infty} \frac{1}{2N{+}1} \sum_{\nu=-N}^{N} x^*[\nu]\, x[n+\nu]\,.$$

Eine mögliche Schätzfunktion aus der Messfolge $x_N[n]$ lautet:

$$\hat{\mathrm{r}}_{xx}[n] = \begin{cases} \frac{1}{N} \sum\limits_{\nu=0}^{N-1-n} x_N^*[\nu]\, x_N[n+\nu] & \text{für } n = 0,1,\ldots,N{-}1 \\ \hat{\mathrm{r}}_{xx}^*[|n|] & \text{für } n = -(N{-}1),\ldots,-1\,. \end{cases} \qquad (6.67)$$

Mit MATLAB lässt sich diese Schätzung für die Autokorrelationsfolge des zugrunde liegenden Zufallsprozesses wie folgt aus den N Werten im Vektor `x` ermitteln (vgl. auch MATLAB-Projekt 4.B):

```
% Schätzung der Autokorrelationsfolge
N = 64;
x = randn(1,N);
r_xx = xcorr(x,'biased');
```

Wie beispielsweise in [PM96], [OS99] oder [KK02] gezeigt wird, liefert die Schätzfunktion nach Gleichung (6.67) keine erwartungstreue, sondern lediglich eine asymptotisch erwartungstreue Schätzung (siehe Seite 280, Definitionen 6.1 und 6.2).

Eine erwartungstreue Schätzung für die Autokorrelationsfolge erhält man mit

$$\hat{\mathrm{r}}'_{xx}[n] = \begin{cases} \frac{1}{N-n} \sum\limits_{\nu=0}^{N-1-n} x_N^*[\nu]\, x_N[n+\nu] & \text{für } n = 0,1,\ldots,N-1 \\ \hat{\mathrm{r}}^*_{xx}[|n|] & \text{für } n = -(N-1),\ldots,-1\,; \end{cases} \tag{6.68}$$

hierfür stellt MATLAB den Befehl `xcorr(x,'unbiased')` zur Verfügung.

Im Bereich $n = -\frac{N}{2},\ldots,\frac{N}{2}-1$ stellt die finite AKF $\mathrm{r}_{N,xx}[n]$ nach Gleichung (4.134) ebenfalls eine Schätzung für $\mathrm{r}_{XX}[n]$ dar.

$$\hat{\mathrm{r}}''_{xx}[n] = \frac{1}{N} \sum_{\nu=0}^{N-1} x_N^*[\nu]\, x_N[(n+\nu) \bmod N]\,; \quad n = -\frac{N}{2},\ldots,\frac{N}{2}-1 \tag{6.69}$$

Da es sich hierbei um eine zyklische Korrelation handelt, ist es naheliegend, sie analog zur Vorgehensweise im MATLAB-Projekt 4.P recheneffizient mit Hilfe der FFT zu berechnen. Hierzu wird die zyklische Korrelation zunächst mit der Substitution $m = n + \nu$ als zyklische Faltung ausgedrückt und diese anschließend über das Faltungstheorem der DFT, Gleichung (4.125) unter Berücksichtigung der Beziehungen (4.113) und (4.115) berechnet:

$$\begin{aligned} \mathrm{r}_{N,xx}[n] &= \frac{1}{N} \sum_{\nu=0}^{N-1} x_N^*[\nu]\; x_N[(n+\nu) \bmod N]\,; \quad n = 0,\ldots,N-1 \\ &= \frac{1}{N} \sum_{m=n}^{n+N-1} x_N^*[m-n]\; x_N[m \bmod N] \\ &= \frac{1}{N} \sum_{m=0}^{N-1} x_N^*[(-(n-m)) \bmod N]\; x_N[m] \\ &= \frac{1}{N} \left(x_N^*[(-n) \bmod N] \overset{N}{\circledast} x_N[n] \right) \end{aligned}$$

$$\circ\!\!-\!\!\bullet\; N$$

$$\mathrm{S}_{N,xx}[k] = \frac{1}{N}\, X_N^*[k] \cdot X_N[k] = \frac{1}{N}\, |X_N[k]|^2\,; \quad k = 0,\ldots,N-1\,.$$

In den folgenden Befehlszeilen wird die finite AKF einmal mit dem Befehl `cycxcorr` aus dem MATLAB-Projekt 4.L und dann noch einmal als *schnelle Korrelation* über die FFT berechnet.

```
% Weitere Schätzung der Autokorrelationsfolge
N = 64;
x = randn(1,N);
r_xx = cycxcorr(x,x);  % Zyklische Korrelation, vgl. entspr. ML-Projekt

% Alternative Berechnung: Schnelle Korrelation
r_xx = (1/N)*ifft(abs(fft(x)).^2);

% Für die übliche Darstellung
r_xx = fftshift(r_xx);
```

Anmerkung:
Selbstverständlich kann auch die lineare Korrelation von finiten Signalen (z. B. Gleichung (6.67)) recheneffizient durchgeführt werden. Hierzu muss, nach den gleichen Überlegungen wie im Abschnitt 4.4.2 für die zyklische Faltung, die Messfolge $x_N[n]$ durch das Anfügen von Nullwerten auf die Länge $2N-1$ erweitert werden. Die zyklische Korrelation dieser verlängerten Folge liefert als Ergebnisfolge die lineare Korrelation, wobei ggf. noch die rechte und die linke Hälfte der Folge vertauscht werden müssen (`fftshift`).

Zur weiteren Reduzierung des Rechenaufwands für sehr große Messfolgenlängen N sei auf die in [Rad70] vorgeschlagene Methode verwiesen.

- Schätzung des Leistungsdichtespektrums eines stationären, ergodischen Zufallsprozesses

  Die Definitionsgleichung (4.70) des Leistungsdichtespektrums lautet:

$$\mathrm{r}_{XX}[n] \circ\!\!-\!\!\bullet \mathrm{S}_{XX}(\mathrm{e}^{\mathrm{j}\,\Omega}) = \sum_{n=-\infty}^{\infty} \mathrm{r}_{XX}[n]\,\mathrm{e}^{-\mathrm{j}\,n\Omega}\,.$$

  Die Schätzung des Leistungsdichtespektrums lautet somit sinnvollerweise

$$\hat{\mathrm{S}}_{xx}(\mathrm{e}^{\mathrm{j}\,\Omega}) = \sum_{n=-(N-1)}^{N-1} \hat{\mathrm{r}}_{xx}[n]\,\mathrm{e}^{-\mathrm{j}\,n\Omega}\,, \tag{6.70}$$

  wobei $\hat{\mathrm{r}}_{xx}[n]$ die nicht erwartungstreue Schätzung der Autokorrelationsfolge aus Gleichung (6.67) ist. $\hat{\mathrm{S}}_{xx}(\mathrm{e}^{\mathrm{j}\,\Omega})$ nach Gleichung (6.70) wird auch *Periodogramm* genannt.

  Die Berechnung des Periodogramms, also die Ermittlung einer Schätzung für das Leistungsdichtespektrum, kann mit dem MATLAB-Befehl `periodogram` erfolgen. Es ist zu beachten, dass dieser Befehl eigentlich eine Schätzung der spektralen Leistungsdichte $\mathrm{P}_{XX}(\mathrm{e}^{\mathrm{j}\,\Omega})$ (siehe Gleichung (4.73)) liefert. Eine Schätzung des Leistungsdichtespektrums (nach Gleichung (4.70)) erhält man folglich durch Multiplikation mit 2π.

```
% Periodogramm (Schätzung des Leistungsdichtespektrums)
N = 64;
K = 1000;                % Zahl an Frequenzstützpunkten im Omega-Bereich
x = randn(1,N);
[P_xx,Omega] = periodogram(x,rectwin(N),K,'twosided');
S_xx = (2*pi) * P_xx;
```

Im Abschnitt 6.7.2 wird das Periodogramm hinsichtlich der spektralen Auflösung und der Konsistenz der Schätzung untersucht.

- Schätzung der Dichtefunktion eines stationären, ergodischen Zufallsprozesses

  Eine Schätzung des Verlaufs der Dichtefunktion $p_X(\alpha)$ eines Zufallsprozesses gewinnt man als auf die Länge N der Messfunktion und auf die Breite der Amplitudenklassen normierte Amplitudenverteilung. Mit den folgenden MATLAB-Zeilen erhält man die graphische Darstellung der Schätzung der Dichtefunktion (vgl. auch MATLAB-Projekt 4.B):

```
% Schätzung für die Dichtefunktion
N = 10000;                          % Länge der Messfolge
K = 20;                             % Anzahl der Klassen (Säulen) im Histogramm
x = randn(1,N);                     % Vektor x mit der Messfolge
[verteilung,alpha] = hist(x,K);     % Histogramm erstellen
b = (alpha(K)-alpha(1))/(K-1);      % Säulenbreite ermitteln
p = verteilung/(N*b);               % Schätzung der Wahrscheinlichkeitsdichte
bar(alpha,p);                       % Graphische Darstellung der Schätzung
```

Erwartungstreue und Konsistenz

Zur Definition der Erwartungstreue und der Konsistenz eines Schätzwertes sei die Schätzung des Mittelwertes μ_X eines Zufallssignales $x[n]$ betrachtet, von welchem nur die Messung $x_N[n]$ vorliegt (Gleichung (6.65)):

$$\hat{\mu}_X = \frac{1}{N} \sum_{n=0}^{N-1} x_N[n] \,.$$

Der Schätzwert $\hat{\mu}_X$ selbst ist eine Zufallsvariable, die abhängig vom gewählten (gemessenen) Ausschnitt jeweils einen anderen Wert besitzt.

Definition 6.1 *Ein Schätzwert heißt* ***erwartungstreu****, wenn sein Erwartungswert (Mittelwert) mit der zu schätzenden Größe übereinstimmt.*

Für das obige Beispiel der Schätzung des Mittelwertes μ_X eines Zufallssignales muss also

$$\mathrm{E}\{\hat{\mu}_X\} \stackrel{!}{=} \mu_X$$

gelten, damit die Schätzung erwartungstreu genannt werden kann.

Definition 6.2 *Eine Schätzung wird* ***asymptotisch erwartungstreu*** *genannt, wenn sie mit wachsender Länge N der Messfolge $x_N[n]$ gegen die zu schätzende Größe konvergiert.*

Definition 6.3 *Eine erwartungstreue oder wenigstens asymptotisch erwartungstreue Schätzung heißt* ***konsistent****, wenn mit wachsender Länge N der Messfolge $x_N[n]$ ihre Varianz gegen null strebt.*

6.7.2 Periodogramm

Das Leistungsdichtespektrum (LDS) eines stationären, ergodischen Zufallsprozesses ist nach Gleichung (4.70) die Fourier-Transformierte seiner Autokorrelationsfolge:

$$\mathrm{r}_{XX}[n] \circ\!\!-\!\!\bullet \mathrm{S}_{XX}(\mathrm{e}^{\mathrm{j}\,\Omega}) = \sum_{n=-\infty}^{\infty} \mathrm{r}_{XX}[n]\,\mathrm{e}^{-\mathrm{j}\,n\Omega}\,.$$

In Beispiel 4.1 wurde für mittelwertfreie, weiße Rauschprozesse $V[n]$ die Autokorrelationsfolge und das Leistungsdichtespektrum wie in Bild 6.28 ermittelt.

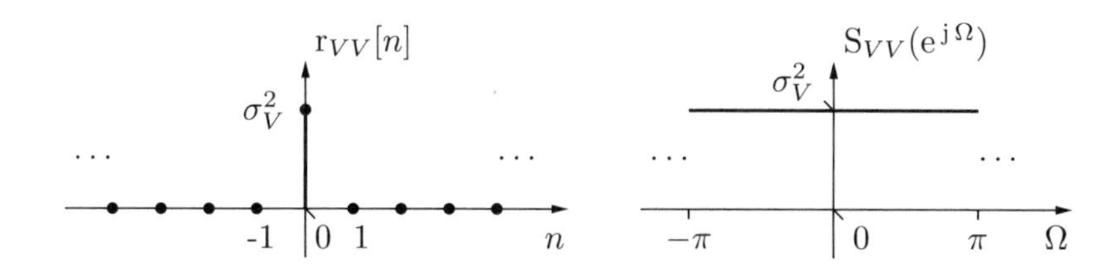

Bild 6.28: AKF und LDS von weißem Rauschen

Das Periodogramm, also die Schätzung des Leistungsdichtespektrums aufgrund einer endlich langen Messfolge $x_N[n]$, kann mit Gleichung (6.70) berechnet werden:

$$\hat{\mathrm{S}}_{xx}(\mathrm{e}^{\mathrm{j}\,\Omega}) = \sum_{n=-(N-1)}^{N-1} \hat{\mathrm{r}}_{xx}[n]\,\mathrm{e}^{-\mathrm{j}\,n\Omega}\,.$$

Mit dem aus der Messfolge $x_N[n]$ gemäß Gleichung (4.14) hervorgehenden Fenstersignal

$$\breve{x}_N[n] = x[n] \cdot w_N^{\mathrm{Re}}[n] = \begin{cases} x_N[n] & \text{für } n = 0,1,\dots,N-1 \\ 0 & \text{sonst} \end{cases} \tag{6.71}$$

lässt sich die Schätzung der Autokorrelationsfolge (Gleichung (6.67)) als lineare Faltung schreiben:

$$\begin{aligned}\hat{\mathrm{r}}_{xx}[n] &= \frac{1}{N}\sum_{\nu=-\infty}^{\infty} \breve{x}_N^*[\nu]\,\breve{x}_N[n+\nu] \overset{m=n+\nu}{=} \frac{1}{N}\sum_{m=-\infty}^{\infty} \breve{x}_N^*[m-n]\,\breve{x}_N[m] \\ &= \frac{1}{N}\,\breve{x}_N^*[-n] * \breve{x}_N[n]\,. \end{aligned} \tag{6.72}$$

Wegen $\hat{\mathrm{r}}_{xx}[n] = 0 \quad \forall\,|n| < (N{-}1)$ kann das Periodogramm als zeitdiskrete Fourier-Transformierte formuliert werden. Unter Verwendung des Faltungstheorems, Gleichung (4.65), ergibt sich daher:

$$\begin{aligned}\hat{\mathrm{S}}_{xx}(\mathrm{e}^{\,\mathrm{j}\,\Omega}) &= \sum_{n=-\infty}^{\infty} \hat{\mathrm{r}}_{xx}[n]\,\mathrm{e}^{\,-\mathrm{j}\,n\Omega} = \frac{1}{N}\,\breve{X}_N^*(\mathrm{e}^{\,\mathrm{j}\,\Omega})\cdot \breve{X}_N(\mathrm{e}^{\,\mathrm{j}\,\Omega}) \\ &= \frac{1}{N}\,|\breve{X}_N(\mathrm{e}^{\,\mathrm{j}\,\Omega})|^2\,, \end{aligned} \tag{6.73}$$

mit

$$\breve{X}_N(\mathrm{e}^{\,\mathrm{j}\,\Omega}) = \sum_{n=-\infty}^{\infty} \breve{x}_N[n]\,\mathrm{e}^{\,-\mathrm{j}\,n\Omega} = \sum_{n=0}^{N-1} x_N[n]\,\mathrm{e}^{\,-\mathrm{j}\,n\Omega}\,.$$

Wird das finite Signal in Bild 6.29 als endlich lange Messung eines weißen Rauschprozesses aufgefasst, dann liefern die Berechnungen nach den Gleichungen (6.67)/(6.72) und (6.70)/(6.73) die Schätzungen für die Autokorrelationsfolge und das Leistungsdichtespektrum dieses Prozesses. Diese Schätzungen sind in Bild 6.30 dargestellt (man beachte hierzu auch das MATLAB-Projekt 4.M).

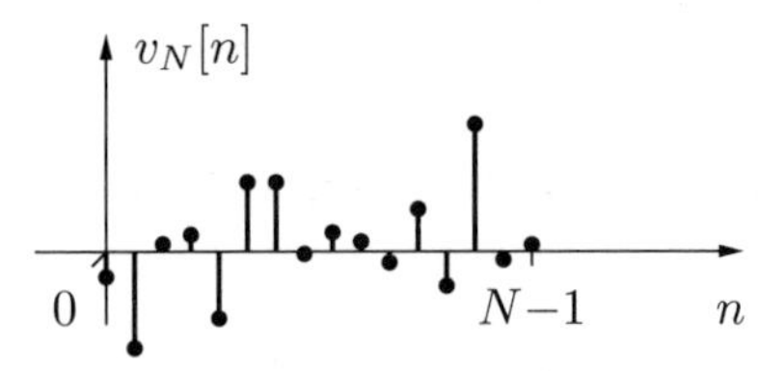

Bild 6.29: Endlich lange Messung eines weißen Rauschsignals

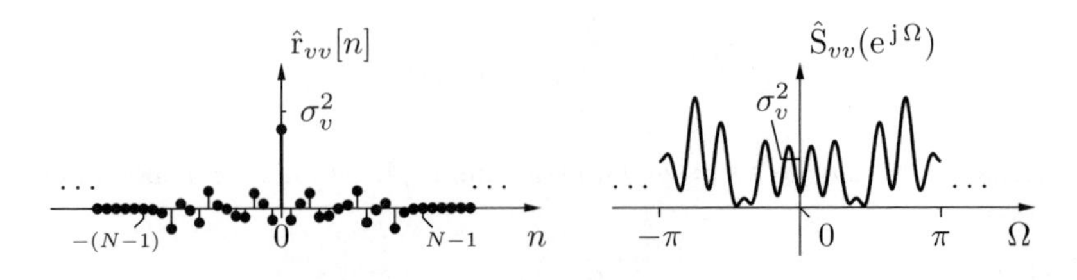

Bild 6.30: Geschätzte AKF und Periodogramm aufgrund der Messung $v_N[n]$

Untersuchung auf Erwartungstreue

Der Vergleich des Leistungsdichtespektrums von weißem Rauschen in Bild 6.28 mit seiner aufgrund *einer* Messung gewonnenen Schätzung in Bild 6.30 legt eine genauere Untersuchung der verwendeten Schätzfunktion, Gleichung (6.70), auf Erwartungstreue und Konsistenz nahe.
Entsprechend der Definition 6.1 ist das Periodogramm dann eine erwartungstreue Schätzung für das Leistungsdichtespektrum, wenn sein Erwartungswert $\mathrm{E}\Big\{\hat{\mathrm{S}}_{xx}(\mathrm{e}^{\,\mathrm{j}\,\Omega})\Big\}$ mit dem Leistungsdichtespektrum $\mathrm{S}_{XX}(\mathrm{e}^{\,\mathrm{j}\,\Omega})$ übereinstimmt.
Wegen $\mathrm{E}\Big\{\hat{\mathrm{S}}_{xx}(\mathrm{e}^{\,\mathrm{j}\,\Omega})\Big\} \bullet\!\!-\!\!\circ \mathrm{E}\big\{\hat{\mathrm{r}}_{xx}[n]\big\}$ wird zunächst unter Verwendung von Gleichung (6.71) der Erwartungswert von $\hat{\mathrm{r}}_{xx}[n]$ bestimmt:

$$\begin{aligned}\mathrm{E}\big\{\hat{\mathrm{r}}_{xx}[n]\big\} &= \mathrm{E}\Big\{\frac{1}{N}\sum_{\nu=-\infty}^{\infty} x^*[\nu]\, w_N^{\mathrm{Re}}[\nu]\; x[n+\nu]\, w_N^{\mathrm{Re}}[n+\nu]\Big\}\\ &= \frac{1}{N}\sum_{\nu=-\infty}^{\infty} w_N^{\mathrm{Re}}[\nu]\, w_N^{\mathrm{Re}}[n+\nu]\;\underbrace{\mathrm{E}\big\{x^*[\nu]\, x[n+\nu]\big\}}_{\mathrm{r}_{XX}[n]}\\ &= w_{2N-1}^{\mathrm{Tr}}[n+(N-1)]\cdot \mathrm{r}_{XX}[n]\,. \end{aligned} \tag{6.74}$$

Bzgl. des Rechteckfensters $w_N^{\mathrm{Re}}[n]$ und des Dreieckfensters $w_{2N-1}^{\mathrm{Tr}}[n]$ sei auf das MATLAB-Projekt 4.N verwiesen.
Die zeitdiskrete Fourier-Transformation von Gleichung (6.74) ergibt

$$\mathrm{E}\Big\{\hat{\mathrm{S}}_{xx}(\mathrm{e}^{\,\mathrm{j}\,\Omega})\Big\} = \frac{1}{2\pi}\,\frac{1}{N}\Big(\frac{\sin(N\Omega/2)}{\sin(\Omega/2)}\Big)^2 \overset{2\pi}{\circledast} \mathrm{S}_{XX}(\mathrm{e}^{\,\mathrm{j}\,\Omega})\,, \tag{6.75}$$

wobei das Fenstertheorem, Gleichung(4.66), und die Fourier-Korrespondenz zu $w_{2N-1}^{\mathrm{Tr}}[n]$ aus Anhang B.3 benutzt wurde. Offensichtlich ist das Periodogramm (für endliche N) keine erwartungstreue Schätzung für das Leistungsdichtespektrum.

Um zu untersuchen, ob das Periodogramm wenigstens eine asymptotisch erwartungstreue Schätzung gemäß Definition 6.2 ist, wird der Grenzwert

$$\lim_{N\to\infty} \mathrm{E}\Big\{\hat{\mathrm{S}}_{xx}(\mathrm{e}^{\,\mathrm{j}\,\Omega})\Big\}$$

für eine immer größer werdende Länge N der Messfolge $x_N[n]$ gebildet. Der in Gleichung (6.75) auftretende Term wird dabei zu

$$\lim_{N\to\infty}\frac{1}{N}\Big(\frac{\sin(N\Omega/2)}{\sin(\Omega/2)}\Big)^2 = 2\pi\sum_{m=-\infty}^{\infty}\delta(\Omega-m2\pi)\,,$$

also zu periodisch wiederholten Dirac-Impulsen. Daraus folgt

$$\lim_{N\to\infty} \mathrm{E}\Big\{\hat{\mathrm{S}}_{xx}(\mathrm{e}^{\,\mathrm{j}\,\Omega})\Big\} = \mathrm{S}_{XX}(\mathrm{e}^{\,\mathrm{j}\,\Omega})\,, \tag{6.76}$$

womit gezeigt wurde, dass das Periodogramm eine asymptotisch erwartungstreue Schätzung für das Leistungsdichtespektrum ist.

Untersuchung auf Konsistenz

Nach Definition 6.3 muss neben der schon gezeigten asymptotischen Erwartungstreue auch gelten, dass die Varianz des Periodogramms für sehr große N verschwindet, damit die Schätzung konsistent genannt werden kann. Die Berechnung von $\mathrm{Var}\left\{\hat{\mathrm{S}}_{xx}(\mathrm{e}^{\mathrm{j}\,\Omega})\right\}$ ist allerdings sehr umfangreich, weswegen hier lediglich das Ergebnis wiedergegeben und im übrigen auf die Literaturstellen [JW68], [OS99] und [KK02] verwiesen wird.

$$\lim_{N\to\infty} \mathrm{Var}\left\{\hat{\mathrm{S}}_{xx}(\mathrm{e}^{\mathrm{j}\,\Omega})\right\} \approx \mathrm{S}^2_{XX}(\mathrm{e}^{\mathrm{j}\,\Omega})\,. \tag{6.77}$$

Das Periodogramm erweist sich also als *nicht* konsistent.

MATLAB-Projekt 6.C Periodogramm

1. Aufgabenstellung

   Der Einfluss der Messfolgenlänge N auf das Periodogramm soll mit Hilfe von MATLAB untersucht werden. Dazu soll ein „sehr langes“ Zufallssignal mit dem Befehl `x = sqrt(2)*randn(1,1000000);` als Näherung für ein gaußsches weißes Rauschen mit dem Mittelwert 0 und der Varianz 2 erzeugt werden.

   Anschließend sollen daraus „Messfolgen“ mit unterschiedlichen Längen entnommen und zur Schätzung des Leistungsdichtespektrums des Zufallssignals herangezogen werden. Diese Schätzung, also das Periodogramm, soll jeweils über dem Frequenzbereich $\Omega \in [-\pi,\pi]$ dargestellt werden. Weiterhin sollen jeweils der Mittelwert und die Varianz des Periodogramms ermittelt werden.

2. Lösungshinweis

   Wenn das Periodogramm eine erwartungstreue Schätzung wäre, müsste der Erwartungswert des Periodogramms der Varianz $\sigma_x^2 = 2$ des zugrundeliegenden Zufallssignals entsprechen.

   Wenn das Periodogramm eine konsistente Schätzung wäre, müsste mindestens für $N \to \infty$ Erwartungstreue vorliegen und außerdem die Varianz des Periodogramms gegen null gehen.

3. MATLAB-Programm

```
% Periodogramm
clear; close all;
randn('state',0);                    % Zufallszahlengenerator zurücksetzen
```

```
% Festlegung von Parametern
N = 20000;                      % Länge der Messfolge
K = 1000;                       % Zahl an Frequenzstützpunkten im Omega-Bereich

% Signal
x = sqrt(2)*randn(1,1000000);  % Zufallssignal, sehr lange
x_N = x(1:N);                   % Daraus: Messfolge der Länge N

% Berechnungen
[P_xx,Omega] = periodogram(x_N,rectwin(N),K,'twosided');
S_xx = (2*pi) * P_xx;           % Periodogramm (= Schätzung des LDS)
mu_S = mean(S_xx);              % Erwartungswert des Periodogramms
Var_S = var(S_xx);              % Varianz des Periodogramms
```

4. Darstellung der Lösung

```
Messfolgenlänge N = 20
Erwartungswert von S_xx:  E{S_xx}   = 1.49
Varianz von S_xx:         Var{S_xx} = 1.45

Messfolgenlänge N = 20000
Erwartungswert von S_xx:  E{S_xx}   = 2.00
Varianz von S_xx:         Var{S_xx} = 3.83
```

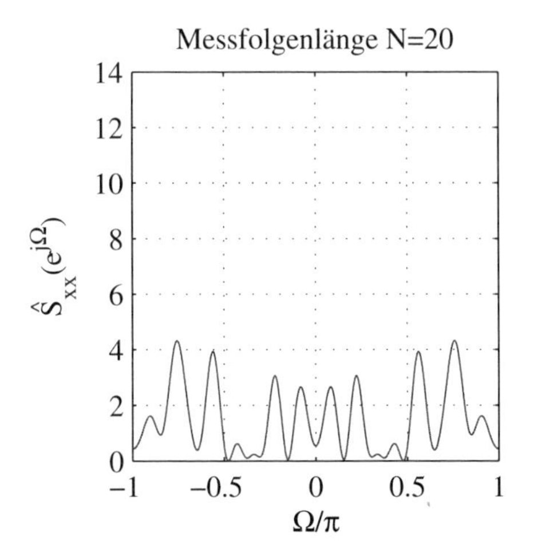

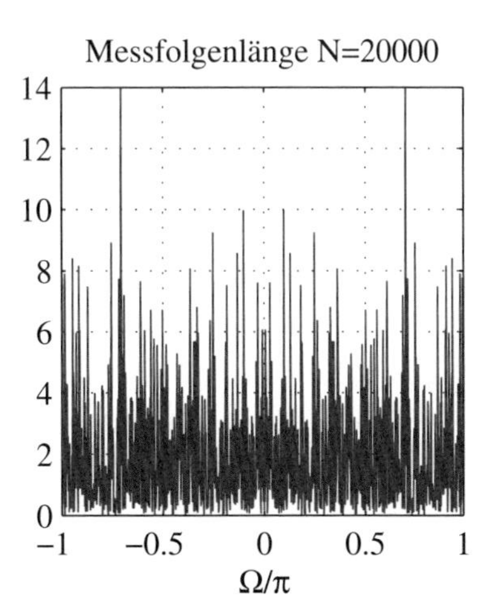

5. Weitere Fragen und Untersuchungen

- Wie wirkt sich die Messfolgenlänge N auf die Erwartungstreue und Konsistenz der Schätzung aus? Man vergleiche die MATLAB-Ergebnisse mit den Aussagen der Gleichungen (6.76) und (6.77).

MATLAB-Projekt 6.D Spektrale Auflösung des Periodogramms

1. Aufgabenstellung

   Das Leistungsdichtespektrum des Zufallssignals

   $$x[n] = A_1 \cos(\Omega_1 n + \phi_1) + A_2 \cos(\Omega_2 n + \phi_2) + v[n]$$

   mit den relativ nahe beieinander liegenden Frequenzen $\Omega_1 = 0{,}4\pi$ und $\Omega_2 = 0{,}45\pi$, den im Bereich $[0{,}2\pi]$ gleichverteilten Anfangsphasen ϕ_1 und ϕ_2 und dem weißen, normalverteilten und mittelwertfreien Rauschen $v[n]$ mit Varianz $\sigma_v^2 = 1$ soll geschätzt werden. Dazu soll ein N Werte langer Ausschnitt von $x[n]$ als Basis für das Periodogramm dienen.

   Der Einfluss der Messfolgenlänge N auf die spektrale Auflösung (Unterscheidbarkeit der beiden Schwingungen) des Periodogramms soll untersucht werden.

2. Lösungshinweis

   Die Berechnung der Autokorrelationsfolge von $x[n]$ nach Gleichung (4.30) ergibt:

   $$\mathrm{r}_{XX}[n] = \mathrm{E}\{X^*[k] \cdot X[n+k]\} = \ldots = \frac{A_1^2}{2}\cos(\Omega_1 n) + \frac{A_2^2}{2}\cos(\Omega_2 n) + \sigma_v^2 \delta[n]\,.$$

   Hieraus lässt sich durch Fourier-Transformation das Leistungsdichtespektrum

   $$\begin{aligned}\mathrm{S}_{XX}(\mathrm{e}^{\mathrm{j}\Omega}) &= \sum_{n=-\infty}^{\infty} \mathrm{r}_{XX}[n]\,\mathrm{e}^{-\mathrm{j}\Omega n} = \ldots \\ &= \frac{\pi}{2}A_1^2 \sum_{n=-\infty}^{\infty} \big(\delta(\Omega - \Omega_1 - n2\pi) + \delta(\Omega + \Omega_1 - n2\pi)\big) \\ &+ \frac{\pi}{2}A_2^2 \sum_{n=-\infty}^{\infty} \big(\delta(\Omega - \Omega_2 - n2\pi) + \delta(\Omega + \Omega_2 - n2\pi)\big) + \sigma_v^2\end{aligned}$$

   gewinnen.

   Im Idealfall erhält man also in $\Omega = [-\pi,\pi]$:

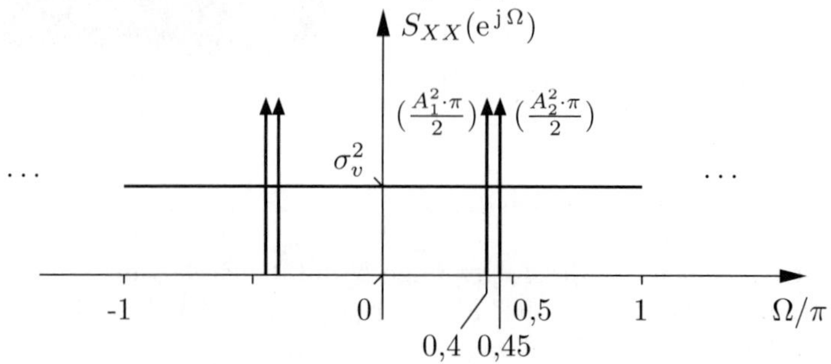

3. MATLAB-Programm

```
% Periodogramm-Auflösung
clear; close all;

% Festlegung von Parametern
N = 100;                        % Länge der Messfolge
K = 1000;                       % Zahl an Frequenzstützpunkten im Omega-Bereich
A1 = 1;                         % Amplitude der ersten Kosinusfolge
A2 = 1;                         % Amplitude der zweiten Kosinusfolge
Omega1 = 0.4*pi;                % Frequenz der ersten Kosinusfolge
Omega2 = 0.45*pi;               % Frequenz der zweiten Kosinusfolge
phi1 = 2*pi*rand(1,1);          % Eine zufällig ausgewähle Anfangsphase
phi2 = 2*pi*rand(1,1);          % Eine zufällig ausgewähle Anfangsphase
sigma_v = 1;                    % Standardabweichung des Gaußschen Rauschsignals
n = 0:(N-1);                    % Zeitindex

% Signale
v_N = sigma_v * randn(1,N); % normalverteiltes Rauschsignal
x_N = A1*cos(Omega1*n + phi1) + A2*cos(Omega2*n + phi2) + v_N;

% Berechnungen
[P_xx,Omega] = periodogram(x_N,rectwin(N),K,'twosided');
S_xx = (2*pi) * P_xx;           % Periodogramm (= Schätzung des LDS)
```

4. Darstellung der Lösung

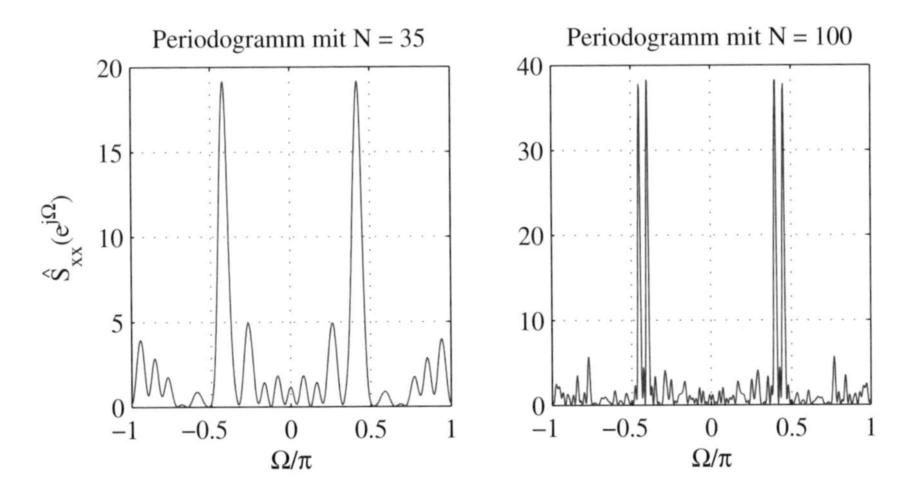

5. Weitere Fragen und Untersuchungen

- Bei dem im obigen MATLAB-Programm verwendeten Befehl zur Berechnung des Periodogramms wird das Rechteckfensters `rectwin` zur Fensterung des Messsignals verwendet. Der im Periodogramm zutage tretende Leckeffekt (vgl. Abschnitt 4.7.6) kann verringert werden, indem man andere Fenster, wie etwa das Dreieckfenster `triang`, das Hann-Fenster `hann` oder das Hamming-Fenster `hamming`, benutzt[5] (siehe auch MATLAB-Projekt 4.N). Wie ändert sich die Auflösung, wenn andere Fenster als das Rechteckfenster verwendet werden?

6.7.3 Konsistente Schätzmethode für das Leistungsdichtespektrum

Das Periodogramm nach Gleichung (6.73) ist zwar asymptotisch erwartungstreu, aber seine Varianz nimmt mit steigendem N nicht ab. Eine Verringerung der Varianz kann dadurch erreicht werden, dass man über viele, voneinander unabhängige Schätzungen für ein Leistungsdichtespektrum mittelt. Solche Schätzungen können gewonnen werden [Bar53], indem man die zur Verfügung stehende Messfolge $x_N[n]$ in K Teilfolgen der Länge L mit $K = \lfloor N/L \rfloor$ zerlegt und für jede Teilfolge das Periodogramm gemäß Gleichung (6.73) berechnet. Nach der Mittelung erhält man also:

$$\hat{\mathrm{S}}_{xx}^{\mathrm{Bar}}(\mathrm{e}^{\,\mathrm{j}\,\Omega}) = \frac{1}{KL} \sum_{k=0}^{K-1} \left| \sum_{n=0}^{L-1} x_N[n+kL]\,\mathrm{e}^{\,-\mathrm{j}\,\Omega n} \right|^2 . \tag{6.78}$$

Diese Vorgehensweise wird *Bartlett-Methode* genannt.

In einer Weiterentwicklung der Bartlett-Methode werden die Teilfolgen zum einen mit einer geeigneten Fensterfolge (vgl. auch MATLAB-Projekt 6.D, „Weitere Fragen und Untersuchungen“) gewichtet und zum anderen werden sie *überlappend* aus der gesamten Messfolge $x_N[n]$ ausgeschnitten [Wel70]. Die Schätzung für das Leistungsdichtespektrum lautet demnach

$$\hat{\mathrm{S}}_{xx}^{\mathrm{Wel}}(\mathrm{e}^{\,\mathrm{j}\,\Omega}) = \frac{1}{KL} \cdot \frac{1}{U} \sum_{k=0}^{K-1} \left| \sum_{n=0}^{L-1} x_N[n+kD]\,w_L[n]\,\mathrm{e}^{\,-\mathrm{j}\,\Omega n} \right|^2 , \tag{6.79}$$

$$\text{mit} \qquad U = \frac{1}{L} \sum_{n=0}^{L-1} w_L^2[n] \qquad \text{und} \quad 1 \le D \le L\,.$$

L ist hierbei die Länge der Teilfolgen, $(L-D)$ deren Überlappungslänge (Anzahl der gemeinsamen Folgenwerte zweier überlappender Teilfolgen) und $K = \lfloor \frac{N-(L-D)}{D} \rfloor$ die Zahl an Teilfolgen. Durch den Faktor U kürzt sich der Einfluss der Fensterfolge auf den Erwartungswert heraus. Dieses Verfahren wird *Welch-Methode* genannt.

Untersuchung auf Konsistenz

Auf die gleiche Weise wie im Abschnitt 6.7.2 für das Periodogramm lässt sich zeigen, dass die Schätzungen nach Bartlett und Welch asymptotisch erwartungstreu sind.

[5] Die so entstehende Schätzung wird oft *modifiziertes Periodogramm* genannt.

Für die Varianz der Schätzungen nach Bartlett und Welch ergibt sich durch die Mittelung über K Periodogramme ([OS99], [Wel70]):

$$\mathrm{Var}\left\{\hat{\mathrm{S}}_{xx}^{\mathrm{Wel}}(\mathrm{e}^{\,\mathrm{j}\,\Omega})\right\} \approx \frac{1}{K} \cdot \mathrm{S}_{XX}^{2}(\mathrm{e}^{\,\mathrm{j}\,\Omega})\,; \tag{6.80}$$

dies bedeutet, dass für $K \to \infty$, also mit steigender Anzahl an Teilfolgen, die Varianz gegen null geht. Bei gleichbleibender Teilfolgenlänge L, was zur Vermeidung von Einbußen bei der spektralen Auflösung, s. u., sinnvoll ist, kann durch Erhöhung der Messfolgenlänge N der Faktor K erhöht und damit die Varianz der Schätzung verringert werden.

Bei der Welch-Methode kommt noch hinzu, dass durch die Vergrößerung der Überlappung der Teilfolgen, d. h. durch Verringerung von D, der Faktor K weiter vergrößert werden kann. Allerdings ist durch einen immer größer werdenden Überlappungsbereich die für die Mittelung der Schätzungen aus den Teilfolgen nötige Unabhängigkeit dieser Schätzungen immer weniger gewährleistet. In der Praxis hat sich eine Überlappungslänge von ca. $L/2$ als guter Kompromiss erwiesen.

Untersuchung der spektralen Auflösung

Aus den Untersuchungen im MATLAB-Projekt 6.D ist bekannt, dass die spektrale Auflösung hauptsächlich von der Zahl an Messfolgenwerten, welche in die Periodogrammberechnung einbezogen werden, abhängt. In dem genannten Projekt ist das genau die Messfolgenlänge N. Bei den Schätzungen nach Bartlett und Welch ist dies hingegen lediglich die Teilfolgenlänge L. Das hat zur Folge, dass die spektrale Auflösung durch das diesen beiden Methoden gemeinsame Mittelungsverfahren gegenüber dem nicht konsistenten Periodogramm um den Faktor N/L verringert (verschlechtert) ist.

MATLAB-Projekt 6.E Periodogramm-Mittelung

1. Aufgabenstellung

   Wie im MATLAB-Projekt 6.C soll ein „sehr langes“ Zufallssignal mit dem Befehl `x = sqrt(2)*randn(1,1000000);` als Näherung für ein Gaußsches weißes Rauschen mit dem Mittelwert 0 und der Varianz 2 erzeugt werden.

   Für eine Messfolgenlänge von beispielsweise $N = 20000$ soll das Leistungsdichtespektrum mit der Bartlett-Methode (Teilfolgenlänge z. B. $L = 2000$) und mit der Welch-Methode (mit beispielsweise Teilfolgenlänge $L = 2000$, Überlappungsparameter $D = L/2$ und Hamming-Fenster) geschätzt werden. Außerdem sollen jeweils der Mittelwert und die Varianz der Schätzungen berechnet werden.

2. Lösungshinweis

   Zur Schätzung des Leistungsdichtespektrums nach der Welch-Methode steht der Befehl `pwelch` zur Verfügung. Die Schätzung nach der Bartlett-Methode lässt sich gewinnen, indem man bei `pwelch` als Fensterform das Rechteckfenster und als Überlappungslänge null angibt. Wird die Länge des Rechteckfensters zudem noch zu N gewählt, dann errechnet der Befehl `pwelch` das gleiche Ergebnis wie der oben verwendete Befehl `periodogram`.

3. MATLAB-Programm

```
% Periodogramm-Mittelung
clear; close all;
randn('state',0);                   % Zufallszahlengenerator zurücksetzen

% Festlegung von Parametern
N = 20000;                          % Länge der Messfolge
L = 2000;                           % Länge der Teilfolge
D = 0.5*L;                          % Überlappungsparameter bei d. Welch-Methode
K1 = 1000;                          % Zahl an Frequenzstützpunkten im Omega-Bereich

% Signal
x = sqrt(2)*randn(1,1000000);       % Zufallssignal, sehr lang
x_N = x(1:N);                       % Daraus: Messfolge der Länge N

% Berechnungen
[P_xx,Omega] = pwelch(x_N,rectwin(L),0,K1,'twosided');
S_Bar_xx = (2*pi) * P_xx;           % Schätzung des LDS nach Bartlett
mu_S_Bar = mean(S_Bar_xx);          % Erwartungswert der Schätzung
Var_S_Bar = var(S_Bar_xx);          % Varianz der Schätzung

[P_xx,Omega] = pwelch(x_N,hamming(L),L-D,K1,'twosided');
S_Wel_xx = (2*pi) * P_xx;           % Schätzung des LDS nach Welch
mu_S_Wel = mean(S_Wel_xx);          % Erwartungswert der Schätzung
Var_S_Wel = var(S_Wel_xx);          % Varianz der Schätzung
```

4. Darstellung der Lösung

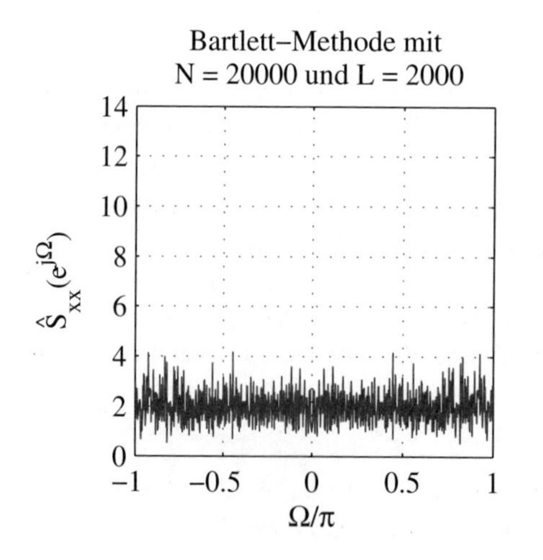

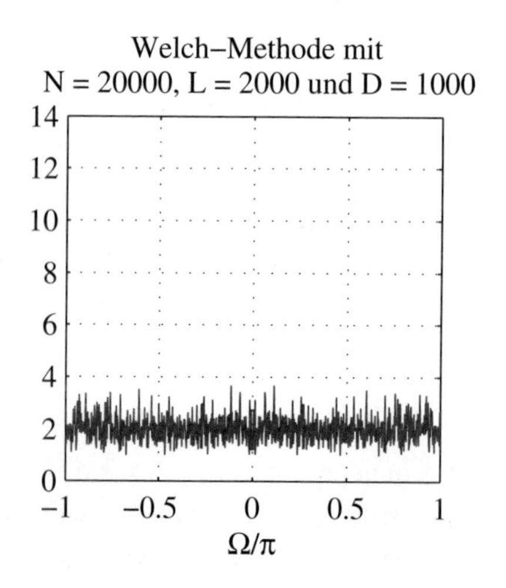

```
Bartlett-Methode mit N = 20000 und L = 2000
Erwartungswert von S_xx:  E{S_xx}   = 2.00
Varianz von S_xx:         Var{S_xx} = 0.38

Welch-Methode mit N = 20000, L = 2000 und D = 1000
Erwartungswert von S_xx:  E{S_xx}   = 2.01
Varianz von S_xx:         Var{S_xx} = 0.22
```

5. Weitere Fragen und Untersuchungen

   - Man verändere die Teilfolgenlänge L und - für die Welch-Methode - den Überlappungsparameter D und beobachte die Änderung der Resultate.

6.7.4 Weitere Schätzverfahren für das Leistungsdichtespektrum

Neben den sogenannten *traditionellen* Verfahren der Spektralschätzung (Abschnitte 6.7.2 und 6.7.3) sollen in diesem Abschnitt zwei weitere Herangehensweisen an die Aufgabe der Spektralschätzung kurz vorgestellt werden. Zum einen sind dies *modellgestützte* Verfahren, welche auf der Annahme basieren, dass sich der zu untersuchende stochastische Prozess durch ein mit weißem Rauschen erregtes LTI-System modellieren lässt. Zum anderen sind das Verfahren, die auf einer *Eigenwertanalyse* beruhen. Sie gehen davon aus, dass sich das zu untersuchende Zufallssignal durch die Überlagerung von endlich vielen sinusförmigen Zeitfolgen mit weißem Rauschen beschreiben lässt. Beide Herangehensweisen liefern gute Ergebnisse bei verhältnismäßig geringer Messfolgenlänge, wenn die ihnen zugrunde liegenden Annahmen von dem zu untersuchenden Prozess erfüllt werden. In anderen Fällen oder falls überhaupt keine Kenntnisse über die Art des Zufallsprozesses vorliegen, sind die o. g. klassischen Verfahren zur Spektralschätzung vorzuziehen.

Modellgestützte Verfahren

Bild 6.31 zeigt ein LTI-System mit dem weißen Rauschsignal $v[n]$ am Eingang.

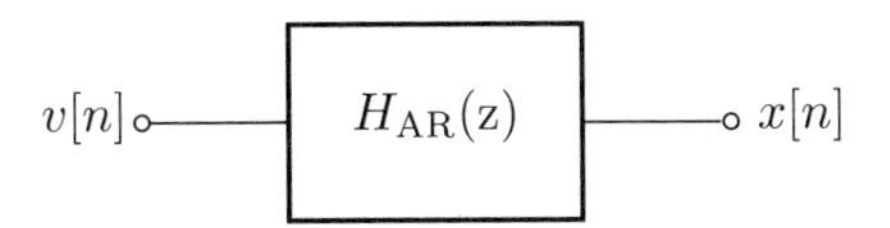

Bild 6.31: Autoregressives Modell

Häufig verwendet wird ein LTI-System mit einer Systemfunktion nach Gleichung

(5.34), wobei $N_b = 0$ und $b_0 = 1$ sind. Seine Systemfunktion lautet also

$$H_{\mathrm{AR}}(\mathrm{z}) = \frac{1}{1 + a_1 \mathrm{z}^{-1} + \ldots + a_M \mathrm{z}^{-M}} \tag{6.81}$$

mit dem Grad $M = N_a$. Ein solches System wird *autoregressives Modell (AR-Modell)* [PM96] genannt.
Aus den ersten $M + 1$ Werten der Schätzung der zur gegebenen Messfolge $x_N[n]$ gehörenden AKF nach Gleichung (6.67), also aus

$$\hat{\mathrm{r}}_{xx}[n] = \frac{1}{N} \sum_{\nu=0}^{N-1-n} x_N^*[\nu]\, x_N[n+\nu] \qquad \text{für} \quad n = 0{,}1,\ldots,M$$

lassen sich die Nenner-Koeffizienten a_k , $k = 1,\ldots,M$ von $H_{\mathrm{AR}}(\mathrm{z})$ mit Hilfe der sog. *Yule-Walker-Gleichung*

$$\boldsymbol{a} = -\hat{\mathbf{R}}_{xx}^{-1} \cdot \hat{\boldsymbol{r}}_{xx} \tag{6.82}$$

berechnen. Dabei sind

$$\hat{\mathbf{R}}_{xx} = \begin{pmatrix} \hat{r}_{xx}[0] & \hat{r}^*_{xx}[1] & \cdots & \hat{r}^*_{xx}[M-1] \\ \hat{r}_{xx}[1] & \hat{r}_{xx}[0] & \cdots & \hat{r}^*_{xx}[M-2] \\ \vdots & & \ddots & \vdots \\ \hat{r}_{xx}[M-1] & \hat{r}_{xx}[M-2] & \cdots & \hat{r}_{xx}[0] \end{pmatrix}, \quad \boldsymbol{a} = \begin{pmatrix} a_1 \\ a_2 \\ \vdots \\ a_M \end{pmatrix}, \quad \hat{\boldsymbol{r}}_{xx} = \begin{pmatrix} \hat{r}_{xx}[1] \\ \hat{r}_{xx}[2] \\ \vdots \\ \hat{r}_{xx}[M] \end{pmatrix}.$$

Die mittlere Signalleistung σ_v^2 der weißen Rauschquelle lässt sich wie folgt ermitteln:

$$\sigma_v^2 = \hat{r}_{xx}[0] + \hat{\boldsymbol{r}}_{xx}^{\mathrm{H}} \cdot \boldsymbol{a}\,; \tag{6.83}$$

hierbei ist

$$\hat{\boldsymbol{r}}_{xx}^{\mathrm{H}} = \Big(\hat{r}^*_{xx}[1], \hat{r}^*_{xx}[2], \ldots, \hat{r}^*_{xx}[M] \Big)\,. \tag{6.84}$$

Eine Herleitung der Yule-Walker-Gleichung (6.82) und von Gleichung (6.83) kann u. a. in [Hay96] und [KK02] gefunden werden.

Mit der Wiener-Lee-Beziehung, Gleichung (5.33), folgt nun die Schätzung des Leistungsdichtespektrums zu

$$\hat{S}_{XX}^{\mathrm{AR}}(\mathrm{e}^{\mathrm{j}\,\Omega}) = \sigma_v^2 \cdot |H_{\mathrm{AR}}(\mathrm{e}^{\mathrm{j}\,\Omega})|^2\,. \tag{6.85}$$

In MATLAB dient der Befehl `pyulear` zur Berechnung dieser Schätzung.

Das Yule-Walker-Verfahren hat den Nachteil, dass es sich auf die nicht erwartungstreue Schätzung der AKF stützt. Dies führt letztlich zu einer verringerten Auflösung im Spektralbereich. Zur Abhilfe wurden mehrere weitere Verfahren ([PM96], [Hay96]) entwickelt, von denen hier nur das häufig verwendete *Burg-Verfahren* genannt werden soll. In MATLAB steht dafür der Befehl `pburg` zur Verfügung.

Eigenwertanalyse-Verfahren

Bei den Eigenwertanalyse-Verfahren wird davon ausgegangen, dass sich das Zufallssignal, dessen LDS geschätzt werden soll, durch eine Summe von komplexen Exponentialfunktionen mit überlagertem weißen Rauschen beschreiben lässt:

$$x[n] = \sum_{k=1}^{K} |A_k|\, \mathrm{e}^{\,\mathrm{j}\,(n\,\Omega_k + \phi_k)} \; + \; v[n]\,. \tag{6.86}$$

Die Null-Phasen ϕ_k sind dabei voneinander unabhängige, in $[0{,}2\pi]$ gleichverteilte Zufallswerte. Das Leistungsdichtespektrum ergibt sich dann zu

$$S_{XX}(\mathrm{e}^{\,\mathrm{j}\,\Omega}) = 2\pi|A_k|^2 \sum_{k=1}^{K} \sum_{n=-\infty}^{\infty} \delta(\Omega - \Omega_k - n2\pi) \; + \sigma_v^2\,. \tag{6.87}$$

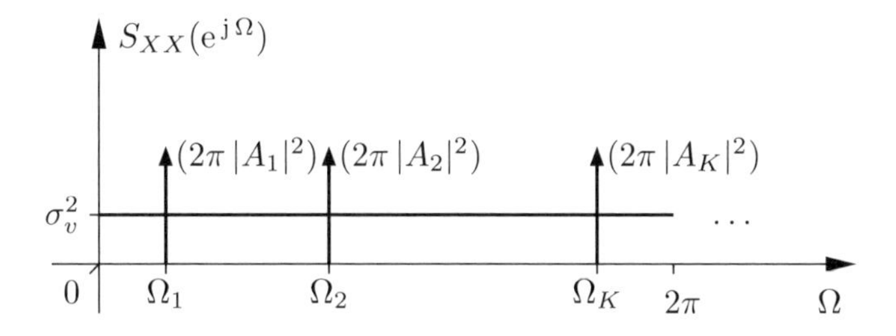

Bild 6.32: LDS zu $x[n]$

Das LDS liegt also fest, wenn $|A_k|^2$ und Ω_k für $k = 1 \ldots K$ sowie σ_v^2 bekannt sind. Aufgabe des Schätzverfahrens ist es daher, diese Parameter zu bestimmen. Wie bei den modellgestützen Verfahren aus dem vorigen Abschnitt wird zu der Messfolge $x_N[n]$ die AKF-Schätzung

$$\hat{\mathrm{r}}_{xx}[n] = \frac{1}{N} \sum_{\nu=0}^{N-1-n} x_N^*[\nu]\, x_N[n+\nu]$$

ermittelt. Mit den AKF-Werten für $n = 0{,}1,\ldots,(M-1)$, $M > K$, wird die AKF-Matrix

$$\hat{\mathbf{R}}_{xx} = \begin{pmatrix} \hat{r}_{xx}[0] & \hat{r}_{xx}^*[1] & \cdots & \hat{r}_{xx}^*[M-1] \\ \hat{r}_{xx}[1] & \hat{r}_{xx}[0] & \cdots & \hat{r}_{xx}^*[M-2] \\ \vdots & & \ddots & \vdots \\ \hat{r}_{xx}[M-1] & \hat{r}_{xx}[M-2] & \cdots & \hat{r}_{xx}[0] \end{pmatrix}$$

aufgestellt. Hierbei handelt es sich um eine Hermitesche Matrix, d. h. um eine Matrix, die identisch mit ihrer transponiert konjugiert komplexen Matrix ist. Es gilt also:

$$\hat{\mathbf{R}}_{xx} = \hat{\mathbf{R}}_{xx}^{\mathrm{H}}\,.$$

Das zugehörige *Eigenwertproblem* lautet

$$\hat{\mathbf{R}}_{xx} \cdot \boldsymbol{u}_m = \lambda_m \cdot \boldsymbol{u}_m \,, \qquad m = 1, \ldots, M$$

mit den reellen[6] Eigenwerten λ_m und den Eigenvektoren $\boldsymbol{u}_m$. Die Eigenwerte ergeben sich als Nullstellen des sog. *charakteristischen Polynoms*

$$p(\lambda) = \det(\hat{\mathbf{R}}_{xx} - \lambda \mathbf{E}) \,,$$

wobei $\mathbf{E}$ die $M \times M$-Einheitsmatrix ist. Ohne Beschränkung der Allgemeinheit seien die Eigenwerte entsprechend ihrer Größe wie folgt sortiert:

$$\lambda_1 \geq \lambda_2 \geq \ldots \geq \lambda_M \,. \tag{6.88}$$

Das im Folgenden vorgestellte Verfahren zur Spektralschätzung ist in der Literatur für $M = K + 1$ als *Pisarenko-Methode* und für $M > K + 1$ als *MUSIC-Methode* (von engl. „multiple signal classification") bekannt [Hay96]. In MATLAB dienen die Befehle `peig` und `pmusic` zur Anwendung dieser Methoden.

- Die Mittelung über die kleinsten $M-K$ Eigenwerte gemäß Gleichung (6.89) liefert eine Schätzung für die Signalleistung des Rauschsignals.

$$\hat{\sigma}_v^2 = \frac{1}{M-K} \sum_{m=K+1}^{M} \lambda_m \tag{6.89}$$

- Die K höchsten Maxima der sog. Frequenzschätzfunktion

$$P(\mathrm{e}^{\mathrm{j}\,\Omega}) = \frac{1}{\sum\limits_{m=K+1}^{M} |\mathbf{e}^{\,\mathrm{H}} \cdot \boldsymbol{u}_m|^2} \tag{6.90}$$

  stellen Schätzungen für die gesuchten Frequenzen $\Omega_k, \quad k = 1, \ldots, K$ dar. Dabei sind die $\boldsymbol{u}_m$ die zu den sortierten Eigenwerten nach Gleichung (6.88) gehörenden Eigenvektoren (Spaltenvektoren) und

$$\mathbf{e}^{\,\mathrm{H}} = \left(1, \quad \mathrm{e}^{\,-\mathrm{j}\,\Omega}, \quad \mathrm{e}^{\,-\mathrm{j}\,2\Omega}, \quad \ldots, \quad \mathrm{e}^{\,-\mathrm{j}\,(M-1)\Omega}\right).$$

- Die Signalleistungen $|A_k|^2, \quad k = 1, \ldots, K$ lassen sich aus dem Gleichungssystem

$$\sum_{k=1}^{K} |A_k|^2 \; |\boldsymbol{u}_m^{\mathrm{H}} \cdot \mathbf{e}_{\,k}|^2 = \lambda_m - \sigma_v^2 \,, \qquad m = 1,2,\ldots,K \tag{6.91}$$

  bestimmen, wobei:

$$\mathbf{e}_{\,k} = \left(1, \quad \mathrm{e}^{\,\mathrm{j}\,\Omega_k}, \quad \mathrm{e}^{\,\mathrm{j}\,2\Omega_k}, \quad \ldots, \quad \mathrm{e}^{\,\mathrm{j}\,(M-1)\Omega_k}\right)^{\mathrm{T}}. \tag{6.92}$$

[6]Da $\hat{\mathbf{R}}_{xx}$ eine Hermitesche Matrix ist.

MATLAB-Projekt 6.F Eigenwertanalyse-Verfahren

1. Aufgabenstellung

   In diesem MATLAB-Projekt soll das Eigenwertanalyse-Verfahren beispielhaft an $N = 1000$ Messwerten der Folge

$$x_N[n] = \mathrm{e}^{\mathrm{j}\,n\,0{,}1(2\pi)} + 2\mathrm{e}^{\mathrm{j}\,n\,0{,}2(2\pi)} + 3\mathrm{e}^{\mathrm{j}\,n\,0{,}4(2\pi)} + v_N[n]\,, \qquad n = 0, \ldots, N-1$$

   nachvollzogen werden. $v_N[n]$ sei die Messung einer mittelwertfreien, weißen Rauschfolge mit der Varianz (Rauschsignalleistung) $\sigma_v^2 = 1$.

2. Lösungshinweise

   - Für die Frequenzschätzfunktion $P(\mathrm{e}^{\mathrm{j}\,\Omega})$ aus Gleichung (6.90) können die MATLAB-Funktionen `peig` oder `pmusic` verwendet werden.
   - Zur Berechnung der Signalleistungen des Rauschsignals (nach Gleichung (6.89)) und der einzelnen Exponentialfunktionen (nach Gleichung (6.91) ist die Bestimmung der Eigenwerte und Eigenvektoren der AKF-Matrix notwendig. Hierzu stehen die Befehle `eig` und `corrmtx` zur Verfügung.

3. MATLAB-Programm

```
% Eigenwertanalyse-Verfahren
clear, close all;

% Festlegung von Parametern
N = 1000;                              % Länge der Messfolge
n = 0:(N-1);                           % Zeitstützpunkte für das Signal
K1 = 1024;                             % Zahl der Frequenzstützpunkte
Omega_k = [0.1 0.3 0.4] *(2*pi);       % Frequenzen der Exponentialfunktionen
A_k = sqrt([1 2 3]);                   % Amplituden der Exponentialfunktionen
K = length(Omega_k);                   % Anzahl Exponentialfunktionen
sigma_v = 1;                           % Standardabweichung des weißen Rauschens
%
schwelle = 5;                % Detektionsschwelle in %  bei der max(P) - Best.
M=5;                         % Größe der AKF-Matrix, beachte: M > K

% Signalerzeugung
v = sigma_v*randn(1,N);                % Weißes Rauschen
x_N = sum(diag(A_k)*exp(i*Omega_k'*n)) + v;  % Exp.funkt. plus weißes Rauschen

% Berechnungen
%%% Frequenzschätzfunktion
[P,Omega] = peig(x_N,K,K1,'twosided');

%%% Bestimmung der Maximumsstellen von P
vz = sign(diff(P'));             % Vorzeichen der "Ableitung" von P
idx_vz = find(vz ~= [vz(1) vz(1:K1-2)]);  % Stellen des Vorzeichenwechsels
[max_P,idx_P_sort] = sort(P(idx_vz), 'descend');      % Maxima und Stellen
```

```
%%% Schätzung von K
K_dach = length(find(max_P > max_P(1)*schwelle/100)); % Anzahl hoher Maxima

%%% Schätzung der Frequenzen Omega_k
Omega_k_dach = 2*pi*(idx_vz(idx_P_sort(1:K))-1)/K1;

%%% Schätzung der Signalleistungen
[XT,R_xx] = corrmtx(x_N,M-1);          % AKF-Matrix R_xx
[u,lambda] = eig(R_xx);                % Eigenwerte und -vektoren von R_xx
[lambda,idx_lam_sort] = sort(diag(lambda), 'descend'); % Eigenwerte sortieren

%%%--- Rauschsignalleistung
sigma_v_dach_quad = (1/(M-K))* sum(lambda(K+1:M));

%%%--- exp-Signalleistungen
u = u(:,idx_lam_sort);    % Eigenvektoren entspr. Eigenwerten sortieren
u_H = u';              % Konjug. kompl. Eigenvektoren als Zeilen der Matrix u_H
u_H = u_H(1:K,:);  % Erste K Zeilen von u_H
k=0:(M-1);
e_matrix = exp(i*k'*Omega_k_dach);  % e-Matrix (M x K)
U = abs(u_H*e_matrix).^2;           % Betragsquadrat d. U-Matrix
A_dach_quad = inv(U)*(lambda(1:K)-sigma_v_dach_quad); % Lösung des LGS
```

4. Darstellung der Lösung

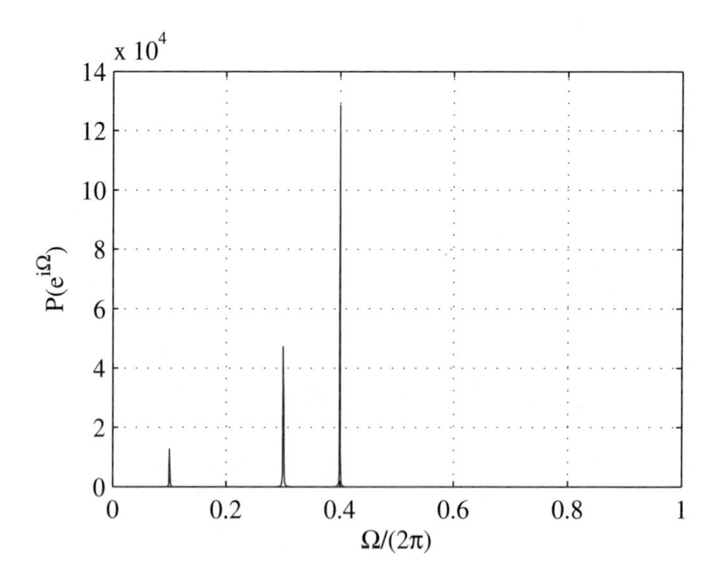


```
Schätzung für K                    =  3
Schätzung für sigma_v_quad         =  0.996
Schätzung für Omega_k/(2*pi)       =  0.4
                                      0.3
                                      0.1
```

```
Schätzung der Signalleistungen |A_k|^2   =  3
                                            2
                                            1
```

5. Weitere Fragen und Untersuchungen

   - Man verändere den Abstand der Exponentialfunktionen im Frequenzbereich und untersuche somit die Frequenzauflösung dieses LDS-Schätzverfahrens. Dabei beachte man eventuelle Fehlschätzungen von K aufgrund von fehlenden „Spitzen“ oder aufgrund von „Nebenmaxima“. Zur Verbesserung der K-Schätzung kann ggf. auch der Parameter `schwelle` geändert werden.

Beispiel 6.1: FMCW-Radar

In der KFZ-Technik wird mit Hilfe eines Radar-basierten (Radar von engl. „RAdio Detection And Ranging“) Verfahrens ein Tempomat mit automatischer Abstandskontrolle (auch „adaptive cruise control (ACC)“ oder „automatische Distanzregelung (ADR)“) realisiert. Bei Tempomat-geregelter Fahrt wird im Falle eines langsameren, vorausfahrenden Fahrzeugs die Geschwindigkeit so angepasst, dass der gewünschte Sicherheitsabstand eingehalten wird. Bei frei gewordener Fahrbahn wird wieder auf die eingestellte Geschwindigkeit beschleunigt. Die Regelungselektronik benötigt dazu Informationen über den Abstand und die Relativgeschwindigkeit des vorausfahrenden Fahrzeugs. Diese Informationen werden mit Hilfe der Spektralschätzung aus dem durch Mischung des ausgesandten und des nach der Reflexion am vorausfahrenden Fahrzeug wieder empfangenen Radar-Signals gewonnen. Üblicherweise wird ein FMCW-Radar („frequency modulated continuous wave“) eingesetzt [Sto92], welches mit einem linearen Chirp-Signal (Signal mit linear ansteigender Frequenz) frequenzmoduliert ist.

Vereinfachtes Modell:

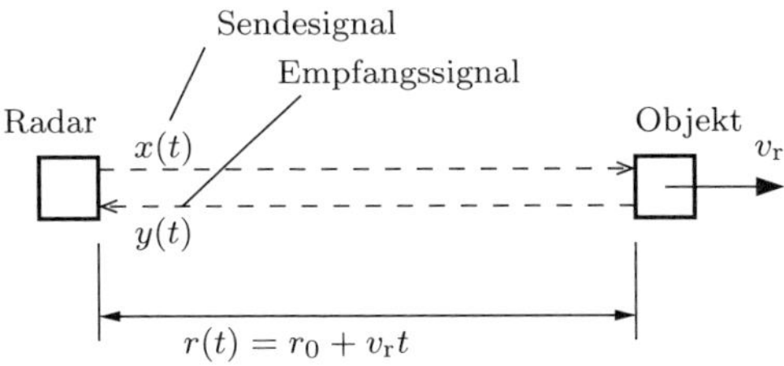

Parameter:

$v_r = -250 \ldots 250$ km/h	Relativgeschwindigkeit des Objekts $v_r < 0$: Abstandsverringerung $v_r > 0$: Abstandsvergrößerung
$r_0 = 0 \ldots 300$ m	Entfernung zu Beginn ($t = 0$) der Messung

$f_\mathrm{R} = 77$ GHz	Radar-Frequenz
$c \approx 3 \cdot 10^8$ m/s	Ausbreitungsgeschwindigkeit der Radar-Wellen
$T_\mathrm{C} = 10$ ms	Chirp-Dauer
$\Delta f = 150$ MHz	Frequenzhub des Chirp-Signals
$f_\mathrm{gr} = 100$ kHz	Grenzfrequenz des Basisband-Tiefpasses

Vereinfachende Annahmen:

- Das Objekt beschleunigt während eines Messvorganges nicht, d. h. v_r ist währenddessen konstant.
- Das Sendesignal erfährt auf dem Weg zum Objekt und wieder zurück lediglich eine zeitliche Verzögerung und eine konstante Dämpfung. Eventuelle Verzerrungen und hinzukommendes Rauschen sollen hier nicht berücksichtigt werden.

Messprinzipien:
Die Geschwindigkeits- und Entfernungsmessung mit Hilfe des FMCW-Radars mit linearer Frequenzänderung beruht auf den folgenden zwei physikalischen Phänomenen:

- Aufgrund der sich laufend ändernden Frequenz des Sendesignals $x(t)$ besitzt dieses eine andere Momentanfrequenz als das durch die Signallaufzeit verzögerte Empfangssignal $y(t)$. Ein Frequenzvergleich (in der Praxis geschieht dies durch das Mischen (Multiplizieren) von Sende- und Empfangssignal) liefert also einen zur Laufzeit proportionalen Frequenzunterschied. Die Laufzeit $\tau(t)$ wiederum ist proportional zur Objektentfernung $r(t)$ gemäß:

$$\tau(t) = \frac{2\,r(t)}{c} \qquad (\text{mit} \quad v_\mathrm{r} \lll c)\,.$$

- Besitzt das Objekt eine Geschwindigkeitskomponente in Radar-Messrichtung, so verändert sich die Frequenz der an ihm reflektierten Welle für einen Beobachter proportional zu dieser Geschwindigkeitskomponente. Dieser Effekt wird *Doppler-Effekt* genannt. Nach einem Frequenzvergleich von Sende- und Empfangssignal kann daher die Objektgeschwindigkeit in Radar-Messrichtung ermittelt werden.

Sendesignal:

- Up-Chirp

$$x_\mathrm{up}(t) = A \cdot \cos\Big(2\pi(f_\mathrm{R} + \frac{\Delta f}{2}\frac{t}{T_\mathrm{C}}) \cdot t\Big)\,; \qquad t = 0 \ldots T_\mathrm{C}$$

Die Momentanphase dieses Signals lautet:

$$\varphi_\mathrm{up}(t) = 2\pi(f_\mathrm{R} + \frac{\Delta f}{2}\frac{t}{T_\mathrm{C}})\,t\,; \qquad t = 0 \ldots T_\mathrm{C}\,.$$

Daraus ergibt sich die Momentanfrequenz zu:

$$f_\mathrm{up}(t) = \frac{1}{2\pi}\,\frac{\mathrm{d}\varphi_\mathrm{up}(t)}{\mathrm{d}t} = f_\mathrm{R} + \Delta f \frac{t}{T_\mathrm{C}}\,; \qquad t = 0 \ldots T_\mathrm{C}\,.$$

Die Frequenz des Sendesignals $x_\mathrm{up}(t)$ steigt also während der Chirp-Dauer T_C von f_R auf $f_\mathrm{R} + \Delta f$.

- Down-Chirp
Da sich nach den o. g. Messprinzipien beide zu messenden Größen (Objektentfernung und -geschwindigkeit) durch eine Frequenzänderung auswirken und da nur die gesamte Frequenzänderung aus dem Spektrum des durch Mischung von Sende- und Empfangssignal mit anschließender Tiefpassfilterung entstandenen Basisbandsignals gewonnen werden kann, wird an den Up-Chirp (Chirp mit ansteigender Frequenz) ein Down-Chirp (Chirp mit abfallender Frequenz) angehängt. Der Frequenzunterschied aufgrund der Laufzeit besitzt im Down-Chirp-Fall das bzgl. des Up-Chirp-Falls inverse Vorzeichen, während der Frequenzunterschied aufgrund des Doppler-Effekts sein Vorzeichen beibehält. Aus den Messungen in beiden Fällen können Objektentfernung und -geschwindigkeit gewonnen werden.

$$x_{\mathrm{do}}(t) = A \cdot \cos\Big(2\pi(f_{\mathrm{R}} + \Delta f - \frac{\Delta f}{2}\frac{t}{T_{\mathrm{C}}}) \cdot t\Big)\,; \qquad t = T_{\mathrm{C}} \ldots 2\,T_{\mathrm{C}}$$

mit der Momentanfrequenz:

$$f_{\mathrm{do}}(t) = f_{\mathrm{R}} + \Delta f - \Delta f \frac{t}{T_{\mathrm{C}}}\,; \qquad t = T_{\mathrm{C}} \ldots 2\,T_{\mathrm{C}}\,.$$

Empfangssignal:

$$y(t) = a \cdot x(t - \tau(t))$$

- Up-Chirp-Anteil

$$\begin{aligned} y_{\mathrm{up}}(t) &= a\,A \cdot \cos\Big(2\pi(f_{\mathrm{R}} + \frac{\Delta f}{2}\frac{(t-\tau(t))}{T_{\mathrm{C}}}) \cdot (t - \tau(t))\Big) \\ &= a\,A \cdot \cos\Big(2\pi(f_{\mathrm{R}}t - \underbrace{f_{\mathrm{R}}\frac{2v_{\mathrm{r}}}{c}}_{f_{\mathrm{D}}}\,t - \underbrace{f_{\mathrm{R}}\frac{2r_0}{c}}_{\varphi_1/(2\pi)} + \frac{\Delta f}{2T_{\mathrm{C}}}(t^2 - 2t\tau(t) + \tau^2(t)))\Big) \\ &\approx a\,A \cdot \cos\Big(2\pi((f_{\mathrm{R}} - f_{\mathrm{D}})\,t - \underbrace{\frac{\Delta f \cdot 2r_0}{T_{\mathrm{C}} \cdot c}}_{f_\tau}\,t + \frac{\Delta f}{2T_{\mathrm{C}}}\underbrace{(1 - \frac{2v_{\mathrm{r}}}{c})^2}_{\approx 1}\,t^2) + \varphi_1\Big) \end{aligned}$$

Hierbei wurde ein Term $2\pi(\frac{\Delta f}{2T_{\mathrm{C}}}(\frac{8r_0 v_{\mathrm{r}} t + 4r_0^2}{c^2}))$ im Argument der cos-Funktion vernachlässigt.

Somit ergibt sich mit der Doppler-Verschiebung f_{D} aufgrund von v_{r} und dem Chirpfrequenzunterschied f_τ aufgrund der Laufzeit:

$$y_{\mathrm{up}}(t) \approx a\,A \cdot \cos\Big(2\pi(f_{\mathrm{R}} - f_{\mathrm{D}} - f_\tau + \frac{\Delta f}{2}\frac{t}{T_{\mathrm{C}}})\,t + \varphi_1\Big)\,.$$

- Demodulation durch Signalmischung und Tiefpassfilterung
Die Mischung des Empfangssignals mit dem Sendesignal liefert:

$$\begin{aligned} y_{\mathrm{up,B}}(t) &= \cos\Big(2\pi(f_{\mathrm{R}} + \frac{\Delta f}{2}\frac{t}{T_{\mathrm{C}}}) \cdot t\Big) \cdot y_{\mathrm{up}}(t) \\ &= a\,A \cdot \Big(\cos(2\pi(f_{\mathrm{D}} + f_\tau)\,t - \varphi_1) + \cos(2\pi(2f_{\mathrm{R}} + \Delta f\frac{t}{T_{\mathrm{C}}} - f_{\mathrm{D}} - f_\tau)\,t + \varphi_1)\Big)\,, \end{aligned}$$

wobei die trigonometrische Beziehung: $\cos(a) \cdot \cos(b) = \frac{1}{2}(\cos(a-b) + \cos(a+b))$ verwendet wurde.

Der erste Term in $y_{\mathrm{up,B}}(t)$ stellt eine cos-Schwingung mit der Frequenz $f_{\mathrm{up}} = f_{\mathrm{D}} + f_\tau$ dar. Der zweite Term ist ein Chirp mit einer gegenüber dem Sendesignal ungefähr verdoppelten Frequenz; er wird mit Hilfe eines geeigneten Tiefpasses aus dem Signal entfernt.

Im Frequenzbereich stellt sich die Situation also wie folgt dar:

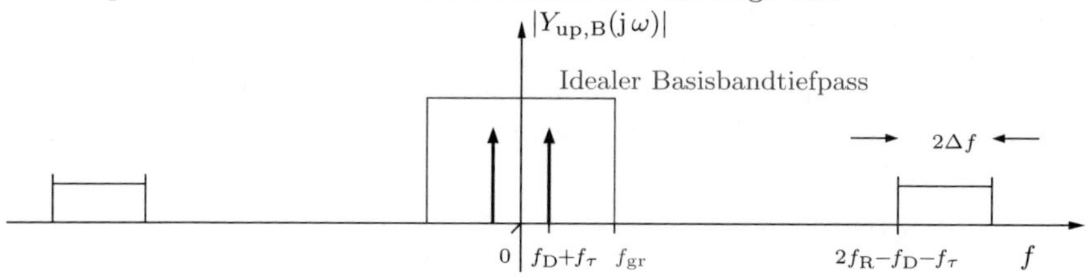

Die Bestimmung der Frequenz $f_{\mathrm{up}} = f_{\mathrm{D}} + f_\tau$ sowie die Bestimmung von $f_{\mathrm{do}} = f_{\mathrm{D}} - f_\tau$ aus dem Down-Chirp-Anteil liefern die Grundlage zur Ermittlung von f_{D} und f_τ. Ein Problem besteht nun noch darin, dass im Falle einer negativen Doppler-Verschiebung f_{D}, welche bei einer Abstandsverringerung von Radar und Objekt auftritt, f_{up} je nach dem Wert von f_τ ebenfalls negativ sein kann. Wie die obige Frequenzbereichsdarstellung zeigt, lässt sich dieser Fall wegen der Symmetrie von $|Y_{\mathrm{up,B}}|$ nicht von dem Fall eines betragsmäßig gleich großen positiven f_{up} unterscheiden, welches beispielsweise durch zwei positive Werte f_{D} und f_τ zustande kommt. Dieses Problem kann (rechnerisch) beseitigt werden, indem eine Signalmischung mit einer komplexen Exponentialfunktion statt mit einer cos-Funktion vorgenommen wird, d. h.:

$$y_{\mathrm{up,Bc}}(t) = \exp\Big(\mathrm{j}\; 2\pi(f_{\mathrm{R}} + \frac{\Delta f}{2}\frac{t}{T_{\mathrm{C}}}) \cdot t\Big) \; \cdot \; y_{\mathrm{up}}(t)\,.$$

In der Praxis geschieht dies durch Mischen des Empfangssignals mit einerseits dem Sendesignal und andererseits dem um 90° phasenverschobenen Sendesignal (siehe Blockschaltbild). Die noch fehlende Multiplikation mit der imaginären Einheit j erfolgt während der digitalen Signalverarbeitung.

- Blockschaltbild

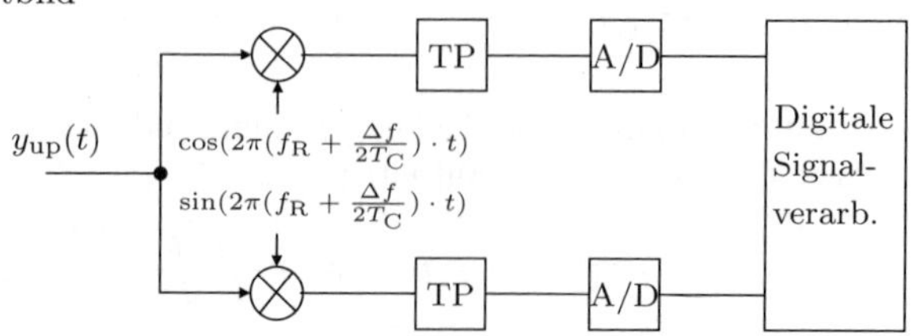

- Down-Chirp-Anteil

  Der Down-Chirp-Anteil im Empfangssignal ergibt sich analog zum Up-Chirp-Anteil zu:

$$y_{\mathrm{do}}(t) \approx a\,A \cdot \cos\Big(2\pi\big(f_{\mathrm{R}} - f_{\mathrm{D}} + f_\tau - \frac{\Delta f}{2}\frac{t}{T_{\mathrm{C}}} + \Delta f\,\underbrace{(1 - \frac{2v_{\mathrm{r}}}{c})}_{\approx 1}\,\big)\,t + \varphi_2\Big)\,.$$

Nach der Mischung und der Basisbandfilterung (siehe Blockschaltbild für $y_{\text{up}}(t)$) lässt sich die Frequenz $f_{\text{do}} = f_{\text{D}} - f_\tau$ gewinnen.

- Schätzung von v_{r} und r_0
  Die Schätzungen für f_{D} und f_τ ergeben sich aus

$$\hat{f}_{\text{D}} = 0{,}5 \cdot (f_{\text{up}} + f_{\text{do}})$$
$$\hat{f}_\tau = 0{,}5 \cdot (f_{\text{up}} - f_{\text{do}})\,.$$

Die Schätzungen für die Relativgeschwindigkeit und den Abstand lauten

$$\hat{v}_{\text{r}} = \frac{c}{2} \cdot \frac{\hat{f}_{\text{D}}}{f_{\text{R}}}$$
$$\hat{r}_0 = \frac{c}{2} \cdot T_C \cdot \frac{\hat{f}_\tau}{\Delta f}\,.$$

MATLAB-Projekt 6.G FMCW-Radar

1. Aufgabenstellung

   In diesem MATLAB-Projekt soll das Beispiel 6.1 nachvollzogen werden. Die dort angegebenen Parameter sollen übernommen werden. Dabei ist das analoge Empfangssignal ebenso wie die analoge Signalverarbeitung (mischen und filtern) so gut wie möglich mit MATLAB zu simulieren.

   Das Basisbandsignal nach der Tiefpass-Filterung soll im Frequenzbereich für die beiden Fälle Up-Chirp und Down-Chirp dargestellt werden. Aus den sich hieraus ergebenden Schätzungen für f_{up} und f_{do} sollen die Doppler-Verschiebung, die laufzeitbedingte Frequenzverschiebung sowie die Relativgeschwindigkeit des Objekts und die Objektentfernung berechnet werden.

2. Lösungshinweise

   - Die Maximalfrequenz im heruntergemischten Empfangssignal vor der Tiefpassfilterung beträgt ca. $2 \cdot f_{\text{R}} = 154$ GHz. Um diese Frequenz im t-Bereich zu erfassen, dürfte das Abtastraster `dt` höchstens 0,0032 ns betragen. Im MATLAB-Programm wurde jedoch `dt` = 2 ns verwendet, um Speicherplatz und Rechenzeit zu sparen. Für das heruntergemischte Empfangssignal bedeutet dies eine starke Unterabtastung, welche zur Folge hat, dass im Spektrum `Y_up_B` (und `Y_do_B`) Aliasing auftritt, und zwar im Bereich ab f_{up} bzw. f_{do}. Dieses Aliasing besitzt im vorliegenden Fall eine verhältnismäßig geringe Amplitude im Frequenzbereich und beeinflusst daher die Bestimmung der Maximumsstelle nach der Filterung nicht. Man beachte, dass dieser Teil der Signalverarbeitungskette eigentlich im Analogen stattfindet, weshalb das „`dt`-Problem" in der Praxis nicht auftritt.

- Die DFT-Länge `K` ergibt sich durch die folgende Überlegung: Eine Relativgeschwindigkeit von 1 km/h führt zu einer Dopplerverschiebung von ca. 142 Hz. Eine Objektentfernung von 1 m führt zu einer Chirpfrequenzabweichung von ca. 100 Hz. Der im Programm gewählte Wert von `K=2^23` liefert eine Frequenzauflösung von $1/($`K dt`$) \approx 60$ Hz, was ausreichend ist, um die oben genannten Frequenzverschiebungen zu erfassen.

3. MATLAB-Programm

```
% FMCW-Radar
clear, close all;

% Festlegung von Parametern
v_r = 30*(1000/3600);            % Geschwindigkeit des Wagens (in m/s)
                                 % (positiv, wenn Abstandsvergrößerung)
r_0 = 100;                       % Abstand zum Zeitpunkt t=0 (in m)
%
f_R = (77*10^9);                 % Frequenz des Träger-Signals (in Hz)
c = 3*10^8;                      % Lichtgeschwindigkeit in (in m/s)
T_C = 10*10^(-3);                % Chirp-Dauer (in Sek.)
delta_f = 150*10^6;              % Frequenzhub des Chrip-Signals
%
f_gr = 100*10^3;                 % Grenzfrequenz des (idealen) TP in Hz
K = 2^23;                        % DFT-Länge
%
dt = 2*10^(-9);                  % Delta-t
t = 0:dt:T_C;                    % Vektor mit den Zeitstützpunkten

% Berechnungen
%%% Erzeugung des empfangenen Radarsignals
tau = 2*(v_r*t + r_0)/c;      % Signallaufzeit (zum Objekt und zurück)
f_up_C = f_R + 0.5*delta_f * (t-tau)/T_C;
f_do_C = f_R + delta_f - 0.5*delta_f * (t-tau)/T_C;
y_up = cos(2*pi* f_up_C .* (t-tau));     % Up-chirp
y_do = cos(2*pi* f_do_C .* (t-tau));     % Down-chirp

%%% Heruntermischen d. Empfangssignals mit dem aktuellen Sendesig. (komplex)
y_up_B = y_up .* exp(i*2*pi*(f_R+0.5*delta_f*t/T_C).*t);
clear y_up;                       % Speicherplatz freigeben
y_do_B = y_do .* exp(i*2*pi*(f_R+delta_f-0.5*delta_f*t/T_C).*t);
clear y_do;                       % Speicherplatz freigeben

%%% FFT von y_up_B und y_do_B
N = length(y_up_B);
Y_up_B = fftshift(fft(y_up_B,K)/N); % FFT als DTFT-Näherung; in natürl. Lage
clear y_up_B;                       % Speicherplatz freigeben
Y_do_B = fftshift(fft(y_do_B,K)/N); % FFT als DTFT-Näherung; in natürl. Lage
clear y_do_B;                       % Speicherplatz freigeben

%%% Filterung (idealer Tiefpass) mit Grenzfrequenz f_gr
k_gr = round((f_gr/(0.5/dt))*(K/2)) + 1;
Y_up_Bgr = Y_up_B((K/2)+(-k_gr+1:k_gr));
Y_do_Bgr = Y_do_B((K/2)+(-k_gr+1:k_gr));
```

```
%%% Schätzung der Summen- und Differenzfrequenzen als Maximumsstelle
[maximum,k_max_up]=max(abs(Y_up_Bgr));
f_max_up = ((k_max_up-(k_gr+1))/(k_gr-1)) * f_gr;
[maximum,k_max_do]=max(abs(Y_do_Bgr));
f_max_do = ((k_max_do-(k_gr+1))/(k_gr-1)) * f_gr;

%%% Berechnung der Schätzungen für f_D und f_tau
f_D_dach = (f_max_up + f_max_do)/2;
f_tau_dach = (f_max_up - f_max_do)/2;
%%% Zum Vergleich: Theoretische Werte für f_D und f_tau
f_D =   2*f_R*v_r/c;                % Doppler-Verschieb. aufgrund von v_r
f_tau = delta_f*(2*r_0/c)/T_C;      % Chirpfreq.unterschied aufgr. d. Laufzeit

% Geschätzte Relativgeschwindigkeit des vorausfahrenden Fahrzeugs
v_r_dach = (c/2)*f_D_dach/f_R;
% Geschätzter Abstand des vorausfahrenden Fahrzeugs
r_0_dach = (c/2)*T_C*(f_tau_dach/delta_f);
```

4. Darstellung und Diskussion der Lösung

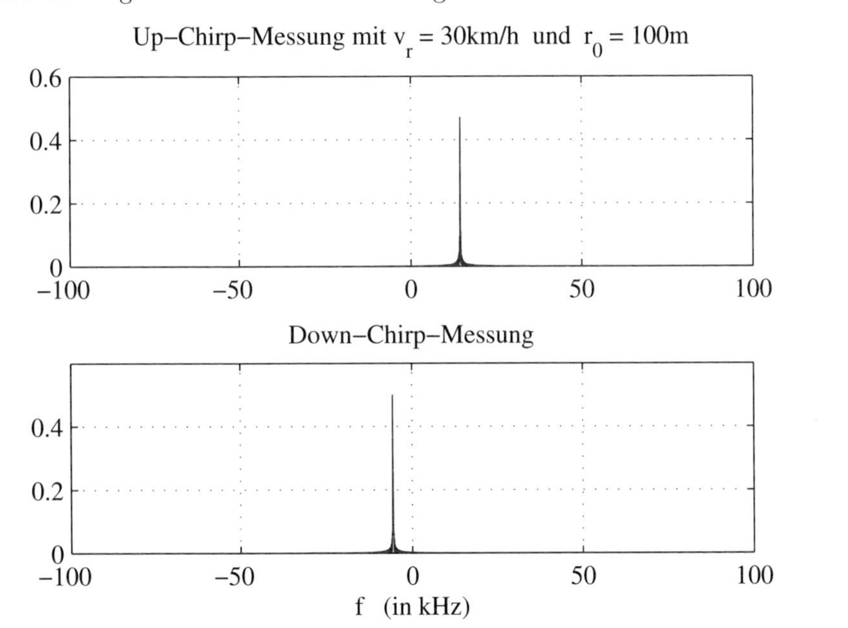


```
Tatsächl. Wert für f_D    = 4277.8 Hz
Schätzung für f_D         = 4290.8 Hz

Tatsächl. Wert für f_tau    =  10000 Hz
Schätzung für f_tau         =  10012 Hz

Tatsächl. Wert für v_r    =  30 km/h
```

```
Schätzung für v_r          =  30 km/h

Tatsächl. Wert für r_0     =  100 m
Schätzung für r_0          =  100 m
```

5. Weitere Fragen und Untersuchungen

   - Verändern Sie die Relativgeschwindigkeit v_r und den Abstand r_0, wobei beide Größen auch null sein dürfen und v_r negativ sein kann.
   - Mischen Sie das Empfangssignal nur mit einer cos-Funktion statt mit der komplexen Exponentialfunktion. Beobachten Sie die Spektren bei Veränderung von v_r und r_0. Weshalb liefert das Programm nun falsche Ergebnisse?

Kapitel 7

Multiratensysteme mit Anwendungsgebieten

7.1 Einleitung

In der neueren Zeit hat die Digitale Signalverarbeitung durch die Erschließung der Multiratentechnik neue Impulse erhalten [Fli93] [Fli94] [GG04]. Die rasche Entwicklung der Multiraten-Signalverarbeitung erfolgt in starker Wechselwirkung mit neuen Anwendungsgebieten. Dazu gehören die Teilbandcodierung von Sprach-, Audio- und Videosignalen, die Multicarrier-Datenübertragung, die Implementierung schneller Transformationen mit Hilfe digitaler Filterbänke und die Analyse von Signalen aller Art. In Multiratensystemen werden diskrete Signale an verschiedenen Stellen mit verschiedenen Abtastraten verarbeitet. Dazu sind Umsetzungen der Abtastraten nötig. Der folgende Abschnitt schafft die Grundlagen dazu und gibt auch eine spektrale Interpretation der Dezimations- und Interpolationsvorgänge.
Ist die geforderte Bandbreite eines digitalen Filters sehr viel kleiner als die Abtastfrequenz, so ist der Rechenaufwand beim realisierten Filter, gemessen in Filteroperationen pro Zeiteinheit (= Multiplikation Signalwert mal Koeffizient und anschließende Akkumulation), extrem groß. Dieses Problem kann mit den digitalen Multiratenfiltern gelöst werden. Im dritten Abschnitt des vorliegenden Kapitels werden verschiedene Verfahren der Multiratenfilterung beschrieben.
Kern der Multiraten-Signalverarbeitung sind die digitalen Filterbänke, die für die oben genannten praktischen Anwendungsgebiete benötigt werden. Der vierte Abschnitt beschreibt zunächst die Zweikanal-Filterbänke, dann die komplexeren M-Kanal-Filterbänke und schließlich die sehr recheneffizienten DFT-Polyphasen-Filterbänke.
In den beiden letzten Abschnitten wird kurz auf die beiden bedeutendsten Anwendungen der Multiratentechnik eingegangen, nämlich auf die Teilbandcodierung und auf die Datenübertragung mit OFDM.

7.2 Abtastratenumsetzung

Im Zusammenhang mit der *Abtastratenumsetzung* ist es nützlich, einige spezielle Darstellungsformen von diskreten Signalen zu kennen. Sie werden im vorliegenden Abschnitt hergeleitet und bilden eine Grundlage für die darauf folgenden Abschnitte.

7.2.1 Diskrete Abtastung

Zur Darstellung diskreter Signale wird häufig die komplexe Zahl

$$\mathrm{W}_M = \exp(-\mathrm{j}\,2\pi/M) = \sqrt[M]{1} \tag{7.1}$$

verwendet[1]. Sie ist eine der M verschiedenen M-ten Wurzeln aus 1, denn es gilt $\mathrm{W}_M^M = 1$. Die Zahl W_M liegt auf dem Einheitskreis der komplexen Zahlenebene, siehe Bild 7.1. Multipliziert man eine beliebige komplexe Zahl z mit der Zahl W_M, so ändert sich der Winkel von z um den Wert $2\pi/M$ im Uhrzeigersinn, während der Betrag $|\mathrm{z}|$ unverändert bleibt, siehe Bild 7.1. Die Zahl z erfährt in ihrer Darstellung in der komplexen Zahlenebene gewissermaßen eine Drehung. Deshalb wird die Multiplikation mit W_M auch als *Drehoperator* bezeichnet.

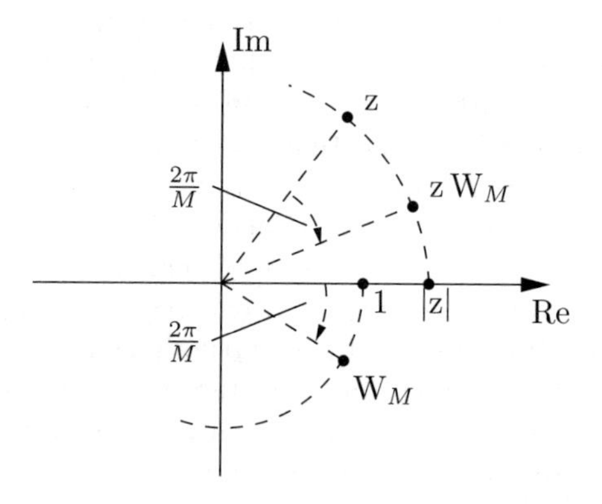

Bild 7.1: Zur Definition der Zahl W_M

Der Begriff der Abtastung wird zunächst nur im Zusammenhang mit zeitkontinuierlichen Signalen verwendet, siehe Abschnitt 6.2. Im Folgenden wird darüber hinaus die *Abtastung zeitdiskreter Signale* betrachtet, kurz *diskrete Abtastung* genannt. Wird ein diskretes Signal $x[n]$ abgetastet, so wird jeder M-te Wert von $x[n]$ beibehalten und die dazwischen liegenden Werte gleich null gesetzt. Bild 7.2a zeigt beispielsweise ein diskretes Signal $x[n]$ mit 16 von null verschiedenen Werten. Tastet man dieses Signal mit $M = 4$ ab, so erhält man das Signal in Bild 7.2c. Es ist

[1]Vgl. hierzu auch Gleichung (4.105).

zu beachten, dass die ursprüngliche Abtastrate durch die diskrete Abtastung nicht verändert wird. Es wird nur ein Teil der ursprünglichen Abtastwerte auf den Wert null gesetzt.

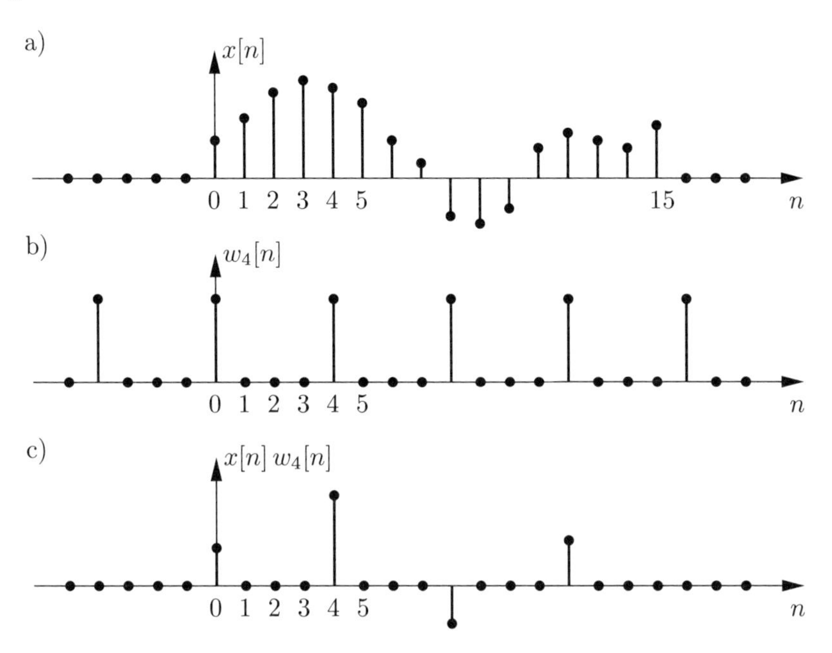

Bild 7.2: Abtastung eines diskreten Signals

Das Abtasten eines diskreten Signals kann mit Hilfe der *diskreten Abtastfunktion*

$$w_M[n] = \frac{1}{M} \sum_{\nu=0}^{M-1} \mathrm{W}_M^{\nu n} = \begin{cases} 1 & \text{für} \quad n = mM, \quad m \text{ ganzzahlig} \\ 0 & \text{sonst} \end{cases} \tag{7.2}$$

beschrieben werden. Für $n = mM$, m ganzzahlig, haben die Summanden $\mathrm{W}_M^{\nu n}$ den Wert 1, eine M-fache Summation führt auf den Wert M. Für alle anderen Indizes n liegen die Summanden $\mathrm{W}_M^{\nu n}$ gleichverteilt auf dem Einheitskreis und ergänzen sich in der Summe zu null.

Da die diskrete Abtastfunktion für alle ganzzahligen Vielfachen von M eins und sonst null ist, ist sie eine gerade Folge, d. h. es gilt

$$w_M[n] = w_M[-n] = \frac{1}{M} \sum_{\nu=0}^{M-1} \mathrm{W}_M^{-\nu n} \,. \tag{7.3}$$

Bild 7.2b zeigt die diskrete Abtastfunktion für $M = 4$. Multipliziert man das Signal $x[n]$ mit der diskreten Abtastfunktion in Gleichung (7.2), so erhält man das abgetastete Signal in Bild 7.2c.

Normalerweise wird die diskrete Abtastung ohne Phasenversatz durchgeführt, d. h. es werden die Werte $x[n]$ mit $n = mM$, m ganzzahlig, übernommen. Darüber hinaus ist aber auch eine diskrete Abtastung mit einem *Phasenversatz* λ möglich. In diesem Fall werden die Werte $x[n]$ mit $n = mM + \lambda$, m ganzzahlig, übernommen. Dazu ist das ursprüngliche Signal mit der um die Phase λ versetzten diskreten Abtastfunktion

$$w_M[n-\lambda] = \frac{1}{M}\sum_{\nu=0}^{M-1} \mathrm{W}_M^{\nu(n-\lambda)} = \begin{cases} 1 & \text{für} \quad n = \lambda + mM, \quad m \,\text{ganzzahlig} \\ 0 & \text{sonst} \end{cases} \tag{7.4}$$

zu multiplizieren. Bild 7.3a zeigt noch einmal das diskrete Signal $x[n]$, Bild 7.3b die diskrete Abtastfunktion $w_M[n-\lambda]$ und Bild 7.3c das Ergebnis der diskreten Abtastung mit einem Phasenversatz λ.

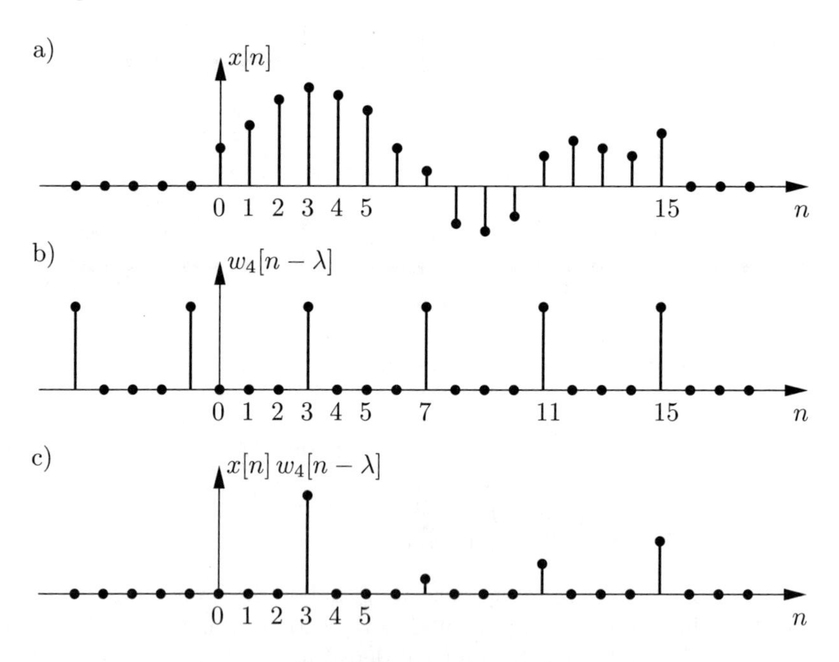

Bild 7.3: Abtastung mit Phasenversatz $\lambda = 3$

7.2.2 Polyphasendarstellung

Geht man von einer festgelegten Zahl M aus, so kann man zu einem diskreten Signal $x[n]$ genau M verschiedene diskret abgetastete Signale angeben, die sich im Phasenversatz unterscheiden. Bild 7.4 zeigt ein endlich langes Signal $x[n]$ und dazu vier verschiedene diskret abgetastete Signale $x_\lambda^{(p)}[n]$, $\lambda = 0{,}1{,}2{,}3$, in denen jeweils jeder vierte Wert von $x[n]$ abgetastet ist. Aus Bild 7.4 ist ersichtlich, dass sich $x[n]$

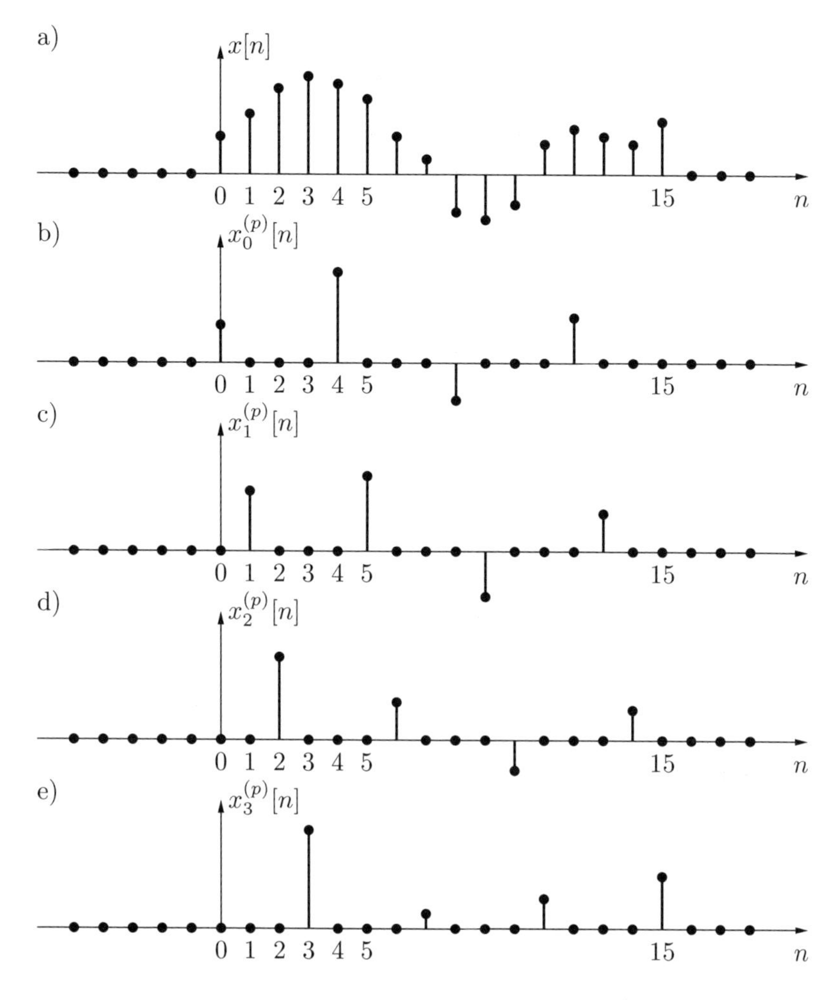

Bild 7.4: Polyphasendarstellung eines diskreten Signals

als Summe der vier diskret abgetasteten Signale darstellen lässt, wobei sich jedes der vier Signale mit Hilfe der diskreten Abtastfunktion (7.3) darstellen lässt:

$$
\begin{aligned}
x[n] &= x_0^{(p)}[n] + x_1^{(p)}[n] + x_2^{(p)}[n] + x_3^{(p)}[n] \\
&= x[n]w_4[n] + x[n]w_4[n-1] + x[n]w_4[n-2] + x[n]w_4[n-3]\,.
\end{aligned}
$$

Allgemein gilt

$$
x[n] = \sum_{\lambda=0}^{M-1} x_\lambda^{(p)}[n] = \sum_{\lambda=0}^{M-1} x[n] \cdot w_M[n-\lambda]\,. \tag{7.5}
$$

Diese Darstellung nennt man eine *Polyphasendarstellung* des Signals $x[n]$ im Zeitbereich. Jedes Teilsignal $x_\lambda^{(p)}[n]$ ist eine *Polyphasenkomponente* des Signals $x[n]$. Dieses wird durch den hochgestellten Index „(p)" angedeutet. Genau genommen hängt die Polyphasendarstellung auch von der Zahl M ab. Man geht jedoch davon aus, dass die Zahl M aus dem Zusammenhang heraus bekannt ist, und verzichtet darauf, sie in die Bezeichnung der Polyphasenkomponenten aufzunehmen.

Ebenso wie beim Zeitsignal lässt sich im Bildbereich die Z-Transformierte

$$X(\mathrm{z}) = \sum_{n=-\infty}^{\infty} x[n] \cdot \mathrm{z}^{-n} \tag{7.6}$$

in M Teilsignale zerlegen. Mit Hilfe der Substitution $n = m \cdot M + \lambda$ erhält man

$$X(\mathrm{z}) = \sum_{\lambda=0}^{M-1} \sum_{m=-\infty}^{\infty} x[mM+\lambda] \cdot \mathrm{z}^{-(mM+\lambda)} = \sum_{\lambda=0}^{M-1} \mathrm{z}^{-\lambda} X_\lambda^{(p)}(\mathrm{z}^M) \tag{7.7}$$

wobei

$$X_\lambda^{(p)}(\mathrm{z}^M) = \sum_{m=-\infty}^{\infty} x[mM+\lambda] \cdot \mathrm{z}^{-mM}\,. \tag{7.8}$$

Gleichung (7.7) nennt man die *Polyphasendarstellung der Z-Transformierten* $X(\mathrm{z})$. Ein Vergleich von Gleichung (7.5) bzw. Bild 7.4 mit Gleichung (7.7) zeigt, dass jeder Polyphasenkomponente im Zeitbereich eindeutig eine Polyphasenkomponente mit gleichem Index im z-Bereich zugeordnet ist:

$$\mathrm{z}^{-\lambda} X_\lambda^{(p)}(\mathrm{z}^M) \bullet\!\!-\!\!\circ\, x_\lambda^{(p)}[n]\,. \tag{7.9}$$

Für spätere Betrachtungen werden alle Polyphasenkomponenten zu einem Spaltenvektor, dem sog. *Polyphasenvektor*

$$\boldsymbol{x}^{(p)}(\mathrm{z}) = \left(X_0^{(p)}(\mathrm{z})\,,\, \mathrm{z}^{-1} X_1^{(p)}(\mathrm{z})\,, \ldots, \mathrm{z}^{-(M-1)} X_{M-1}^{(p)}\right)^T \tag{7.10}$$

zusammengefasst.

7.2.3 Modulationsdarstellung

Unter der *Modulation* einer Z-Transformierten $X(\mathrm{z})$ soll die Multiplikation der unabhängigen Variablen z mit der Zahl W_M^k verstanden werden. Die modulierte Z-Transformierte $X_k^{(m)}(\mathrm{z})$ lautet dann

$$X_k^{(m)}(\mathrm{z}) = X(\mathrm{z} \cdot \mathrm{W}_M^k),\;\; k = 0{,}1{,}2, \ldots, M{-}1\,. \tag{7.11}$$

Geht man mit der Substitution $z \to e^{j\Omega}$ zur zeitdiskreten Fourier-Transformierten über, so wird ersichtlich, dass die Modulation einer Z-Transformierten mit dem Faktor W_M^k der Frequenzverschiebung der Fourier-Transformierten um die normierte Frequenz $2\pi k/M$ gleichkommt:

$$X_k^{(m)}(e^{j\Omega}) = X(e^{j\Omega} \cdot e^{-j2\pi k/M}) = X(e^{j(\Omega - 2\pi k/M)}). \tag{7.12}$$

Bild 7.5a zeigt das Betragsspektrum $|X(e^{j\Omega})|$ eines Signals $x[n]$, das bekanntlich periodisch in der normierten Frequenz Ω mit der Periode 2π ist. Dieses Spektrum ist identisch mit dem Betragsspektrum $|X_0^{(m)}(e^{j\Omega})|$ des ersten modulierten Signals, da $W_M^0 = 1$ ist. Ferner zeigt Bild 7.5 die Betragsspektren der übrigen modulierten Signale, die gegeneinander äquidistant versetzt angeordnet sind.

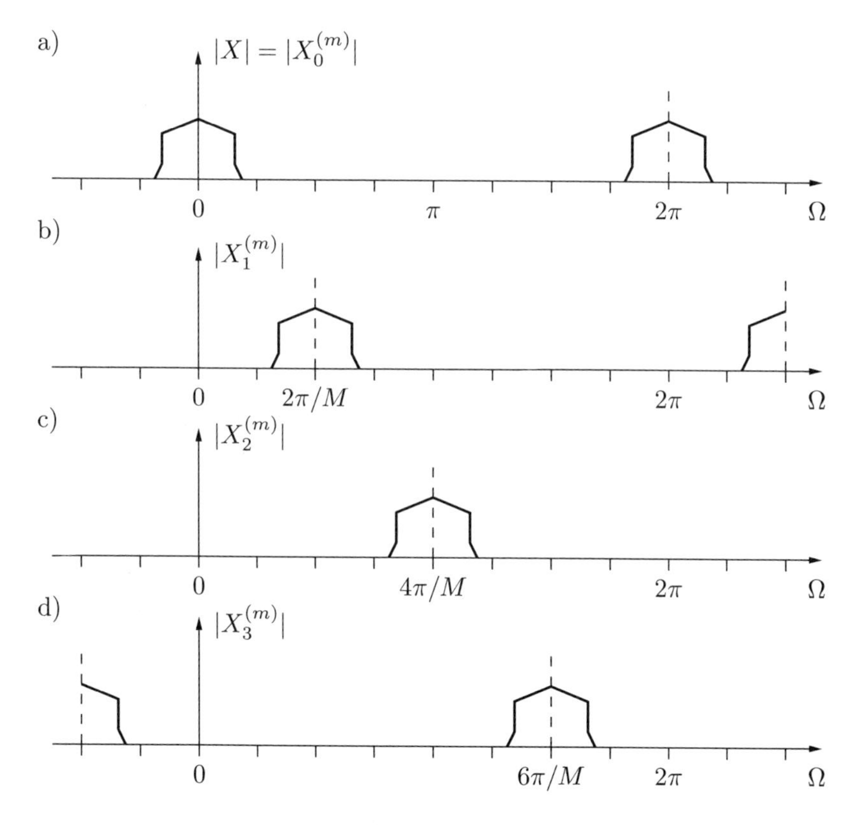

Bild 7.5: Modulationsdarstellung eines Signals $X(e^{j\Omega})$

Unter der *Modulationsdarstellung der Z-Transformierten* versteht man die Gesamtheit aller modulierter Z-Transformierten $X_k^{(m)}(z)$, $k = 0,1,\ldots,M-1$, die in Form eines Spaltenvektors, dem *Modulationsvektor*, dargestellt wird:

$$\boldsymbol{x}^{(m)}(\mathrm{z}) = \left(X_0^{(m)}(\mathrm{z}),\, X_1^{(m)}(\mathrm{z}),\, \ldots,\, X_{M-1}^{(m)}(\mathrm{z})\right)^T . \tag{7.13}$$

Zwischen der Polyphasendarstellung und der Modulationsdarstellung einer Z-Transformierten besteht ein interessanter Zusammenhang. Schreibt man Gleichung (7.9) ausführlich

$$\mathrm{z}^{-\lambda} X_\lambda^{(p)}(\mathrm{z}^M) = \sum_{n=-\infty}^{\infty} x_\lambda^{(p)}[n] \cdot \mathrm{z}^{-n} \tag{7.14}$$

und drückt man die Polyphasenkomponente $x_\lambda^{(p)}[n]$ wie in Gleichung (7.5) mit Hilfe der diskreten Abtastfunktion $w_M[n-\lambda]$ aus, so erhält man unter Berücksichtigung von den Gleichungen (7.3) und (7.4) den Ausdruck

$$\begin{aligned} x_\lambda^{(p)}[n] &= x[n] \cdot w_M[n-\lambda] \\ &= x[n] \cdot \frac{1}{M} \sum_{\nu=0}^{M-1} \mathrm{W}_M^{\nu(\lambda-n)} . \end{aligned} \tag{7.15}$$

Ein Einsetzen von Gleichung (7.15) in (7.14) führt mit der Substitution $\nu \to k$ nach einer Zwischenrechnung auf

$$\mathrm{z}^{-\lambda} X_\lambda^{(p)}(\mathrm{z}^M) = \frac{1}{M} \sum_{k=0}^{M-1} X_k^{(m)}(\mathrm{z}) \cdot \mathrm{W}_M^{\lambda k} . \tag{7.16}$$

Abgesehen von dem Vorfaktor $1/M$ werden die Polyphasen-Komponenten mit Hilfe der DFT (siehe Abschnitt 4.7) aus den Modulationskomponenten berechnet.

7.2.4 Abwärtstastung und Dezimation

Das Herabsetzen der Abtastrate eines diskreten Signals erscheint sinnvoll, wenn die Bandbreite des Signals wesentlich unter der halben Abtastfrequenz liegt. Das Herabsetzen der Abtastrate wird *Abtastratendezimation* oder einfach *Dezimation* genannt und besteht aus einer *Antialiasing-Filterung* und einer *Abwärtstastung.*
Die Abtastrate eines diskreten Signals $x[n]$ wird um den Faktor M reduziert, indem nur jeder M-te Wert des Signals weiterverwendet wird. Das so entstehende Signal $y[m]$ lässt sich aus dem ursprünglichen Signal $x[n]$ wie folgt ableiten

$$y[m] = x[m \cdot M] . \tag{7.17}$$

Dieser Vorgang ist in Bild 7.6 symbolisch dargestellt.
Das viereckige Symbol in Bild 7.6 mit dem nach unten zeigenden Pfeil wird *Abwärtstaster* genannt. Das Ausgangssignal $y[m]$ ist ein gegenüber dem Eingangssignal $x[n]$ *abwärtsgetastetes Signal.*

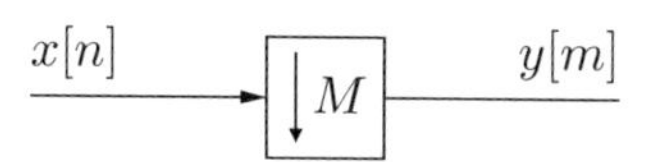

Bild 7.6: Abwärtstaster

Die reine Abwärtstastung eines Signals $x[n]$ kann mit Hilfe der Polyphasendarstellung beschrieben werden. Dieser Vorgang erfolgt in zwei Stufen. Bild 7.7a zeigt ein diskretes Signal $x[n]$. Durch diskrete Abtastung, d. h. durch Multiplikation mit der diskreten Abtastfunktion $w_M[n]$ nach Gleichung (7.2) entsteht die Polyphasenkomponente $x_0^{(p)}[n]$ in Bild 7.7b. Durch Weglassen der $M-1$ nullwertigen Abtastwerte zwischen den von $x[n]$ stammenden Werten entsteht schließlich das abwärtsgetastete Signal $y[m]$ in Bild 7.7c.

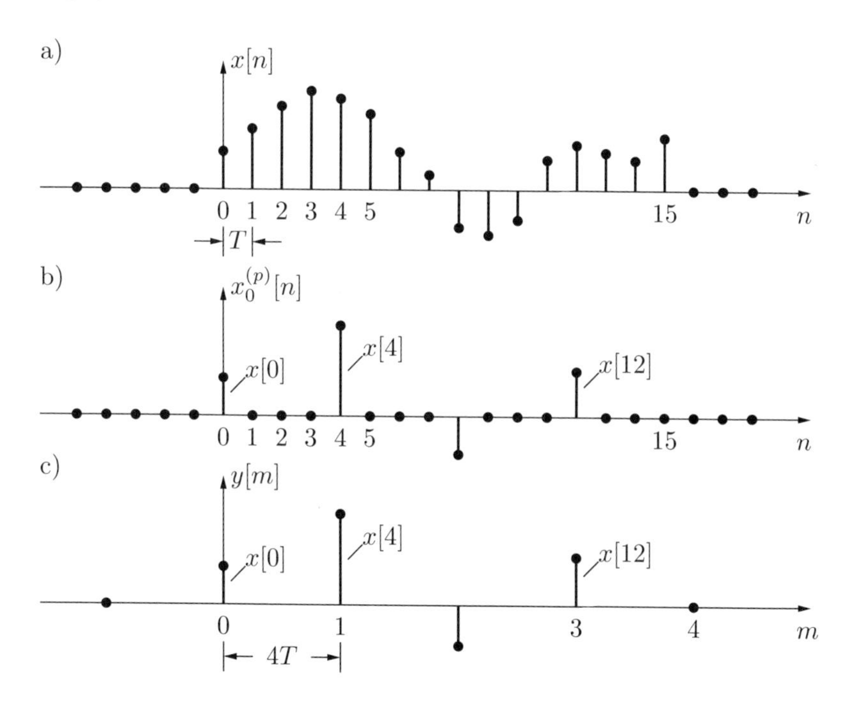

Bild 7.7: Zur Abwärtstastung

Im z-Bereich erhält man ausgehend von der Z-Transformierten

$$X(\mathrm{z}) = \sum_{n=-\infty}^{\infty} x[n] \cdot \mathrm{z}^{-n} \tag{7.18}$$

des ursprünglichen Signals gemäß (7.8) die Z-Transformierte

$$\begin{aligned} X_0^{(p)}(\mathrm{z}^M) &= \sum_{m=-\infty}^{\infty} x[m \cdot M] \cdot \mathrm{z}^{-mM} \\ &= \sum_{m=-\infty}^{\infty} y[m] \cdot (\mathrm{z}^M)^{-m} \\ &= Y(\mathrm{z}^M) \end{aligned} \tag{7.19}$$

des diskret abgetasteten Signals, siehe Bild 7.7. Der zweite Schritt, das Weglassen jeweils $M-1$ nullwertiger Abtastwerte, wird durch die Beziehung

$$Y(\mathrm{z}^M) = Y(\mathrm{z}') \bullet\!\!-\!\!\circ\, y[m] \tag{7.20}$$

beschrieben, mit $\mathrm{z}' = \mathrm{z}^M$. Darin ist z' die Variable der Z-Transformation im Sinne der neuen (tieferen) Abtastfrequenz.

Die Z-Transformierte $Y(\mathrm{z}^M)$ des abwärtsgetasteten Signals in Gleichung (7.19) kann mit der Beziehung (7.16) in Modulationskomponenten ausgedrückt werden:

$$Y(\mathrm{z}^M) = \frac{1}{M} \sum_{k=0}^{M-1} X(\mathrm{z}W_M^k). \tag{7.21}$$

Falls der Einheitskreis der z-Ebene im Konvergenzbereich von $Y(\mathrm{z}^M)$ liegt, so lässt sich aus Gleichung (7.21) gemäß Abschnitt 4.6.2 mit Hilfe der Substitution $\mathrm{z} \to \mathrm{e}^{\mathrm{j}\,\Omega}$ die zeitdiskrete Fourier-Transformierte angeben:

$$Y(\mathrm{e}^{\mathrm{j}\,M\Omega}) = \frac{1}{M} \sum_{k=0}^{M-1} X(\mathrm{e}^{\mathrm{j}\,\Omega - \mathrm{j}\,2\pi k/M}). \tag{7.22}$$

Der Betrag dieser Fourier-Transformierten soll im Folgenden als *Betragsspektrum* oder kurz *Spektrum* bezeichnet werden.

Gleichung (7.22) gibt das Spektrum des abwärtsgetasteten Signals wieder. Bild 7.8a zeigt als Beispiel das Spektrum $|X(\mathrm{e}^{\mathrm{j}\,\Omega})|$ des ursprünglichen Signals. Hierbei ist eine Bandbegrenzung auf $\Omega = \pi/M$ angenommen. Das Spektrum ist periodisch in Ω mit der Periode der normierten Abtastfrequenz 2π.

Bild 7.8b zeigt das Spektrum des abwärtsgetasteten Signals $y[m]$ gemäß Gleichung (7.22). Ein Vergleich dieser Abbildung mit Bild 7.5 sowie ein Vergleich von Gleichung (7.22) mit (7.12) zeigen, dass das abwärtsgetastete Signal $y[m]$ aus der Summe aller Modulationskomponenten des ursprünglichen Signals $x[n]$ besteht. Das Spektrum $|X(\mathrm{e}^{\mathrm{j}\,\Omega})|$ des ursprünglichen Signals wird in Abständen $2\pi/M$ periodisch fortgesetzt. In der Periode der Länge 2π kommen zum ursprünglichen Spektrum $M-1$ gleichmäßig versetzte Kopien hinzu. Es ist allerdings zu beachten, dass die Beträge der Spektren um den Faktor M reduziert sind, siehe Gleichung (7.22). Durch die

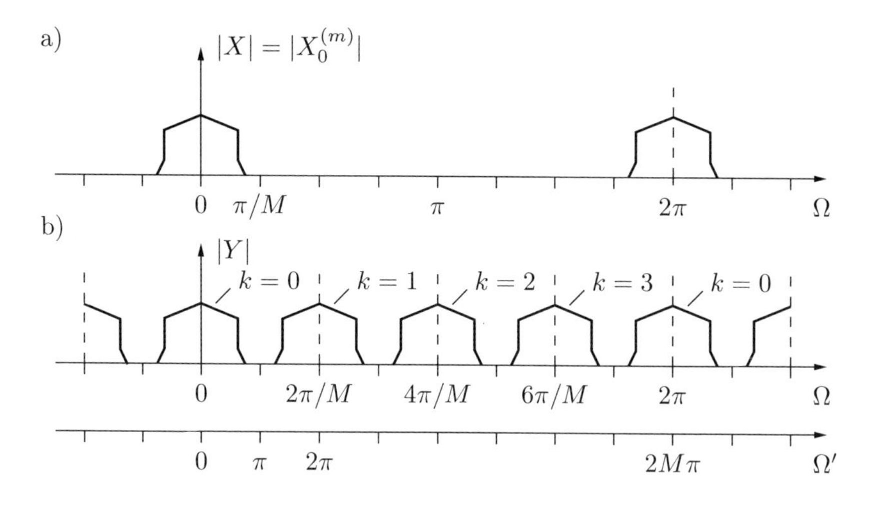

Bild 7.8: Spektren bei der Abwärtstastung

hinzugekommenen Spektren entsteht eine neue Periodizität der Länge $2\pi/M$. Dieses stimmt mit der Tatsache überein, dass die Abtastfrequenz um den Faktor M reduziert wurde. Aus Bild 7.8 ist ersichtlich, dass sich die bei der Abwärtstastung entstehenden Spektren überlappen, wenn das ursprüngliche Spektrum nicht auf $\Omega = \pi/M$ bandbegrenzt ist. Dieser Überlappungseffekt, auch *Aliasing* genannt, führt zu einer irreversiblen Veränderung des Signals.

Aus der Problemstellung heraus ist es häufig möglich, ein Signal vor der Abwärtstastung mit Hilfe eines Tiefpassfilters in seiner Bandbreite zu begrenzen. Diese sogenannte *Antialiasing-Filterung* hat vor der Abwärtstastung zu erfolgen.

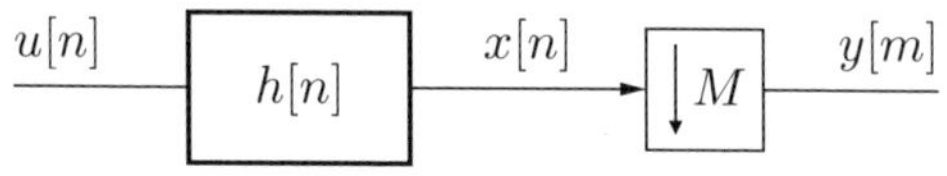

$u[n]$ → $h[n]$ → $x[n]$ → $\downarrow M$ → $y[m]$

Bild 7.9: Dezimator bestehend aus einem Antialiasing-Filter $h[n]$ und einem Abwärtstaster M

Der gesamte Vorgang, Antialiasing-Filterung und Abwärtstastung, wird zusammengefasst *Dezimation* genannt. Bild 7.9 zeigt einen Dezimator, der aus einem Filter mit der Impulsantwort $h[n]$ und einem Abwärtstaster mit dem Faktor M besteht. Nach der Filterung entsteht das Signal

$$x[n] = u[n] * h[n] = \sum_{k=-\infty}^{\infty} u[k] \cdot h[n-k], \tag{7.23}$$

das dann gemäß Gleichung (7.17) abwärtsgetastet werden kann. Der gesamte Dezimationsvorgang lautet daher

$$y[m] = \sum_{k=-\infty}^{\infty} u[k] \cdot h[m \cdot M - k]. \tag{7.24}$$

Im z-Bereich lässt sich mit dem Eingangssignal $U(\mathrm{z}) \bullet\!\!-\!\!\circ\, u[n]$ und der Übertragungsfunktion $H(\mathrm{z}) \bullet\!\!-\!\!\circ\, h[n]$ des Antialiasing-Filters die Z-Transformierte des bandbegrenzten Signals $X(\mathrm{z}) \bullet\!\!-\!\!\circ\, x[n]$ berechnen:

$$X(\mathrm{z}) = H(\mathrm{z}) \cdot U(\mathrm{z}). \tag{7.25}$$

Daraus folgt mit Gleichung (7.21) die Z-Transformierte des dezimierten Signals

$$Y(\mathrm{z}^M) = \frac{1}{M} \sum_{k=0}^{M-1} H(\mathrm{z}W_M^k) \cdot U(\mathrm{z}W_M^k). \tag{7.26}$$

Die unnötige Berechnung der Zwischenergebnisse $x[n]$, $n \neq m \cdot M$, kann durch eine einfache topologische Maßnahme vermieden werden.

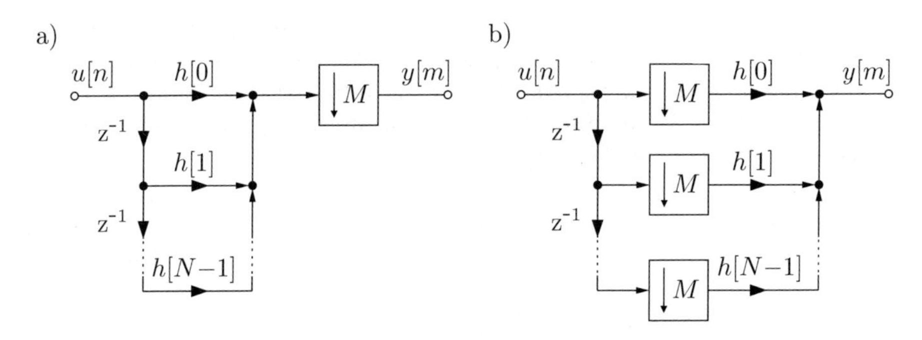

Bild 7.10: Dezimator: Originalstruktur mit Transversalfilter und nachfolgendem Abwärtstaster (a) und recheneffiziente Struktur (b)

Bild 7.10a zeigt einen Dezimator, bei dem das Antialiasing-Filter mit einem FIR-Filter realisiert ist. Die Filterkoeffizienten lauten $h[0], h[1], \ldots h[N-1]$. Nach der Ausgangssummation im FIR-Filter folgt die Abwärtstastung. Das Ausgangssignal $y[m]$ bleibt unverändert, man erhält aber eine recheneffiziente Struktur, wenn man die Abwärtstastung bereits vor der Multiplikation mit den Filterkoeffizienten vornimmt, siehe Bild 7.10b. Die Filteroperationen Multiplikation und Akkumulation (Addition) erfolgen im niedrigen Ausgangstakt. Der gesamte Rechenaufwand wird um den Faktor M reduziert. Die eingangsseitige Verzögerungskette wird unverändert im hohen Eingangstakt betrieben.

7.2.5 Aufwärtstastung und Interpolation

Sollen mehrere schmalbandige diskrete Signale zu einem breitbandigen Signal zusammengefügt werden, so muss vorher ihre Abtastrate erhöht werden. Eine Erhöhung der Abtastrate ist auch dann nötig, wenn ein schmalbandiges diskretes Signal mit höherer zeitlicher Auflösung beobachtet werden soll, z. B. um die Nulldurchgänge des Signals genauer detektieren zu können.
Die Erhöhung der Abtastrate eines Signals wird *Interpolation* genannt und besteht aus einer *Aufwärtstastung* und einer *Antiimaging-Filterung*.
Die Abtastrate eines diskreten Signals $y[m]$ wird um den Faktor L erhöht, indem zwischen den bisherigen Abtastwerten $L-1$ Nullen äquidistant eingefügt werden. Das so entstehende Signal $u[n]$ lässt sich wie folgt aus dem alten Signal ableiten:

$$u[n] = \begin{cases} y[n/L] & \text{für} \quad n = mL, \quad m \text{ ganzzahlig} \\ 0 & \text{sonst.} \end{cases} \tag{7.27}$$

Die Aufwärtstastung ist in Bild 7.11 symbolisch dargestellt.

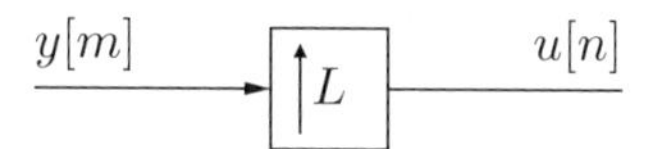

Bild 7.11: Aufwärtstaster

Bild 7.12a zeigt ein Signal $y[m]$, Bild 7.12b das zugehörige mit dem Faktor $L = 4$ aufwärtsgetastete Signal.

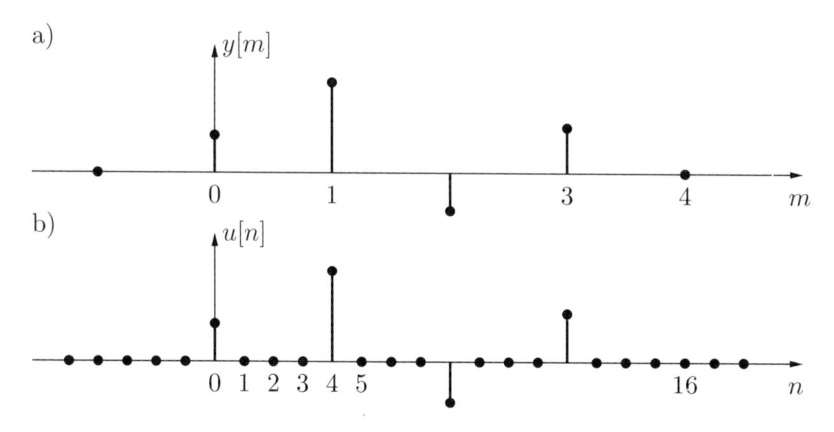

Bild 7.12: Aufwärtstastung eines diskreten Signals

Ein Vergleich von Bild 7.12 mit Bild 7.7 zeigt, dass mit der Aufwärtstastung der Schritt von Bild 7.7b nach Bild 7.7c in umgekehrter Richtung durchgeführt wird.

Identifiziert man die Z-Transformierte

$$Y(\mathrm{z}) = \sum_{m=-\infty}^{\infty} y[m]\,\mathrm{z}^{-m} \tag{7.28}$$

des Signals vor der Aufwärtstastung mit $Y(\mathrm{z}')$ in Gl. (7.20) und die Z-Transformierte

$$U(\mathrm{z}) = \sum_{n=-\infty}^{\infty} u[n]\,\mathrm{z}^{-n} \tag{7.29}$$

des aufwärtsgetasteten Signals $u[n]$ mit $X_0^{(p)}(\mathrm{z}^M)$ in Gl. (7.19), so folgt aus (7.19) der Zusammenhang:

$$U(\mathrm{z}) = Y(\mathrm{z}^L)\,. \tag{7.30}$$

Aus der Beziehung (7.30) der Z-Transformierten folgt mit $\mathrm{z} = \mathrm{e}^{\mathrm{j}\,\Omega}$ und $\mathrm{z}' = \mathrm{z}^L = \mathrm{e}^{\mathrm{j}\,\Omega'}$ die Beziehung der Fourier-Spektren der beiden in Bild 7.11 gezeigten Signale:

$$U(\mathrm{e}^{\mathrm{j}\,\Omega}) = Y(\mathrm{e}^{\mathrm{j}\,L\Omega}) = Y(\mathrm{e}^{\mathrm{j}\,\Omega'})\,. \tag{7.31}$$

Das ursprüngliche Signal $y[m]$ besitzt die Abtastfrequenz $\Omega' = 2\pi$, das aufwärtsgetastete Signal $u[n]$ die Abtastfrequenz $\Omega = 2\pi$. Bild 7.13 zeigt als Beispiel beide Signale für den Fall $L = 4$.

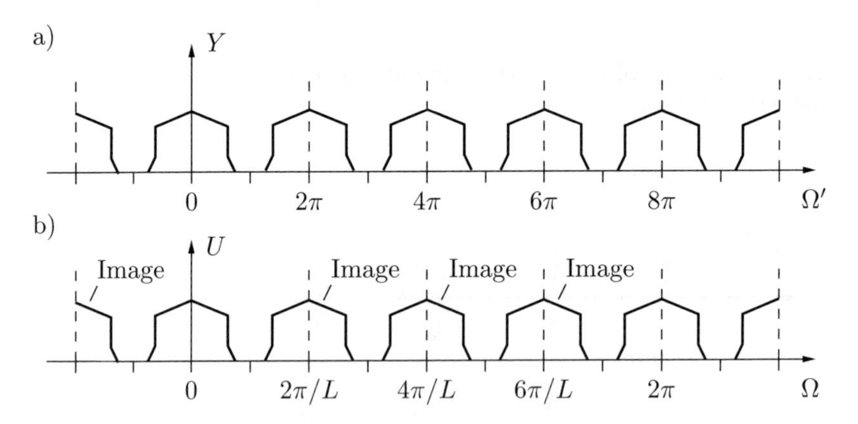

Bild 7.13: Spektren bei der Aufwärtstastung

Rechnet man die Variablen Ω' und Ω in Frequenzen in Hertz um, so stellt man fest, dass beide Frequenzachsen identisch sind. Das Spektrum hat sich bei der Aufwärtstastung nicht verändert. Einziger Effekt der Aufwärtstastung ist das Umskalieren der Frequenzachse.

Das Einfügen von Nullen in ein Signal, siehe Bild 7.12, ist erst ein Zwischenschritt auf dem Wege zum höher abgetasteten Signal. Ziel der Abtastratenerhöhung muss es sein, statt der Nullen Zwischenwerte zu finden, die den Verlauf des diskreten Signals sinnvoll ergänzen. Die Frage nach der bestmöglichen bzw. fehlerfreien *Interpolation* soll im Rahmen der hier behandelten Probleme dahingehend beantwortet werden, dass durch die Interpolation eine vorher erfolgte Dezimation fehlerfrei wieder rückgängig gemacht werden kann. Vergleicht man die Spektren in Bild 7.13 mit denen in Bild 7.8, so erkennt man, dass die sog. *Image-Spektren* nach der Aufwärtstastung, siehe Bild 7.13b, entfernt werden müssen, um das Originalspektrum in Bild 7.8a wieder zu gewinnen.

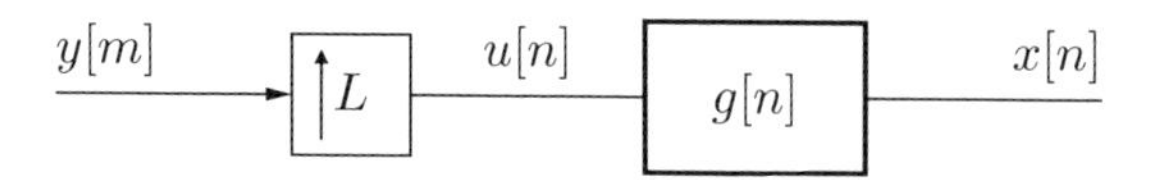

Bild 7.14: Interpolator bestehend aus einem Aufwärtstaster L und einem Antiimaging-Filter $g[n]$

Dazu ist ein Tiefpass der Grenzfrequenz $\Omega_{gr} = \pi/L$ und der Abtastfrequenz $\Omega = 2\pi$ geeignet, siehe Bild 7.13. Die Tiefpassfilterung ist der Aufwärtstastung nachzuschalten, siehe Bild 7.14. Dieses Filter wird *Antiimaging-Filter* genannt.

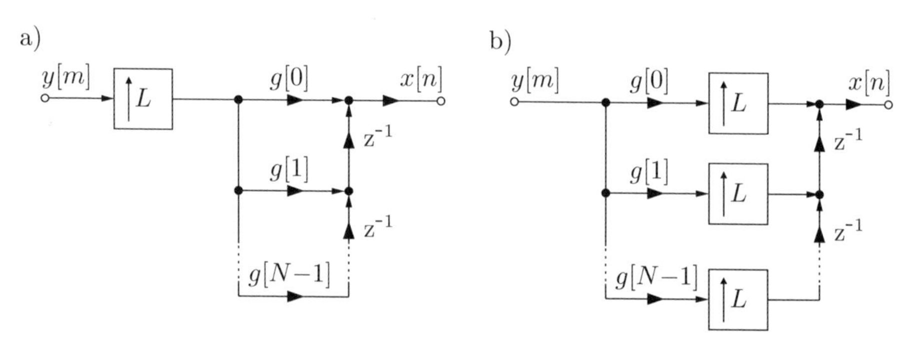

Bild 7.15: Interpolator: Originalstruktur mit Aufwärtstaster und nachfolgendem Transversalfilter (a) und recheneffiziente Struktur (b)

Die unnötigen Multiplikationen mit Nullen bei der Ausführung der Faltung von $u[n]$ mit $g[n]$ kann ähnlich wie beim Dezimator durch eine geeignete topologische Maßnahme vermieden werden. Bild 7.15a zeigt die Originalstruktur des Interpolators mit einem Antiimaging-Filter in transponierter Transversalstruktur. Führt man die Aufwärtstastung erst nach der Multiplikation mit den Filterkoeffizienten $g[0], g[1] \ldots g[N-1]$ durch, so erhält man die recheneffiziente Struktur in Bild 7.15b. Dadurch wird der gesamte Rechenaufwand (Multiplikationen und Additionen) um den Faktor L reduziert. Das Ausgangssignal $x[n]$ bleibt durch diese Maßnahme unverändert.

MATLAB-Projekt 7.A Abtastratenwandlung

1. Aufgabenstellung

   Gemäß den Überlegungen im Abschnitt 7.2 können diskrete Signale zunächst nur um ganzzahlige Faktoren M bzw. L abwärts- bzw. aufwärtsgetastet werden. Ratenwandlung um rationalzahlige Faktoren, z. B. M/L, lassen sich jedoch durch eine Interpolation (Aufwärtstastung und Tiefpass-Filterung) mit nachgeschalteter Abwärtstastung erreichen. Dies soll im vorliegenden MATLAB-Projekt untersucht werden. Dazu soll von einem diskreten Signal $x[n]$ ausgegangen werden, dessen Spektrum $X(\mathrm{e}^{\mathrm{j}\,\Omega})$ mit $\Omega_{\mathrm{gr}} < \pi$ (entspricht $\omega_{\mathrm{gr}} < \omega_{\mathrm{A}}/2$) bandbegrenzt ist.

2. Lösungshinweise

   - Während bei der Dezimation (siehe Abschnitt 7.2.4 und Bild 7.9) vor der Abwärtstastung eine Bandbegrenzung des Originalsignals $x[n]$ auf $\Omega = \pi/M$ (entspr. $\omega = (1/M) \cdot \omega_{\mathrm{A}}/2$) erforderlich ist, um Aliasing zu verhindern, kann die Interpolation direkt auf $x[n]$ angewandt werden. Es ist daher sinnvoll, mit der Interpolation zu beginnen, um eine unnötige Bandbegrenzung und damit eine irreversible Signalveränderung zu vermeiden.
   - Der Interpolationstiefpass muss mit der Grenzfrequenz $\Omega' < \pi/L$ (entspr. $\omega < \omega_{\mathrm{A}}/2$)) die durch die Aufwärtstastung entstandenen Image-Spektren entfernen. Dies verändert das Signal (abgesehen von einer Amplitudenskalierung) nicht, da das Originalsignal $x[n]$ ohnehin schon auf $\omega < \omega_{\mathrm{A}}/2$) bandbegrenzt war. Um die Signalamplitude des Originalsignals beizubehalten, sollte der Interpolationstiefpass eine Durchlassverstärkung von L haben.
   - Bei der anschließenden Dezimation muss der Dezimationstiefpass eine Bandbegrenzung auf $\Omega' < \pi/M$ (entspr. $\omega = (L/M) \cdot \omega_{\mathrm{A}}/2$) vornehmen, um Aliasing zu verhindern. Offensichtlich kann dieser Tiefpass entfallen, wenn $M \leq L$ ist. Andernfalls kann der Interpolationstiefpass entfallen (abgesehen von seiner Durchlassverstärkung), da der Dezimationstiefpass dann die kleinere Grenzfrequenz besitzt.

Die folgenden Abbildungen zeigen das Blockschaltbild zur Abtastratenwandlung mit dem Faktor L/M und die Zeit- und Frequenzbereichsdarstellung der auftretenden Signale.

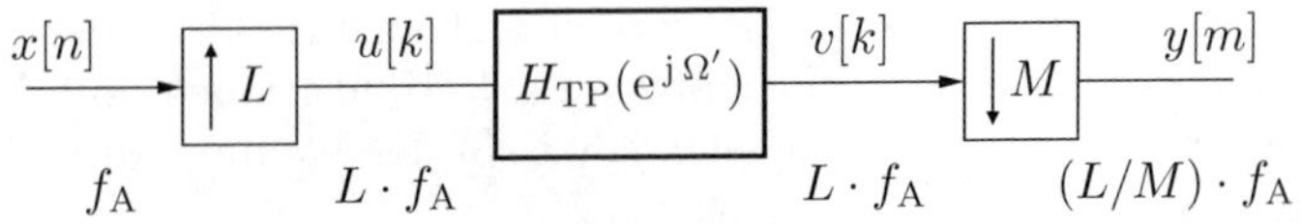

$x[n]$ → $\uparrow L$ → $u[k]$ → $H_{\mathrm{TP}}(\mathrm{e}^{\mathrm{j}\,\Omega'})$ → $v[k]$ → $\downarrow M$ → $y[m]$

f_{A} $L \cdot f_{\mathrm{A}}$ $L \cdot f_{\mathrm{A}}$ $(L/M) \cdot f_{\mathrm{A}}$

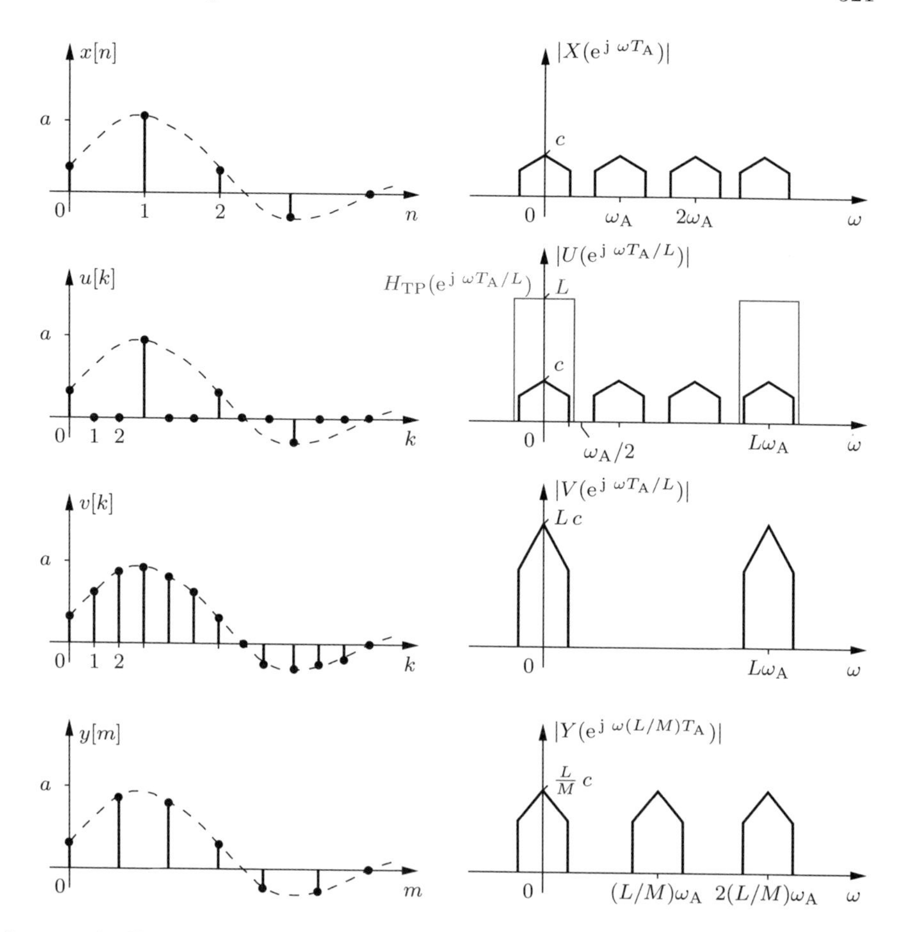

Im zu erstellenden MATLAB-Programm soll ein bandbegrenztes Rauschsignal um den Faktor 5/3 aufwärtsgetastet werden. Dabei sollen das Originalsignal, das interpolierte Signal und das Ergebnissignal im Zeit- und Frequenzbereich dargestellt werden.

3. MATLAB-Programm

```
% Abtastratenwandlung
clear; close all;

% Festlegung von Parametern
Omega_gr = 0.5*pi;          % Bandbegrenzung des Originalsignals x[n]
L = 5;                      % Aufwärtstastung um den Faktor L
M = 3;                      % Abwärtstastung um den Faktor M

% Signalerzeugung
x = randn(1,100);           % Rauschsignal
[B,A]=ellip(15,0.1,60,Omega_gr/pi);  % Bandbegrenzung mit Omega_gr
x = filter(B,A,x);          % Bandbegrenztes Rauschen
```

```
% Berechnungen
%% Abtastratenänderung mit dem Faktor L/M
v=interp(x,L);          % Interpolation (Aufwärtstastung + TP-Filterung)
y=downsample(v,M);      % Abwärtstastung
%% Ermittlung der Spektren von Original-, Zwischen-, und Zielsignal
[X,Omega]=dtft(x);
[V,Omegas]=dtft(v);
[Y,Omegass]=dtft(y);
```

4. Darstellung der Lösung

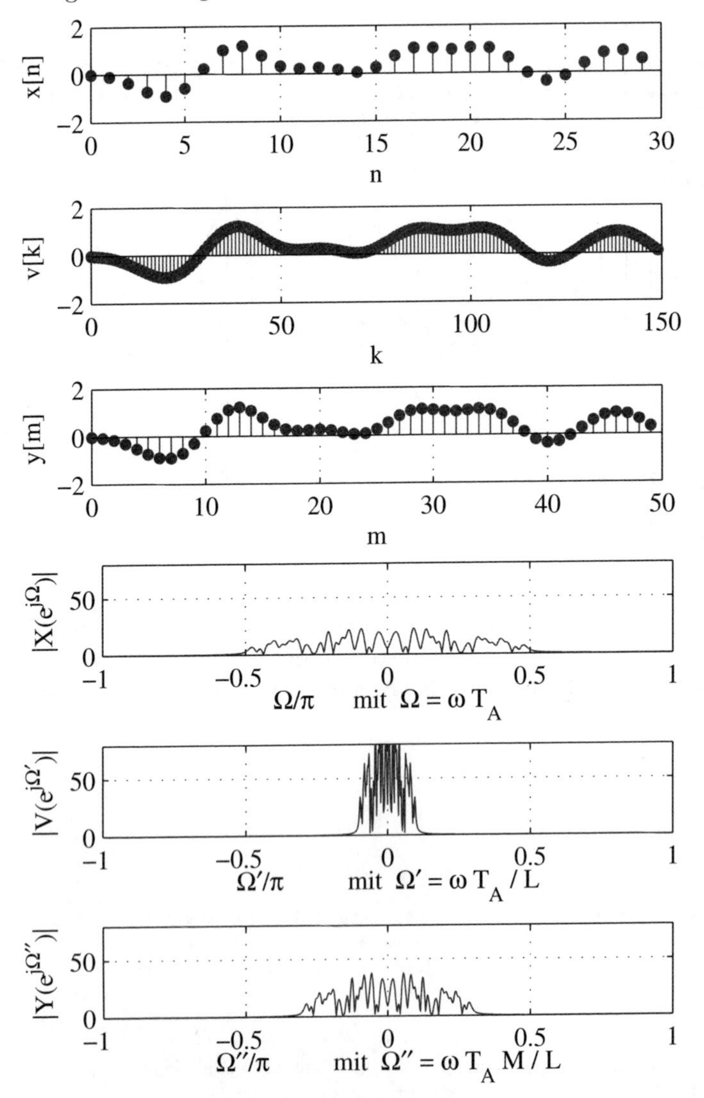

5. Weitere Fragen und Untersuchungen

   - Machen Sie sich die prinzipielle Gleichheit der unterschiedlichen *Darstellungen* der Frequenzbereiche in obiger Abbildung (mit stets der natürlichen Kreisfrequenz ω) einerseits und in der MATLAB-Ausgabe (mit den normierten Kreisfrequenzen Ω, Ω' und Ω'') andererseits klar.
   - Was ist im Programm zu ändern, wenn $M > L$ ist?

7.3 Digitale Multiratenfilter

Der Rechenaufwand in digitalen Filtern kann mit Hilfe der Multiratentechnik häufig beträchtlich reduziert werden. Der Rechenaufwand wird als Anzahl von Filteroperationen pro Zeiteinheit angegeben, wobei mit einer Filteroperation eine Multiplikation eines Abtastwertes mit einem Koeffizienten und anschließende Akkumulation gemeint ist. Im Folgenden werden verschiedene Arten von Multiratenfiltern behandelt, in denen gleichzeitig mit verschiedenen Abtastraten gerechnet wird [Fli93, Fli94].

7.3.1 Filter mit einfacher Dezimation und Interpolation

Liegt die Grenzfrequenz eines Tiefpasses wesentlich unterhalb der halben Abtastfrequenz, so ist es zweckmäßig, erst einmal die Abtastfrequenz zu reduzieren, dann die eigentliche Filterung, im Folgenden Kernfilterung genannt, bei der niedrigen Abtastfrequenz durchzuführen und am Ende durch eine Interpolation die alte Abtastfrequenz wieder herzustellen. Bild 7.16 zeigt eine entsprechende Struktur.

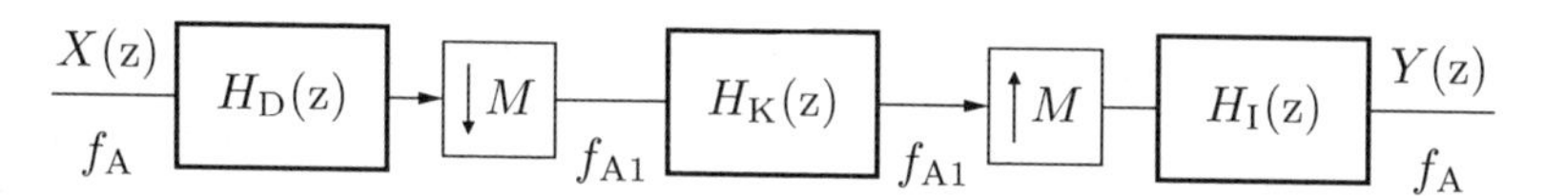

Bild 7.16: Filterkaskade bestehend aus einem Dezimator mit Filter $H_\mathrm{D}(\mathrm{z})$, einem Kernfilter $H_\mathrm{K}(\mathrm{z})$ und einem Interpolator mit Filter $H_\mathrm{I}(\mathrm{z})$

Im Folgenden wird vorausgesetzt, dass durch die Dezimation keine Alias-Komponenten in den Durchlassbereich und in den Übergangsbereich (Filterflanke) des Kernfilters fallen. Dazu müssen die Grenzfrequenzen des Dezimationsfilters und die reduzierte Abtastfrequenz $f_\mathrm{A1} = f_\mathrm{A}/M$ auf die Grenzfrequenzen des zu realisierenden Tiefpassfilters abgestimmt werden. In Bild 7.17 sind die Frequenzgänge des Dezimations- und des Kernfilters angedeutet. Durchlassgrenzfrequenz f_D und Sperrgrenzfrequenz f_S des Kernfilters sind identisch mit denen des Gesamtfilters. Das Dezimationsfilter $H_\mathrm{D}(\mathrm{z})$ hat ebenfalls die Durchlassgrenzfrequenz f_D. Bei einem festgelegten Dezimationsfaktor M und damit festgelegter Abtastfrequenz f_A1 muss die Sperrgrenzfrequenz des Dezimationsfilters bei $f_\mathrm{A1} - f_\mathrm{S}$ liegen, siehe Bild 7.17.

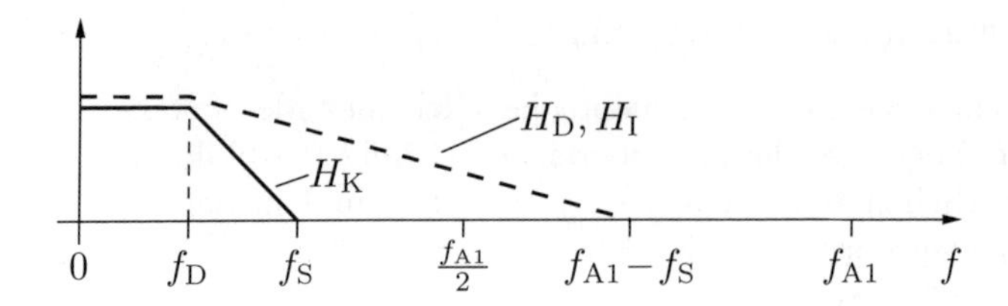

Bild 7.17: Zur Lage der Grenzfrequenzen des Dezimationsfilters $H_D(z)$

Das Interpolationsfilter $H_I(z)$ kann gleich dem Dezimationsfilter $H_D(z)$ gewählt werden. Damit wird gewährleistet, dass alle „*Imaging-Frequenzgänge*“ in den Sperrbereich des Interpolationsfilters fallen.

Im Bereich $f_S \leq f \leq f_{A1} - f_S$ wird die minimale Sperrdämpfung des Gesamtfilters durch die minimale Sperrdämpfung des Kernfilters bestimmt. Oberhalb von $f_{A1} - f_S$ wird die minimale Sperrdämpfung durch die Sperrdämpfung der Kaskade aus Dezimations- und Interpolationsfilter bestimmt. Die Sperrdämpfung dieser beiden Filter hat aber noch eine besondere Bedeutung: sie ist für die Unterdrückung frequenzversetzter Spektren wichtig. Da Sperrdämpfung und Unterdrückung von Aliasing-und Imaging-Effekten eine verschiedene Qualität haben, kann die Sperrdämpfung der Dezimations- und Interpolationsfilter nicht aus der geforderten Sperrdämpfung des Gesamtfilters abgeleitet werden, sondern muss getrennt festgelegt werden.

7.3.2 Filter mit dyadischer Kaskadierung

Bei der dyadischen Kaskadierung werden Dezimationsstufen und Interpolationsstufen mit einem Faktor $M = 2$ hintereinandergeschaltet. Bild 7.18 zeigt als Beispiel

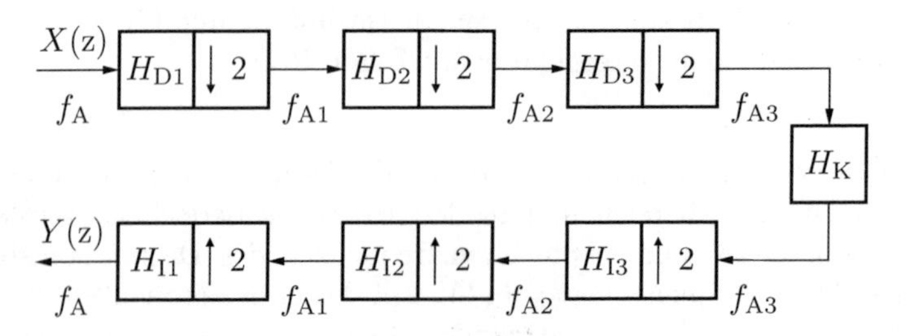

Bild 7.18: Dreistufige Abtastratenumsetzung mit dem Faktor 2 und Kernfilterung im tiefsten Takt $f_{A3} = f_A/8$

eine Kaskade von drei Dezimationsfiltern $H_{D1}(z)$, $H_{D2}(z)$ und $H_{D3}(z)$, einem Kernfilter $H_K(z)$ und drei Interpolationsfiltern $H_{I3}(z)$, $H_{I2}(z)$ und $H_{I1}(z)$ zusammen mit den entsprechenden Abwärts- und Aufwärtstastern. In der ersten Stufe wird die Abtastrate f_A des Eingangssignals $X(z)$ auf den Wert $f_{A1} = f_A/2$ umgesetzt. Das zugehörige Dezimationsfilter $H_{D1}(z)$ hat die Durchlassgrenzfrequenz f_S und die Sperrgrenzfrequenz $f_{A1} - f_S$, wobei f_S die Sperrgrenzfrequenz des Kernfilters $H_K(z)$ ist, siehe Bild 7.19. In den Dezimationsstufen 2 und 3 wird die Abtastrate

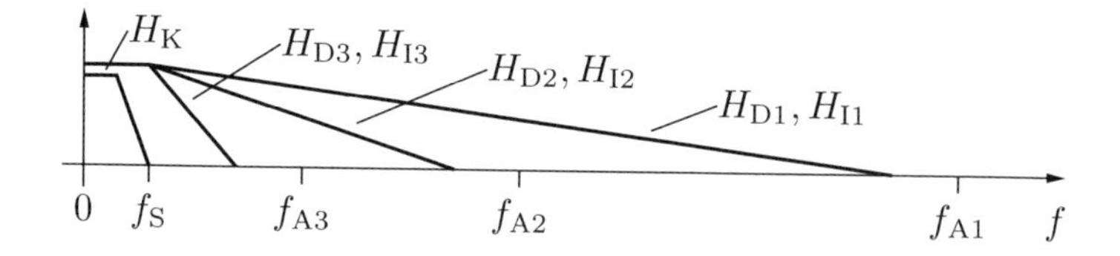

Bild 7.19: Frequenzschema zur dreistufigen Abtastratenumsetzung

zwei weitere Male halbiert, so dass schließlich das Kernfilter mit einem Achtel der ursprünglichen Abtastfrequenz betrieben wird.
Die Interpolationsfilter können jeweils die gleiche Übertragungsfunktion besitzen wie die Dezimationsfilter des gleichen Taktes, d. h. $H_{I1}(z) = H_{D1}(z)$ usw.

Mit einer Filterkaskade wie in Bild 7.18 lassen sich auch schmalbandige Hochpässe realisieren, d. h. Hochpässe mit einer Durchlass- und einer Sperrgrenzfrequenz nahe der halben Abtastfrequenz $f_A/2$. Dazu sind das Dezimationsfilter $H_{D1}(z)$ und das Interpolationsfilter $H_{I1}(z)$ als Hochpass auszubilden. Alle übrigen Filter der Kaskade bleiben Tiefpassfilter. Im Dezimationshochpass $H_{D1}(z)$ werden die hoch-

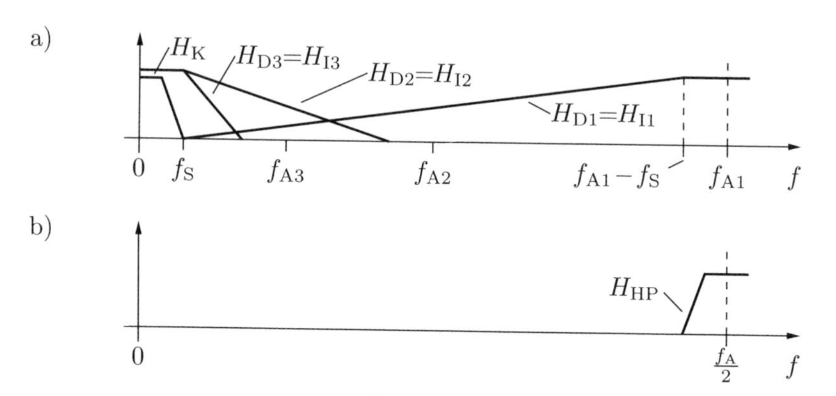

Bild 7.20: Realisierung eines schmalbandigen Hochpasses: Dezimations-, Interpolations- und Kernfilter (a) und resultierendes Hochpassfilter (b)

frequenten Anteile des Eingangssignals zwischen $f_{A1} - f_S$ und f_{A1} durchgelassen und die tieffrequenten Anteile zwischen 0 und f_S gesperrt. Durch die anschließende

Abwärtstastung fällt eine ungedämpfte Alias-Komponente in das Basisband. Diese wird mit den Filtern $H_{D2}(z)$, $H_{D3}(z)$, $H_K(z)$, $H_{I3}(z)$ und $H_{I2}(z)$ bandbegrenzt. Durch die Aufwärtstastung in der letzten Interpolationsstufe entsteht die Image-Komponente des bandbegrenzten Signals um $f_{A1} = f_A/2$ herum. Diese wird im Interpolationshochpass $H_{I1}(z)$ durchgelassen, siehe Bild 7.20a, so dass insgesamt ein schmalbandiger Hochpass $H_{HP}(z)$ entsteht, siehe Bild 7.20b.

7.3.3 Multiraten-Komplementärfilter

Die bisher betrachteten Filterstufen können Tiefpässe mit Grenzfrequenzen im Bereich $0 < \Omega < \pi/2$ und Hochpässe mit Grenzfrequenzen im Bereich $\pi/2 < \Omega < \pi$ realisieren. Mit zunehmender Stufenzahl werden die Filterflanken steiler und die Bandbreiten gleichzeitig schmaler. Breitbandige Filter mit Grenzfrequenzen im gesamten Bereich $0 < \Omega < \pi$ und steilen Filterflanken lassen sich damit nicht realisieren. Dieses Ziel lässt sich aber durch Hinzunahme der Komplementärbildung erreichen, siehe auch Abschnitt 6.6.3. Die Filterstufe in Bild 7.21 unterscheidet sich

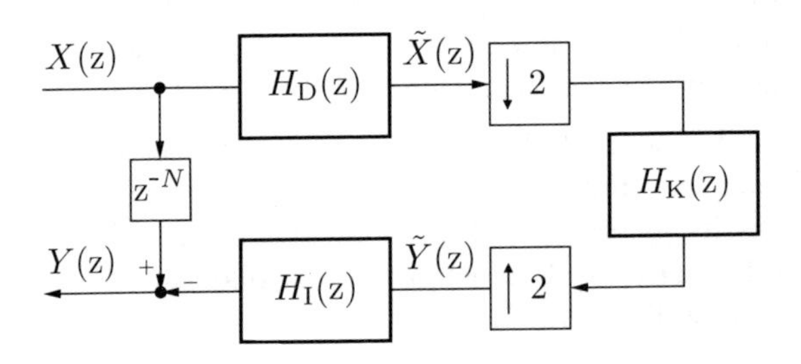

Bild 7.21: Multiraten-Komplementärfilterstufe

von den bisher betrachteten Filterstufen nur durch die Komplementärbildung. Das Verzögerungsglied z^{-N} zwischen Eingang und Ausgang gleicht gerade die Laufzeit der linearphasig angenommenen Filter $H_D(z), H_K(z)$ und $H_I(z)$ aus. Aufgrund der Komplementärbildung wird aus einem Tiefpass mit einer Grenzfrequenz im Bereich $0 < \Omega < \pi/2$ ein Hochpass mit einer Grenzfrequenz im gleichen Bereich, siehe Bild 7.22.

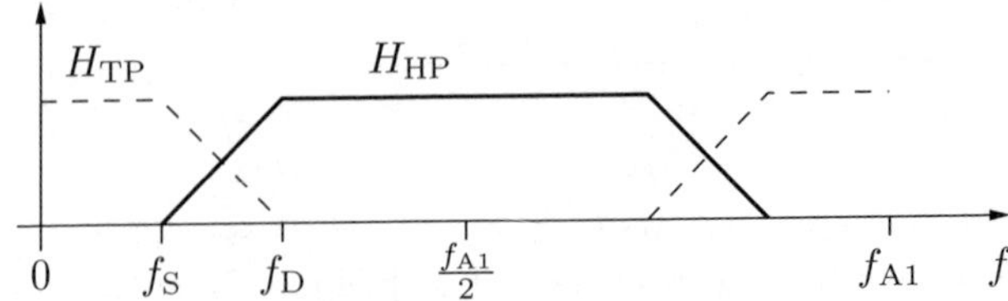

Bild 7.22: Frequenzschema eines Hochpasses, der durch Komplementärbildung aus dem gestrichelt eingetragenen Tiefpass hervorgeht

Durch Kaskadierung von Multiratenfilterstufen mit und ohne Komplementärbildung lassen sich Hoch- und Tiefpässe mit beliebig steilen Flanken und Grenzfrequenzen im gesamten Frequenzbereich $0 < \Omega < \pi$ realisieren [RS88]. Bild 7.23 zeigt die allgemeine Filterstruktur.

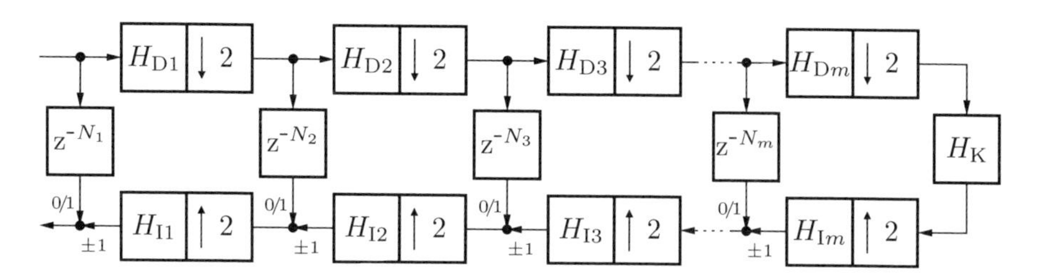

Bild 7.23: Allgemeines Multiraten-Komplementärfilter

Diese Struktur kann als eine Verschachtelung von Multiratenfilterstufen aufgefasst werden, bei der jedes Kernfilter, mit Ausnahme des letzten, wieder durch einen Dezimator, ein Kernfilter und einen Interpolator realisiert ist. In jeder Stufe ist die Entscheidung zu fällen, ob ein Komplement gebildet werden soll (Gewichte 1 und -1 in Bild 7.23) oder nicht (Gewicht 0 und +1) und ob die Dezimations- und Interpolationsfilter als Tiefpass oder Hochpass ausgeführt werden sollen.

Ist ein Kernfilter als Tiefpass mit Grenzfrequenzen größer als $\pi/2$ zu realisieren, so müssen in der Folgestufe das Komplement gebildet und $H_D(z)$ und $H_I(z)$ als Hochpässe ausgeführt werden. Soll der Kernfiltertiefpass Grenzfrequenzen kleiner als $\pi/2$ haben, so ist in der Folgestufe kein Komplement zu bilden und es sind Tiefpässe zu verwenden.

Die erste Stufe entscheidet darüber, ob das gesamte Filter ein Tiefpass oder ein Hochpass ist. Im Falle eines Tiefpasses wird wie bei einem Kernfilter verfahren. Soll das Gesamtfilter jedoch ein Hochpass sein, mit einer Grenzfrequenz kleiner als $\pi/2$, so ist eingangs das Komplement zu bilden und die erste Stufe mit Tiefpässen zu betreiben. Hochpassfilter mit Grenzfrequenzen größer als $\pi/2$ bekommt keine eingangsseitige Komplementärbildung und verwenden Hochpässe in der ersten Stufe.

7.4 Digitale Filterbänke

Eine Filterbank ist eine Anordnung von mehreren Einzelfiltern, die gleichzeitig Signale bearbeiten (filtern) [Fli93, Fli94]. Eine häufige Anwendung sind Analysefilterbänke mit frequenzselektiven Filtern, die Signale mit gegebener Bandbreite in M gleich breite Teilbandsignale zerlegen. Jedes Teilbandsignal hat dann $1/M$ der ursprünglichen Bandbreite. Synthesefilterbänke leisten das Gegenteil. Sie setzen M

Teilbandsignale zu einem Gesamtsignal zusammen. Die einfachste spektrale Signalzerlegung ist die Aufteilung in einen tieffrequenten und einen hochfrequenten Anteil. Dieses leisten Zweikanal-Filterbänke, die im folgenden Unterabschnitt behandelt werden.

7.4.1 Zweikanal-Filterbänke

In der Filterbank nach Bild 7.24 wird das Eingangssignal $X(\mathrm{z})$ gleichzeitig mit einem Tiefpassfilter $H_0(\mathrm{z})$ und einem Hochpassfilter $H_1(\mathrm{z})$ bearbeitet.

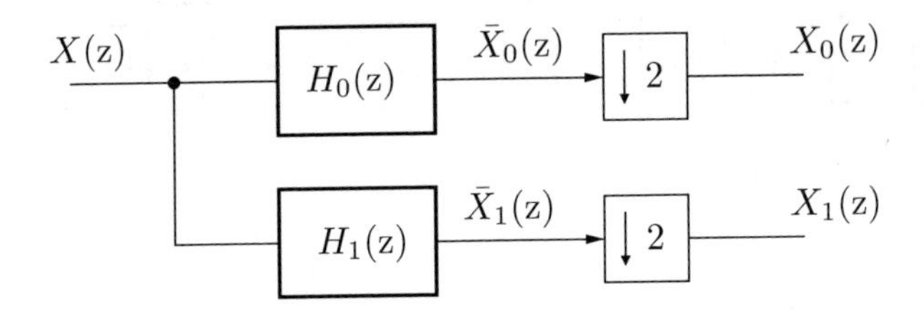

Bild 7.24: Zweikanalige Analysefilterbank

In der Regel wird der Nutzfrequenzbereich von $\Omega = 0$ bis zur halben Abtastfrequenz $\Omega = \pi$ durch die beiden Filter in zwei Hälften geteilt. Die gefilterten Signale haben näherungsweise eine Bandbreite $b = \pi/2$ und können daher in der Abtastrate um den Faktor 2 reduziert werden. Dabei nimmt man leichte Überlappungserscheinungen (Aliasing) in Kauf.

Die beiden gefilterten Signale in Bild 7.24 lauten

$$\bar{X}_0(\mathrm{z}) = X(\mathrm{z}) \cdot H_0(\mathrm{z}), \tag{7.32}$$

$$\bar{X}_1(\mathrm{z}) = X(\mathrm{z}) \cdot H_1(\mathrm{z}). \tag{7.33}$$

Nach der Abwärtstastung mit $M = 2$ erhält man mit Hilfe von Gleichung (7.21) die Teilbandsignale

$$X_0(\mathrm{z}) = \frac{1}{2} X(\mathrm{z}^{1/2}) H_0(\mathrm{z}^{1/2}) + \frac{1}{2} X(-\mathrm{z}^{1/2}) H_0(-\mathrm{z}^{1/2}), \tag{7.34}$$

$$X_1(\mathrm{z}) = \frac{1}{2} X(\mathrm{z}^{1/2}) H_1(\mathrm{z}^{1/2}) + \frac{1}{2} X(-\mathrm{z}^{1/2}) H_1(-\mathrm{z}^{1/2}). \tag{7.35}$$

Da die Filter $H_0(\mathrm{z})$ und $H_1(\mathrm{z})$ nicht streng auf $\pi/2$ bandbegrenzt sind, treten in den Teilbandsignalen $X_0(\mathrm{z})$ und $X_1(\mathrm{z})$ Alias-Komponenten auf.

Bild 7.25 zeigt die zweikanalige Synthesefilterbank mit dem Tiefpassfilter $G_0(\mathrm{z})$ und dem Hochpassfilter $G_1(\mathrm{z})$. Sie stellt die duale Anordnung zu der Analysefilterbank in Bild 7.24 dar. Die beiden Filter haben im Wesentlichen die gleiche Charakteristik wie die Filter bei der Analyse. Nach der Aufwärtstastung der Teilsignale $X_0(\mathrm{z})$ und

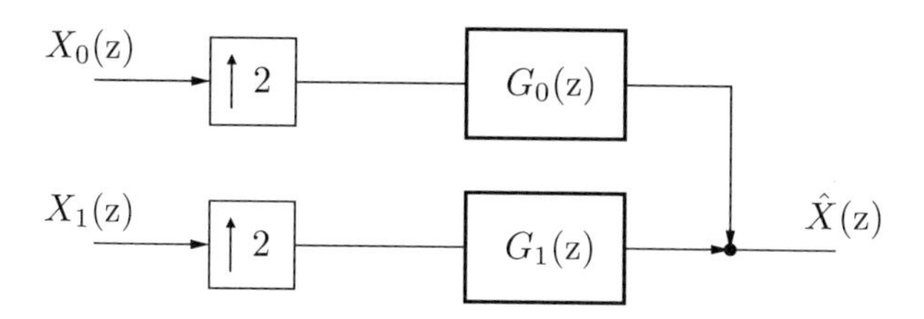

Bild 7.25: Zweikanalige Synthesefilterbank

$X_1(z)$ eliminiert der Tiefpass $G_0(z)$ wesentliche Teile des Image-Spektrums des Tiefpasssignals $X_0(z)$ im Bereich $\pi/2 \leq \Omega \leq \pi$, während der Hochpass $G_1(z)$ wesentliche Teile des Image-Spektrums des Hochpasssignals $X_1(z)$ im Bereich $0 \leq \Omega \leq \pi/2$ beseitigt. Da sich die Frequenzgänge beider Filter überlappen, werden die Imagespektren nicht vollständig ausgefiltert. Das Ausgangssignal $\hat{X}(z)$ der Synthesefilterbank kann mit Hilfe von Gleichung (7.30) angegeben werden (siehe Bild 7.25):

$$\hat{X}(z) = G_0(z) \cdot X_0(z^2) + G_1(z) \cdot X_1(z^2)\,. \tag{7.36}$$

Schaltet man eine Analyse- und eine Synthesefilterbank in Kette, so spricht man von einer *Teilbandcodierungs-* oder *SBC-Filterbank* (siehe Abschnitt 7.5). Bild 7.26 zeigt eine zweikanalige SBC-Filterbank.

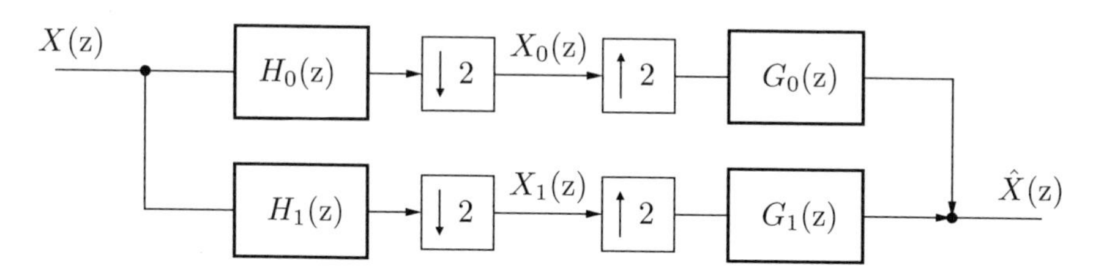

Bild 7.26: Zweikanalige SBC-Filterbank

In einer Analysefilterbank mit den Filtern $H_0(z)$ und $H_1(z)$ wird das Eingangssignal $X(z)$ in die Teilbandsignale $X_0(z)$ und $X_1(z)$ zerlegt. Anschließend wird in einer Synthesefilterbank mit den Filtern $G_0(z)$ und $G_1(z)$ das Ausgangssignal $\hat{X}(z)$ aus den Teilbandsignalen gebildet. Ziel dieser Vorgehensweise ist die getrennte Codierung und Übertragung der Teilbandsignale, siehe Abschnitt 7.5.

Durch Einsetzen der Gleichungen (7.34) und (7.35) in (7.36) erhält man eine Beziehung für das Ausgangssignal $\hat{X}(\mathrm{z})$ in Abhängigkeit vom Eingangssignal $X(\mathrm{z})$:

$$\begin{aligned}\hat{X}(\mathrm{z}) &= \frac{1}{2}\big(G_0(\mathrm{z})H_0(\mathrm{z}) + G_1(\mathrm{z})H_1(\mathrm{z})\big)\cdot X(\mathrm{z}) \\ &\quad + \frac{1}{2}\big(G_0(\mathrm{z})H_0(-\mathrm{z}) + G_1(\mathrm{z})H_1(-\mathrm{z})\big)\cdot X(-\mathrm{z}) \\ &= F_0(\mathrm{z})\,X(\mathrm{z}) + F_1(\mathrm{z})\,X(-\mathrm{z})\,. \end{aligned} \tag{7.37}$$

Die Funktion $F_0(\mathrm{z})$ beschreibt das Übertragungsverhalten der Filterbank. Die Funktion $F_1(\mathrm{z})$ kennzeichnet die Alias-Komponenten, die durch die überlappenden Frequenzgänge der Filter hinzukommen. Verschwindet die Funktion $F_1(\mathrm{z})$, so liegt eine aliasing-freie Filterbank vor. In [EG77] wurde unter der Bezeichnung „Quadrature Mirror Filters" erstmalig ein Lösungsansatz für die Analyse- und Synthesefilter vorgeschlagen. Ausgehend von einem geeigneten Tiefpassprototypen $H(\mathrm{z})$ werden die vier Filter wie folgt festgelegt:

$$H_0(\mathrm{z}) = H(\mathrm{z}), \tag{7.38}$$

$$H_1(\mathrm{z}) = H(-\mathrm{z}), \tag{7.39}$$

$$G_0(\mathrm{z}) = 2H(\mathrm{z}), \tag{7.40}$$

$$G_1(\mathrm{z}) = -2H(-\mathrm{z}).. \tag{7.41}$$

Durch Einsetzen der Gleichungen (7.38) bis (7.41) in (7.37) erkennt man, dass die Bedingung $F_1(\mathrm{z}) = 0$ erfüllt ist, dass sich also alle Aliasing-Komponenten gegenseitig kompensieren. Dieses Ergebnis ist insofern bemerkenswert, als in jedem der beiden Filterbankkanäle das Abtasttheorem verletzt ist, die Filterbank als Gesamtsystem jedoch das Abtasttheorem erfüllt.
Die verbleibende Funktion $F_0(\mathrm{z})$ kennzeichnet die Güte der Rekonstruktion. Stellt sie eine reine Verzögerung dar, d. h. $F_0(\mathrm{z}) = \mathrm{z}^{-k}$, dann spricht man von einer perfekt rekonstruierenden Filterbank. Setzt man die Gleichungen (7.38) bis (7.41) in die Beziehung für $F_0(\mathrm{z})$ (vgl. Gleichung (7.37)) ein, so erhält man eine Bedingung für die Signalrekonstruktion:

$$H^2(\mathrm{z}) - H^2(-\mathrm{z}) = \mathrm{z}^{-k}\,. \tag{7.42}$$

Um eine perfekte Rekonstruktion zu erreichen, muss der Prototyp $H(\mathrm{z})$ die Bedingung (7.42) erfüllen. In der Literatur sind sowohl suboptimale Näherungslösungen angegeben worden [EG77, EG81, Bar81] als auch Verfahren zur perfekten Rekonstruktion [SI84, Vai87, NV89].

7.4.2 Gleichförmige M-Kanal-Filterbänke

Das Prinzip der spektralen Zerlegung eines Signals lässt sich auf M Kanäle verallgemeinern. Bild 7.27 zeigt eine *M-Kanal-Analysefilterbank.*

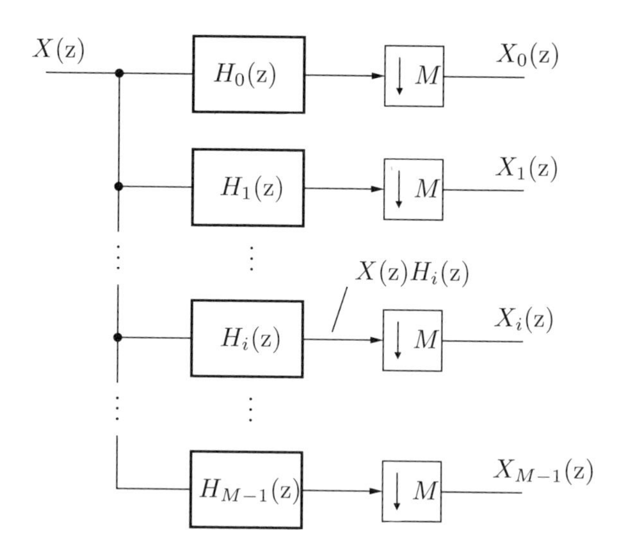

Bild 7.27: Analysefilterbank mit M Kanälen

Diese Filterbank besitzt M einzelne Filter mit äquidistant angeordneten Durchlassbereichen. Die abwärtsgetasteten Teilbandsignale lauten mit Gleichung (7.21)

$$X_i(\mathrm{z}) = \frac{1}{M} \sum_{m=0}^{M-1} H_i\big(\mathrm{z}^{1/M} \mathrm{W}_M^m\big) \cdot X\big(\mathrm{z}^{1/M} W_M^m\big), \quad i = 0,1,2,\ldots,M-1. \tag{7.43}$$

Setzt man in dieser Gleichung $M = 2$, so erhält man wieder die Analysegleichungen (7.34) und (7.35) der Zweikanal-Filterbank. Wird der Faktor der Abwärtstastung gleich der Anzahl der Kanäle gewählt, so spricht man von einer *kritisch abgetasteten Analysefilterbank*. In diesem Fall ist die Anzahl der Abtastwerte pro Zeiteinheit aller Teilsignale zusammengenommen gleich der Anzahl der Abtastwerte pro Zeiteinheit des Eingangssignals $X(\mathrm{z})$.

Das Gegenstück zur M-Kanal-Analysefilterbank ist die *M-Kanal-Synthesefilterbank* in Bild 7.28. Die Filter $G_0(\mathrm{z})$ bis $G_{M-1}(\mathrm{z})$ haben im Wesentlichen die gleiche Charakteristik wie die Analysefilter $H_0(\mathrm{z})$ bis $H_{M-1}(\mathrm{z})$. Durch die Aufwärtstastung werden aus den Teilsignalen $X_\ell(\mathrm{z})$ die Signale $X_\ell\big(\mathrm{z}^M\big)$, $\ell = 0,1,2,\ldots,M-1$, erzeugt, siehe Gl. (7.30). Diese werden mit den Filtern $G_\ell(\mathrm{z})$ gefiltert und am Ende zum Ausgangssignal

$$\hat{X}(\mathrm{z}) = \sum_{\ell=0}^{M-1} G_\ell(\mathrm{z}) \cdot X_\ell(\mathrm{z}^M) \tag{7.44}$$

aufsummiert. Um die Komplexität des Filterbankentwurfs in Grenzen zu halten, leitet man die M verschiedenen Übertragungsfunktionen aus einem einzigen Tiefpassprototypen $H(\mathrm{e}^{\mathrm{j}\Omega})$ ab, vgl. Bild 7.29a. Die Frequenzgänge der M Analysefilter

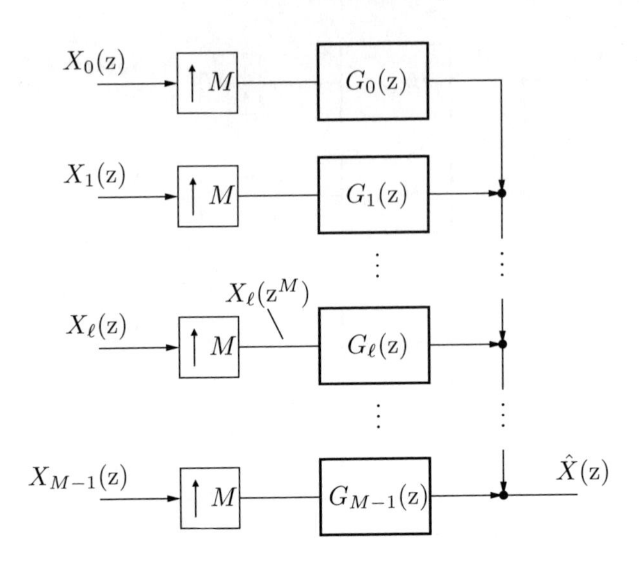

Bild 7.28: Synthesefilterbank mit M Kanälen

ergeben sich aus dem Prototypen durch eine Frequenzverschiebung um Vielfache von $2\pi/M$ (siehe Bild 7.29b) und lauten daher

$$H_i(e^{j\Omega}) = H(e^{j(\Omega - 2\pi i/M)}), \quad i = 0,1,2 \ldots M-1. \tag{7.45}$$

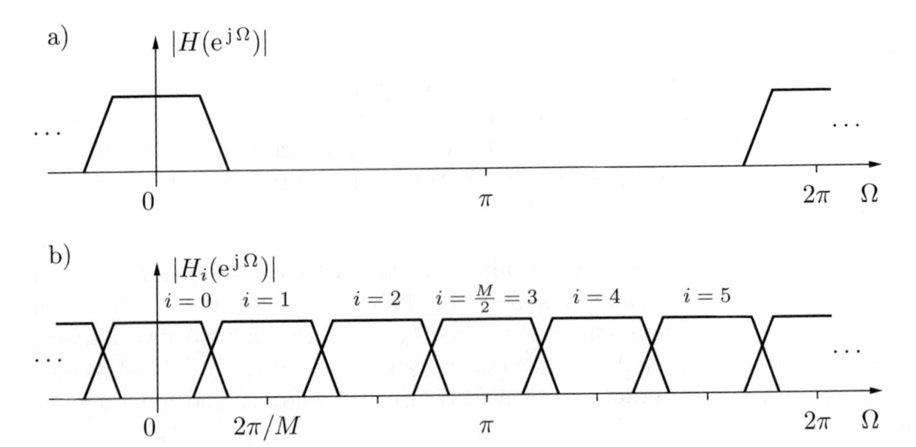

Bild 7.29: Frequenzgang eines TP-Prototypen (a) und daraus abgeleitete gleichförmige Filterbank (b) am Beispiel $M = 6$

Die zugehörige Z-Transformierte lässt sich mit $W_M = \exp(-j\,2\pi/M)$ folgendermaßen angeben:

$$H_i(z) = H(zW_M^i), \quad i = 0,1,2 \ldots M-1. \tag{7.46}$$

Das Filter $H_0(\mathrm{z})$ ist identisch mit dem Prototypen $H(\mathrm{z})$. Ist M eine gerade Zahl, so entsteht bei $i = M/2$ ein Hochpassfilter, das ebenfalls reelle Koeffizienten besitzt. Es geht aus dem Prototypen durch einen Vorzeichenwechsel aller ungeraden Koeffizienten hervor. Zwischen $i = 0$ und $i = M/2$ liegen Bandpassfilter mit komplexen Koeffizienten. Das gleiche gilt auch für die Bandpassfilter von $i = M/2 + 1$ bis $i = M-1$.

7.4.3 DFT-Polyphasen-Filterbänke

Ausgehend von der Polyphasendarstellung des Prototypen $H(\mathrm{z})$

$$H(\mathrm{z}) = \sum_{\lambda=0}^{M-1} z^{-\lambda} H_{0\lambda}(\mathrm{z}^M) \tag{7.47}$$

gelangt man zu den Polyphasenstrukturen von gleichförmigen Filterbänken. Diese Strukturen ermöglichen eine drastische Reduktion des Filteraufwandes und sind daher der Schlüssel für die wirtschaftliche Realisierung von Filterbänken mit einer hohen Anzahl von Kanälen. Setzt man Gleichung (7.47) in (7.46) ein, so errechnet sich das i-te Zwischensignal $\tilde{X}_i(\mathrm{z})$ in der Filterbank zu

$$\begin{aligned}\tilde{X}_i(\mathrm{z}) &= H_i(\mathrm{z}) \cdot X(\mathrm{z}) = H_0(\mathrm{z}W_M^i) \cdot X(\mathrm{z}) \\ &= \sum_{\lambda=0}^{M-1} \left(\mathrm{z}W_M^i\right)^{-\lambda} H_{0\lambda}\left((\mathrm{z}W_M^i)^M\right) \cdot X(\mathrm{z})\,.\end{aligned} \tag{7.48}$$

Nutzt man den Zusammenhang $W_M^{iM} = 1$, so erhält man schließlich

$$\tilde{X}_i(\mathrm{z}) = \sum_{\lambda=0}^{M-1} \left(z^{-\lambda} H_{0\lambda}(\mathrm{z}^M) \cdot X(\mathrm{z}) \right) \cdot W_M^{-\lambda i}\,. \tag{7.49}$$

Diese Gleichung gilt für alle $i = 0{,}1{,}2 \ldots M-1$ und stellt eine inverse diskrete Fourier-Transformierte dar. Transformiert werden alle M Ergebnisse der Filterung der verzögerten Eingangssignale $z^{-\lambda}X(\mathrm{z})$ mit den Polyphasenkomponenten $H_{0\lambda}(\mathrm{z}^M)$ des Prototypen. Bild 7.30 zeigt die strukturelle Deutung dieses Sachverhaltes. Die zugehörige DFT-Polyphasensynthesefilterbank kann in entsprechender Weise hergeleitet werden. Geht man nämlich ähnlich wie in Bild 7.10 vor und schiebt die Abwärtstaster durch die IDFT und die Polyphasenteilfilter, so gelangt man schließlich zu der endgültigen *DFT-Polyphasenanalysefilterbank* in Bild 7.31. Hierbei werden die Polyphasenteilfilter nur noch im niedrigen Takt betrieben. Dieses bringt eine Reduktion des Filteraufwandes um den Faktor M mit sich. Eine weitere Reduktion um den Faktor M gegenüber der Realisierung in Bild 7.27 ergibt sich daraus, dass die Polyphasenteilfilter in Bild 7.31 um den Faktor M kürzer sind als die

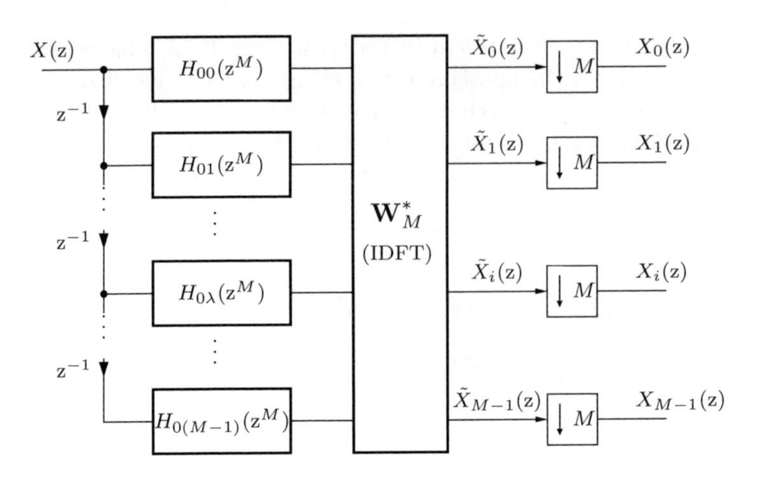

Bild 7.30: Zwischenstruktur auf dem Wege zur DFT-Polyphasenanalysefilterbank

Originalfilter. Die Anzahl der Koeffizienten aller Filter in Bild 7.31 ist zusammengenommen gleich der Anzahl der Koeffizienten eines einzelnen Filters in Bild 7.27. Insgesamt erreicht man also mit der DFT-Polyphasenstruktur eine Aufwandsreduktion um den Faktor M^2 gegenüber der Originalstruktur! Der zusätzlich entstandene Aufwand durch die IDFT ist bei hoher Kanalzahl meistens klein gegenüber dem Filteraufwand, vgl. Beispiel 7.1 . MATLAB-Beispiele zu DFT-Filterbänken finden sich u. a. in [Dob01] und [HQ07].

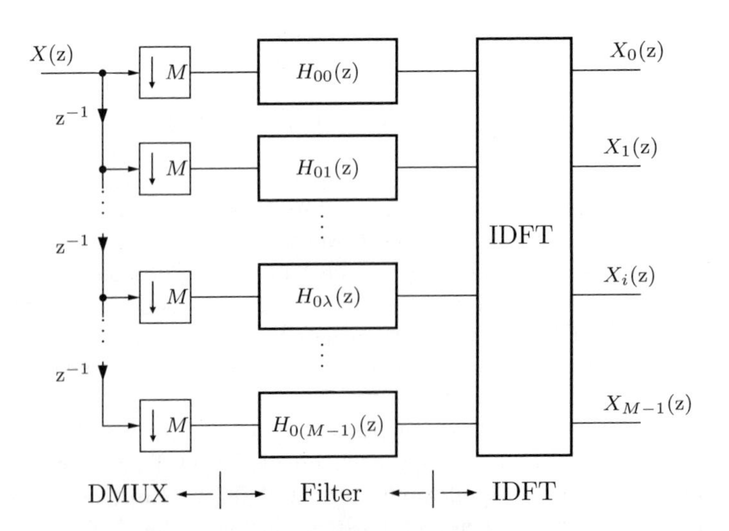

Bild 7.31: DFT-Polyphasenanalysefilterbank

Beispiel 7.1: Polyphasenfilterbank

Es sei eine Filterbank mit $M = 32$ Kanälen gegeben. Der Prototyp habe 256 Koeffizienten. Der Takt des komplexen Eingangssignals sei 32. Da sich die Multiplikation zweier komplexer Zahlen durch drei reelle Multiplikationen ausführen lässt, benötigt die Originalfilterbank

$$32 \cdot 32 \cdot 256 \cdot 3 \text{ FOPS} = 786432 \text{ FOPS}.$$

(FOPS = Filteroperationen[2] pro Sekunde.) In der DFT-Polyphasenanalysefilterbank werden die Filter im Takt 1 gerechnet. Jedes Teilpolyphasenfilter besitzt 8 reelle Koeffizienten. Die Multiplikation von komplexen Eingangsgrößen mit reellen Koeffizienten erfordert zwei reelle Multiplikationen. Der Filteraufwand lautet daher

$$1 \cdot 32 \cdot 8 \cdot 2 \text{ FOPS} = 512 \text{ FOPS}.$$

Hinzu kommt der Aufwand durch die IDFT. Verwendet man den IFFT-Algorithmus, so benötigt man $(M/2) \cdot \mathrm{ld}(M)$ komplexe Multiplikationen:

$$16 \cdot 5 \cdot 3 \text{ FOPS} = 240 \text{ FOPS}.$$

Die Aufwandsreduktion beträgt daher

$$\frac{786432}{512 + 240} = 1046.$$

Die *DFT-Polyphasensynthesefilterbank* kann in entsprechender Weise hergeleitet werden. Bild 7.32 zeigt das Ergebnis. Nach einer DFT der Teilbandsignale folgen die Polyphasenfilter und dann der Ausgangsmultiplexer.

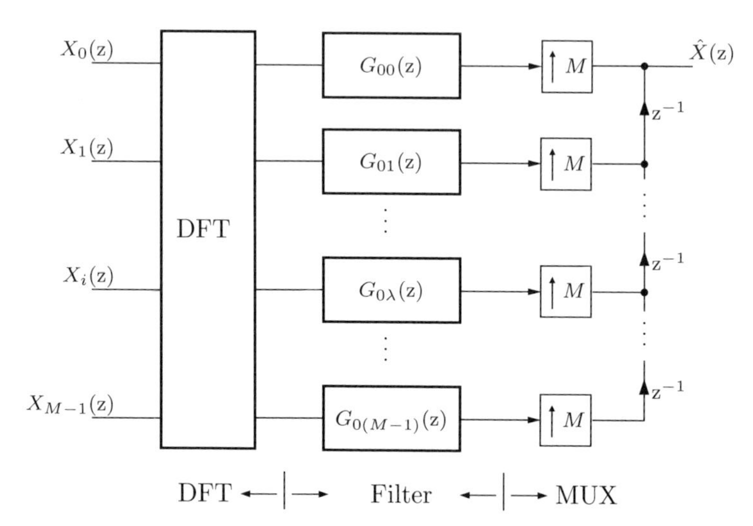

Bild 7.32: DFT-Polyphasensynthesefilterbank

[2] Multiplikation eines Signalwertes mit einem Koeffizienten, gefolgt von einer Akkumulation.

7.5 Teilbandkodierung

Eine der wichtigsten Motive zur Entwicklung von Filterbänken war und ist durch die Aufgabenstellung gegeben, das Spektrum eines Signals in Teilbänder zu zerlegen, um eine günstige Quellencodierung, d. h. Redundanzreduktion bzw. Datenkompression, zu erzielen und damit die Kosten für die Speicherung und/oder Übertragung der Signale zu reduzieren. Codierungsverfahren nach diesem Prinzip werden *Teilbandcodierung* (engl.: „subband coding“ (SBC)) genannt. Der Codierungsgewinn tritt dadurch auf, dass bei natürlichen Signalen wie Sprach- und Audiosignalen ein ungleichmäßiges Leistungsdichtespektrum vorliegt und daher in den Teilbändern unterschiedliche Bitzuordnungen vorgenommen werden können.

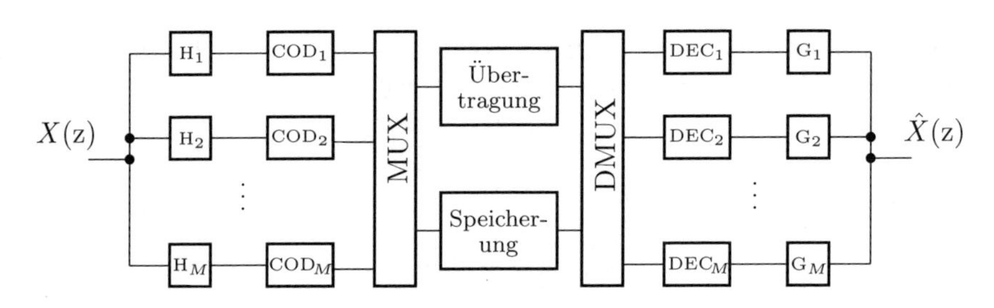

Bild 7.33: SBC-Filterbank mit Teilbandcodierung, Multiplexen, Übertragung/Speicherung, Demultiplexen und Teilbanddecodierung

Zur Durchführung der Teilbandcodierung werden SBC-Filterbänke benötigt, siehe Bild 7.33, die aus einer Analysefilterbank bestehen, gefolgt von einer Synthesefilterbank. Das zu codierende Eingangssignal $X(\mathrm{z})$ wird in der Analysefilterbank in Teilbänder zerlegt. In einer kritisch abgetasteten Filterbank werden die Teilbandsignale mit dem Faktor M dezimiert, wobei M die Anzahl der Teilbänder ist. Die Gesamtanzahl der Abtastwerte pro Zeiteinheit bleibt also unverändert.
Die Teilbandsignale werden codiert, gespeichert und/oder übertragen und dann wieder decodiert. In einer Synthesefilterbank werden die decodierten Teilbandsignale wieder zu einem Ausgangssignal $\hat{X}(\mathrm{z})$ zusammengesetzt. Um die Differenz zwischen $\hat{X}(\mathrm{z})$ und $X(\mathrm{z})$ klein zu halten, verwendet man eine perfekt rekonstruierende oder eine nahezu perfekt rekonstruierende Filterbank, siehe Abschnitt 7.4. In den SBC-Filterbänken sind die Synthesefilterbänke so auf die Analysefilterbänke abgestimmt, dass insgesamt ein konstanter Frequenzgang entsteht und die unvermeidbaren Aliassignale in den Teilbändern vollkommen kompensiert werden.
Für die eigentliche Codierung der Teilbandsignale sind verschiedene Verfahren vorgeschlagen worden. In der Regel werden die Teilbandsignale in zeitliche Abschnitte von z. B. 8 ms zerlegt und die Energien in den Abschnitten ermittelt. Abschnitte mit viel Energie bekommen viele Bits zugeordnet, solche mit wenig Energie wenige Bits. Sprachsignale besitzen beispielsweise in den tieffrequenten Teilsignalen viel Energie, in den hochfrequenten wenig. In einem bekannten robusten Codierungsver-

fahren geht man davon aus, dass zu jedem Abtastzeitpunkt (im niedrigen Takt der Teilbandsignale) eine feste Zahl Z von Bits auf die N Teilbänder verteilt werden soll. Die Energie im n-ten Teilband lautet E_n, die Zahl der Bits im n-ten Teilband Z_n, $n = 1...N$. Am Anfang setzt man alle $Z_n = 0$. Dann sucht man von allen Teilbändern das Teilband mit der maximalen Energie E_n, weist diesem Teilband ein Bit zu, d. h. $Z_n := Z_n + 1$, halbiert die Energie auf $E_n/2$ und dekrementiert Z, d. h. $Z := Z - 1$. Diese Suche und Zuordnung wiederholt man so lange, bis $Z = 0$ ist. Am Ende werden die Signalwerte des betrachteten Abtastzeitpunktes in den N Teilbändern mit jeweils Z_n Bits dargestellt.
Der Codierungsgewinn kann beträchtlich gesteigert werden, wenn psychoakustische Informationen mit verwendet werden. Dabei nutzt man aus, dass der Mensch unterhalb der frequenzabhängigen Gehörschwelle nichts mehr hört. Ferner wird der Maskierungseffekt genutzt: Laute Signale in Teilbändern verdecken leise Signale in Nachbarbändern bzw. Nachbarabtastwerten. Man nimmt die Quantisierung nun so grob vor, dass das Quantisierungsrauschen knapp unterhalb der Gehörschwelle und der Verdeckungsmaske bleibt. Im Extremfall können Teilbandsignale streckenweise gar keine Bits enthalten.

Ein Vorteil der Teilbandcodierung ist die Tatsache, dass das Quantisierungsrauschen nur in das Band fällt, in dem es erzeugt wird. Damit werden Bänder mit signifikanten Signalen, aber kleinen Pegeln, vor breitbandigem Rauschen bewahrt.
Das bekannteste Teilbandcodierungsverfahren ist MP3 (MPEG Layer 3) [BS94]. Es verwendet 32 Bänder und unterteilt diese noch weiter mit einer modifizierten diskreten Kosinus-Transformation. Die adaptive Bitzuweisung in den Bändern erfolgt mit einem Rausch-zu-Maskierungs-Verhältnis. Danach wird noch eine adaptive statische Huffman-Codierung [Huf52] vorgenommen. MP3 besitzt bei guter Audioqualität einen Datenstrom von 128 kbit/s.

7.6 OFDM- und DMT-Techniken

Eine Synthesefilterbank gefolgt von einer Analysefilterbank wird Transmultiplexer-Filterbank genannt. Bei dieser Anordnung ist gegenüber der SBC-Filterbank die Reihenfolge der beiden Teilfilterbänke vertauscht. Eine solche Filterbank wird für die Nachrichten- oder Datenübertragung eingesetzt [BD74]. Die Teilbandsignale stellen Folgen von Fourier-Koeffizienten von modulierten Signalen dar, z. B. von QAM-Signalen (von engl.: „quadrature amplitude modulation“), in denen endlich viele zu übertragendes Bits codiert sind. Nach der Synthese entsteht daraus ein (in der Regel reelles) Multiplexsignal, das über geeignete Medien übertragen wird. Am Empfangsort wird das Signal mit einer Analysefilterbank wieder in die Teilbandsignale zerlegt, die bei perfekter Filterbank und fehlerfreier Übertragung den gesendeten Fourier-Koeffizienten und damit Informations-Bits entsprechen.
Ein besonderer Spezialfall der Transmultiplexer-Filterbank hat die gesamte Nachrichtenübertragungstechnik in den letzten beiden Jahrzehnten entscheidend geprägt: Verwendet man als Prototypen für die DFT-Polyphasenfilterbank ein FIR-Filter mit

M Koeffizienten vom Wert 1 (M = Anzahl der Teilbandsignale), so gelangt man zum *OFDM-Verfahren* (von engl.: „orthogonal frequency division multiplexing“), das im Zusammenhang mit drahtgebundener Übertragung auch *DMT* (von engl.: „discrete multi-tone“) genannt wird. Bei diesem Ansatz degenerieren alle Polyphasenfilter zu einem FIR-Filter mit einem Koeffizienten vom Wert 1 und können daher weggelassen werden. Diese Filterbank weist eine schlechte Selektivität auf: Entsprechend der rechteckförmigen Impulsantwort entsteht ein breiter si-förmiger Frequenzgang. Das fehlerfreie Multiplexen und Demultiplexen der Teilbandsignale beruht hier aber nicht mehr auf der Kanalselektion durch Filter, sondern auf der Orthogonalität der DFT, was dem Verfahren den Namen gibt.

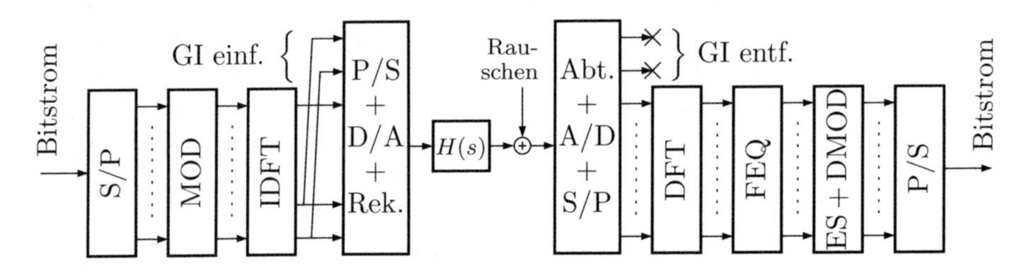

Bild 7.34: Funktionsblöcke eines OFDM-Systems

Bild 7.34 zeigt grob die Funktionsblöcke eines OFDM-Systems. Zur Erzeugung der Eingangswerte für die IDFT werden Datenströme in Blöcke zerlegt, die in komplexe Zahlen gemäß der gewählten Modulation abgebildet werden. Prinzipiell kann für jeden Eingang der IDFT (Teilbandsignal) eine unterschiedliche Modulation gewählt werden. Nach dem Wegfall der Polyphasenfilter folgt nach der IDFT der Ausgangsmultiplexer, siehe Bild 7.32. In der OFDM-Anordnung in Bild 7.34 ist dieser durch eine Parallel-Seriell-Umsetzung (P/S) dargestellt. Vorher wird das Zeitsignal am Ausgang der IDFT noch etwas verlängert: Ein Teilabschnitt am Ende wird vor den Anfang kopiert. Dieses sogenannte *Guard-Intervall GI* wird später erläutert.
Nach einer Digital-Analog-Umsetzung (D/A) der Werte des Zeitabschnittes und einer Rekonstruktion (Rek.) wird das analoge kontinuierliche Sendesignal auf den Übertragungskanal mit einer Systemfunktion $H(s)$ und einem additiven Rauschen gegeben. Beim Empfänger, der im Wesentlichen eine Analysefilterbank darstellt, wird das Empfangssignal abgetastet (Abt.), analog-digital-gewandelt (A/D) und dann nach einer Seriell-Parallel-Umsetzung (S/P) auf die Eingänge der DFT gegeben. Letztere entspricht dem Eingangsdemultiplexer der Analysefilterbank in Bild 7.31.
Die Ausgangswerte der DFT liefern wieder die gesendete Information, die in den Folgeschritten noch aufgearbeitet wird: es folgt ein Frequenzgangentzerrer (FEQ), ein Entscheider (ES), ein Demodulator (DEMOD) und am Ende eine Parallel-Seriell-Umsetzung (P/S) zum Ausgangsdatenstrom. Da die Datenübertragung simultan auf allen Frequenzen der DFT erfolgt, spricht man auch von einem Mehrträger-Datenübertragungsverfahren. Jedem Teilband entspricht ein modulierter Träger.

Das OFDM-Verfahren zeichnet sich durch eine hohe Bandbreiteneffizienz, durch hohe Flexibilität und durch eine einfache Realisierbarkeit aus. Dazu tragen mehrere signifikante Merkmale bei. Eines davon ist das Guard-Intervall. Die OFDM-Symbole (Ergebnisse der IDFT) wechseln im Takt der Teilbandsignale. Beim Beginn eines jeden OFDM-Symbols tritt aufgrund der Kanaldynamik im Empfänger ein Einschwingvorgang auf, der die Nachrichtenübertragung prinzipiell stört. Dieser Vorgang wird durch das Guard-Intervall abgefangen, solange die Kanalimpulsantwort kürzer ist als das Guard-Intervall. Zwischen dem Guard-Intervall und dem in der DFT auszuwertendem Signalabschnitt tritt kein Einschwingvorgang auf, da an der Schnittstelle eine periodische Fortsetzung auftritt. Im Empfänger wird das mit dem Einschwingvorgang behaftete Guard-Intervall entfernt und nur der Rest ausgewertet.

Die Fourier-Koeffizienten am Ausgang der DFT im Empfänger ergeben sich aus den Fourier-Koeffizienten am Eingang der Sender-IDFT multipliziert mit dem Frequenzgangwert $H(\mathrm{j}\,\omega_i)$ des Kanals, wobei ω_i die zum betrachteten Fourier-Koeffizienten gehörende Frequenz ist, $i = 0...M-1$. Ermittelt man die Frequenzgangwerte vor der Übertragung, so kann damit ein äußerst einfacher Frequenzbereichsentzerrer realisiert werden: die stationären Verzerrungen des Kanals werden dadurch eliminiert, dass die i-ten Fourier-Koeffizienten in jedem Takt mit der komplexen Zahl $1/H(\mathrm{j}\,\omega_i)$ multipliziert werden, und das für alle $i = 0...M-1$. Man spricht hier auch von einem *one-tap-equalizer*.

In der Regel werden die verschiedenen Teilbandkanäle nicht für verschiedene Datenströme verwendet, sondern ein einziger Gesamtdatenstrom wird auf alle Träger aufgeteilt. Dabei kann man den verschiedenen Trägern in Abhängigkeit vom Signal-zu-Rauschabstand verschieden viele Bits aufladen und verschiedene Sendeleistungen zuordnen. Mit einem sogenannten *adaptive loading* kann die Gesamtsendeleistung optimal auf die Träger verteilt und der Kanal an allen Stellen bestmöglich genutzt werden [HH89].

OFDM bzw. DMT können die theoretische Obergrenze der Bandbreiteneffizienz für fehlerfreie Übertragung beliebig gut annähern. Bei einer Bitbeladung von 2 Bit pro Träger (z. B. mit einer 4-QAM) nähert sich die Bandbreiteneffizienz der theoretischen Grenze von 2 Bit pro Sekunde und Hertz. Diese Näherung erfolgt im Verhältnis Nutzintervall zu Nutzintervall plus Guard-Intervall. Im Sinne einer hohen Effizienz wird daher das Nutzintervall häufig sehr lang gewählt (2^6 bis 2^{12} Werte). In [TF02] wurde überdies gezeigt, dass das Guard-Intervall um so viele Werte reduziert werden kann, wie ungenutzte oder nicht nutzbare Trägerfrequenzen vorliegen.

Das DMT-Verfahren wurde international besonders für *DSL-Anwendungen* (von engl.: „digital subscriber line“) eingeführt, an erster Stelle für *ADSL* (engl.: „asymmetric digital subscriber line“) [ADS02]. Weitere Anwendungen sind der digitale Rundfunk DAB (engl.: „digital audio broadcasting“), das digitale Fernsehen DVB-T (engl.: „digital video broadcasting terrestrial“) und das HiperLAN/2 (engl.: „high performance radio local area network type 2“). Auch in der Mobilfunkentwicklung werden OFDM-Ansätze diskutiert.

Anhang A

Nützliche Beziehungen

$$\sum_{n=0}^{N-1} \mathrm{e}^{-\mathrm{j}\,2\pi \frac{n(m-k)}{N}} = \begin{cases} N & \text{für } k = m \\ 0 & \text{für } k \neq m \end{cases} \qquad k,m,N \in \mathbb{N} \tag{A.1}$$

$$\sum_{n=0}^{N-1} \mathrm{W}_N^{n(k-m)} = N \cdot \delta[k-m] \qquad \text{mit} \qquad \mathrm{W}_N = \mathrm{e}^{-\mathrm{j}\,\frac{2\pi}{N}} \tag{A.2}$$

$$\int_{-\infty}^{\infty} \mathrm{e}^{\mathrm{j}\,\omega t}\,\mathrm{d}\omega = 2\pi\,\delta(t) \tag{A.3}$$

$$\lim_{\omega \to \infty} \frac{\sin(\omega t)}{\pi t} = \delta(t) \tag{A.4}$$

Betrag und Phase einer Übertragungsfunktion

$$H(\mathrm{j}\,\omega) = \mathrm{Re}\{H(\mathrm{j}\,\omega)\} + \mathrm{j}\ \mathrm{Im}\{H(\mathrm{j}\,\omega)\} \ = \ |H(\mathrm{j}\,\omega)| \cdot \mathrm{e}^{\mathrm{j}\,\varphi(\omega)} \tag{A.5}$$

$$|H(\mathrm{j}\,\omega)| = \sqrt{(\mathrm{Re}\{H(\mathrm{j}\,\omega)\})^2 + (\mathrm{Im}\{H(\mathrm{j}\,\omega)\})^2} \tag{A.6}$$

$$\mathrm{arc}(H(\mathrm{j}\,\omega)) = \arctan \frac{\mathrm{Im}\{H(\mathrm{j}\,\omega)\}}{\mathrm{Re}\{H(\mathrm{j}\,\omega)\}} + \begin{cases} 0 & ;\ \mathrm{Re}\{H(\mathrm{j}\,\omega)\} \geq 0 \\ \pm\pi & ;\ \mathrm{Re}\{H(\mathrm{j}\,\omega)\} < 0 \end{cases} \tag{A.7}$$

Anhang B

Korrespondenztabellen

B.1 Fourier-Transformierte

$x(t)$	$X(\mathrm{j}\,\omega)$
$K \cdot \delta(t)$	K
K	$2\pi K \delta(\omega)$
$\epsilon(t)$	$\pi\delta(\omega) + \frac{1}{\mathrm{j}\,\omega}$
$\epsilon(-t)$	$\pi\delta(\omega) - \frac{1}{\mathrm{j}\,\omega}$
$\mathrm{rect}(\frac{t}{2T}) = \epsilon(t+T) - \epsilon(t-T)$	$2T \cdot \mathrm{si}(\omega T)$
$\mathrm{si}(\omega_0 t)$	$\frac{\pi}{\omega_0} \cdot (\epsilon(\omega+\omega_0) - \epsilon(\omega-\omega_0))$
$\cos(\omega_0 t)$	$\pi \cdot (\delta(\omega-\omega_0) + \delta(\omega+\omega_0))$
$\sin(\omega_0 t)$	$\frac{\pi}{\mathrm{j}} \cdot (\delta(\omega-\omega_0) - \delta(\omega+\omega_0))$
$\mathrm{e}^{-a\|t\|}$	$\frac{2a}{\omega^2+a^2}$
$\mathrm{e}^{\mathrm{j}\,\omega_0 t}$	$2\pi \cdot \delta(\omega-\omega_0)$
$\epsilon(t) \cdot \mathrm{e}^{-at} \quad ; a > 0$	$\frac{1}{\mathrm{j}\,\omega+a}$
$\epsilon(t) \cdot \mathrm{e}^{-at} \cdot \frac{t^{n-1}}{(n-1)!} \quad ; a > 0$	$\frac{1}{(\mathrm{j}\,\omega+a)^n}$
$\epsilon(t) \cdot \mathrm{e}^{\mathrm{j}\,\omega_0 t}$	$\pi \cdot \delta(\omega-\omega_0) + \frac{1}{\mathrm{j}\,(\omega-\omega_0)}$
$\epsilon(t) \cdot \cos(\omega_0 t)$	$\frac{\pi}{2} \cdot \Big(\delta(\omega-\omega_0) + \delta(\omega+\omega_0)\Big) + \frac{\mathrm{j}\,\omega}{\omega_0^2-\omega^2}$
$\sum\limits_{n=-\infty}^{\infty} \delta(t - nT_\mathrm{A})$	$\omega_\mathrm{A} \sum\limits_{n=-\infty}^{\infty} \delta(\omega - n\omega_\mathrm{A}) \quad ; \quad \omega_\mathrm{A} = \frac{2\pi}{T_\mathrm{A}}$

B.2 Laplace-Transformierte

$x(t)$	$X(s)$	Konvergenzbereich
$K \cdot \delta(t)$	K	$s \in \mathbb{C}$
K	-	Keine Konvergenz
$\epsilon(t)$	$\frac{1}{s}$	$\text{Re}\{s\} > 0$
$\mathrm{e}^{-a\|t\|} \quad a > 0$	$\frac{2a}{a^2 - s^2}$	$-a < \text{Re}\{s\} < a$
$\epsilon(t) \cdot \mathrm{e}^{-at}$	$\frac{1}{s+a}$	$\text{Re}\{s\} > \text{Re}\{-a\}$
$-\epsilon(-t) \cdot \mathrm{e}^{-at}$	$\frac{1}{s+a}$	$\text{Re}\{s\} < \text{Re}\{-a\}$
$\epsilon(t) \cdot t^n$	$\frac{n!}{s^{n+1}}$	$\text{Re}\{s\} > 0$
$\epsilon(t) \cdot t^n \cdot \mathrm{e}^{-at}$	$\frac{n!}{(s+a)^{n+1}}$	$\text{Re}\{s\} > \text{Re}\{-a\}$
$-\epsilon(-t) \cdot t^n \cdot \mathrm{e}^{-at}$	$\frac{n!}{(s+a)^{n+1}}$	$\text{Re}\{s\} < \text{Re}\{-a\}$
$\cos(\omega_0 t)$	-	Keine Konvergenz
$\epsilon(t) \cdot \cos(\omega_0 t)$	$\frac{s}{s^2 + \omega_0^2}$	$\text{Re}\{s\} > 0$
$\epsilon(t) \cdot \sin(\omega_0 t)$	$\frac{\omega_0}{s^2 + \omega_0^2}$	$\text{Re}\{s\} > 0$
$\epsilon(t) \cdot \cos(\omega_0 t)\, \mathrm{e}^{-at}$	$\frac{s+a}{(s+a)^2 + \omega_0^2}$	$\text{Re}\{s\} > \text{Re}\{-a\}$
$\epsilon(t) \cdot \sin(\omega_0 t)\, \mathrm{e}^{-at}$	$\frac{\omega_0}{(s+a)^2 + \omega_0^2}$	$\text{Re}\{s\} > \text{Re}\{-a\}$

B.3 Zeitdiskrete Fourier-Transformierte

$x[n]$	$X(\mathrm{e}^{\mathrm{j}\,\Omega})$
$K \cdot \delta[n]$	K
K	$2\pi K \cdot \sum\limits_{n=-\infty}^{\infty} \delta(\Omega - n2\pi)$
$\epsilon[n]$	$\frac{1}{1-\mathrm{e}^{-\mathrm{j}\,\Omega}} + \pi \sum\limits_{n=-\infty}^{\infty} \delta(\Omega - n2\pi)$
$a^n \cdot \epsilon[n]$	$\frac{1}{1-a\cdot \mathrm{e}^{-\mathrm{j}\,\Omega}}$
$\mathrm{e}^{\mathrm{j}\,\Omega_0 n}$	$2\pi \sum\limits_{n=-\infty}^{\infty} \delta(\Omega - \Omega_0 - n2\pi)$
$\cos(\Omega_0 n + \varphi)$	$\pi \sum\limits_{n=-\infty}^{\infty} \left(\mathrm{e}^{\mathrm{j}\,\varphi}\delta(\Omega - \Omega_0 - n2\pi) + \mathrm{e}^{-\mathrm{j}\,\varphi}\delta(\Omega + \Omega_0 - n2\pi)\right)$
$w_N^{\mathrm{Re}}[n]$	$\frac{\sin(N\Omega/2)}{\sin(\Omega/2)} \cdot \mathrm{e}^{-\mathrm{j}\,(N-1)\Omega/2}$
$w_{2N-1}^{\mathrm{Tr}}[n]$	$\frac{1}{N}\left(\frac{\sin(N\Omega/2)}{\sin(\Omega/2)}\right)^2 \cdot \mathrm{e}^{-\mathrm{j}\,(N-1)\Omega}$

B.4 Z-Transformierte

$x[n]$	$X(\mathrm{z})$	Konvergenzbereich
$K \cdot \delta[n]$	K	$\mathrm{z} \in \mathbb{C}$
$\epsilon[n]$	$\frac{\mathrm{z}}{\mathrm{z}-1}$	$\|\mathrm{z}\| > 1$
$\epsilon[n] \cdot n$	$\frac{\mathrm{z}}{(\mathrm{z}-1)^2}$	$\|\mathrm{z}\| > 1$
$\epsilon[n] \cdot a^n$	$\frac{\mathrm{z}}{\mathrm{z}-a}$	$\|\mathrm{z}\| > \|a\|$
$-\epsilon[-n-1] \cdot a^n$	$\frac{\mathrm{z}}{\mathrm{z}-a}$	$\|\mathrm{z}\| < \|a\|$
$\epsilon[n] \cdot n \cdot a^n$	$\frac{a\mathrm{z}}{(\mathrm{z}-a)^2}$	$\|\mathrm{z}\| > \|a\|$
$\epsilon[n-1] \cdot \frac{1}{2}(n^2-n)a^{n-2}$	$\frac{\mathrm{z}}{(\mathrm{z}-a)^3}$	$\|\mathrm{z}\| > \|a\|$
$\epsilon[n] \cdot \cos(\Omega_0 n)$	$\frac{1-\mathrm{z}^{-1}\cos(\Omega_0)}{1-2\mathrm{z}^{-1}\cos(\Omega_0)+\mathrm{z}^{-2}}$	$\|\mathrm{z}\| > 1$
$\epsilon[n] \cdot \sin(\Omega_0 n)$	$\frac{\mathrm{z}^{-1}\sin(\Omega_0)}{1-2\mathrm{z}^{-1}\cos(\Omega_0)+\mathrm{z}^{-2}}$	$\|\mathrm{z}\| > 1$
$\epsilon[n] \cdot \frac{1}{n!}$	$\mathrm{e}^{\frac{1}{\mathrm{z}}}$	$\|\mathrm{z}\| > 0$

Literaturverzeichnis

[ADS02] EUROPEAN TELECOMMUNICATIONS STANDARDS INSTITUTE: Access Transmission Systems on Metallic Access Cables; Asymmetric Digital Subscriber Line (ADSL) - European specific requirements. Technical report, Transmission and Multiplexing (TM), May 2002. ITU-T Recommendation G.992.1 modified.

[Bar53] M. S. Bartlett: *An Introduction to Stochastic Processes with Special Reference to Methods and Applications.* Cambridge University Press, Cambridge, 1953.

[Bar81] T. P. Barnwell: *An Experimental Study of Sub-band Coder Desing Incorporating Recursive Quadrature Filters and Optimum ADPCM.* IEEE Proc. ICASSP, Seiten 808–811, 1981.

[BD74] M. G. Bellanger und J. L. Daguet:: *TDM-FDM Transmultiplexer: Digital Polyphase and FFT.* IEEE Trans. Commun., Seiten 1199–1204, 1974.

[Bla85] R. E. Blahut: *Fast Algorithms for digital signal Processing.* Addison-Wesley, Reading, Massachusetts, 1985.

[BS94] K. Brandenburg und G. Stoll: *ISO-MPEG-1 Audio: A Generic Standard for Coding of High-Quality Digital Audio.* Journal of the Audio Engineering Society, Seiten 780–792, 1994.

[BS99] I. N. Bronstein und K. A. Semendjajew: *Taschenbuch der Mathematik.* Verlag Harry Deutsch, Frankfurt am Main, 1999. 4. Auflage.

[Cad87] J. A. Cadzow: *Foundations of Digital Signal Processing and Data Analysis.* Macmillan, New York, 1987.

[CO75] R. E. Crochiere und A. V. Oppenheim: *Analysis of Linear Digital Networks.* Proc. IEEE, Seiten 581–595, 1975.

[CT65] J. W. Cooley und J. W. Tukey: *An algorithm for machine calculation of complex Fourier series.* Math. Comp., Seiten 297–301, 1965.

[Dob01] G. Doblinger: *MATLAB-Programmierung in der digitalen Signalverarbeitung.* J. Schlembach Fachverlag, Weil der Stadt, 2001.

[Dob04] G. Doblinger: *Signalprozessoren.* J. Schlembach Fachverlag, Wilburgstetten, 2004. 2. Auflage.

[DPE88] P. Duhamel, B. Piron und J. M. Etcheto: *On Computing the inverse DFT.* IEEE Trans. ASSP, Seiten 285–286, 1988.

[EG77] D. Esteban und C. Galand: *Application of Quadrature Mirror Filters to Split Band Voice Coding Schemes.* IEEE Proc. ICASSP, Seiten 191–195, 1977.

[EG81] D. Esteban und C. Galand: *HQMF: Halfband Quadrature Mirror Filters.* IEEE Proc. ICASSP, Seiten 220–223, 1981.

[Fet04] A. Fettweis: *Elemente nachrichtentechnischer Systeme.* J. Schlembach Fachverlag, Wilburgstetten, 2004.

[Fli79] N. Fliege: *Lineare Schaltungen mit Operationsverstärkern.* Springer-Verlag, Berlin, 1979.

[Fli91] N. Fliege: *Systemtheorie.* B. G. Teubner, Stuttgart, 1991.

[Fli93] N. Fliege: *Multiratensignalverarbeitung.* B. G. Teubner, Stuttgart, 1993.

[Fli94] N. J. Fliege: *Multirate Digital Signal Processing.* John Wiley & Sons, Chichester, 1994.

[Föl94] O. Föllinger: *Regelungstechnik.* Hüthig Verlag, Heidelberg, 1994. 8. Auflage.

[Föl03] O. Föllinger: *Laplace- und Fourier-Transformation.* Hüthig Verlag, Heidelberg, 2003. 8. Auflage.

[GG04] G. Göckler und A. Groth: *Multiratensysteme.* J. Schlembach Fachverlag, Wilburgstetten, 2004.

[GRS03] B. Girod, R. Rabenstein und A. Stenger: *Einführung in die Systemtheorie.* B. G. Teubner, Stuttgart, 2003.

[Hän01] E. Hänsler: *Statistische Signale.* Springer-Verlag, Berlin, 2001. 3. Auflage.

[Har78] F. J. Harris: *On the Use of Windows for Harmonic Analysis with the Discrete Fourier Transform.* Proc. IEEE, Seiten 51–83, 1978.

[Hay96] M. H. Hayes: *Statistical Digital Signal Processing and Modeling.* John Wiley, New York, 1996.

[HH89] D. Hughes-Hartogs: *Ensemble Modem Structure for Imperfect Transmission Media.* U.S. Patents No. 4679227 (July 1978), 4731816 (March 1988), 4833706 (May 1989), 1989.

[HQ07] J. Hoffmann und F. Quint: *Signalverarbeitung mit MATLAB und Simulink.* R. Oldenbourg Verlag, München, 2007.

[Huf52] D. A. Huffman: *A Method for the Construction of Minimum-Redundancy Codes.* Proc. IRE, Seiten 1098–1101, 1952.

[JW68] G. M. Jenkins und D. G. Watts: *Spectral Analysis and its Applications.* Holden-Day, San Francisco, 1968.

[KK02] K. D. Kammeyer und K. Kroschel: *Digitale Signalverarbeitung.* B. G. Teubner, Stuttgart, 2002. 5. Auflage.

[Leh90] G. Lehner: *Feldtheorie.* Springer-Verlag, Berlin, 1990.

[Lun99] J. Lunze: *Regelungstechnik 1.* Springer-Verlag, Berlin, 1999.

[Mar94] H. Marko: *Systemtheorie.* Springer-Verlag, Berlin, 1994.

[MATW00] P. C. Magnusson, G. C. Alexander, V. K. Tripathi und A. Weisshaar: *Transmission Lines and Wave Probagation.* CRC Press, Boca Raton, 2000. 4. edition.

[NV89] T. G. Nguyen und P. P. Vaidyanathan: *Two-Channel FIR QMF Structures with Yield Linear-Phase Analysis and Synthesis Filters.* IEEE Trans. ASSP, Seiten 676–690, 1989.

[Orl98] P. F. Orlowski: *Praktische Regelungstechnik.* Springer-Verlag, Berlin, 1998. 5. Auflage.

[OS99] A. V. Oppenheim und R. W. Schafer: *Zeitdiskrete Signalverarbeitung.* R. Oldenbourg Verlag, München, 1999. 3. Auflage.

[OW92] A. V. Oppenheim und A. S. Willsky: *Signale und Systeme.* VCH Verlagsgesellschaft, Weinheim, 1992. 2. Auflage.

[Pap57] A. Papoulis: *On the approximation problem in filter design.* IRE National Convention Record, Part 2, Seiten 175–185, 1957.

[Pap62] A. Papoulis: *The Fourier Integral and Its Applications.* McGraw-Hill, New York, 1962.

[PM96] J. G. Proakis und D. G. Manolakis: *Digital Signal Processing.* Prentice-Hall, New Jersey, 1996. Third Edition.

[Rad70] C. M. Rader: *An Improved Algorithm for High-Speed Autocorrelation with Applications to Spectral Estimation.* IEEE Trans. Audio Electroacoustics, Seiten 439–441, 1970.

[RS88] T. A. Ramstad und T. Saramäki: *Efficient Multirate Realization for Narrow Transition-Band FIR Filters.* Proc. IEEE ISCAS, Seiten 2019–2022, 1988.

[Sch94] H. W. Schüßler: *Digitale Signalverarbeitung 1.* Springer-Verlag, Berlin, 1994. 4. Auflage.

[SI84] M. J. T. Smith und T. P. Barnwell III: *A Procedure for Designing Exact Reconstruction Filter Banks for Tree Sub-band Coders.* Proc. IEEE ICASSP, Seiten 27.1.1–27.1.4, 1984.

[SK55] R. P. Sallen und E. L. Key: *A Practical Method of Designing RC-Active Filters.* IRE Trans. C. T. vol. CT-2, Seiten 74–85, 1955.

[Sto92] A. G. Stove: *Linear FMCW radar techniques.* Proc. IEEE Radar and Signal Processing, Seiten 343–350, 1992.

[TF02] S. Trautmann und N. J. Fliege: *Perfect equalization for DMT systems without guard interval.* IEEE Journal on Selected Areas in Communications, Seiten 987–996, 2002.

[Unb93] R. Unbehauen: *Systemtheorie.* R. Oldenbourg Verlag, München, 1993.

[Vai87] P. P. Vaidyanathan: *Theory and Design of M-Channel Maximally Decimated Quadrature Mirror Filters with Arbitrary M, Having the Perfect Reconstruction Property.* IEEE Trans. ASSP, Seiten 476–492, 1987.

[Wel70] P. D. Welch: *The use of the Fast Fourier Transform for the Estimation of Power Spectra.* IEEE Trans. Audio Electroacoustics, Seiten 70–73, 1970.

[Win78] S. Winograd: *On Computing the Discrete Fourier Transform.* Math. Comp., Seiten 175–199, 1978.

Stichwortverzeichnis

Zeitdiskrete Signale und Systeme

Eine Einführung in die grundlegenden Methoden der digitalen Signalverarbeitung

Gerhard Doblinger

Zeitdiskrete Signale und Systeme haben inzwischen ein breites Anwendungsfeld besonders in der Elektrotechnik und Informationstechnik gefunden. Das Buch bietet eine anwendungsorientierte Einführung in dieses wichtige IT-Gebiet bzw. in die grundlegenden Methoden der **digitalen Signalverarbeitung**, d.h. viele Methoden können sofort in die Praxis umgesetzt werden. Veranschaulicht werden die theoretischen Grundlagen durch zahlreiche, einfach nachvollziehbare MATLAB-Beispiele. Das ermöglicht die Kombination *Rechnen und Simulieren*, heute eine Grundvoraussetzung zum Problemlösen im Ingenieurwesen. Hierfür sind nur die mathematischen Kenntnisse aus dem Grundstudium der Elekrotechnik und Informationstechnik erforderlich.

Alle MATLAB-Beispiele dieses Buches sind auf der Homepage des Verfassers zu finden, auch in der OCTAVE-Version, einer Open Source-Alternative zu MATLAB. Zusätzlich gibt es die Beispiele auch noch als HTML-Dokumente, so dass weder MATLAB noch OCTAVE zur Erzeugung der Ergebnisse benötigt werden. Darüber hinaus gibt es eine ausführliche und immer wieder ergänzte Beispielsammlung mit Lösungen als PDF-File auf dieser Homepage.

- **Zeitdiskrete Signale**
- **Zeitdiskrete Systeme**
- **Fouriertransformation für zeitdiskrete Signale und Systeme**
- **Differenzengleichungen und Z-Transformation**
- **Digitale Filter**
- **Diskrete Fouriertransformation (DFT)**
- **Multiratensignalverarbeitung**
- **Formeln für Fourier- und Z-Transformation**

Der Autor
Dr. **Gerhard Doblinger** lehrt Digitale Signalverarbeitung an der Technischen Universität Wien, Institut für Nachrichtentechnik und Hochfrequenztechnik

Interessentenkreis
Studenten und Dozenten der Nachrichtentechnik / Informations- und Kommunikationstechnik sowie der Informatik und Naturwissenschaften

ISBN	978-3-935340-58-8
Umfang	VI, 230 Seiten
Format	16 x 23 (cm)
Bilder	86
Tabellen	16
Preis	24,90 EUR [D]
	39,90 CHF
Erscheinungstermin	
	Januar 2008